Klaus Herrmann
Traktoren in Deutschland
1907 bis heute

Klaus Herrmann

Traktoren in Deutschland 1907 bis heute

Firmen
und
Fabrikate

DLG-Verlag
Frankfurt (Main)
BLV Verlagsgesellschaft
München

Landwirtschaftsverlag
Münster-Hiltrup
Österreichischer Agrarverlag · Wien
Agrarverlag Wirz-Grafino · Bern

VERLAGSUNION
AGRAR

CIP-Kurztitelaufnahme der Deutschen Bibliothek

Herrmann, Klaus:
Traktoren in Deutschland 1907 bis heute : Firmen u. Fabrikate / Klaus Herrmann. – Frankfurt (Main) : DLG-Verl. ; München : BLV-Verl.-Ges. ; Münster-Hiltrup : Landwirtschaftsverl. ; Wien : Österr. Agrarverl. ; Bern : Agrarverl. Wirz-Grafino, 1987.
ISBN 3-7690-0450-7

NE: Traktoren in Deutschland neunzehnhundertsieben bis heute

Der Autor:
Dr. Klaus Herrmann, geb. 1947 in Koblenz, ist Akademischer Rat am Lehrstuhl für Wirtschafts-, Sozial- und Agrargeschichte der Universität Hohenheim. Er hat mehrere Fachbücher verfaßt und betreut die »Zeitschrift für Agrargeschichte und Agrarsoziologie« als Schriftleiter.

Bildnachweis:
Bei den Abbildungen des Buches handelt es sich entweder um Werkaufnahmen, um Bilder der von der Landmaschinen- und Ackerschlepper-Vereinigung (LAV), Frankfurt, und der Max-Eyth-Gesellschaft (MEG), Darmstadt, unterstützten landtechnikgeschichtlichen Bildsammlung des Universitätsarchivs Hohenheim oder um Fotos des Autors.

Umschlagentwurf: Walter Werbegraphik, 8883 Gundelfingen

© 1987, DLG-Verlags-GmbH, Rüsterstraße 13, D-6000 Frankfurt am Main

 1. bis 6. Tausend: Oktober 1987
 7. bis 12. Tausend: Januar 1988
13. bis 18. Tausend: September 1988
19. bis 28. Tausend: Januar 1989
29. bis 33. Tausend: Oktober 1990
34. bis 37. Tausend: Oktober 1991

Gesamtherstellung: Wetzlardruck GmbH, 6330 Wetzlar
Printed in Germany: ISBN-3-7690-0450-7

Vorwort

Als 1907 die Gasmotorenfarbik Deutz erste Ackerschlepper der Öffentlichkeit vorführte und im gleichen Jahr Robert Stock in Berlin begann, Motorpflüge zu konstruieren, bedeutete dies das Startsignal für den triumphalen Siegeszug des Traktors in der deutschen Landwirtschaft. Sicher, vor dem Ersten Weltkrieg blieb die Stellung von Zugtieren und Dampflokomobilen noch ungefährdet, doch spätestens 1920 gab es für Konstrukteure und Hersteller von landwirtschaftlichen Zugmaschinen kein Halten mehr. Mit technisch immer anspruchsvolleren und im Laufe der Jahre endlich auch unempfindlicher werdenden Konstruktionen ebneten sie der Vollmotorisierung der Landwirtschaft die Bahn, die nach dem Zweiten Weltkrieg den Traktor zu der landwirtschaftlichen Leitmaschine schlechthin werden ließ.

Rund 1,4 Millionen Traktoren fahren derzeit in der Bundesrepublik Deutschland auf Äckern und Wiesen, auf Wegen und Straßen. Gebaut wurden sie von zahlreichen Herstellern, in- und ausländischen, untergegangenen und existierenden. Klangvolle und auch beinahe schon in Vergessenheit geratene Namen befinden sich darunter, denen gleichwohl gemeinsam ist, daß sie durchweg für wichtige Kapitel der deutschen Traktorengeschichte stehen.

Technisch unterschiedlich und bunt in der Formgebung präsentieren sich seit Jahrzehnten die in Deutschland angebotenen Traktoren. Hier findet das Bemühen von Konstrukteuren wie Herstellern um ein unverwechselbares Image ihrer Traktoren seinen Niederschlag! Geführt hat es zu Fahrzeugen, bei denen in unterschiedlicher Zusammensetzung auf Stärke, Vielseitigkeit im Einsatz, Wendigkeit oder auch Eleganz besonderer Wert gelegt wurde. Die Landwirte als vorrangige Käufer haben die breite Traktorenpalette stets begrüßt. Dies heißt aber nicht, daß es nicht immer wieder besondere Präferenzen gegeben hätte! Sie schlugen und

schlagen sich in den Verkaufs- und Zulassungszahlen nieder, die für die Aufnahme von Firmen und Fabrikaten in das Buch eine wesentliche Rolle gespielt haben. Denn es ist nicht die Absicht, jeden noch so kleinen Hersteller – zumal aus der Pionierzeit des Traktorenbaus – in einem eigenen Beitrag zu porträtieren. Wichtiger erschien vielmehr, neben den bedeutenden deutschen Herstellern auch die großen ausländischen Schlepperproduzenten insoweit angemessen zu berücksichtigen, wie sie Einfluß auf das Geschehen am deutschen Traktorenmarkt gewinnen konnten. Daß die sich so ergebende Mischung von in- und ausgewählten ausländischen Traktorenherstellern und Traktorenmodellen sinnvoll ist, dürfte daraus hervorgehen, daß auf diese Weise weit über 95 % aller bislang im Deutschen Reich und in der Bundesrepublik Deutschland eingesetzten Traktoren mit Firmenchroniken erfaßt wurden

Bunt wie die Palette der Traktorenhersteller ist auch die von jedem Anbieter über die Jahre hinweg entwickelte Typenvielfalt. Hier ist es das Ziel des Buches, die jeweils wichtigen Modelle, seien es nun die technisch auffälligen oder die geschäftlich erfolgreichen, aus der Anonymität herauszuholen, sie in die deutsche Traktorengeschichte einzuordnen und mit einigen technischen Daten vorzustellen. Dabei kann natürlich die jedem Beitrag beigegebene Typentabelle keinen Anspruch auf Vollständigkeit erheben. Insbesondere bei am Markt erfolgreichen Firmen konnten aus einem breiten Angebot stets nur einige Modelle erfaßt werden. Nichtsdestoweniger sind aber auch diese Angaben durchaus in der Lage, die historische und technische Entwicklung der Traktoren, ihrer Motoren und Getriebe aufzuzeigen. Wenn gelegentlich Motorleistungen und Getriebeabstufungen von auf dem Lande eingesetzten Traktoren nicht mit den in den Tabellen gemachten Angaben übereinstimmen, so sollte dies nicht weiter verwundern. Es

handelt sich vielmehr um Belege für die bei vielen Herstellern verbreitete Praxis, Verbesserungen der Schlepper vorzunehmen, ohne deshalb gleich immer neue Modelle aus der Taufe zu heben.

Die Schwierigkeiten, die sich dem Bemühen um einen möglichst umfassenden Überblick über die Traktoren in Deutschland ergaben, waren beträchtlich. Viele der beschriebenen Hersteller existieren nicht mehr, andere haben die eigene Vergangenheit als Traktorenhersteller verdrängt, und dritte wiederum, die ihre Schlepper über wechselnde Importeure nach Deutschland lieferten, verfügen über keine Unterlagen mehr. Doch die Hilfe zahlreicher Freunde im In- und Ausland und die Unterstützung durch die Landwirte und Unternehmen der Landmaschinen- und Traktorenindustrie bzw. ihrer Mitarbeiter ermöglichte es, die benötigten Informationen zusammenzutragen. Ihnen allen sage ich für das stets bekundete Interesse und die beeindruckende Bereitschaft zur Zuarbeit meinen aufrichtigen Dank. Besonders jedoch fühle ich mich dem langjährigen Leiter des Schlepper-Prüffeldes in Kranichstein, Herrn Prof. Dr.-Ing. R. Franke, Darmstadt, verbunden. Kritisch wohlwollend und technisch kompetent hat er auf so manche Partie des Buches nachhaltigen Einfluß genommen und manches Faktum beigesteuert, das nur der langjährige Praktiker wissen kann. Mein abschließender Dank aber gebührt dem Verlag, der die Herausgabe des Buches überhaupt erst ermöglichte.

Möge die Lektüre der »Traktoren in Deutschland 1907 bis heute« Vergnügen bereiten und unterhalten, vor allem aber mit dazu beitragen, daß die Sympathie für den Traktor und alle diejenigen, die mit seiner Herstellung und seinem Einsatz zu tun haben, weiter gefördert werde.

Stuttgart-Hohenheim   Klaus Herrmann

Inhaltsverzeichnis

Agria

Agria-Werke GmbH, 7108 Möckmühl

Erwin Mächtel hatte 1937, als er sich – gerade 27 Jahre alt – in Karlsruhe mit einem Betrieb auf dem Sektor Zahnrad- und Getriebefertigung selbständig machte, nur geringen Bezug zur Landwirtschaft. Den Weg zur Landtechnik fand er erst nach dem Zweiten Weltkrieg, als er nach Wegen zur Fortführung des Unternehmens suchte. Karlsruhe kam angesichts der zerstörten Werksanlagen nicht in Betracht, eher das im Hohenlohischen gelegene Möckmühl. Doch auch hier, in

ländlicher Umgebung, war in den ersten Nachkriegsmonaten Improvisation großgeschrieben. Da bot sich Mächtel und einigen Mitarbeitern eine sinnvolle Tätigkeit bei der Verwertung von übriggebliebenen Materialien der Rüstungsgüterfertigung. Dosenverschließmaschinen, Mohnmühlen oder Speiseölpressen zählten zu den ersten Erzeugnissen der neugegründeten Maschinenfabrik Möckmühl. Über diese Kleinmaschinen der ländlichen Haus- und Hofwirtschaft kamen Mächtel und sein Partner, der Ingenieur Otto Göhler, mit der in der Landwirtschaft

tätigen Bevölkerung der Umgebung ins Gespräch. Dabei erfuhren sie, daß nach handgeführten motorisierten Hackmaschinen große Nachfrage bestand. Einen ersten Prototyp, der den bäuerlichen Wünschen entsprach, stellte man noch 1946 her, Materialengpässe verhinderten einen Übergang zur Serienproduktion. Erst nach der Währungsreform 1948 konnte eine 3-PS-Motor-Hackfräse in größerer Stückzahl gebaut werden, die insbesondere bei den Weinbauern des württembergischen Unterlands gute Aufnahme fand.

Wendigkeit und Zugstärke sind Trumpf: Agria 6700 bei der Weinbergsarbeit

Den Einstieg in den Einachsschlepperbau schaffte das inzwischen in »Agria-Werke Maschinenfabrik Möckmühl« umbenannte Unternehmen 1950, als man die zur Universalmaschine weiterentwickelte Motorhacke mit einem von Hirth/Benningen (Neckar) stammenden 5 PS leistenden 1-Zylinder-2-Takt-Benzinmotor ausrüstete. Das von Agria selbst entwickelte Getriebe verfügte über zwei Gänge, das dem Fahrzeug je nach Radart Geschwindigkeiten zwischen 3 und 5 km/h sowie im Schnellgang bis 17 km/h erlaubte. Auf Interesse stieß das Unternehmen auch mit dem 1951 der Öffentlichkeit vorgestellten Einachsschlepper mit Raupenantrieb. Geboten wurde damit eine verbesserte Geländegängigkeit der immer noch leichten Fahrzeuge, und man hoffte, in den Gebirgsgegenden Landwirte verstärkt als Käufer zu gewinnen. Vorteilhaft bei der Maschine war neben der leichten Montage der Raupe das reichlich vorhandene, durchweg von Agria selbst hergestellte Zubehör wie Mähwerk, Schädlingsspritze und Anhänger.

Einen weiteren Schritt hin zum Schlepperbau vollzog Agria 1953 durch die Übernahme der zuvor in Karlsruhe-Durlach ansässigen Maschinenfabrik Schilling KG. Die damit erworbenen Herstellungsrechte an den bewährten Schilling-Motorgeräten »6-PS-Hans« und »8-PS-Franz« leiteten zur stärkeren Motorisierung der Agria-Fahrzeuge über. Der Agria-Einachsschlepper Typ 1800 verfügte denn auch über einen von verschiedenen Herstellern gelieferten 1-Zyl.-2-Takt-Motor mit 8 PS Leistung, der das serienmäßig mit Mähwerk, Riemenscheibe und Zapfwelle ausgestattete Fahrzeug vielseitig verwendbar machte.

Der Absatz von Agria-Einachsschleppern erreichte in den fünfziger Jahren eine beachtliche Größenordnung. 1956 wurde die 50 000ste Motorlandmaschine ausgeliefert, gerade zwei Jahre später folgte dann schon die 100 000ste. Der damalige Landwirtschaftsminister Lübke nahm dies zum Anlaß, das Unternehmen, welches in drei Werken über 1000 Mitarbeiter beschäftigte, eingehend zu besichtigen.

Mit Beginn der sechziger Jahre neigte sich allerdings der Boom bei den Einachsschleppern dem Ende zu. Gleichzeitig hatte ihre Technik, nicht zuletzt durch den Einbau von Differentialgetrieben, einen so hohen Stand erreicht, daß der Bau von kleinen Zweiachsschleppern für die Konstrukteure keine allzu großen Schwierigkeiten bereitete. Agria ging das Wagnis 1964 ein, als man auf der DLG-Ausstellung in Hannover den Typ 4800 Universal vorstellte. Dabei handelte es sich um einen wahlweise mit einem 10-PS-4-Takt-Diesel- oder 8-PS-Ottomotor ausgerüsteten Vierrad-Kleinschlepper, dessen Vorzüge, wie schmale, niedere Bauart und gute Anbaumöglichkeiten für Arbeitsgeräte, vor allem in Reihenkulturen zur Geltung gelangten. Sicher, Zapfwelle, Kraftheber, Getriebe mit sechs Vor- und sechs Rückwärtsgängen bedeuteten keine Sensation, verkörperten aber solide Kleinschlepper-Technik.
Agria konnte mit dem Erfolg seiner Kleinschlepper zufrieden sein. Wenige Jahre nach der Vorstellung der Maschinen gelang dem Werk erstmals der Sprung unter die Hersteller der zwanzig meistzugelassenen Traktoren in Deutschland. Diese Tatsache nötigte den etablierten Traktorenherstellern einigen Respekt ab, erforderte aber auch, wollte man den Rang behaupten, die konsequente Weiterentwicklung der eigenen Fahrzeuge, dem jeweiligen technischen Stand entsprechend. So verschloß sich Agria dem Trend nach höherer Motorleistung der Traktoren nicht. Dem 16 PS starken Typ 5700 folgte Mitte der siebziger Jahre der mit einem 25-PS-2-Zyl.-4-Takt-Dieselmotor ausgerüstete Typ 6700, dessen Allradantrieb und Allradlenkung für den Einsatz im Weinbau und ähnlichen Anlagen in schwierigem Gelände ausgelegt war. Doch Agria setzte nicht nur auf Traktoren für Sonderkulturen, mehr noch richtete man die Aufmerksamkeit auf die sogenannten Pflegeschlepper. Dazu zählt unter anderem der bis zu 34 PS leistende Typ 6900, der über getrennt schaltbare Getriebezapfwellen für den Anbau von Front-, Zwischenachs- und Heckgeräten verfügt, wie sie in der Landschaftspflege benötigt werden.

Seit über 40 Jahren werden in Möckmühl bei Agria nun schon Geräte zur Bodenbearbeitung, Grasmäher, Einachsschlepper und seit rund 22 Jahren auch Traktoren fabriziert. Zählt man einmal alle während dieser Zeit produzierten Agria-Geräte zusammen, so beläuft sich die Zahl auf weit über 600 000, während die Zahl der Traktoren allein 10 000 kaum überschritten haben dürfte.

Agria-Traktoren (Auswahl)

Typ/Bezeichnung	Baujahr	Motorleistung PS	Zylinder	Takt	Gänge	Gewicht kg
Universalgerät	1948	3	1	2	1/–	55
Einachsschlepper	1950	5	1	2	2/–	60
Typ 1800	1954	8	1	2	2/2	155
Universal Typ 4800	1964	10	1	4	6/6	480
Pflegeschlepper Typ 5700	1973	16	2	4	8/2	560
Typ 6700	1977	25	2	4	8/4	820
Typ 4900	1977	23	2	4	8/2	715
Typ 7900	1977	35	4	4	8/2	695

Allgaier

Allgaier-Werke GmbH, 7336 Uhingen

Im Jahr 1906 begann Georg Allgaier in Hattenhofen bei Göppingen mit der Herstellung einfacher Schnitt- und Stanzwerkzeuge. Mußte der Chef persönlich in den ersten Jahren noch über Land fahren, um Aufträge hereinzuholen, so brachte die Motorisierungswelle der zwanziger Jahre den geschäftlichen Durchbruch. Nach Uhingen umgezogen, war Allgaier nun als Zulieferer für Elektromotoren ebenso gefragt wie als Werkzeugmaschinenhersteller. Außerdem wurden in dem 1929 in Betrieb genommenen Preßwerk für zahlreiche Karosseriebauer Preßteile gefertigt. Der leistungsfähige und moderne Maschinenpark von Allgaier hatte allerdings zur Folge, daß das Werk vom Beginn des Zweiten Weltkriegs an auf die Rüstungsproduktion umgestellt werden mußte. Bomben, Munitionsverpackungskästen und ähnliches mehr verließen in steigender Menge die Fabrik, deren Belegschaft während des Kriegs von 319 auf 932 Mitarbeiter hochschnellte. Die Quittung kam bei Kriegsende. Die Amerikaner stuften das Unternehmen als Rüstungsbetrieb ein und verboten dem Firmengründer, sein Werk zu betreten.
Dennoch konnte Allgaier als erstes Unternehmen im Kreis Göppingen im Herbst 1945 die Produktion wieder aufnehmen. Sparherde, Bügeleisen, Kuhstriegel und Güllepumpen zählten zu den Nachkriegserzeugnissen. Als aussichtsreich erwies sich ferner die Verbindung zu dem in Backnang ansässigen Maschinen- und Motorenbau-Unternehmen Kaelble. Erwin Allgaier, Sohn des Gründers, war mit einer Tochter des Senators Carl Kaelble verheiratet, was mit dazu beitrug, daß der Kaelble-Ingenieur Paul Strohäcker den Auftrag erhielt, für Allgaier einen kleinen Dieselmotor mit Verdampfungskühlung zu konstruieren.
Das Kaelble-Konstruktionsbüro arbeitete zügig. Noch 1946 war der erste Motor mit der Baumusterbezeichnung R 18 fertig. Es handelte sich um einen robusten liegenden 1-Zyl.-4-Takt-Dieselmotor mit Wirbelkammer und Verdampfungskühlung. Er besaß auf der rechten Seite ein Schwung-rad mit Riemenscheibe für den stationären Antrieb und auf der linken eine Keilriemenscheibe für drei Keilriemen für den Fahrantrieb. Im folgenden Jahr montierte man bei Allgaier diesen quergestellten Motor auf einen gepreßten Stahlblech-Rahmen, der vorne auf der als Pendelachse ausgebildeten, ebenfalls aus Stahlblech gepreßten Vorderachse auflag und hinten an den Gußeisen-Getriebekasten angeschraubt war. Auffallend an dem »Allgaier Ackerschlepper R 18«, der einige Zeit auch als »Kaelble Bauernschlepper« vertrieben wurde, waren zum einen die Kraftübertragung vom Motor auf das von Allgaier selbst hergestellte Getriebe über Keilriemen, zum anderen aber die sehr einfache Verdampfungskühlung, die bei einer Leistungsabgabe des Motors von 18 PS allerdings etwa 13 Liter Wasser je Stunde verbrauchte.
Die Konstruktion war weitgehend auf die Fabrikationsmöglichkeiten von Allgaier zugeschnitten. Dafür bewährte sich der Traktor überraschend gut. Die Hochschule Hohenheim führte in ihrer Gutswirtschaft eine 1000-Stunden-Dauerprüfung durch, die »beim Ackern, Bindemähen, Grasmähen, Rübenroden, bei Transportarbeiten usw.« kaum etwas zu wünschen übrigließ. Es sprach sich unter den Landwirten herum, daß der zunächst noch in kleiner Stückzahl hergestellte Allgaier-Schlepper R 18 keine Schwierigkeiten bereitete. Bis Mitte 1948 waren etwa 80 Maschinen, bis 1949 über 500 Stück verkauft. Die Serienproduktion lohnte sich, lief doch nur vier Monate später bereits der 1000ste Traktor vom Allgaier-Band. Dem Wunsch nach stärkerer Motorisierung entsprach man in Uhingen 1949 mit dem Dieselschlepper R 22. Der wiederum von Kaelble gefertigte Motor gab im Dauerbetrieb bei etwa 1500 U/min 20 PS, kurzfristig max. 22 PS Leistung. Ansonsten unterschied er sich, sieht man von der Erhöhung der Bodenfreiheit ab, kaum von dem kleineren Bruder, der ebenfalls ohne Verkleidung und elektrischen Anlasser auskam. Entsprechend günstig konnte im Vergleich zu anderen Traktoren der Preis gehalten werden.

Allgaier A 111, System Porsche, vor der Sämaschine

Allgaier R 18 mit Hülle-Anbauraupe

Als ersten Traktor mit Motorverkleidung brachte Allgaier 1950 den Typ A 22 auf den Markt, dem bald die stärkeren A 30 mit 35 PS und A 40 mit 40 bzw. 45 PS folgten. Die Motoren, wassergekühlte 2-Zyl.-4-Takt-Dieselmotoren, stellte Allgaier inzwischen in eigener Regie her und hatte sich auch sonst bei den vornehmlich für den Export ausgerüsteten Fahrzeugen einiges einfallen lassen. So wurde in einer wiederum in Hohenheim durchgeführten »1000-Stunden-Erprobung« des A 22 vor allem die Möglichkeit hochgeschätzt, durch entsprechende Kupplungsstücke jedes beliebige Anbaugerät am Schlepper befestigen zu können. Als positiv werteten die Prüfer ferner die Kondensationskühlung der Fahrzeuge, die ihrer Ansicht nach die Vorteile der Verdampfungs- und der Umlaufkühlung vereinte.

Bei diesen Weiterentwicklungen des R 18 beließ es Allgaier indes nicht. 1949, gerade war das Unternehmen wieder aus alliierter Aufsicht entlassen, nahm man Verbindung mit Professor Porsche auf. Es ging um Konstruktionsunterlagen, die Porsche seit 1938 immer weiter verbessert hatte. Sie sollten Grundlage für den von Adolf Hitler geforderten »Volks-

schlepper« sein, der wegen des Krieges nicht mehr gebaut werden konnte. Allgaier kam nun mit Porsche überein, einen leichten, luftgekühlten 17-PS-Diesel-Traktor zu bauen, in den die Erfahrungen des Konstrukteurs Porsche Eingang finden sollten. Die Werksanlagen in Uhingen schienen dazu allerdings wenig geeignet. So entschloß man sich bei Allgaier, in Manzell bei Friedrichshafen das während des Krieges stark zerstörte ehemalige Dornier-Gelände zu übernehmen, um dort in neuen Hallen eine moderne Traktorenfabrik zu errichten.

Nicht einmal sechs Monate nach Baubeginn konnte in Manzell bereits die Serienproduktion des neuen AP 17 genannten Allgaier-Schleppers beginnen. Er verfügte über zahlreiche technische Besonderheiten wie die Ölschleuder im Motor, eine hydraulische Anfahr-Turbokupplung, große Bodenfreiheit, geringes Gewicht sowie großen Vorderradeinschlag. Wie sehr dieser trotz aufwendiger Technik preisgünstige Traktor den Vorstellungen der Bauern entsprach, zeigte sich auf der DLG-Ausstellung 1950 in Frankfurt am Main. Innerhalb nur einer Woche konnte das Werk 5000 Bestellungen buchen und damit mehr, als man zuvor von allen an-

deren Allgaier-Traktoren zusammen hatte verkaufen können!

Die Produktionsanlagen in Manzell verkrafteten die große Nachfrage gut. Das Werk fand sogar Gelegenheit, Sonderanfertigungen des AP 17 wie Schmalspur- und Weinbergschlepper auszuliefern. Für die damals keineswegs selbstverständliche Weltoffenheit des Unternehmens spricht der 1952 vorgestellte Plantagenschlepper A 312. Er fiel weniger auf wegen seines luftgekühlten 30-PS-Benzinmotors als vielmehr durch seine futuristisch anmutende Stromlinienverkleidung und seine geringe Fahrzeugbreite von 1,05 Meter. Allgaier ging bei diesem Schlepper davon aus, daß nur so der Boden zwischen den in Abständen von 1,45 Meter gepflanzten, hochempfindlichen Kaffeebäumen mechanisch zu bearbeiten war. Eine Einschätzung, die insoweit gültig war, als man tatsächlich einige hundert Traktoren des Typs A 312 nach Brasilien zu verkaufen vermochte.

Einen zweifellos größeren Verkaufserfolg brachten die wiederum vom Büro des Professors Porsche entwickelten und ab Herbst 1952 in Serie produzierten luftgekühlten Allgaier-Traktoren A 111 und A 133. Mit diesen Typen begann das Werk, durch weitgehende Standardisierung der Bauteile zu einer leichteren Austauschbarkeit und vor allem zu einer rationelleren Ersatzteilwirtschaft zu gelangen. Ziel war, mit einer möglichst geringen Anzahl von Bauteilen dennoch ein möglichst komplettes Traktorenprogramm anbieten zu können, das den gesamten Markt abdeckt. So zielte der A 111 mit seinem 12 PS leistenden luftgekühlten 1-Zyl.-4-Takt-Dieselmotor vornehmlich auf jene kleinbäuerlichen Betriebe ab, bei denen zusätzlich noch Pferd oder Ochse angespannt wurden. Der A 133 mit 33 PS wurde hingegen als Allzweckschlepper angesehen, wie er für jeden Mittel- und Großbetrieb in Frage kam. Als Besonderheit verfügte er über die gleichfalls auf Professor Porsche zurückgehende ölhydraulische Voith-Strömungskupplung, die als Schutz vor Überlastung die Lebensdauer des Traktors durchaus erhöhte.

Gleichfalls mit der Strömungskupplung ausgestattet wurde auch der ab 1953 gebaute, mit 44 PS stärkste aller Allgaier-Traktoren A 144. Dafür verzichtete Allgaier diesmal auf die Entwicklung eines eigenen Getriebes, sondern entschied sich für den Einbau eines ZF-Getriebes mit fünf Vorwärtsgängen und einem Rückwärtsgang. Insider vermuteten, daß Allgaier damit Kapazitäten für den Werkzeugmaschinenbau, das eigentliche Tätigkeitsfeld des Unternehmens, freihalten wollte. An dieser Einschätzung änderte auch der letzte Allgaier-Schlepper, der 1955 in Serie gegangene Typ 122, 22 PS, nichts mehr. Vielmehr sah sich Allgaier bei einer Monatsproduktion von rund 1000 Traktoren herausgefordert,

entweder erneut Kapital in den Ausbau der Fertigungsstraßen zu nvestieren oder aber sich beizeiten von der geschäftlich durchaus erfolgreichen Unternehmenssparte Traktoren zu trennen.

Leicht ist Allgaier die Entscheidung sicher nicht gefallen. Gutgefüllte Auftragsbücher in den Bereichen Werkzeugbau sowie Preß- und Blechteilefertigung dürften letztlich den Ausschlag gegeben haben. Genau in dem Jahr, in dem der 50 000ste Allgaier-Traktor vom Band lief, war es

dann soweit. 1955 trennte man sich in Uhingen vom Traktorenbau, der ab 1. Januar 1956 von der neugegründeten »Porsche-Diesel-Motorenbau GmbH, Friedrichshafen a. B.« fortgeführt wurde. Zu bereuen brauchte man bei Allgaier diesen Schritt nicht. 1986, gerade 80 Jahre alt geworden, zählt das mit rund 1000 Mitarbeitern tätige Unternehmen nach wie vor zu den begehrten Herstellern von Blech- und Preßteilen, Werkzeugen und Werkzeugmaschinen sowie von hydrostatischen Antrieben.

Allgaier-Traktoren (Auswahl)

Typ/Bezeichnung	Baujahr	Motorleistung PS	Zylinder	Takt	Gänge	Gewicht kg
R 18	1948	18	1	4	4/1	1500
R 22	1949	22	1	4	4/1	1700
A 22	1950	22	1	4	4/1	1475
A 40	1950	40	2	4	6/1	2000
AP 17	1950	18	2	4	5/1	950
A 12	1951	12	1	4	5/1	950
A 111	1952	12	1	4	4/1	870
AP 16	1954	16	2	4	5/1	1160
A 133	1954	33	3	4	5/1	1500
A 144	1954	44	4	4	5/1	2355

Alpenland

Alpenland Fahrzeugbau GmbH, 8190 Wolfratshausen

In den dreißiger Jahren betrieben die Brüder Schröter, ein Ingenieur, ein Jurist und ein Landwirt, in Wechmar in Thüringen mit der Thümag eine Fabrik, in der neben anderem luftbereifte Anhänger und Akkerwagen in beachtlicher Stückzahl hergestellt wurden. Zu dem Erfolg der Fahrzeuge trug die den Schröters patentierte Stopp-Fix-Auflaufbremse bei, mit der die Zugdeichseln der Wagen ausgerüstet waren.

Ferner konstruierte einer der Brüder, Kurt

Schröter, einen Thümag-Sattelackerwagen, dessen Zugdeichsel so auf das Schlepperheck aufgesattelt werden konnte, daß durch Übernahme eines Teils der Anhänger-Vorderachslast die Schlepperhinterachslast und mit ihr die Schlepperzugkraft erheblich gesteigert werden konnte. In den Hanglagen und auf den Steigungen des Thüringer Waldes erwies sich das als sehr wirkungsvoll. Schließlich entwickelte er für Spezialanhänger das Schub-Schritt-Verfahren, mit dem ein im Acker festgefahrener Anhänger dadurch schrittweise herausgebracht werden konnte, daß der Abstand der Vorderach-

se des Spezialanhängers von der Hinterachse durch motorischen Antrieb über die Zapfwelle, zum Beispiel mit Hydraulikzylindern, vergrößert und danach wieder verkleinert werden konnte. So wurde es möglich, daß die stillstehende, festgefahrene Anhängerhinterachse die Vorderachse und den Schlepper mit mehr oder weniger durchrutschenden Triebrädern einen Schritt vor sich her schob. Danach zogen der stillstehende Schlepper und die stillstehende Anhängerachse die Hinterachse wieder an sich. Diesem wirkungsvollen, aber teuren Verfahren blieb allerdings der Durchbruch verwehrt.

Kurz nach dem Krieg fanden sich die Brüder Schröter in der oberbayerischen Firma Alpenland in Wolfratshausen als Unternehmer wieder, in der sie bereits 1948 Ackerwagen, forstwirtschaftliche Fahrzeuge und Spezialfahrzeuge bauten. Dabei verwerteten sie aus einem nahegelegenen Abstellplatz ausgemusterter amerikanischer Militärfahrzeuge, vorwiegend Jeeps und Dodges, einwandfreie Bauteile, die sonst nur selten in gutem Zustand und erst recht nicht preiswert zu haben waren.

Kurt Schröter setzte hier seine Bemühungen um die extreme Zugkraftsteigerung des Gespannes Schlepper–Anhänger in Hanglagen fort, bei denen er vorher vom Anhängerbau ausgegangen war. Nach dem Motto »Definiere die Problemstellung, dann findest du die Lösung« konzipierte er seinen Alpenland-Schlepper als Einheit mit dem Anhänger, in der er ohne den teuren Allradantrieb das technisch erreichbare Maximum an Zugkraft und Bremskraft in extremen Hanglagen dadurch verwirklichte, daß er einen Teil des Gewichts vom voll beladenen Zweiachs-Anhänger und das ganze Schleppergewicht, je nach Bedarf, für die erforderliche Zugkraft oder Bremskraft nutzbar machte. Außerdem sollte der Schlepper bei der Feldarbeit zur Handhabung von Anbaugeräten wie Pflügen und Eggen einen Kraftheber besitzen.

Da die Hydraulik damals zwar bekannt, aber für Schlepper als zu teuer und kaum lieferbar galt, löste er das Problem durch einen mechanischen Kraftheber. Dieser bestand aus einer Steilgewindespindel mit zugehöriger Gewindemutter, an der der Hubarm des Krafthebers angelenkt war. Die Steilgewindespindel wurde vom Zapfwellenstummel des Schleppers angetrieben, in der einen Drehrichtung durch einen Keilriementrieb, in der anderen Richtung durch direkte Reibberührung der beiden Keilriemenscheiben der Zapfwelle und der Gewindespindel, wahl-

weise ein- und auskuppelbar durch Veränderung des Achsabstandes der beiden Keilriemenscheiben. Die Zugstange der Vorderachse des zweiachsigen Anhängers wurde in das Zentralrohr des Krafthebers eingeführt und darin starr gekuppelt. Auf diese Weise entstand eine vierachsige Fahrzeugeinheit, in der nur die letzte, die Anhängerhinterachse, gegenüber den drei starr miteinander gekoppelten Achsen um den Drehschemelmittelpunkt der Anhängervorderachse verschwenkbar war. Bei gebremster Talfahrt konnte daher der Anhänger nicht mehr seitlich ausscheren. Zur einwandfreien Lenkung der vorderen dreiachsigen starren Fahrzeugeinheit waren auch die Hinterräder mit kleinem Lenkausschlag lenkbar angeordnet. Die maximale Triebachslast des Schleppers, und damit seine maximale Triebkraft und Bremskraft, war erreichbar, wenn der Kraftheber die Vorderräder völlig vom Boden abgehoben hatte. Auch in diesem extremen Fall blieb das Gespann lenkbar mit den Schlepperhinterrädern. Die zusätzliche Hinterradlenkung war mit Sicherheit billiger, als es der zusätzliche Antrieb der Vorderräder gewesen wäre. Ein sehr erwünschter Nebeneffekt der Hinterradlenkung, sozusagen ein Abfallprodukt, war, daß Korrekturlenkungen sich bei der Arbeit in Pflanzenreihen direkt auf die Arbeitsgeräte aus-

wirkten, nicht in Gegenrichtung, wie sonst bei hinter der Hinterachse starr angebauten Geräten. Die wassergekühlten Dieselmotoren lieferte die Firma MWM (Motorenwerke Mannheim).

Das Aufsehen, das der Alpenland-Stand auf dem bayerischen Zentrallandwirtschaftsfest 1949 hervorrief, war beachtlich. Zahlreiche Bauern informierten sich über das Fahrzeug, das gelegentlich als Glanzstück der Ausstellung bezeichnet wurde. Nur beim Kauf war man vorsichtig. Im ersten Halbjahr 1950 wurden insgesamt gerade 129 fabrikneue Alpenland-Traktoren zugelassen. Doch noch war der Elan des Unternehmens ungebrochen. Auf der DLG-Ausstellung 1951 stellte man sogar einen zweiten, mit 25 PS stärker motorisierten Schlepper vor, dem nur kurze Zeit später ein 40-PS-Alpenland-Traktor nachfolgte. Nachdem aber der Vorrat an Bauteilen der ausgemusterten US-Fahrzeuge erschöpft war und außerdem die größeren Schlepperfabriken über ihre eingeführten Händler wieder Schlepper liefern konnten, mußte Alpenland den Schlepperbau aufgeben. Kurt Schröter indes ging als Konstruktionschef zur Firma Walterscheid, in der er die Entwicklung von Spezialgelenkwellen für Landmaschinen wesentlich mitgestaltete.

Alpenland-Universal-Ackerschlepper, 15 PS

Alpenland-Traktoren (Auswahl)

Typ/Bezeichnung	Baujahr	Motorleistung PS	Zylinder	Takt	Gänge	Gewicht kg
15 PS	1949	15	1	4	5/1	1090
25 PS	1950	25	2	4	5/1	1450
40 PS	1951	40	2	4	5/1	2100

Bautz

Josef Bautz AG, 7968 Saulgau

Bautz-Schlepper hatten nie den Nimbus des Besonderen. Möglicherweise aber machte gerade diese Unauffälligkeit ihre Stärke aus. Solange sie gebaut wurden, zwischen 1950 und 1962, verkörperten sie das, was man gerne als den konservativen Schleppertyp bezeichnet. Hinterradantrieb, leichte Bauweise, Heckanbau zählten zu den Kennzeichen der ersten Bautz-Schlepper, bevor 1959 eine modernere Schleppergeneration vorgestellt wurde, deren beide Typen als kombinierte Zug- und Tragschlepper nun auch für den Zwischenachsanbau geeignet waren.

Darin kommt bereits zum Ausdruck, daß sich das in Oberschwaben ansässige Familienunternehmen mit dem Traktorenbau nicht leichtgetan hat. Als Spezialist für Erntemaschinen hingegen galt man zu Recht! Seit 1890 wurden immer wieder verbesserte Heuwender, Gras- und Getreidemäher entwickelt und in großer Stückzahl verkauft. Allein vom Grasmäher »Attila« gingen zwischen 1914 und 1934 über 100 000 Stück in die Welt, wobei sich Bautz einiges darauf zugute hielt, alle wichtigen Maschinenteile selbst hergestellt zu haben. Große Anerkennung fand auch der ab 1935 gebaute Bautz-Bindemäher, eine zuvor am Markt nicht übliche Schweißkonstruktion.

Im gleichen Jahr kam der Firmengründer Josef Bautz, ein ausgebildeter Hammerschmied, unter Berücksichtigung der immer schwerer gewordenen Landmaschinen auf den Gedanken, den Bauern die Möglichkeit zu bieten, ihre Bautz-Erntemaschinen doch auch von Bautz-Traktoren ziehen zu lassen. Gedacht – getan, und so kaufte der gerade liquide Bautz in Großauheim am Main eine leerstehende Fabrik mit großem Werksgelände. Im Hessischen also sollten zukünftig Bautz-Traktoren gebaut werden, doch mehr als einige Prototypen brachte man vor Ausbruch des Zweiten Weltkriegs nicht zu-

Der Bautz AS 240 bestach durch klare Linienführung und Funktionalität

stande. Damit aber war für die Planer der nationalsozialistischen Kriegswirtschaft die Entscheidung klar. Noch 1939 wurden die Werksanlagen in Großauheim für die Rüstungsproduktion beschlagnahmt, während als Ausgleich in Saulgau die als dringlicher eingestufte Erntemaschinenherstellung unbeeinflußt fortgeführt werden konnte.

Nach dem Zweiten Weltkrieg ließ sich der Wunsch von Bautz nach der eigenen Traktorenfabrik ebenfalls nicht ohne weiteres verwirklichen. Die meisten Werkhallen in Großauheim waren zerstört, und was den Krieg überdauerte, diente nun ebenso wie weite Teile des Firmengeländes der US-Army als Militärlager.

Um so besser florierte dafür der Werksteil Saulgau. 1950 beschäftigte Bautz hier bereits wieder über 700 Mitarbeiter im Erntemaschinenbau, in welchem man eine in Deutschland führende Stellung innehatte. Dies gab den Mut, den Gedanken der Schlepperfabrikation weiter zu verfolgen. Eine überraschende Chance bot sich noch im gleichen Jahr. Die Tübinger Firma Zanker übertrug Bautz die Aus-

stellung des Zanker-Traktors auf der Frankfurter DLG-Schau in der Absicht, sich ohnehin so rasch wie möglich von der Schlepperfertigung wieder zu trennen. Und Bautz nutzte die Gelegenheit. Man erwarb die Konstruktion, richtete die Großauheimer Anlage für die Produktion her und stellte noch im gleichen Jahr einen 14-PS-Traktor vor, dessen 1-Zyl.-2-Takt-Dieselmotor weitgehend dem von Zanker entwickelten Motor Typ M 1 entsprach.

Wie sehr man bei Bautz damals aufatmete, zeigen Anzeigen der ersten Stunde: »60 Jahre Bautz – Der lange erwartete 14-PS-Bautz-Dieselschlepper ist da«, hieß es. Für den Absatz sorgte das gutausgebaute Bautz-Vertriebsnetz, wo man nicht müde wurde, auf das »vorzügliche Mähwerk« des Traktors hinzuweisen, denn: »Im Mähmaschinenbau ist Bautz zu Hause.«

Einen im Styling veränderten Kleinschlepper eigener Konstruktion stellte Bautz zur Jahreswende 1950/51 mit dem AS 120 (später: AS 122) vor. Leichte Bauweise und günstiger Preis machten

12-PS-Bautz AS 122
als Hackschlepper

das Fahrzeug vor allem für Kleinbauern interessant. Technisch bemerkenswert war der von MWM bezogene wassergekühlte 2-Zyl.-4-Takt-Dieselmotor KD 11 Z mit einer Leistung von 12 PS, eine Neuentwicklung, die bei Bautz erstmals zum Einsatz gelangte.

Die folgenden Jahre nutzte man bei Bautz, um eine Kleinschlepper-Familie aufzubauen. 1954 verfügte man bereits über vier verschieden starke Typen mit einer Leistung zwischen 12 und 22 PS. Als Motorenlieferanten traten MWM und Güldner in Erscheinung, mal mit luft- und dann wiederum auch mit wassergekühlten Triebwerken. Die Getriebe steuerte Bautz entweder selbst bei oder sie stammten von der Zahnradfabrik Passau. Auf jeden Fall aber paßten die Traktoren so gut zusammen, daß man ab 1953 häufig einen Platz unter den ersten Dutzend Firmen bei den Schlepperneuzulassungen belegen konnte.

Das Jahr 1954 brachte Bautz eine beachtliche Verbesserung der Produktionsbedingungen in Großauheim. Im Tausch mit den sich nach wie vor auf dem Werksgelände befindlichen US-Streitkräften konnte die Hallenfläche um rund 5000 m² aufgestockt werden. So wurde es möglich, der bis 1956 stetig ansteigenden Nachfrage nach Bautz-Traktoren zu entsprechen. Unvorbereitet stand das Unternehmen allerdings 1957 da, als der Absatz von Kleinschleppern plötzlich um fast die Hälfte zurückging. Mit geringfügig stärkerer Motorleistung, ansonsten aber unveränderten Modellen, konnten neue Kunden jedenfalls beinahe nur im Ausland hinzugewonnen werden.

Mit Nachdruck arbeitete man deshalb bei Bautz gegen Ende der fünfziger Jahre an einer neuen Modellreihe. Das Ergebnis war der 1959 vorgestellte »Bautz 200«, ein kombinierter Zug- und Tragschlepper mit 15 PS. Seine Vorzüge lagen im wesentlichen im leichten Geräteanbau, der praktischen Anordnung und Handhabung der Bedienungshebel sowie der bequemen Montage des Mähwerks. Ähnlich ausgelegt, nur stärker motorisiert war der kurze Zeit später auf den Markt gebrachte 20 PS leistende »Bautz 300«, während mit dem noch aus der alten Baureihe weiterentwickelten »Bautz 350« versucht wurde, an Traktoren bis 25 PS interessierte Landwirte anzusprechen.

Um nun aber den immer größer werdenden Kundenkreis für Traktoren der gehobenen Leistungsklasse gleichfalls bedienen zu können, entschloß man sich bei Bautz, Traktoren des englischen Herstellers Nuffield ins Programm aufzunehmen. In einer Werbeschrift hieß es: »Ab 30 PS beginnt der überseeische Massenbedarf und damit die englische Massenfabrikation. Mit dieser hat sich Bautz verbündet.« Nur – glücklich gestaltete sich die Verbindung nicht. Deshalb hielt Bautz nach einem deutschen Partner Ausschau, den man 1962 in der Rheinstahl Hanomag AG gefunden zu haben glaubte.

Und tatsächlich, vorzeigbar war das von der »Union Hanomag Bautz« vorgestellte Schlepperprogramm allemal. Bautz-Traktoren besetzten die Leistungsklasse bis 20 PS, von Hanomag kamen die stärkeren Modelle. Nur – lange hielt auch diese »Union« nicht. Bautz zog sich alsbald wieder aus der Verbindung zurück, allerdings um den Preis der Einstellung des Traktorenbaus. Nach mehr als 25 000 gebauten Traktoren beendete Bautz 1962 seine Aktivitäten als Traktorenhersteller zu einer Zeit, als der Markt in eine ernste Krise geriet.

Als Spezialist für Erntemaschinen blieb das schwäbische Unternehmen noch einige Jahre erfolgreich. 1969 jedoch endete die selbständige Tätigkeit durch Übernahme sämtlicher Geschäftsanteile durch die Firma Claas, Harsewinkel. Nun führt schon seit Jahren die »Claas Saulgau GmbH« die Tradition des Erntemaschinenbaus fort, indem unter anderem Futtererntemaschinen und Feldhäcksler zum Produktionsprogramm des Unternehmens zählen.

Traktoren von Bautz (Auswahl)

Typ/Bezeichnung	Baujahr	Motorleistung PS	Zylinder	Takt	Gänge	Gewicht kg
14 PS Diesel	1950	14	1	2	4/1	1150
AS 120 (später AS 122)	1950	12	2	4	4/1	830
AS 170	1952	17	2	4	5/1	1410
AS 220	1953	22	2	4	5/1	1490
AS 240	1955	24	2	4	5/1	1425
200	1959	15	2	4	8/2	1035
300	1959	20	2	4	7/1	1350
AW 350	1957	25	3	4	5/1	1475

Im Jahr 1916 übernahm Henry Ford den Auftrag, für die britische Landwirtschaft 5 000 Traktoren zu bauen. Das Ergebnis war der Fordson-Traktor, bei dem Motor, Getriebe und Hinterachse gewichtsparend in einem selbsttragenden Block ohne Rahmen zusammengebaut wurden. Nach Deutschland gelangten die Fordson-Traktoren in größerer Zahl 1923 über das von Frankreich besetzte Rheinland

Güldner A 28, 28 PS, um 1950

Unten links:
Hanomag R 16, 16 PS,
Baujahr 1953.

Untenrechts:
Hela-Standard-Bauernschlepper,
um 1955

Seit mehr als 30 Jahren nicht nur als Mähtraktor unverwüstlich: Fahr D 135

Fendt Dieselroß, 22 PS, Baujahr 1943. Tat viele Jahre als Genossenschaftstraktor treue Dienste

Lanz Gummi-Bulldog HL, so genannt wegen seiner mit Hartgummi bereiften Hinterräder. Besonders das Transportgewerbe schätzte die eine Zugkraft von rund 5 Tonnen besitzende Zugmaschine

Mit dem Normag C 10, 10 FS, sprach die Normag-Zorge GmbH während der fünfziger Jahre viele Kleinbauern an

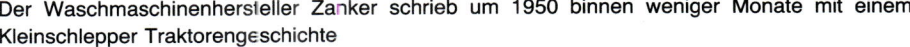

Der Waschmaschinenhersteller Zanker schrieb um 1950 binnen weniger Monate mit einem Kleinschlepper Traktorengeschichte

Deutz MTZ 220 – Traktorpionier der zwanziger Jahre, heute bei Sammlern sehr begehrt

Schweizer Wertarbeit: Hürlimann D 100, 20/40 PS

Von Holzgas auf Diesel umgerüsteter Hela-Traktor, Baujahr 1942

Kelkel Dieselschlepper K 22 E, 22 PS, Baujahr 1949

Ein Umbausatz machte es möglich: McCormick Deering, 20 PS, Baujahr 1949, mit Dieselmotor

Von Bungartz & Peschke im Jahr 1964 gebauter 30-PS-Traktor für Sonderkulturen

Fast 60 Jahre alt: Mercedes-Benz-Dieselschlepper Typ OE. Seine Zugkraft betrug auf ebener Straße über 15 Tonnen

Der John Deere 2250 ist ein leistungsstarker Standardschlepper für die neunziger Jahre

Benz-Sendling

Benz-Sendling Motorpflüge GmbH, 1000 Berlin

Nach dem Studium des Maschinenbaus an der Polytechnischen Hochschule Karlsruhe und Ingenieurtätigkeit in mehreren Maschinenfabriken machte sich Karl Benz (1844–1929) als Inhaber einer kleinen mechanischen Werkstätte in Mannheim selbständig. Dort schuf er 1879 unter Umgehung von N. A. Ottos Viertakt-Patent den ersten Zweitakt-Motor der Welt, ehe er in späteren Jahren gleichfalls Viertakt-Motoren konstruierte. Zur Produktion seiner Motoren gründete Benz im Jahr 1883 ein Unternehmen, das unter dem Namen Benz & Cie. Rheinische Gasmotorenfabrik AG 1907 von Georg Wiss die Süddeutsche Automobilfabrik Gaggenau erwarb, die sich als Nutzfahrzeughersteller einen Namen gemacht hatte. Wiss blieb dem Unternehmen auch weiterhin verbunden, regte sogar den Bau erster Motorpflüge an und machte nach dem Ersten Weltkrieg den Vorschlag, landwirtschaftliche Zugmaschinen zu bauen.

Um einen brauchbaren Motorschlepper für die Landwirtschaft zu entwickeln und zu verkaufen, gründete Benz & Cie. mit der in München ansässigen Motorenfabrik Sendling als Partner im Jahre 1919 die »Benz-Sendling Motorpflüge GmbH« mit Sitz in Berlin. Schon der erste Motorschlepper dieses Unternehmens war eine eigenwillige Konstruktion. Neben den beiden lenkbaren Vorderrädern besaß das Fahrzeug nur ein mittig angeordnetes großes Hinterrad, das durch eine Rollenkette angetrieben wurde. Man sparte mit dem einen Triebrad das Differentialgetriebe ein, was allerdings eine erhebliche Verringerung der Standfestigkeit, insbesondere in Hanglagen, zur Folge hatte. Häufiger wurden Klagen laut, daß Benz-Sendling-Motorschlepper bei Arbeiten im Hang umgefallen waren. Doch das Unternehmen schuf Abhilfe. Beiderseits des Hinterrades wurden vom Fahrer aus-

schwenkbare Stützräder montiert, die die Arbeit mit dem Fahrzeug jedoch beträchtlich erschwerten.

Der Zusammenbau der in den ersten Jahren mit einem Benz-Benzinmotor ausgestatteten Schlepper erfolgte bemerkenswerterweise in keinem der vier Firmenorte München, Mannheim, Berlin oder Gaggenau. Vielmehr besorgte bis etwa 1922 das Leipziger Unternehmen »Automobil- und Aviatik GmbH« die Montage, mit dem man seit dem Ersten Weltkrieg in engen geschäftlichen Beziehungen stand. Anschließend wurde die Produktion der Benz-Sendling-Schlepper zu Rheinmetall nach Düsseldorf sowie schließlich zu F. Komnick ins ostpreußische Elbing verlegt.

Angesichts dieser unsteten Verhältnisse überrascht es schon, daß gerade die Benz-Sendling-Motorschlepper zu jenen zählten, mit denen der Versuch unternommen wurde, weg vom teuren Benzin zu kommen und dafür billiges Schweröl oder Gasöl – wie es damals hieß – einzusetzen. Eine Möglichkeit dazu bestand im Einsatz von Dieselmotoren, wie sie sich seit der Jahrhundertwende für den ortsfesten Betrieb und in Schiffen wegen ihres geringen Verbrauchs an billigem Schweröl durchgesetzt hatten. Allerdings mußte der Kraftstoff bei ihnen durch Preßluft fein verstäubt in die Zylinder eingeblasen werden, was nur durch einen teuren und schweren Luftkompressor möglich war. Und genau hier lag die Schwachstelle: Das Problem, eine sehr kleine, genau dosierte Kraftstoffmenge abhängig von der jeweiligen Motorbelastung und -drehzahl zu einem bestimmten Zeitpunkt des Arbeitstaktes fein verteilt unter hohem Druck in die Zylinder einzuspritzen, war auch viele Jahre nach dem ersten funktionierenden Dieselmotor nicht gelöst.

Der erste, der nach langer Entwicklungsarbeit einen Ausweg aus dem Dilemma fand, war der bei Benz & Cie. und später bei MWM in Mannheim tätige Ingenieur Prosper L'Orange. Sein Vorkammer-Die-

selmotor kam als erster Dieselmotor der Welt ohne Kompressor aus und wurde 1922 probeweise in Benz-Sendling-Motorschlepper eingebaut. Erstmals der Öffentlichkeit vorgestellt wurden die Benz-Sendling-Diesel mit der Typenbezeichnung S 6 im Juni 1923 auf der Ostmesse in Königsberg. Das Aufsehen, das sie erregten, war beträchtlich. Noch am Eröffnungstag wechselte eine der ausgestellten Zugmaschinen für sage und schreibe 165 Millionen Mark den Besitzer. Bis Ende 1924 waren von dem inzwischen zum S 7 verbesserten Diesel-Schlepper 36 Stück verkauft, und in den folgenden Jahren pendelte sich mit weiterentwickelten Modellen der Jahresabsatz bei etwa 200 Fahrzeugen ein. Bescheiden genug begann also das Diesel-Zeitalter für die Traktoren, Grund genug, einmal darüber nachzudenken, warum sich gerade in ihnen die Dieselmotoren gegenüber den Benzin-(Otto-)Motoren durchsetzten. Da ist zum einen der günstigere Preis für Dieselkraftstoff zu nennen. Aus Gründen der technischen Herstellung müßte er so billig wie bei Heizöl sein, und in den dreißiger Jahren traf dies auch uneingeschränkt zu. Zum anderen spielte aber der höhere Nutzungsgrad von Dieselmotoren eine wichtige Rolle. Benzinmotoren mit elektrischer Zündung saugen ein Kraftstoff-Luft-Gemisch an, das stets zuwenig Luft enthält, insbesondere bei geringer bis mäßiger Belastung. Infolgedessen kann hier der Kraftstoff nur unvollständig verbrennen, mit der Konsequenz, daß bei Benzinmotoren der Kraftstoffverbrauch je erzeugte Energieeinheit mit abfallender Motorbelastung immer ungünstiger wird. Demgegenüber saugen Dieselmotoren nur Luft an, die im Kompressionstakt so komprimiert und dadurch erhitzt wird, daß der dann eingespritzte Kraftstoff infolge Selbstentzündung entflammt. Dabei wird allerdings die Menge des eingespritzten Kraftstoffs genau der momentan geforderten Leistung entsprechend dosiert in die im Überschuß vorhandene Verbrennungsluft eingespritzt. Die Folge liegt auf der Hand: Im Vergleich zum Benzinmotor ist der Kraftstoffverbrauch von Dieselmotoren, auf die gleiche Leistung je Stunde bezogen, ungleich geringer.

Nur – geschenkt bekommt man bei der Technik nichts. So ist der Nachteil des Dieselmotors sein, bezogen auf gleiche Leistung, höherer Preis, der durch die kräftigere Dimensionierung bedingt ist. Man hat also zu wählen: Geringeren Betriebskosten bei hoher jährlicher Ausnutzung stehen geringere Anschaffungskosten bei Inkaufnahme höherer Kraftstoffkosten gegenüber. Und die Wahl ist getroffen. Hersteller wie Käufer von Traktoren haben sich in Europa für den Dieselmotor und damit neben anderem für niedrige Betriebsstoffkosten entschieden.

Doch zurück zu Benz-Sendling! Von Berlin aus lieferte man Motorschlepper der Dreirad-Typen S 7 und S 8 sowie des Vierradschleppers Typ BK auch noch nach dem Jahr 1926 aus, als Benz & Cie. mit der Daimler-Motoren-Gesellschaft zur Daimler-Benz AG fusionierte. Im Zuge der daraufhin eingeleiteten Rationalisierung änderten sich jedoch die Voraussetzungen für das Unternehmen bald. Ab 1928/29 wurden die Motorpflüge von Benz-Sendling im Werk Mannheim der Daimler-Benz AG gebaut, ehe 1930 die endgültige Auflösung des Berliner Schlepperunternehmens erfolgte.

Benz-Sendling-Traktoren (Auswahl)

Typ/Bezeichnung	Baujahr	Motorleistung PS	Zylinder	Takt	Gänge	Gewicht kg
Benz-Gaggenau-Traktor	1919	40	4	4	–	4000
Benz-Sendling Typ S 6	1923	25	2	4	1/1	–
Benz-Sendling Typ S 7	1924	30	2	4	1/1	2600
Benz-Sendling Typ S 8	1924	30	2	4	3/1	2500
Benz-Sendling Typ BK	1925	35	2	4	3/1	3200

Bischoff

**Bischoff-Werke KG,
4350 Recklinghausen**

Zu den Unternehmen, die am landwirtschaftlichen Motorisierungsboom der frühen 1950er Jahre mit »Konfektionsschleppern« teilhaben wollten, zählen die im Bergwerks-Spezialmaschinenbau tätigen Bischoff-Werke. Allerdings begegnete man dem ungewohnten Tätigkeitsfeld doch stets mit einiger Distanz. Die großen landwirtschaftlichen Ausstellungen mied man weitgehend, und auch der Kontakt zu den für einen erfolgreichen Vertrieb wichtigen Fachzeitschriften ließ zu wünschen übrig. Dabei konnten sich die zwischen 1951 und 1954 am Nordrand des Ruhrgebietes zusammengebauten Biwe-Traktoren durchaus sehen lassen. Die Schlepperreihe der Bischoff-Werke umfaßte vier Typen zwischen 15 und

Wurde nur in geringer Stückzahl gebaut: Bischoffs Biwe AS 20

45 PS. Die Traktoren waren konventionell gehalten, im Styling ebenso wie bei den Aggregaten. Die bei den Typen AS 20 und AS 45 zum Einbau gelangenden Motoren fielen vielleicht ein wenig aus dem Rahmen, handelte es sich doch um wassergekühlte Henschel-Diesel-Motoren, die gewöhnlich außerhalb der Landwirtschaft eingesetzt wurden. Sie bewährten sich indes in den Schleppern ebenso wie die in die beiden anderen Typen eingebauten MWM-Motoren. Ähnlich verfuhr Bischoff auch bei den Getrieben. Man suchte den Markt nach passenden und preiswerten Angeboten ab, wurde sowohl bei der Zahnradfabrik Carl Hurth, München, als auch bei den Zahnradfabriken Augsburg und Passau fündig und griff hier auf dieses und dort auf jenes Getriebe zurück. Unterschiedliche Fabrikate fanden desgleichen als Lenkung oder an anderen wichtigen Fahrzeugteilen Verwendung, so daß zuletzt trotz einer insgesamt geringen Anzahl Bischoff-Schlepper ein beträchtlicher logistischer Aufwand erforderlich war.

Die Recklinghausener Traktoren nahmen allerdings an dem Allerlei, aus dem sie zusammengebaut waren, keinen Schaden. Die wenigen, nur selten in landtechnischen Fachblättern wiedergegebenen gutachtlichen Äußerungen von Zeitgenossen sprechen vielmehr von zugstarken Zugmaschinen, die in Aufbau und Leistung sowie im serienmäßigen Zubehör wie Riemenscheibe, Zapfwelle, Mähantrieb sowie bei den großen Typen elektrischer Anlasser durchaus den Anforderungen der Zeit entsprachen.

Traktoren von Bischoff (Auswahl)

Typ/Bezeichnung	Baujahr	Motorleistung PS	Zylinder	Takt	Gänge	Gewicht kg
AS 15	1951	15	1	4	5/1	1310
AS 20	1951	20	2	4	5/1	1285
AS 28	1951	28	2	4	5/1	1730
AS 42	1951	42	4	4	5/1	1980
AS 45	1953	45	4	4	5/1	1925

Borsig

A. Borsig GmbH, 1000 Berlin-Tegel

Industrie- und Technikgeschichte hat das im Jahr 1837 gegründete Unternehmen Borsig vor allem mit seinen Lokomotiven geschrieben. Noch heute geraten Eisenbahnfreunde ins Schwärmen, kommt die Sprache beispielsweise auf die Borsigsche Mammutreihe oder die in den dreißiger Jahren gebauten Stromlinienlokomotiven.

Daneben ließ das Berliner Maschinenbau-Unternehmen die Landwirtschaft keineswegs unbeachtet. So konstruierte Borsig 1898 einen Elektropflug, bei dem von einem Elektromotorwagen aus ein Kipp-Pflug über das Feld gezogen wurde. Einige Jahre später übernahm Borsig dann von der Firma A. Ventzki den Dampfpflugbau, dem man in den zwanziger Jahren noch einmal zur Blüte verhelfen wollte. Fachleute waren sich darüber einig, daß die von Borsig gebauten Dampfpflug-Lokomotiven zu den technisch anspruchsvollsten zählen, die je gebaut wurden. Der beachtliche finanzielle Aufwand von Borsig nutzte indes wenig. Traktoren und Motorpflüge erwiesen sich als überlegene Konkurrenten, weshalb man in Tegel zuletzt froh war, daß der Dampfpflugbau 1928 an J. Kemna, Breslau, abgegeben werden konnte.

Aus der wirtschaftlichen Misere, in der sich Borsig während der zwanziger Jahre befand, konnten die Dampfpflüge also nicht heraushelfen. Vielleicht aber war dies mit Motorschleppern möglich? Über freie Kapazitäten jedenfalls verfügte das Unternehmen reichlich, ruhte der Lokomotivbau doch weitgehend. Und Borsig ging das Wagnis ein. Den Konstrukteuren wurde der Auftrag erteilt, einen Schlepper zu entwickeln, der an die Stelle der tierischen Gespannkraft treten sollte. Diese technische Forderung nahm man sich nun aber so sehr zu Herzen, daß ein wahrlich merkwürdiges Fahrzeug entstand, welches als Vorspannschlepper vom nebenher gehenden Führer mittels Zügel zu dirigieren war. Er konnte aber auch wie ein Kutscher, die Zügel in der Hand haltend, auf dem Fahrersitz sitzen. Um den Schlepper in Gang zu setzen, zog er die Zügel an und trat auf einen bequem liegenden Fußhebel. Ließ er die Zügel wieder nach, setzte sich die Maschine von selbst in Bewegung. Stand eine Linksschwenkung an, wurde links am Zügel gezogen, bei einer Rechtsschwenkung entsprechend rechts. Sollte das Fahrzeug aber anhalten, so wurden beide Zügel gleichzeitig leicht angezogen. Auch bremsen konnte das Borsig-»Motorpferd«. Der Fahrer mußte die Zügel nur kräftig genug anziehen.

Nicht alle Schlepperfahrer der ersten Stunde wollten auf der Zugmaschine sitzen. Vom Gespannbetrieb her waren sie das Nebenhergehen gewöhnt. Beim Borsig-Schlepper – als einem der ganz wenigen – war dies ohne weiteres möglich. Auch sonst wartete die Zugmaschine mit Besonderheiten auf. Leichte und kurze Wendefähigkeit sowie die Unmöglichkeit des Aufbäumens infolge weit nach vorn gelegter Antriebsachse zählten unter anderem zu den Vorzügen der Maschine, während als nachteilig vor allem der mit 25 PS als zu schwach eingestufte Motor empfunden wurde. Borsig besserte hier später durch die Verwendung von zunächst 30- und dann sogar 40-PS-Motoren nach. Alles in allem jedoch blieb das Motorpferd von Borsig ein Kuriosum, das wie kaum ein anderes den Übergang der Landwirtschaft vom Zugtier zum Motorschlepper dokumentierte. Auch für das Unternehmen selbst blieb der Schlepperbau nur eine Episode. Bald widmete man sich wieder in vollem Umfang dem Maschinen- und Lokomotivbau, wo bis in die Nachkriegszeit große Erfolge gelangen.

Borsig-Traktor (Auswahl)

Typ/Bezeichnung	Baujahr	Motorleistung PS	Zylinder	Takt	Gänge	Gewicht kg
Motorpferd	1924	25	4	4	2/0	1700

David Brown

**David Brown Tractors GmbH,
3016 Seelze**

Rund zwei Jahrzehnte lang, zwischen 1962 und 1981, behauptete das britische Unternehmen David Brown mit seinen Traktoren einen Platz in der Rangliste der zwanzig in der Bundesrepublik Deutschland meistzugelassenen landwirtschaftlichen Zugmaschinenfabrikate. Zwar kam man trotz beachtlicher Anstrengungen nur selten über einen Marktanteil von 1 % hinaus, doch dessenungeachtet gab es eine beachtliche Anzahl von Landwirten, die auf die ihrer weißen Farbe wegen gelegentlich als »Schimmel« bezeichneten David Brown-Traktoren nichts kommen ließen. Sie konnten mit den manchmal als »hausbacken« oder »handgeschmiedet« eingestuften britischen Zugmaschinen gut umgehen, was nicht weiter überrascht, weiß man, daß David-Brown-Traktoren für eine internationale Kundschaft baute. Rund 80 % der in den sechziger und siebziger Jahren auf 30 000 Schlepper angestiegenen Jahres-

Der britische Hersteller David Brown kam mit seinen Traktoren erst spät nach Deutschland

produktion lieferte David Brown (DB) ins Ausland, darunter bis maximal 1000 Fahrzeuge nach Deutschland.

Den Einstieg in den Traktorenbau vollzog das bereits 1860 als Modelltischlerei für Zahnräder in Huddersfield gegründete Unternehmen David Brown 1936. Damals baute der in der Getriebeherstellung großgewordene Betrieb für Harry Ferguson einen Traktor, der vor allem seiner Dreipunkt-Regelhydraulik wegen als landwirtschaftliches Pionierfahrzeug gilt. Einen ersten eigenen Traktor konstruierte man bei David Brown drei Jahre später, der dem Ferguson-Brown-Schlepper allerdings sehr ähnlich war. Nach dem Weltkrieg intensivierte das in einem Diversifizierungsprozeß befindliche Unternehmen den Schlepperbau beträchtlich und verstand es, den Zugmaschinen durch einige technisch interessante Lösungen ein eigenständiges Gepräge zu verschaffen. Dazu zählt unter anderem der 1947 vorgenommene Einbau von niedrigtourigen Dieselmotoren, die damals im Schlepperbau in England und USA noch nicht üblich waren, ferner die 1948 gelungene Entwicklung eines 6-Gang-Gruppenschaltgetriebes oder aber die rund zehn Jahre später vorge-

stellte Einhebel-Implematic. Dabei handelte es sich um eine Allzweck-Hydraulik, die Normalhydraulik, Regelhydraulik für Dreipunkt-Anbaugeräte und die Hydro-Achsdruckregelung für Geräte mit Stützrad in sich vereinte und einfach zu bedienen war.

Mit solchermaßen technisch ansprechenden Schleppern wagte Brown Mitte der fünfziger Jahre den Sprung über den Kanal nach Deutschland. Nach einem kurzen Zwischenspiel mit der Oskar Natorp GmbH, Mülheim (Ruhr), bot sich der württembergische Schlepperhersteller Wahl als Generalvertreter an, was insofern gut zusammenpaßte, als das David-Brown-Traktorenprogramm auf die mittlere Leistungsklasse ausgerichtet war und so die Bauerntraktoren von Wahl gut ergänzte. Doch die in diese Verbindung gesetzten Hoffnungen erfüllten sich auf die Dauer nicht. David Brown gründete deshalb 1964 zunächst in Balingen, bald darauf jedoch in Seelze bei Hannover einen eigenen Traktorenvertrieb, der wesentlich auf dem ehemaligen, einst etwa 300 Händler umfassenden Wahl-Vertriebsnetz aufbaute.

Angeboten wurden drei Traktorentypen, DB 770, DB 880 und DB 990, die ihre Leistungen zwischen 33 PS und 55 PS aus traditionell großvolumigen Motoren herausholten. In diese Richtung setzte David Brown 1966 auch seine Bemühungen fort, indem Motorleistung und Hubraum weiter in der Absicht aufgestockt wurden, den Landwirten selbst bei niedrigen Umdrehungszahlen ein möglichst starkes Drehmoment zur Verfügung zu stellen.

Technische Detailarbeit erfordert nicht selten vom Hersteller großen Einsatz und fällt dennoch keineswegs immer auf. Anders verhält es sich bei einem Farbenwechsel. Er ist eher preiswert durchzuführen, ruft aber bei der Kundschaft häufig eine beachtliche Reaktion hervor. Deshalb halten Traktorenhersteller zumeist lange an einer einmal eingeführten Farbe fest. Dennoch wagte DB 1966 den Wechsel vom zuvor üblichen Rot zu Weiß, das man als Prestigefarbe verstanden wissen wollte. Tatsächlich führte sich das Weiß allen ursprünglich geäußerten Bedenken zum Trotz gut ein – Dreck, rührt er nur von harter Arbeit her, adelt

bekanntlich den Ackermann und sein Gerät. Schaden konnte es also nicht, wenn die Spuren schwerer Tätigkeit auf weißem Untergrund um so deutlicher zu erkennen waren.

Weltweit legte DB mit den neuen Traktoren durchaus zu. 1970 plante das Unternehmen sogar eine Aufstockung der Jahreskapazität auf nun 50 000 Traktoren, was in den nächsten Jahren Investitionen in Höhe von 50 Millionen DM erforderlich machte. Doch damit tat das Unternehmen zweifellos des Guten zuviel. Kurz nach Fertigstellung der neuen Anlagen in Meltham verkaufte die David Brown Corp. ihre Traktorenfertigung an den in Houston (Texas) ansässigen US-Mischkonzern Tennessee Building, besser bekannt als Tenneco. Bei dem Kaufpreis von 65 Millionen DM kam David Brown noch einmal mit einem blauen Auge davon, übernahm Tenneco doch gleichzeitig auf dem Traktorenwerk liegende Verpflichtungen in Höhe von 50 Millionen DM. Und Tenneco hatte mit David Brown einiges vor! Angestrebt wurde zunächst die Abstimmung des Brown-Programms mit dem Traktorenangebot des ebenfalls zu Tenneco gehörenden US-Landmaschinen-Unternehmens Case. Dies bot sich an, besaßen die DB-Schlepper doch weitgehend Motoren mit einer Leistung zwischen 30 und 80 PS, während Case Zugmaschinen in der Klasse zwischen 80 und 145 PS baute. Faßte man aber beide Programme zusammen, so ergab sich eine eindrucksvolle Traktorenreihe, mit der Tenneco weltweit zu operieren beabsichtigte.

Für Deutschland indes blieb David Brown mit seinen Fahrzeugen zuständig. Sie verfügten über Motoren mittlerer Leistungsstärke, Synchrongetriebe und die als besonderes Merkmal anzusprechende Selectamatic, worunter ein weiterverbessertes Steuerungssystem der Hydraulikanlage zu verstehen ist. Über Vorwählschalter konnten dabei verschiedene Hydraulikfunktionen eingestellt werden, deren Steuerung dann über einen einzigen Hebel erfolgte. Mit dieser von Brown als exklusiv bezeichneten Hydrauliksteuerung ausgerüstet war auch der 1977 gebaute 500 000ste David Brown-Traktor. Silberfarbig und mit den offiziellen Insignien der englischen Königin geschmückt, wurde das Fahrzeug übrigens für einen wohltätigen Zweck versteigert, wobei auch deutsche Gebote vorlagen, die jedoch nicht zum Zuge kamen.

Mit diesem Höhepunkt aber neigte sich die Ära der David Brown-Traktoren einem raschen Ende zu. Tenneco drängte jetzt mit Nachdruck auf eine Vereinheitlichung seines Traktorenprogramms. Die nächste, 1980 vorgestellte Schleppergeneration, die sogenannte »David Brown Case Serie 90«, trug diesem Wunsche Rechnung. Präsentiert wurden in abgestimmtem Styling sieben völlig neugestaltete Grundmodelle mit Leistungen zwischen 48 und 150 PS. Drei Modelle (1690, 2090, 2290) wurden ausschließlich als Allradmodelle mit integrierter Kabine ausgeliefert, womit endlich einem Manko der David Brown-Serie abgeholfen war. Zu lange nämlich hatten Amerikaner und Engländer die auf vermehrten Allrad-schlepper-Bedarf hinauslaufende Entwicklung verkannt. Nur – viel Zeit zur Steigerung des inzwischen weiter geschrumpften Marktanteils blieb der David Brown Tractors GmbH nicht. 1983 bereits firmierte das Unternehmen um in Case Traktoren GmbH, womit, wie so viele andere auch, der Name des Traktorenherstellers David Brown nur noch historische Bedeutung besitzt.

David Brown-Traktoren (Auswahl)

Typ/Bezeichnung	Baujahr	Motorleistung PS	Zylinder	Takt	Gänge	Gewicht kg
25 D	1955	32	4	4	6/2	1520
30 D	1955	41	4	4	6/2	1750
850 Implematic	1960	35	4	4	6/2	1700
950 Implematic	1960	45	4	4	6/2	1920
990 Implematic	1962	55	4	4	6/2	2250
770 Selectamatic	1966	36	3	4	12/4	1785
880 Selectamatic	1966	46	3	4	12/4	2100
990 Selectamatic	1968	58	4	4	12/4	2435
1200 Selectamatic	1970	72	4	4	12/4	2960
775	1975	38	3	4	12/4	2060
996	1975	64	4	4	12/4	2655
1210 Allrad	1975	72	4	4	12/4	3815
DB Case 1290	1983	58	4	4	12/4	2600
DB Case 1490 Allrad	1983	83	4	4	12/4	3760
DB Case 1690 Allrad	1983	103	6	4	12/4	4095

Bungartz

Bungartz & Co., 8000 München
Bungartz & Peschke GmbH & Co. KG, 6660 Zweibrücken

Nur ein Jahr nach der Gründung als Maschinenfabrik im Jahre 1934 übernahm Bungartz vom Elektrokonzern Siemens & Halske, Berlin, die dort wenig geliebte Fräsenfabrikation. Zwar galt die 6-PS-Siemens-Bodenfräse K 5 als solide, doch Verbesserungen schienen durchaus angebracht. Durch eine Verstärkung des Getriebes und die Anordnung von Triebradkupplungen gelang es denn auch, die Maschine als Einachsschlepper für Pflug oder Zughacke betriebssicherer und wendiger zu machen.

Daneben entwickelte Bungartz auf der Grundlage der Schweizer Simar-Fräse die Leichtfräse L 3 mit 4,5- bzw. 6-PS-DKW-Motor. Und der Erfolg bestätigte Bungartz. 1940 konnte die 5000ste und bereis zwei Jahre später die 10 000ste Bungartz-Bodenfräse verkauft werden. Grundlage für diesen guten Zuspruch seitens der Landwirte und Gärtner selbst während des Krieges waren sowohl die Verarbeitung hochwertigen Materials etwa bei der Zinken der Fräse als auch die gut gelungene Isolierung des hochdrehenden und empfindlichen Motors gegen Staub und Schmutz.

Der Zweite Weltkrieg hinterließ bei Bungartz wie andernorts gleichfalls zerstörte Werkshallen. Doch noch inmitten von Schutt und Asche entstanden bereits 1945 wieder die ersten Bodenfräsen. Diese Einachsmaschinen erschienen den Alliierten mehr noch als die Vierradschlep-

Mit Traktoren wie dem 12-PS-Modell T 5 wurde Bungartz zum anerkannten Spezialschlepperhersteller

per in jeder Beziehung für Rüstungszwecke ungeeignet, was sich auf die Zuteilung von Bauteilen günstig auswirkte. Im Konstruktionsbüro wußte man die Gelegenheit zu nutzen. Bei dem gegen Ende der vierziger Jahre an den Markt gebrachten Einachsschlepper U 1 stammte vom 11-PS-Motor über das Getriebe bis hin zum Mähwerk nahezu alles aus dem Hause Bungartz selbst. Die Vielseitigkeit der Maschine war verblüffend. Mit Zusatzgeräten vermochte das Fahrzeug nicht weniger als 25 verschiedene landwirtschaftliche Arbeiten auszuführen. Sie ersetzte, wie Bungartz in der Werbung verlauten ließ, respektable 15 Maschinen. Dem Traktorenbau war Bungartz mit dem Einachsschlepper U 1 und den nachfolgenden Modellvarianten schon sehr nahe gekommen. Bevor man sich jedoch für die Aufnahme von Vierradschleppern in das Produktionsprogramm entschied, wurde zuvor noch ein interessanter Umweg eingeschlagen. In Zusammenarbeit mit der Firma Hummel, Heitersheim, entwickelte man einen Anhänger, dessen Vorderachse über Zapfwelle vom Einachsschlepper aus angetrieben wurde. Dieser war so zum vierradgetriebenen Fahrzeug geworden, das zudem den Vor-

teil besaß, die Nutzlast des Anhängers zur Bodenhaftung mit einzusetzen.
Den Einstieg in die eigentliche Zweiachsschlepperfertigung unternahm Bungartz 1953. Auf der Kölner DLG-Ausstellung 1953 präsentierte das Werk den Frästraktor T 3, der wahlweise mit Diesel- oder Benzinmotor zu haben war. Schmale Bauart, 6-Gang-Getriebe und ein interessantes Geräteprogramm standen zur Verfügung.
Erfolgreicher als der T 3 wurde das 1956/57 entwickelte 12 PS starke Modell T 5. Bedauerlicherweise kam es genau zu dem Zeitpunkt heraus, als sich auf dem Markt für landwirtschaftliche Zugmaschinen eine drastische Schrumpfung abzeichnete. Sicher, als »Jedermann-Traktor« war der T 5 ohnehin nicht konzipiert, eher schon als Spezialfahrzeug für Intensiv- und Reihenkulturen sowie für Pflegearbeiten. Dem großflächigen Gartenbau, wichtiger Abnehmer der Münchener Einachsmaschinen, blieb Bungartz also auch mit seinen Traktoren eng verbunden. Entsprechend gestaltet war die Technik: Schmale Bauweise, Hangfestigkeit, Motorhydraulik, gut abgestuftes Getriebe und große Wendigkeit bei kleinstem Wenderadius, ergänzt um die verschieden-

sten Anbaugeräte wie Fräse, Spritzpumpe oder auch Preßlufthammer; sie zeigten, daß sich Bungartz mit dem T 5 schon etwas Besonderes hatte einfallen lassen. Hervorzuheben ist die patentierte 90-G-Lenkung. Sie machte, unterstützt durch große Einzelradbremsen, einen fast rechtwinkligen Einschlag möglich. 1957 bezog Bungartz ein neues, größeres Werk, in dem annähernd 400 Beschäftigte Arbeit fanden. Die aufgestockten Kapazitäten nutzte man unter anderem zum Ausbau der Schlepperfertigung. So kam zum geringfügig stärker motorisierten T 5 der 20 PS leistende T 6 hinzu, und auch der mit einem 34-PS-VW-Industriemotor ausgestattete T 7 ließ ebenfalls nicht lange auf sich warten.

Schlecht verkauften sich die Bungartz-Traktoren nicht, doch mehr als 300 Neuzulassungen pro Jahr wollten es einfach nicht werden. Zweifellos lag diese Zahl zu niedrig, um für die rückläufige Fräsenproduktion einen Ausgleich zu ergeben. Wenig erfolgreich blieb ferner das von Bungartz gemeinsam mit dem Motorenfabrikanten Hatz in Brasilien begonnene Unternehmen, über die Firma Agrisa eine Lizenzfertigung des Bungartz-Schleppers

T 5 aufzunehmen. Da überraschte es zuletzt nur noch Außenstehende, als 1965 bekannt wurde, daß Bungartz weite Teile seiner Münchner Werksanlagen an die in der Stoßdämpferherstellung tätige Boge GmbH verkauft hatte.

Der dabei erzielte Erlös reichte aus, um auch weiterhin im Traktorengeschäft tätig zu bleiben. Als Partner bot sich der Zweibrückener Baumaschinenfabrikant Karl Peschke an, der mit dem dreirädrigen Pekazett-Hangschlepper UF 260 gerade einen technisch interessanten Ausflug in das Gebiet der forstwirtschaftlichen Spezialmaschinen unternahm.

Bungartz und Peschke kamen noch 1965 überein, eine gemeinsame Maschinenfabrik zu gründen, die im saarländischen Hornbach neue Werksanlagen erstellen sollte. Mitte 1966 war es dann soweit. Die gesamte bekannte Bungartz-Produktion, bestehend aus Einachs-Motorhacken, Einachsschleppern sowie Vierrad-Spezialtraktoren mit einer Leistung zwischen 8 und 40 PS, kam in verbesserter Ausführung nun unter dem Signet »Bungartz & Peschke« auf den Markt.

In den Regionen mit intensivem Hopfen-, Wein- und Gartenbau erwarben sich Ende der sechziger und zu Beginn der siebziger Jahre die Allrad-Schmalspurschlep-

per T 8 DA mit einem 30-PS-Deutz-Dieselmotor sowie der noch stärkere T 9 HA 50 mit einem 50-PS-Hatz-Motor etliche Freunde. Sie verhalfen Bungartz & Peschke 1969 zum besten je erzielten Jahresergebnis mit 459 Neuzulassungen. Doch dann sanken die Verkaufszahlen wieder auf eine wirtschaftlich unbefriedigende Höhe ab. Mit dem Verkauf des Werks Hornbach an die Firma Gutbrod im Jahre 1976 endete die Ära Bungartz im deutschen Traktorenbau, dem sie weniger von den Stückzahlen her als vielmehr mit ihrem konsequenten Bekenntnis zum Spezialschlepper wichtige Impulse gegeben hat.

Traktoren von Bungartz und Bungartz & Peschke (Auswahl)

Typ/Bezeichnung	Baujahr	Motorleistung PS	Zylinder	Takt	Gänge	Gewicht kg
T 3	1953	11	1	4	6/3	920
T 5	1957	12	1	4	7/3	900
T 6	1960	20	2	4	6/1	950
T 7	1963	34	4	4	7/3	–
T 8	1964	40	4	4	6/1	–
T 8 DA	1968	30	2	4	6/1	1320
T 9 HA	1970	50	3	4	8/2	1680

BTG

BTG – Bayerische Traktoren- und Fahrzeugbau-Gesellschaft mbH, 8000 München

Den Einstieg in den Traktorenbau fand das Unternehmen in den ausgehenden vierziger Jahren, als ausgemusterte Militärfahrzeuge den Altmetallwarenhandel überschwemmten. Unter dem Namen »Bavarian Truck Company« (BTC) richtete man in München-Freimann und Nürnberg-Ziegelstein Betriebswerkstätten ein, in denen mit dem Umbau vornehmlich von Jeeps für den Einsatz in Landwirtschaft und Transportgewerbe begonnen wurde.

Dabei griff die BTC auf das original Jeep-Chassis mit Vorder- und Hinterachse zurück, montierte einen von KHD stammenden 11-PS-Dieselmotor mit Verdampfungskühlung auf und fügte das von der Landwirtschaft gefragte technische Zubehör wie Riemenscheibe und Zapfwelle hinzu; fertig war der 11-PS-Bavaria-Dieselschlepper. Das gewisse Extra des Fahrzeugs stellte indes das Getriebe dar. Wie bei vielen geländegängigen Militärfahrzeugen verfügte es über eine wahlweise Zwei- oder Vierrad-Antriebsschaltung. Zu schalten waren sechs Vor- und zwei Rückwärtsgänge, die Geschwindigkeiten zwischen 4 und 40 km/h erlaubten.

So ganz schlecht kann das gelegentlich als »Acker-Jeep« bezeichnete Fahrzeug nicht gewesen sein. BTC verkaufte jedenfalls etliche davon und begann, an Verbesserungen zu arbeiten. 1950 stellte das inzwischen in »Bayerische Transportfahrzeuge Company GmbH« umbenannte Unternehmen als Ergebnis der Arbeit den »BTC-Dieselschlepper 12/ 14 PS« vor. An die Stelle des Jeep-Chassis trat nun ein Rahmen aus Stahlpreßprofilen, während man an der Jeep-Vorder- und Hinterachse festhielt. Zum Einbau gelangte ferner ein weiterverbessertes Kombinationsgetriebe für Zwei- und Vierradantrieb, das nun dank acht Vor-

und zwei Rückwärtsgängen eine noch feinere Abstimmung der Geschwindigkeit zuließ. Gewählt werden konnte zwischen zwei Motoren, einem von Hatz stammenden 2-Takt-Diesel und einem geringfügig stärkeren MWM-4-Takt-Diesel.

Am Bekenntnis zum Allradschlepper mit vier gleich großen Rädern hielt das Unternehmen auch fest, als es Mitte der fünfziger Jahre erneut umfirmierte. Für kurze Zeit hieß man nun »Bayerische Transport- und Fahrzeugbau GmbH« mit dem Firmenkürzel BTG, welches beibehalten werden konnte, als die »Bayerische Traktoren- und Fahrzeugbau-Gesellschaft mbH« das Werk übernahm, um bis 1960 Traktoren zu bauen, vor allem aber, um Reparaturen an Nutzfahrzeugen aller Art auszuführen. Dabei war für die BTG die Zeit der Jeep-Umbauten längst Geschichte. Daß man dabei allerdings einiges gelernt hatte, zeigte man der Öffentlichkeit 1954/55 mit den beiden neuentwickelten BTG-Allrad-Traktoren Typ 4/25 und P 4/32.

Hervorragende Geländegängigkeit, gute Zugkraft, Sicherheit gegen Aufbäumen des Fahrzeugs durch tiefen Schwerpunkt bei hoher Bodenfreiheit ergänzten Allradantrieb und Allradlenkung und ergaben insgesamt eine interessante landwirtschaftliche Zugmaschine. Mit den von Güldner bzw. Perkins gelieferten 24- und 32-PS-Motoren waren die BTG-Fahrzeuge denn auch keineswegs mehr als Kleintraktoren anzusprechen. Ihr Einsatz kam außer in Hanglagen vielmehr dort besonders in Frage, wo zuvor Raupenschlepper eingesetzt worden waren. Um jedoch an den kleinbäuerlichen Betrieben Bayerns nicht völlig vorbeizuproduzieren, fügte BTG 1956/57 mit dem Typ 4/17 seiner Modellreihe noch ein drittes, schwächer motorisiertes Fahrzeug hinzu.

In unwegsamem Gelände zu Hause: BTG Allradtraktor P4/32

Doch nicht nur als Hersteller technisch interessanter Allradfahrzeuge tat sich BTG hervor. Vielmehr beschäftigte man sich im Gegensatz zu vielen anderen Herstellern landwirtschaftlicher Zugmaschinen auch schon frühzeitig mit den Traktoristen. Die zwischen den Achsen der Fahrzeuge befestigte Doppelsitzbank unterschied sich jedenfalls Ende der fünfziger Jahre in positiver Hinsicht weit von dem, was andernorts Traktorfahrern an Sicherheit und Bequemlichkeit zugemutet wurde. Nur – den wirtschaftlichen Erfolg vermochten der BTG weder Technik noch Bedienerkomfort zu garantieren. So schied das Unternehmen 1960/61 aus dem Traktorenbau aus, ohne mit seinen Fahrzeugen jemals zum Kreis der zwanzig Hersteller der bestverkauften Schlepper gehört zu haben.

BTC- bzw. BTG-Traktoren (Auswahl)

Typ/Bezeichnung	Baujahr	Motorleistung PS	Zylinder	Takt	Gänge	Gewicht kg
Bavaria Schlepper	1949	11	1	4	6/2	1155
BTC-Dieselschlepper	1950	14	1	4	8/4	1100
BTG Allrad 4/25	1955	24	2	4	6/1	1610
BTG Allrad P4/32	1955	32	3	4	6/1	1610
BTG Allrad 4/17	1957	17	2	4	6/1	1460

Case

J. I. Case GmbH, 4040 Neuss

Es ist erst wenige Jahre her, da kannten in Deutschland nur Fachleute des internationalen Schleppergeschehens den Namen des US-Traktorenherstellers J. I. Case. In Deutschland wurde man erstmals hellhörig, als die zum US-Mischkonzern Tenneco gehörende Firma Case 1972 das auch auf dem deutschen Markt operierende britische Traktorenwerk David Brown kaufte. Allerdings nahm das Interesse rasch wieder ab, blieben Namen und wichtigste konstruktive Elemente der David Brown-Traktoren doch unverändert. Zehn Jahre lang änderte sich

daran nur wenig, bis 1983 bei Tenneco der Beschluß gefaßt wurde, zukünftig alle Traktoren des Konzerns weltweit einheitlich unter der Bezeichnung »Case« anzubieten.

Um den Start der europäischen Case-Traktoren deutlicher hervortreten zu lassen, präsentierte das Unternehmen auf der Londoner Smithfield-Show Ende 1983 eine neue Baureihe, die Serie 94. Bald schon umfaßte das Programm nicht weniger als 34 Modellvarianten, unübersehbares Zeichen dafür, daß Case vollauf damit zu tun hatte, eine Fülle einst selbständiger Fertigungsprogramme zu inte-

grieren. Die Palette der ansehnlichen, schwarz-weiß gehaltenen Traktoren reichte dabei vom Typ 1194 mit 48 PS bis hin zum Typ 4894, der mit 277 PS in Europa jedoch kaum auf Abnehmer hoffen durfte. Erhöhte Hydraulikleistung und Verbesserungen im Komfortbereich hoben die Fahrzeuge der 94er Serie unter anderem von den Vorgänger-Modellen ab.

Der Start der Case-Traktoren in Deutschland Anfang 1984 verlief zäh. Die Bauern konnten mit dem neuen Namen wenig anfangen und verstanden auch nicht so recht, warum aus David Brown auf einmal

Mit den Traktoren der Serie 94 verstärkte Case ab 1983 sein Europa-Engagement

Case, was deutsch ausgesprochen so ähnlich wie »ein aus Milch gewonnenes landwirtschaftliches Produkt« klang, werden mußte. Kaufzurückhaltung war die Folge, doch die in Seelze tätige frühere David Brown- und jetzige Case-Mannschaft besaß Engagement genug, eine eindrucksvolle Informationskampagne zu starten. Mit beachtlichem Elan wurden die neuen Schlepper vorgestellt, und Slogans wie »Mit Case voran«, »Vorwärts mit neuen Turboladermotoren« und »Case – Der intelligente Traktor« hinterließen ihre Wirkung. Die Buchstabenfolge CASE blieb haften und rief mehr und mehr die Assoziation bei den Landwirten herbei, daß es sich hier um einen internationalen Traktorenhersteller handelte.

Gelegentlich wurde dabei die Frage nach der Geschichte von Case gestellt, die in der Tat länger zurückreicht, als man in Deutschland häufig vermutete. 1842 gründete Jerome Increase Case (1819 – 1891) im US-Bundesstaat Wisconsin ein Unternehmen für Dreschmaschinen, das diese Technik wie kaum ein zweites Unternehmen im neuen Kontinent perfektionierte. Und auch als Dampfmaschinenhersteller setzte J. I. Case ab 1869 Maßstäbe. Mehr als 36 000 seiner Dampfkolosse lieferte er an die US-Landwirtschaft aus, der ohne Case-Maschinen die landwirtschaftliche Erschließung der Weiten des nordamerikanischen Westens kaum gelungen wäre. Mit dem Traktorbau begann Case im Jahre 1892, doch so richtig engagierte sich das lange an der Dampfkraft festhaltende Unternehmen ab 1913 in der Herstellung von Ackerschleppern. Seitdem hat Case in großer Zahl Traktorenmodelle entwickelt und ausgeliefert, die es schließlich zu einem der weltweit Größten auf dem Gebiete der Herstellung landwirtschaftlicher Zugmaschinen machten. 1984 beispielsweise, nach der Übernahme des Konkurrenten International Harvester, rangierte Case, weltweit gemessen am Umsatz der Sparten Traktoren und Landmaschinen, auf dem dritten Platz! Was die Zahl der verkauften Traktoren anbelangt, so erzielte Case im gleichen Jahr gleichauf mit Deere und Ford einen Anteil am Weltmarkt (ohne Ostblock) von 13,5%, was dem zweiten Platz entspricht. Dieses Ergebnis wäre nicht möglich gewesen, wenn Case nicht über Jahrzehnte hinweg Traktorengeschichte mitgestaltet hätte. Ob Hackschlepper, Raupenfahrzeuge, Kompakttraktoren oder auch Großschlepper – an allen Trends hatte Case Anteil und war stets bemüht, die entsprechenden technischen Entwicklungen zu perfektionieren. Einen großen Schritt nach vorn bei diesen Bemühungen tat Case im besagten Jahre 1984, als die Landmaschinenaktivitäten des Konkurrenten International Harvester für 430 Millionen Dollar übernommen wurden. Zwei traditionsreiche Traktorenhersteller hatten sich damit zusammengefunden, deren Weltumsatz auf rund drei Milliarden Dollar geschätzt wurde. Ein Problem stellten zunächst die vielen selbständig existierenden internationalen Tochterfirmen dar. Doch nach einigem Zögern zeigte sich Case auch in diesen Fällen an einer großzügigen Lösung interessiert. Ob in England, Frankreich, Dänemark oder Deutschland, Tenneco übernahm sie und gliederte sie Case ein. Daß aber auch Großzügigkeit ihren Preis hat, bekam die deutsche International-Tochter in Neuss 1985/86 zu spüren. Der bewährte Name International bzw. das Kürzel IH mußte weichen, um statt dessen dem Produktnamen »Case IH« Platz zu machen. Und dabei beließ es das Mutterunternehmen nicht. In verändertem, rotschwarz gehaltenen Styling präsentierte Case eine neue Schlepperlinie, in die Elemente von IH eingegangen sind und das sich durch ein umfassendes Typenprogramm auszeichnet. Zwischen 35 und 145 PS leisten die mit 3-, 4- oder 6-Zyl.-Motoren ausgerüsteten Traktoren, die in vielen Versionen vollsynchronisierte Getriebe, Turbo-Kupplung, servo-hydraulische Hubwerksregelung, Allradantrieb und vieles mehr besitzen. Zusätzliche Akzente setzte Case im Sommer 1986 mit der Vorstellung einer Serie Mittelklasseschlepper im Bereich zwischen 67 und 105 PS, deren herausragendes Merkmal eine zentral angetriebene Allradachse ist. Damit unterstreicht das Neusser Werk seine Absicht, mit noch stärkerem Schwung in das Geschehen auf dem deutschen und europäischen Traktorenmarkt einzugreifen. Die Voraussetzungen dafür sind günstig, ist die Case-Mutter Tenneco doch nach wie vor gewillt, mit großem finanziellen Aufwand eine tragfähige Ordnung auf dem internationalen Schleppermarkt herzustellen. Man wird sich also auch in Deutschland an den Traktorenanbieter Case gewöhnen, denn so viel scheint sicher: Das Unternehmen Case sucht den Erfolg und wird nichts unversucht lassen, um auch im Inland bei den Zulassungszahlen über den dritten Platz hinaus weiter nach vorne zu gelangen.

Case-Traktoren (Auswahl)

Typ/Bezeichnung	Baujahr	Motorleistung PS	Zylinder	Takt	Gänge	Gewicht kg
1194	1984	48	3	4	12/4	2465
1494	1984	83	4	4	12/4	3505
Hydrashift 1694	1984	108	6	4	12/4	4740
433	1986	35	3	4	8/4	2200
633	1986	52	3	4	8/4	2340
844 XLA	1986	80	4	4	16/8	3970
1255 XLA	1986	125	6	4	20/9	5680
1455 XLA	1986	145	6	4	20/9	6420

Daimler-Benz

Daimler-Benz AG, Werk 7560 Gaggenau

Die Tradition des Unternehmens Daimler-Benz als Hersteller landwirtschaftlicher Zugmaschinen reicht in die Zeit weit vor dem Ersten Weltkrieg zurück. Den Anfang machte bereits 1897 Gottlieb Daimler, als er den Besuchern des Cannstatter Landwirtschaftlichen Hauptfestes versuchte, seinen Lastwagen mit den Versen näherzubringen:

»Ein ›Daimler‹ ist ein gutes Thier,
Zieht wie ein Ochs, du siehst's allhier;
Er frißt nichts, wenn im Stall er steht
Und sauft nur, wenn die Arbeit geht;
Er drischt und sägt und pumpt dir auch,
Wenn's Moos dir fehlt, was oft der Brauch,
Er kriegt nicht Maul- und Klauenseuch
Und macht dir keinen dummen Streich.
Er nimmt im Zorn dich nicht aufs Horn,
Verzehrt dir nicht dein gutes Korn.
Drum kaufe nur ein solches Thier,
Dann bist versorgt du für und für.«

Doch der hier zum Ausdruck gebrachte Humor vermochte die Bauern nicht darüber hinwegzutäuschen, daß sie es weit mehr mit einem Lastwagen als mit einer eigentlichen Zugmaschine zu tun hatten. Ernsthafter waren da zweifellos die Versuche, die die Daimler-Motoren-Gesellschaft in ihrem in Berlin-Marienfelde gelegenen Nutzfahrzeugwerk noch vor dem Ersten Weltkrieg unternahm. Sie führten zu einem selbstfahrenden Gelenkpflug, der sich in der Praxis aber nicht durchzusetzen vermochte. Nach dem Krieg stieg das Marienfelder Daimler-Werk auf verbreiterter Basis in den Schlepperbau ein. Zwei Traktorentypen, ein schwächerer mit 25 PS und ein stärkerer mit 45 PS, gelangten zur Auslieferung und wurden von zeitgenössischen Beobachtern des Nutzfahrzeug-Geschehens »zu den besten deutschen Motorpflügen« gezählt. Bei einem großen Schaupflügen 1920 in Stuttgart-Zuffenhausen beeindruckten die Schlepper denn auch durch gute Zugleistung, ließen gleichwohl hinsichtlich der Wendigkeit einige Wünsche offen.

Das hervorstechende Merkmal der Daimler-Schlepper war ihre schmale Bauweise. Die beiden Triebräder standen so dicht beieinander, daß sie wie ein einzelnes breites Rad wirken konnten. Dies gestattete den Verzicht auf das Differential, was die Herstellungskosten verringerte. Zweifelhaft aber war, ob dies Vorteile für die Schlepper selbst brachte. Der Standard der Differentiale hatte, verwendete man bei der Herstellung nur hochwertiges Material, ein solches Niveau erreicht, daß sie nur noch in seltenen Fällen als Ursache von Betriebsstörungen in Frage kamen.

Mit diesen beiden, vom Mercedes-Stern geschmückten Schleppern konkurrierte die Daimler-Motoren-Gesellschaft während der ersten Hälfte der zwanziger Jahre unter anderem mit den verschiedenen Benz-Sendling- (siehe Seite 25) und Benz-Gaggenau-Traktoren um die Gunst der wenigen Käufer. Der Erfolg der Bemühungen blieb bescheiden, und so lag es nahe, daß nach der 1926 erfolgten Fusion von Daimler und Benz & Cie. eine Prüfung der Aktivitäten des Gesamtunternehmens auf dem Traktorenmarkt vorgenommen wurde. Für das Marienfelder Werk brachte sie das Ende des Schlepperbaus mit sich, und auch sonst setzte Daimler-Benz ganz auf Rationalisierung. Verkaufsstellen wurden zusammengelegt, und im Produktionsprogramm blieb ab 1928 nur noch ein in Mannheim zusammengebautes Schleppermodell, der Mercedes-Benz-Dieselschlepper Typ OE. Angetrieben wurde der niedrig gebaute Typ OE von einem 1-Zyl.-Dieselmotor mit 26 PS, der nach dem von Benz in die Fusion eingebrachten und inzwischen als bewährt geltenden Vorkammer-Verfahren arbeitete. Zur Auslieferung gelangte der Schlepper wahlweise mit Umlauf- oder Verdampfungskühlung, während Riemenscheibe und Zapfwelle zur Serienausstattung gehörten. Daimler-Benz reklamierte für den Typ OE universelle Verwendbarkeit im Acker und auf der

Schon vor mehr als 60 Jahren im Ausland gefragt: Benz-Traktoren

Straße, doch bevor es soweit war, stand immer erst eine Umrüstung der Greiferräder auf Eisenräder mit Hartgummiauflage auf dem Programm. Insgesamt hielt sich die Nachfrage nach dem technisch ohne Frage reizvollen Mercedes-Benz-Dieselschlepper aber in engen Grenzen. Die Einstellung der Produktion 1935, nach etwa verkauften 380 Stück, fiel dem Unternehmen jedenfalls nicht schwer, zumal Lastwagen- und Personenwagenfertigung sowie der Bau von Flugmotoren die Kapazitäten aller Werke voll auslasteten. Damit schien bei Daimler-Benz das Kapitel Schlepperbau abgeschlossen. Doch der Ausgang des Zweiten Weltkriegs zwang Unternehmen wie Ingenieure zu unkonventionellen Überlegungen. Dipl.-Ing. Albert Friedrich, langjähriger Leiter der Flugmotorenkonstruktion von Daimler-Benz, stellte beispielsweise vor dem Hintergrund der Visionen des Morgenthau-Plans Überlegungen hinsichtlich eines Allzweck-Traktors an. Ihm schwebte vor, ein Fahrzeug mit zwei Frontsitzen zu konstruieren, das sowohl über Allradantrieb und kippbare Ladepritsche verfügen als auch für Heck- und Frontanbau von Ackergeräten und als Schlepper geeignet sein sollte. Skizzen waren bald gemacht, und auch hinsichtlich der Motorisierung gewann man Klarheit. Der erste 25-PS-Pkw-Dieselmotor von Daimler-Benz sollte dem Fahrzeug je nach Einsatz mit einem Vielganggetriebe Geschwindigkeiten zwischen 3 und 50 Kilometern ermöglichen. Eine Druckluftbremsanlage für Anhänger ergab als Nebenprodukt einen Druckluft-Kraftheber. Wegen der 50 km/h Höchst-

Das Unimog-Fahrgestell war um 1950 Gegenstand heftiger Diskussionen

geschwindigkeit aber mußten zuvor kleinere Lufreifen mit Geländeprofil anstelle der Ackerschlepperreifen mit großem Durchmesser entwickelt werden.

Diese Konzeption sprengte den bisher üblichen Rahmen völlig, doch Friedrich, selbst einmal ebenso wie sein Mitarbeiter und Konstrukteur Dipl.-Ing. Rößler in der Lkw-Entwicklung tätig, und der ehemalige Einflieger von Flugzeugen in Rechlin, Versuchsingenieur Dipl.-Ing. Dietrich, hatten noch den berühmt gewordenen Satz des Großlandwirts Schurig aus Markee bei Berlin im Ohr: »Die Landwirt-

schaft ist ein Transportunternehmen wider Willen.« Wenn also von der Landwirtschaft so umfangreiche Transporte verlangt wurden, dann sollte ihr Fahrzeug auch im Nahverkehr als Lieferwagen für landwirtschaftliche Güter zum Markt oder zur Molkerei und als Pkw für den sonntäglichen Kirchgang einsetzbar sein.

Die Umsetzung der Pläne in die Tat gestalteten sich den Umständen entsprechend schwierig. Doch alliiertes Wohlwollen sowie Geld und Produktionsanlagen der Gold- und Silberwarenfabrik Erhard & Söhne, Schwäbisch Gmünd, ließen es

Kleiner und großer Unimog auf einem Betrieb – ein Stück »Betriebsphilosophie«

Der Mercedes-Benz Typ OE blieb trotz guter Ergebnisse bei Prüfungen ein seltenes Stück

möglich werden, daß April 1947 das erste Fahrzeug der US-Militärverwaltung zur Prüfung übergeben wurde. Nur namenlos sollte die Maschine nicht bleiben. Nach einiger Überlegung kam einem Mitarbeiter Friedrichs der rettende Einfall: Kürzte man die Projektbezeichnung des Fahrzeugs **Uni**versal-**Mo**tor-**G**erät ab, so entstand das Kürzel »Unimog« – knapp, prägnant und unverwechselbar. Albert Friedrich und auch die Alliierten waren zufrieden.

Für die Serienfertigung des Unimog waren die Anlagen bei Erhard ungeeignet. Die Drehmaschinenfabrik Gebr. Boehringer im nahegelegenen Göppingen fand sich bereit, Fertigung und Vertrieb des Unimogs zu übernehmen, da ihr die Fertigung der Drehmaschinen von der US-Militärverwaltung verboten war.

Mit der Serienproduktion des Unimogs begannen die Gebr. Boehringer 1948/49. Aber keineswegs alles lief wie erhofft. So lag der Preis des Unimogs mit 14 000 DM annähernd doppelt so hoch wie der eines vergleichbaren Standardtraktors. Vorbehalten aus der Landwirtschaft, auch wegen der hohen Geschwindigkeit, versuchte man mit dem Slogan: »Er kostet weniger, als Sie mit ihm sparen und verdienen können«, zu begegnen, was aber nur teilweise gelang. Bis Herbst 1950 waren jedenfalls nur 600 Unimogs verkauft, was den Göppinger Werkzeugmaschinenhersteller vor die Frage stellte, entweder in

großem Umfange zu investieren und die Produktion auf der Basis größerer Stückzahlen zu günstigeren Kosten anders aufzuziehen oder aber sich möglichst rasch wieder von der Unimog-Fertigung zu trennen, zumal eine dafür erforderliche Vertriebsorganisation fehlte, und die Fabrikation der Drehmaschinen wieder erlaubt war.

Am 5. September 1950 entschloß sich Daimler-Benz zum Kauf des Unimogs, und noch im selben Jahr wurde damit begonnen, die speziellen Produktionseinrichtungen von Göppingen nach Gaggenau zu transportieren und die Entwicklungsleute umzusetzen. 300 Fahrzeuge sollten dort monatlich hergestellt werden, doch bald schon bildeten sich Fahrzeughalden auf dem Werksgelände. Daimler-Benz mußte einsehen, daß Ackerschlepper einer eigenständigen Verkaufsorganisation bedurften, deren Aufbau Zeit erforderte. Pkw- und Lkw-Verkäufer waren für diese ungeeignet. Vorteile versprach man sich ferner von der nach außen nun deutlicher gemachten Zugehörigkeit des Unimogs zum Hause Daimler-Benz. Der noch von Boehringer stammende Ochsenkopf als Zeichen der Fahrzeugstärke wurde deshalb zunächst um den Mercedesstern ergänzt und schließlich von ihm ganz verdrängt.

Allerdings mußte die universelle Verwendbarkeit des Unimogs in enger Zusammenarbeit mit den Herstellern von

landwirtschaftlichen und forstwirtschaftlichen und Straßenbau-Geräten und Maschinen entwickelt werden, um diese dem Unimog in Leistung und Handhabung anzupassen. Dabei entstanden teilweise ganz neue Arbeitsverfahren, zum Beispiel in Verbindung mit der Ladefläche hinter dem Fahrersitz zum Ausbringen von Dünger, Saatgut, Pflanzenschutzmitteln u. a. m. Gute Schulung von Verkäufern und gute Information der Kunden waren grundlegend für den Absatz der Fahrzeuge.

An der nur gefundenen Konzeption des Unimogs brauchten die Gaggenauer über Jahrzehnte nur noch wenig zu ändern. Detailarbeit war verlangt und führte unter anderem zu einer Verlängerung des Radstands, einem geschlossenen Fahrerhaus und hydraulischem Kraftheber. Auch verstärkte man mehrfach den Motor bis zuletzt auf eine Leistung von 150 PS. Einen besonderen technischen Leckerbissen konnten die Unimog-Konstrukteure 1958 anbieten. Als einen der ersten Ackerschlepper der Welt rüsteten sie ihr Fahrzeug serienmäßig mit einem Synchrongetriebe aus, womit der gute Ruf von Daimler-Benz in Feld, Flur und Wald vorerst einmal gesichert war.

Auch der Absatz konnte sich sehen lassen. 1961 lief der 50 000ste, 1971 der 150 000ste Unimog vom Band. In der Zulassungsstatistik hatte man sich auf einen achtbaren sechsten Rang vorgeschoben.

Doch Daimler-Benz hatte noch mehr im Sinn. 1972 wartete man auf der DLG-Ausstellung erneut mit einer Überraschung auf. Präsentiert wurde der MB-trac 65/70, ein auf der Basis des Unimogs entwickelter allradangetriebener, vorderlastiger Traktor mit vier großen Triebrädern und einer Höchstgeschwindigkeit von 25 km/h. Letztere wurde allerdings im MB-trac 800 schon 1975 auf 40 km/h angehoben, womit dem Trend zu höherer Fahrgeschwindigkeit von landwirtschaftlichen Zugmaschinen beizeiten Rechnung getragen wurde.

Für den MB-trac charakteristisch geworden ist unter anderem das in die Fahrzeugmitte verlegte Fahrerhaus. Es bietet dem Fahrer nicht nur beachtlichen Komfort, es gestattet ihm vielmehr auch eine gute Sicht über die drei Anbauräume vor dem Schlepper, hinter dem Fahrerhaus auf dem Schlepper und hinter dem Schlepperheck. Zapfwellen, vollsynchronisiertes Getriebe und hohe Motorleistung tragen ebenfalls mit dazu bei, daß der MB-trac dem Ruf, »Mercedes des Ackers« zu sein, gerecht werden kann.

1976 ergänzte Daimler-Benz die MB-trac-Reihe gleich um zwei weitere Modelle.

Der MB-trac 1500 ist das Flaggschiff der Daimler-Benz-Traktoren

Die Typen 1000 und 1300 sind als Zweiwegeschlepper ausgelegt, das heißt, Vorwärts- und Rückwärtsfahrt sind gleichwertig möglich geworden. Der Fahrer muß dazu nur Sitzpodest mit Lenkrad, Fußhebeln, Schaltern und Instrumenten auf einem zentralen Drehkranz um 180 Grad drehen!

Flaggschiff der Daimler-Benz-Traktoren aber ist seit den achtziger Jahren der MB-trac 1500. Mit 150-PS-6-Zyl.-Motor und 6220 kg Gewicht, vollgepackt mit Technik, steckt in diesem Fahrzeug die Erfahrung der rund 300 000 im Laufe von 80 Jahren gebauten Daimler-Benz-Traktoren.

Daimler-Benz-Traktoren (Auswahl)

Typ/Bezeichnung	Baujahr	Motorleistung PS	Zylinder	Takt	Gänge	Gewicht kg
Daimler-Pflugschlepper	1920	25	–	4	–	–
Daimler-Pflugschlepper	1920	40	4	4	3/1	3500
Mercedes-Benz Typ OE	1928	26	1	4	3/1	2600
Unimog	1949	25	4	4	6/2	1680
Unimog	1956	30	4	4	6/2	1850
Unimog U 34	1966	34	4	4	6/2	2200
Unimog U 65	1966	65	6	4	6/2	3100
Unimog U 80	1966	80	6	4	6/2	3400
Unimog U 40	1967	40	4	4	6/2	2450
Unimog U 54	1967	54	4	4	6/2	3400
MB-trac 700	1973	65	4	4	14/8	3600
MB-trac 800	1975	75	4	4	16/8	4000
MB-trac 1100	1976	110	6	4	12/12	5880
MB-trac 1300	1976	125	6	4	14/14	5880
Unimog U 600	1977	52	4	4	6/2	2600
Unimog U 1100	1977	110	6	4	6/2	3300
Unimog U 900	1978	84	6	4	6/2	3300
MB-trac 1000	1983	95	6	4	16/8	4500
MB-trac 1500	1985	150	6	4	18/18	6220

John Deere

**John Deere Werke Mannheim
Zweigniederlassung der
John Deere & Co., 6800 Mannheim**

Seit Jahren schon sind die John Deere Werke Mannheim der größte Traktorenhersteller der Bundesrepublik Deutschland. Im Geschäftsjahr 1985 fertigte das badische Unternehmen in nordamerikanischem Besitz 34 987 Einheiten, was einem Anteil von über 33 % am Produktionsvolumen der in der Bundesrepublik Deutschland produzierenden Traktorenindustrie entspricht. Dies mag überraschen, rangiert John Deere bei den Inlandszulassungen von neuen Schleppern doch schon seit 1978 mit teilweise beträchtlichem Abstand auf Rang 4, nachdem man zuvor sogar einige Zeit auf Platz 5 gelegen hatte. Aber die westdeutsche Landwirtschaft ist nur ein – wenn auch wichtiger – Markt für John Deere. Von Mannheim aus wird vielmehr die Region Europa, Afrika und Nahost mit Deere-Traktoren versorgt! Mit rund 30 000 Einheiten aber sind die John Deere Werke Mannheim zugleich auch der größte Traktorenexporteur der Bundesrepublik Deutschland und zudem mit 4400 Beschäftigten einer der größten Arbeitgeber der deutschen Ackerschlepperindustrie. Doch damit noch nicht genug! Die Kapazitäten der John Deere Werke Mannheim sind im Zuge einer weltweit zu beobachtenden Sättigung der Landwirtschaft mit Traktoren nur unzureichend ausgelastet. 46 000 Deere-Schlepper könnte das Unternehmen bauen, doch derzeit sieht es nicht so aus, als ob in den nächsten Jahren eine Vollauslastung zu verwirklichen ist.

John Deere zählt zu den unbestritten ersten Adressen der deutschen Traktorenhersteller. Das ist das Unternehmen schon seiner Tradition schuldig, die zum einen zum 1987 seit 150 Jahren bestehenden US-Landmaschinenkonzern Deere und Co., Moline, und zum andern zur ebenfalls schon vor über 125 Jahren

gegründeten Firma Heinrich Lanz führt. Sicher, der Traktorenbau ist noch nicht ganz so lange bei Deere angesiedelt, Pflüge und Erntemaschinen bestimmten in den ersten Jahrzehnten das Geschäft. 1918 wagte Deere aber dann doch den Einstieg in die Ackerschlepperherstellung, indem die Waterloo-Gasoline Engine Comp., Hersteller des »Waterloo-Boy«-Traktors, aufgekauft wurde. Einige Jahre noch produzierte Deere den sich bei den US-Farmern einiger Beliebtheit erfreuenden »Waterloo-Boy« weiter, ehe 1923 mit dem »Modell D« die Linie der eigentlichen Deere-Traktoren eröffnet wurde.

Das Nordamerika-Geschäft stand für John Deere ganz oben an. Nach Deutschland gelangten bis Anfang der fünfziger Jahre, wenn überhaupt, nur Einzelfahrzeuge. Erstmals setzte der »springende Hirsch«, so das Firmenzeichen von John Deere, 1954 zum »Sprung« in neue, auswärtige Märkte an. Mexiko lautete die Station, aber Europa hatten die Deere-Manager gleichfalls schon fest im Visier. Der wirtschaftlich angeschlagene, lange Zeit in Europa führende Landmaschinenhersteller Heinrich Lanz schien ihnen ein lohnendes Objekt zu sein. Leicht wurde den Deere-Verantwortlichen die Übernahme von Lanz aber nicht gemacht. Viel Geduld und noch mehr Geld benötigten sie, ehe sie im Herbst 1956 verkünden konnten, die Aktienmehrheit von Lanz zu besitzen. Doch zunächst änderte sich wenig in dem Unternehmen. Das Bulldog-Programm wurde mit Ausnahme der beiden mit MWM-Motoren ausgerüsteten Typen D 1266 und D 1666 fortgeführt; Bestand hatte auch der Firmennamen, nur die Geschäftsführung wurde ausgewechselt und gewissenhafte Wirtschaftlichkeitsberechnungen angestellt.

1958 änderten die Lanz-Traktoren dann doch ihr Gesicht. Das »Lanz-Blau« wurde vom »Grün-Gelb« von Deere verdrängt, was durchaus als Ouvertüre für die 1959

herbeigeführte Änderung des Firmennamens in »John Deere-Lanz AG« zu verstehen ist. Mehr noch, die Tage des Bulldogs waren jetzt endgültig gezählt. 1962, nach genau 219 253 Fahrzeugen, kam für die zuletzt im Leistungsbereich zwischen 11 und 60 PS gebaute altehrwürdige Schlepperreihe das Aus; neue Traktoren mit neuem Styling und veränderter Technik traten an ihre Stelle. Vorbild waren eindeutig die in den USA gebauten Zugmaschinen, wie man unschwer an den beiden ersten Fahrzeugen der Reihe, den auf der Kölner DLG-Ausstellung vorgeführten Typen 300 und 500, erkennen konnte. Die dabei verwendeten 4-Takt-Dieselmotoren leisteten 28 bzw. 36 PS und stammten, ebenso wie das dem Trend der Zeit entsprechende reichlich abgestufte Getriebe, aus eigener Entwicklung und Fabrikation. Ansonsten hielt sich Deere bei den Fahrzeugen einiges auf die verbesserte Hydraulik und Zapfwelleneinrichtung sowie den Fahrkomfort zugute.

In den nächsten Jahren baute Deere-Lanz die neue Traktorenreihe konsequent sowohl in den leistungsschwachen als auch in den stärkeren Bereich aus. Synchron-Gruppenschaltgetriebe, Differentialsperre, Regelhydraulik sowie kupplungsunabhängige Motorzapfwellen verhalfen den Traktoren mit dem »springenden Hirsch« zu einer guten Einschätzung, die sich allerdings nicht in erwünschtem Maße in den Kaufentscheidungen der deutschen Bauern niederschlug. Deere-Lanz erreichte jedenfalls die angestrebten 10 % Inlandsmarktanteil nicht, weshalb kritische Stimmen im Zusammenhang mit der Übernahme von Lanz durch den nordamerikanischen Konzern schon von einer Fehlinvestition sprachen. Dabei verlief natürlich nicht alles reibungslos. Die »Lanzer«, wie sich die Beschäftigten des Mannheimer Werks noch immer zu nennen pflegten, zeigten ebenso Anpassungsschwierigkeiten an das zumeist aus den USA kommende Firmenmanage-

Mehr als ein Gespräch wert: John Deere-Lanz 300, 28 PS

Der John Deere-Lanz 3010, 65 PS, kam in Einzelteilen aus den USA und wurde in Mannheim montiert

ment wie dieses an die Eigenheiten der Deutschen und des deutschen Traktorengeschäfts. Doch man raufte sich zusammen, modernisierte nach der Totalzerstörung die behelfsmäßig wiederhergestellten und teilweise etwas veralteten Produktionseinrichtungen konsequent und brachte bereits 1965 eine neue Deere-Lanz-Schlepperreihe, bestehend aus den Modellen 310, 510, 710 und 3020, auf den Markt. Kernstück der Fahrzeuge bildete der mit Verteilereinspritzpumpen und Einspritzdüsen bestückte neuentwickelte Motor. Sparsamer Kraftstoffverbrauch, niedrige Verdichtung, große Laufruhe und der Verzicht auf das Vorglühen beim Start waren seine Merkmale. Außerdem verstärkten die Konstrukteure die dem Fahrer entgegengebrachte Aufmerksamkeit. Verstellbarer Sitz sowie Arm- und Rückenlehnen bedeuteten schon einen Durchbruch, für die Fahrer ebenso wie für die Techniker, denen es sonst vor

allem um Leistungssteigerung und Verbrauchsminimierung ging. Doch nicht nur durch neue Schlepper vermochte Deere-Lanz das Interesse der Öffentlichkeit zu finden. Das Unternehmen schickte sich an, eine dem Weltmarkt entsprechende Produktionsorganisation zu entwickeln. So kamen die beiden stärksten Traktoren der neuen Serie, die Typen 3020 (75 PS) und 4020 (100 PS), aus den USA nach Europa, während man die übrigen vier Modelle in Mannheim fertigte. Hier wurde eine internationale Arbeitsteilung vorbereitet, in die sich bald schon Deere-Werke in anderen Ländern einreihen sollten. Zuvor jedoch änderte das Unternehmen erneut den Firmennamen. Die »John Deere Lanz AG« beschränkte sich ab 1967 nur noch auf die Verwaltung des Grundbesitzes und Anlagevermögens, während die wirtschaftlich effizienten Aktivitäten wie Entwicklung, Produktion, Vertrieb und Export verselbständigt wurden.

Dies war Anlaß, die Traktorenpalette erneut zu variieren. Die 20er Reihe löste noch im gleichen Jahr die 10er Reihe ab und bestand im wesentlichen zunächst aus fünf verschiedenen Modellen in den Leistungsklassen zwischen 32 und 60 PS. Großen Wert legte Deere bei diesen Fahrzeugen unter anderem auf ein weiterverbessertes Hydrauliksystem, gut abgestufte Getriebe sowie den Einbau von Scheibenbremsen. Auch besaßen nun schon etliche Deere-Traktoren Überschlagsrahmen für die Fahrer, eine Zusatzausstattung, die erst nach einer umfangreichen Aufklärungsarbeit bei den Landwirten allgemeinen Anklang fand. Mit der 20er Reihe fügte sich Deere-Mannheim gut in die weltweit ausgerichtete Organisation des nordamerikanischen Landmaschinenkonzerns ein. Man war Herzstück der neugebildeten Region Europa, Afrika und Nahost geworden, zu der damals sieben Produktionsstätten (zwei in Deutschland, drei in Frankreich, je eine in Spanien und Südafrika) zählten. Dabei wurden von Mannheim aus alle Werke der Region mit Gießereierzeugnissen versorgt, während umgekehrt das Deere-Werk in Orleans die zentrale Versorgungsfunktion für die Motoren übernahm. 1969 baute Deere Mannheim elf verschiedene Schleppermodelle von 32 bis 83 PS, während kleine Gartenschlepper ebenso wie Großtraktoren bis 145 PS von anderen Werken bezogen werden mußten. Konkret bedeutete dies, daß die Mannheimer Fertigungskapazitäten in hohem Maße ausgelastet waren. Die 1970er Zahlen zeigen, daß Deere Mannheim 15 649 Schlepper baute, von denen nicht weniger als 78 % ins Ausland gingen.

Flaggschiff des deutschen Deere-Programms war das Modell 3120, das von einem 6-Zyl.-Motor angetrieben wurde und ansonsten über ein ausgeklügeltes Hydrauliksystem sowie ein zweistufig unter Last schaltbares 12-Gang-Getriebe verfügte, mit dem der Traktor 24,9 km/h schnell sein konnte. Übertroffen in der Ausstattung wurde dieses Fahrzeug nur noch durch den ebenfalls 1969 erstmals in Deutschland vorgestellten Typ 4020, einen 107 PS starken Importtraktor. Hier hatte man es mit einem Allradfahrzeug zu tun, dessen Frontantrieb hydrostatisch bewirkt wurde.

Doch auch die Zeit der 20er Baureihe blieb begrenzt. Vom raschen Typenwechsel versprachen sich viele Traktorenhersteller, so auch Deere, Absatzerfolge, was zutreffen kann, aber nicht zutreffen muß. 1972 begann in Mannheim bereits die Umstellung auf die 30er Modellreihe. Neue, durch ein verändertes Verbrennungssystem gekennzeichnete Motoren, kupplungsunabhängige Zapfwellen sowie Magnetschaltung der Hydraulik gehörten zu den wesentlichen Merkmalen der im Äußeren nur geringfügig veränderten Deere-Traktoren. Die in der Folge einsetzende Modellpflege brachte einerseits weitere in der Leistung modifizierte Fahrzeuge, sie führte andererseits aber 1964 auch zu einer integrierten komfortablen, OECD-geprüften Kabine für den Fahrer, durch die die Geräuschbelästigung auf 86 dB (A) gesenkt wurde. 1975 verpaßte Deere seinen Traktoren dann ein neues Styling, indem auf die kleine, aus der Frontpartie vorspringende Nase verzich-

tet wurde. Das neue Design fiel gedrungener, kompakter aus und bestimmt im wesentlichen bis in die Gegenwart das Aussehen der Deere-Traktoren.

Die 30er Maschinen von Deere blieben bis 1979 im immer breiter gewordenen Produktionsprogramm, dessen ausgelieferte Einheiten Jahr um Jahr auf über 30 000 Stück gesteigert werden konnten. Nach wie vor kommt allerdings dem Export große Bedeutung für das Geschäft zu, das von dem Mannheimer Traktorenwerk mehr denn je großes Einfühlungsvermögen in die von Land zu Land unterschiedlichen Mentalitäten der Landwirte verlangt. Daß Deere den hohen Anforderungen entsprechen konnte, konnte am 28. November 1979 der Öffentlichkeit dokumentiert werden. An diesem Tag lief der 600 000ste in Mannheim gebaute Schlepper vom Band, eine Zahl, zu der Lanz ein Drittel, Deere aber bereits zwei Drittel beigesteuert hatte. Damit aber war auch schon ein erneuter Modellwechsel vorprogrammiert. In den USA stellte Deere den aus der ganzen Welt zusammengeführten Händlern der Organisation die 40er Reihe vor, die sich im Äußeren von der Vorgängerserie nur wenig unterschied, in der Ausrüstung jedoch etliche auffällige Neuerungen aufwies. Stärkere, standardisierte Motoren, synchronisierte Getriebe, verbesserte Hydraulik- und

Zapfwellensysteme, hydrostatische Lenkung und bei den großen Fahrzeugmodellen klimatisierte Fahrerkabinen gaben dem Herstellerwerk Anlaß, stolz auf das neue Produkt zu sein. Als »Spitzenbrecher« den Bauern in großangelegter Werbekampagne nahegebracht, konnten diese bald schon aus einem guten Dutzend Basismodellen und weit über 240 Wahlausrüstungen auswählen, um so die für sie individuell passende Zugmaschine zu erwerben. Viele Landwirte nutzten die Möglichkeit, wie weitere in die Zeit der 40er Modelle fallende Produktionsrekorde anzeigen. Bereits 1983 konnte der 700 000ste Mannheimer Traktor ausgeliefert werden, und inzwischen ist die Zahl 800 000 übertroffen. Ein stolzes Ergebnis, das gleichwohl die über dem Traktorenmarkt insgesamt liegenden Schatten nicht zu verdrängen vermag. Deere Mannheim wirtschaftet zwar nach wie vor in schwarzen Zahlen, doch weltweit ist Deere & Co., 1986 erstmals seit der Weltwirtschaftskrise vor mehr als fünf Jahrzehnten, in rote Zahlen gerutscht. Kurzarbeit belastet die Deere-Produktionsstätten, die gerade 1987, im Jahr des 150jährigen Bestehens des Unternehmens, durch die neu in Fertigung genommene 50er Serie alles daransetzen werden, den Ruf von Deere & Co., der weltweit größte Landmaschinenhersteller zu sein, zu verteidigen.

Seit den siebziger Jahren erfolgreich: John Deere-Traktoren der 30er Serie

Typ/Bezeichnung	Baujahr	Motorleistung PS	Zylinder	Takt	Gänge	Gewicht kg
Deere-Lanz 300	1960	28	4	4	10/3	1750
Deere-Lanz 100	1962	18	2	4	6/1	1300
Deere-Lanz 700	1963	50	4	4	10/3	2300
Deere-Lanz 3010	1963	65	4	4	8/3	3160
Deere-Lanz 310	1965	32	3	4	10/3	2100
Deere-Lanz 510	1965	50	3	4	10/3	2130
Deere 820	1967	32	3	4	8/4	1820
Deere 1020	1967	44	3	4	8/4	2020
Deere 3120	1967	81	6	4	12/6	3290
Deere 2030	1972	68	4	4	16/8	2640
Deere 3130	1972	89	4	4	12/6	3970
Deere 830	1977	35	3	4	8/4	2150
Deere 930	1977	41	3	4	8/4	2185
Deere 4230 A	1977	118	6	4	16/6	5490
Deere 4430 A	1977	145	6	4	16/4	5980
Deere 4040 LSA	1979	110	6	4	16/6	4900
Deere 4440 ACab	1983	160	6	4	15/4	7740
Deere 840	1984	38	3	4	16/8	2450
Deere 940 A	1984	44	3	4	16/8	2800
Deere 1640 A	1984	62	4	4	16/8	3220
Deere 1350	1986	38	3	4	16/8	2450
Deere 1750	1986	50	3	4	16/8	3035
Deere 2450 A SG 2	1986	70	4	4	16/8	3700
Deere 3650 A SG 2	1986	114	6	4	16/8	5125

Deuliewag

Deuliewag Traktoren und Maschinen GmbH, 2000 Hamburg und 2400 Lübeck

1929 gegründet, tritt die in Berlin-Tegel ansässige Deutsche Lieferwagen-Gesellschaft mbH 1936/37 als Hersteller von Traktoren in Erscheinung. Den Anfang machte man mit dem Ackerschlepper DA 13, der – in Rahmenbauart ausgeführt – mit einem stehenden 1-Zyl.-2-Takt-Gegenkolben-Dieselmotor von Junkers ausgerüstet war. Mähwerk und Zapfwelle konnten auf Wunsch geliefert werden und wurden dann unabhängig von der Fahrgeschwindigkeit angetrieben. Allerdings befand eine Jury das Fahrzeug auf der vierten Reichsnährstands-Ausstellung 1937 anläßlich einer Vergleichsprüfung als noch nicht genügend ausgereift. Der Motor schien für die Belange der Landwirtschaft wenig geeignet, und auch die Fahrzeugmontage ließ offensichtlich viele Wünsche offen, weshalb das Modell bald wieder aus dem Programm herausgenommen wurde. Besser stand es da zweifellos um den 20 PS leistenden Deuliewag-Ackerschlepper DA 20. Sein nach dem Wälzkammerverfahren arbeitender Güldner-Motor hatte sich schon zuvor ebenso in anderen Traktoren bewährt wie das von ZF gelieferte Getriebe. Hier, wie auch beim 30 PS starken Universalschlepper DA 32, hatte sich Deuliewag für die Blockbauweise entschieden, während beim Verkehrsschlepper D 32 F wiederum die Rahmenbauweise den Vorzug erhielt. Unterschiedlich fiel auch die Motorisierung der beiden großen Vorkriegs-Deuliewag-Traktoren aus. Im Universalschlepper gelangten Güldner- und in den Straßenzugmaschinen Deutz-Motoren zum Einbau.

Während des Zweiten Weltkriegs mußte Deuliewag seine Werksanlagen der Rüstungsgüterproduktion zur Verfügung stellen. So verließen zwar Zugmaschinen die Fertigungshallen, doch Zapfwelle und Riemenscheibe fehlten. Sie wurden nicht benötigt, heißt es doch in einer Schrift des Jahres 1942, daß »die Deuliewag-

Schlepper zur Zeit für besondere Zwecke gebaut werden«. Um überhaupt noch als Ackerschlepperhersteller zu fungieren, ging Deuliewag mit den Güldner-Motoren-Werken eine Baugemeinschaft ein. Das Ergebnis der Kooperation stellte der Traktor A 20 dar, der in Bauteilen wie Styling weit mehr als Güldner denn als Deuliewag anzusprechen ist. Dies trifft auch für den in den letzten Kriegsmonaten gebauten 25-PS-Deuliewag-Gasschlepper zu. Auch hier handelte es sich weitgehend um eine Aschaffenburger Konstruktion, die gleichwohl unter dem Namen des Berliner Unternehmens zur Auslieferung gelangte.

Zerstörte Anlagen ließen das Unternehmen 1945 vor dem Nichts stehen. Von Berlin wurde daher der Firmensitz nach Hamburg verlegt, während man auf der Suche nach geeigneten Produktionseinrichtungen in Lübeck Erfolg hatte. Ab 1949 wurden hier wieder Deuliewag-Traktoren gebaut, denen man das Bemühen der Konstrukteure ansah, unmittelbar an die Modelle der letzten Vorkriegszeit anzuknüpfen. Gefertigt wurde eine Traktorenreihe, bestehend aus vier Typen, von denen drei als Ackerschlepper im Leistungsbereich 15 bis 36 PS einsetzbar waren. Die Motoren der Fahrzeuge stammten entweder von MWM oder Güldner, während Deuliewag selbst unter anderem die rahmenlose Blockkonstruktion und zumindest nach eigenen Angaben das 4-Gang-Getriebe beisteuerte. Bei dem 1949 auf der Hannover-Messe erstmals gezeigten 36-PS-Deuliewag-Eilschlepper D 36 handelte es sich hingegen um einen reinen Straßenschlepper, so wie er in den Jahren des Wiederauf-

Prototyp des Deuliewag-Allradschleppers 1949 in Imbshausen

baus bei Handel, Gewerbe und Speditionen gefragt war.

Der Absatz der Deuliewag-Traktoren lief indes nur schwerfällig an. Die Zahl der Inlandsbestellungen blieb gering, was nicht zuletzt an den im Vergleich zu anderen Fabrikaten – trotz der pneumatischen Kraftheber – hohen Preisen gelegen haben dürfte. Mehr Erfolg hatte die Geschäftsführung bei der Bearbeitung des skandinavischen Marktes. Vor allem nach Dänemark und Schweden konnte eine größere Anzahl Traktoren verkauft werden.

Doch Geschäftsführer Dr. Jeroch konnte sich damit nicht zufriedengeben. Er suchte daher nach Möglichkeiten einer attraktiven Produktergänzung. Dabei kam es zu Kontakten zu den Motoren-Werken Mannheim (MWM), wo gerade auf Anregung von Professor G. Preuschen hin der Prototyp eines allradgetriebenen Traktors

entwickelt worden war, ohne daß das Fahrzeug in die Serienherstellung übernommen werden sollte. Diese Kontakte waren nun aber mitentscheidend dafür, daß Deuliewag noch 1950 große Anstrengungen in Richtung Produktion eines eigenen Allradschleppers unternahm. Sie führten noch im gleichen Jahr zum Deuliewag Record D 25 V, einem Allradfahrzeug mit vier gleichgroßen Rädern, beachtlicher Bodenfreiheit, guter Steuerbarkeit und beachtlicher Zugfähigkeit, insbesondere auf schwierigen Böden und in Hanglagen. Ob das Fahrzeug allerdings die vom Hersteller gehegten Erwartungen zu erfüllen vermochte, darf bezweifelt werden. Denn trotz des eigenwilligen Allradschleppers wurde es schon bald um Deuliewag zunehmend ruhiger, was nicht zuletzt darin seinen Niederschlag findet, daß das Unternehmen ab 1951 keine der DLG-Ausstellungen mehr beschickte.

Deuliewag-Traktoren (Auswahl)

Typ/Bezeichnung	Baujahr	Motorleistung PS	Zylinder	Takt	Gänge	Gewicht kg
DA 13	1937	13	1	2	4/1	1250
Universal 32	1939	30	2	4	4/2	–
A 20	1942	20	1	4	4/1	–
Gasschlepper AZ 25	1942	25	2	4	4/1	–
D 15	1949	15	1	4	4/1	1250
D 24	1949	24	2	4	4/1	–
D 240	1949	25	2	4	4/1	1615
D 35	1949	36	3	4	5/1	2250
Record D 25 V	1950	25	2	4	6/2	1950

Dexheimer

Maschinenfabrik Dexheimer & Co. KG, 6551 Wallertheim

Nicht alle Traktorenhersteller finden den Weg zu den großen landwirtschaftlichen Ausstellungen. Als Produzenten von Spezialfahrzeugen ziehen sie es vielmehr vor, ihre Produkte auf Spezial- oder Fachmessen wie beispielsweise der »Intervitis« vorzuführen. Zu diesen Spezialisten zählt die Maschinenfabrik Dexheimer & Co. KG, die sich seit mehr als 100 Jahren den Weinbauern als Landmaschinenhändler und -hersteller verbunden weiß. Ansässig mitten im Weinbaugebiet von Rheinhessen, hat das Unternehmen über Jahrzehnte vorrangig Weinkeltern und Ackerwagen gefertigt, ehe man sich nach dem Zweiten Weltkrieg mit weitergehenden Wünschen mechanisierungsbereiter Winzer konfrontiert sah. So wurden selbstfahrende Schädlingsbekämpfungsfahrzeuge verlangt, wie Dexheimer sie ab 1958 im Produktionsprogramm führte. Auch fragten Weinbauern nun verstärkt nach leistungsfähigen Spezialzugmaschinen, um wenigstens einige der arbeitsaufwendigen Weinbergsarbeiten im maschinellen Direktzug ausführen zu können.

Eine Zeitlang schien es, als ob der Einsatz von Einachsgeräten oder von Weinberg-Raupenfahrzeugen eine brauchbare Lösung sein könnte. Doch spätestens seit Anfang der sechziger Jahre war deutlich geworden, daß der Schmalspurschlepper die größten Vorzüge bot. Zu den Unternehmen, die darangingen, entsprechende Traktoren zu konstruieren, gehörte Dexheimer. Der 1967 vorgestellte Schmalspurschlepper »Allrad 222« zeichnete sich unter anderem durch die zwischen 680 mm und 980 mm variierbare Spurbreite, die durch günstige Gewichtsverteilung bewirkte weitgehende Sicherheit gegen Aufbäumen und seitliches Abrutschen sowie die kompakte Anordnung hochwertiger Traktorentechnik auf engstem Raum aus. Als Motor fand ein 22 PS starker 2-Zyl.-Farymann-Diesel in V-Form Verwendung, dessen Leistung über ein 6-Gang-Wechselgetriebe auf die vier Räder der Zugmaschine übertragen wurde. Nicht zuletzt dank des Allradantriebs und der vorderen und hinteren Differentialsperre sollte ein Einsatz des Fahrzeugs bis in Steillagen mit 50 % Steigung möglich sein, was allerdings einiges Vertrauen des Fahrzeugführers voraussetzte.

Die erste Generation der Dexheimer-Schmalspurschlepper in der Typenreihe 222 wurde bis 1970 ausgeliefert. Dem Verlangen nach stärkerer Motorisierung entsprach das Unternehmen mit Fahrzeugen der zweiten Generation, die über MWM-Motoren mit 32 bis 50 PS verfügten. Daß Dexheimer aber auch vor dem Bau noch stärkerer Traktoren nicht zurückschreckte, zeigte sich 1979. Der »Spezialist für Wein- und Obstbau sowie Kommunalbetriebe« präsentierte einen 80-PS-Schmalspurschlepper, von dem man werksseitig sagte, daß es sich um den ersten vollhydraulischen Schmalspurschlepper überhaupt handelte. Tatsächlich erfolgte der Antrieb der vier gleichgroßen Räder über hydrostatische Radmotoren, und an die Stelle von Zapf- und Gelenkwelle waren Ölmotoren getreten. Kaum weniger bemerkenswert hatte man die Lenkung und den Fahrersitz konstruiert, die es immerhin zuließen, daß der Traktor rasch zum Stapelfahrzeug umgerüstet werden konnte, so wie es gerade in größeren Weinbau- und Obstbaubetrieben häufiger verlangt wird.

Dexheimer ist dem einmal eingeschlagenen Weg, Spezialtraktoren für Wein- und Obstbaubetriebe zu bauen, bis in die Gegenwart treu geblieben. Konsequent hat man sich mit den hier verlangten technischen Forderungen auseinandergesetzt und die Fahrzeuge hinsichtlich Steigfähigkeit, Seitenhangtauglichkeit, Wendigkeit, Allradantrieb und Hydraulik ständig weiter verbessert. Der dazu erforderliche Aufwand indes hat seinen Preis und steht einer über die Sonderkulturen hinausrei-

Für Sonderkulturen konzipiert: Dexheimer Allrad 360, 60 PS

chenden Verbreitung der Schlepper im Wege. So gelang Dexheimer, dem Schmalspurtraktor-Spezialisten, in seiner nun 20jährigen Traktorengeschichte immerhin zweimal der Sprung in die Liste der zwanzig meistzugelassenen Traktoren. Bei einem »Spezialisten« aber besagt das wenig – das Produzieren in Marktnischen folgt bekanntlich anderen Gesetzen als die Massenfertigung.

Aufschlußreich ist eine Aufschlüsselung der Dexheimer-Traktoren-Produktion für 1986. Von den insgesamt gefertigten 317 Fahrzeugen wurden etwa 40 % an Weinbaubetriebe ausgeliefert, während 20 % in Kommunen und je 15 % im Obst- bzw. Erwerbsgartenbau zum Einsatz gelangten. Bei einem Exportanteil von 65 % galt es, Kunden in den Benelux-Staaten, in Frankreich, der Schweiz, Österreich, Italien und Nordamerika zu beliefern.

Dexheimer-Traktoren (Auswahl)

Typ/Bezeichnung	Baujahr	Motorleistung PS	Zylinder	Takt	Gänge	Gewicht kg
Allrad 222	1967	22	2	4	6/1	1050
Allrad 230	1968	30	2	4	6/1	1120
Allrad 232	1972	32	2	4	8/2	1200
Allrad 345	1974	45	3	4	8/4	1510
Allrad 350	1976	50	3	4	12/4	1625
Allrad 480	1979	80	4	4	–	2150
Allrad 360	1986	60	3	4	12/8	1690
Allrad 370 turbo	1986	65	3	4	12/8	1800

Eicher

Eicher-Traktoren- und Landmaschinen-Werk, 8380 Landau (Isar)

Der Kampf auf dem seit Jahren enger werdenden Traktorenmarkt ist hart und verschont selbst gut eingeführte, traditionsreiche Hersteller mit attraktivem Schlepperprogramm nicht. Diese bittere Erfahrung wurde der Traktorenfabrik Gebr. Eicher im letzten Jahrzehnt zuteil, obschon die »Traktoren in Blau«, wie sie ihrer charakteristischen Farbe wegen genannt werden, noch immer bei Zehntausenden von Landwirten in hoher Gunst stehen. Dabei ist es die besondere Tragik von Eicher, als nationales mittelständisches Unternehmen an der Seite eines multinationalen Konzerns versucht zu haben, unternehmerisch eigenständig zu bleiben. Eine Zeitlang ging dieses Vorhaben gut, gelegentlich wurde die Partnerschaft Eicher/Massey-Ferguson sogar als »glücklich« bezeichnet, doch das dicke

Ende, der Konkurs, ließ nicht auf sich warten. Einer Händlerinitiative, und das ist wahrlich nicht alltäglich in der Traktorengeschichte, ist es zu danken, daß dennoch bis in die Gegenwart, wenngleich in bescheidener Stückzahl, Eicher-Traktoren an der Isar gebaut werden.

Die Anfänge des Landmaschinenunternehmens Eicher liegen in den ersten Jahren kurz nach der Jahrhundertwende. Josef Eicher richtete damals am Rande des Erdinger Mooses in der Gemeinde Forstern eine Reparaturwerkstatt für landwirtschaftliche Maschinen und Geräte ein. Die Arbeit des Vaters faszinierte die beiden Söhne Josef und Albert so sehr, daß sie jugendlich unbeschwert begannen, hier an ein altes Auto ein Mähwerk anzubauen und dort einen Motorschlitten zu konstruieren. Die Bastelei nahm konkrete Formen an, als immer häufiger Landwirte aus der Nachbarschaft mit der Bitte an die Gebrüder Eicher herantraten, doch auch an ihr Fahrzeug ein Mähwerk

zu montieren. Der nächste Schritt, der Zusammenbau einer Vielzweckmaschine, die pflügen, mähen und ziehen konnte, folgte 1935.

Im darauffolgenden Jahr machten die Gebr. Eicher dann richtig ernst. Sie bauten einen Traktor, der mehr als nur handwerkliches Können verriet. Angetrieben von dem auch in anderen Traktoren bewährten wassergekühlten 20-PS-Deutz-Dieselmotor und ausgestattet mit einem Prometheus-Getriebe, verfügte der Eicher-Traktor auch sonst über alle Attribute eines für die damalige Zeit modernen Schleppers. Selbstbewußt beschickte Eicher 1937 die vierte Reichsnährstands-Ausstellung in München. Die Aufnahme des Fahrzeugs übertraf alle Erwartungen. Ein beachtlicher Ordereingang leitete Jahre gut ausgelasteter Kapazitäten ein. Als Krönung der Aufbauarbeit konnte im Mai 1941 der 1000ste Eicher-Traktor ausgeliefert werden.

Originell und beliebt bei Bauern und Sammlern: Eicher Mammut

Doch nur wenige Monate später holte der Krieg das Unternehmen der Gebr. Eicher ein. Eingestuft als kriegswichtiger Betrieb, mußte die Produktion umgestellt werden. Statt Ackerschlepper wurden nun Flugzeugmotoren gebaut, was Eicher gleichwohl neue Perspektiven eröffnete. Unmittelbar nach dem Kriege ließ sich Josef Eicher von einem BMW-Flugmotoreningenieur einen luftgekühlten Dieselmotor konstruieren, der sich auf Anhieb auf dem Prüfstand und in einem Schlepper bewährte.

1948 war der erste luftgekühlte Schlepper-Dieselmotor von Eicher fertigungsreif. Der 1-Zyl.-Motor hatte ein rechts seitlich angeordnetes Gebläse, so daß diese 1-Zyl.-Einheit mit ihrem Gebläse danach zu Mehrzylindereinheiten zusammengebaut werden konnte. Den ersten luftgekühlten Dieselschlepper der Welt (!) brachte Eicher mit seinem 1-Zyl.-Motor mit 16 PS, Typ ED 16 1948, bereits vor großen Firmen wie KHD und Porsche auf den Markt, der – wie der Bestelleingang

zeigte – sogleich großes Interesse fand. Konnten im Verlauf des Jahres 1948 insgesamt 251 Eicher-Zugmaschinen verkauft werden, so war die Jahresproduktion 1949 in Höhe von 500 Schleppern bereits im Februar ausverkauft! Und die Nachfrage stieg weiter an. Im Mai 1951 lieferte das Werk denn auch bereits den 4000sten Traktor, gerade zwei Jahre später, den 10 000sten Traktor aus.

Zu diesem Zeitpunkt bestand die Eicher-Traktoren-Palette aus sieben Modellen. Zwei davon (15 PS und 19 PS) verfügten über Motoren eigener Fertigung, während in den übrigen Fahrzeugen Deutz-Motoren zum Einbau gelangten. Doch dies sollte nicht so bleiben. Da sich das Eicher-Motorenkonzept als brauchbar erwiesen hatte, arbeitete man in Forstern darauf hin, sämtliche Traktoren mit eigenen Motoren auszurüsten. 1957 war das Ziel erreicht: Von 12 bis 60 PS reichte nun die vollständig mit eigenen Motoren ausgerüstete, sogar einen Geräteträger einschließende Eicher-Schlepperreihe,

unschwer zu erkennen an den der Zylinderzahl entsprechenden Kühlluftgebläsen. Jeder Zylinder bekam die kühlende Luft über ein eigenes Gebläse zugeführt! Auch sonst befand sich die Firma Eicher in den fünfziger Jahren im rasanten Aufschwung. So konnten in Dingolfing das Maschinenbauunternehmen Famag und von BMW das Isaria-Werk erworben werden. Die dort gebauten Landmaschinen, wie der Eicher-Rekord-Lader oder Drillmaschinen, erwiesen sich als technisch ausgereift und brachten hohe Umsätze. Mühsamer entwickelte sich hingegen der seit 1952 angebotene zweiholmige Geräteträger, was allerdings angesichts der sonst gut gefüllten Auftragsbücher verschmerzt werden konnte. Eine Untermauerung des Platzes in der Spitzengruppe der deutschen Traktorenhersteller gelang Eicher 1958/59 dann mit der beinahe schon legendär gewordenen »Raubtierreihe«. Panther, Leoparden und Königstiger schreckten einerseits die Konkurrenz, fanden andererseits aber auch – immer stärker werdend – bis in die siebziger Jahre hinein guten Absatz.

Die wirtschaftliche Rezession der sechziger Jahre bekam Eicher aber dennoch zu spüren. Mangelnde Fortune etwa beim 40-PS-Geräteträger oder erfolglose Diversifizierungsbemühungen in den Lastwagenbau hinein führten schließlich sogar dazu, daß die Eigenkapitaldecke des Unternehmens kurz wurde. Doch Eicher kam noch einmal mit dem blauen Auge davon, nicht zuletzt, weil man sich mit den von Chefkonstrukteur Dipl.-Ing. Jean Logos konstruierten wendigen und zugleich doch starken Zugmaschinen im Bereich der Schmalspurschlepper eine tragfähige Marktnische erschlossen hatte.

Aber das Unwetter, das sich über dem oberbayerischen Familienunternehmen zusammengebraut hatte, verzog sich nur und löste sich nicht auf. Da stürzte die Entscheidung des Getriebeherstellers ZF, die Herstellung von Getrieben für Kleinschlepper aufzugeben, Eicher in eine neue Krise. Neben dem Motorenbau auch noch mit einer eigenen Getriebefer-

Eicher-Geräteträger fanden unter den Bezeichnungen EGT, Muli oder auch Unisuper beachtlichen Anklang

Eicher ED 16 – ein Traktorpionier mit luftgekühltem Motor

tigung zu beginnen, schien den Verantwortlichen unmöglich. Also hielt Eicher nach einem potenten Partner Ausschau, der Kapital und Bauteile beizusteuern in der Lage war.

Eine Lösung bot sich an, als Massey-Ferguson erklärte, die entstandene Lücke füllen zu wollen in dem zur Eicher GmbH umfirmierten Unternehmen, an dem die Firmengründer 70 % und MF 30 % anteilig hielten; man stellte sich den Fortgang des Geschäfts so vor, daß Eicher von MF Motoren und Getriebe und MF von Eicher Schmalspurschlepper geliefert bekommen sollte. Doch damit nicht genug. Man plante, Eicher durch eine Konzentration der Produktion in Landau wieder rentabel zu machen, weshalb die traditionsreichen Fertigungsstätten Dingolfing, Pilsting und Forstern an BMW bzw. Krauss-Maffei verkauft wurden.

Das Unternehmen Eicher investierte in die Neuorganisation viel Geld. Nachteiliger für Eicher aber wirkte sich letztlich der mit der Umrüstung auf MF-Aggregate einhergehende Identitätsverlust aus. Warum sollten Landwirte Eicher-Traktoren kau-

fen, wenn sich diese mit Ausnahme der Farbe ohnehin kaum mehr von MF-Fahrzeugen unterschieden? Da vermochten auch die Schmalspurschlepper oder die 6-Zyl.-Wotan-Traktoren, die noch über Originalität verfügten, dem Geschäft nicht mehr die nötige Kraft zu geben. So wurden immer neue Finanzspritzen erforderlich und führten letztlich dazu, daß die Gründer gerade noch einen Anteil von 0,3 % an ihrem einstigen Unternehmen hielten.

So recht froh wurde Massey-Ferguson mit der Tochter Eicher allerdings nicht. Was lag für die inzwischen selbst in Schwierigkeiten geratende Konzernmutter näher, als die unrentablen Werksanlagen in Landau zum 31. Januar 1982 stillzulegen? Doch der Plan war ohne den indischen Industriellen Vikram Lal gemacht worden. Als Lizenznehmer von Eicher belieferte er schon seit Jahrzehnten die Bauern des Subkontinents erfolgreich mit Eicher-Goodearth-Traktoren und erklärte sich nun bereit, das Unternehmen Eicher fortzuführen. Zum Erwerb der Werksanlagen allerdings reichten seine Finanzmittel nicht aus, Pachtverträge si-

cherten zunächst den Fortbestand der Produktion. Befreit atmeten Eicher-Händler und -Kunden auf. Auch gab die Rückkehr zum luftgekühlten Eicher-Motor in der 1982 auf der Münchener DLG-Ausstellung präsentierten »Economy-Klasse« Hoffnung auf einen erfolgreichen Fortbestand des Traktorenwerks, dessen zwischen 35 und 145 PS angesiedelte Zugmaschinen – wie schon vor Jahrzehnten – ihr, vor freiliegenden Gebläsekanälen gekennzeichnetes, individuelles Gesicht besaßen. Und tatsächlich, die Landwirte honorierten das neue Programm mit steigender Nachfrage. Doch Zahlungsverpflichtungen aus früheren Jahren, umfangreiche Materialzulieferungen und hohe Kreditkosten rissen größerwerdende Löcher in die ohnehin knappe Finanzdekke des Unternehmens, dem am 28. Mai 1984 allen Bemühungen zum Trotz nur noch der Gang zum Konkursrichter blieb. Die Geschichte von Eicher ist damit aber nicht zu Ende. Zum einen erforderten die gut und gerne 120 000 im Einsatz befindlichen Eicher-Traktoren eine umfangreiche Ersatzteilversorgung, zum anderen aber sind die neuen »Traktoren in Blau« als durchaus wettbewerbsfähig einzustufen. Für die Händlerorganisation war dies Anlaß, sich zu einem finanziellen Kraftakt zu entschließen und dem Unternehmen Finanzmittel zur Fortführung des Traktorenbaus zu Verfügung zu stellen. Zusammen mit einer Schweizer Finanzgruppe und Mitteln des bayerischen Staates ermöglichte dieses ungewöhnliche Treuebekenntnis Eicher den Fortbestand in verkleinertem Rahmen.

1986 hätte für Eicher zum Festjahr werden sollen, wurde der Traktorenbau in diesem Jahr doch ein halbes Jahrhundert alt! Doch zum Feiern bestand kein Anlaß, zu schwer fiel das Erringen der zum Überleben notwendigen Marktanteile. Erfolge aber sind bei dem Bemühen um eine wirtschaftliche Rekonvaleszenz nicht zu übersehen. So besitzt der Schmalspur-, Plantagen- und Kompaktschlepperhersteller Eicher nach wie vor einen guten Ruf, und auch die in der Leistungsklasse zwischen 35 und 145 PS angebotenen Standardschlepper finden weiterhin Käufer. Dabei handelt es sich zumeist um traditionelle Eicher-Kunden, für die die formschönen und langlebigen »Traktoren in Blau« beinahe schon zum Hofambiente gehören.

Eicher-Traktoren (Auswahl)

Typ/Bezeichnung	Baujahr	Motorleistung PS	Zylinder	Takt	Gänge	Gewicht kg
ED 37	1937	20	—	4	4/1	—
Ackerschlepper	1940	22	2	4	4/1	1680
ED 16	1949	16	1	4	4/1	1450
ED 22/II	1949	22	2	4	4/1	1800
EKL 11/I	1949	11	1	4	5/1	1050
ED 16/III	1954	19	1	4	5/1	1520
25/III	1954	25	2	4	5/1	1910
L 40	1954	45	3	4	5/1	2340
L 60 S	1954	60	4	4	5/1	3300
Leopard	1959	15	1	4	6/2	939
Panther	1959	19	2	4	6/1	1294
Geräteträger 200	1959	20	2	4	6/1	1300
Tiger	1959	25	2	4	8/4	1460
Königstiger	1959	35	3	4	8/4	1785
Mammut	1959	45	3	4	8/4	2245
Wotan I	1969	80	6	4	16/7	3800
Wotan II	1969	95	6	4	16/7	4300
Büffel Allrad	1974	74	4	4	12/4	3450
Schmalspur EKD 4	1977	65	4	4	8/2	1780
3048 33	1985	48	3	4	16/4	2895
3072 34	1985	72	4	4	16/4	3915
3145 Turbo A 34	1985	145	6	4	20/9	5740

Ensinger

Ensinger-Fahrzeugbau, 6120 Michelstadt (Odenwald)

Zu den Unternehmen, die nach dem Zweiten Weltkrieg unter weitgehendem Fremdbezug der Bauteile mit dem Traktorenbau begannen, zählt die hessische Firma Ensinger. Größere Stückzahlen erreichte das Unternehmen nicht; beispielsweise brachte man es im ersten Halbjahr 1950 im Bundesgebiet auf ganze 43 Neuzulassungen. Diese erfolgten überwiegend in Nordrhein-Westfalen und Bayern, während in Hessen, dem Heimatland von Ensinger, nur vier Traktoren neu angemeldet wurden. Wenig nützlich war, daß zwei unterschiedlich stark motorisierte Typen angeboten wurden.

Den Einstieg in den Traktorenbau machte Ensinger mit dem Dieselschlepper AS 20, einer von einem MWM-Motor angetriebenen Zugmaschine für den Acker- und Straßeneinsatz. Der Traktor besaß ein 4-Gang-Getriebe, das Ensinger als Eigenbau vorstellte, vermutlich aber von außen bezogen hat. Ansonsten verfügte das Fahrzeug serienmäßig über Riemenscheibe, Zapfwelle, Mähantrieb, elektrische Vorglüheinrichtung und Kotflügel, während elektrische Anlage und Mähbalken nur auf Wunsch geliefert wurden.

Im Aussehen kaum vom AS 20 zu unterscheiden war der 1949 erstmals gebaute AS 15. Auch hier entschied sich Ensinger für die rahmenlose Blockbauweise, MWM-Motor und ein als Eigenbau deklariertes Getriebe. Das Fahrzeug wird als robust und in Anbetracht des kleinen Wendekreises für den Einsatz in Parzellenbetrieben geeignet geschildert. Vorgestellt wurden beide Ensinger-Traktoren auf den DLG-Ausstellungen 1949 in Hannover und 1950 in Frankfurt, wo der Hersteller noch einen dritten Traktor, diesmal mit einem 24-PS-Motor, hinzugesellt hatte. Doch weder in Hannover noch in Frankfurt stieß Ensinger mit seinen Fahrzeugen auf größeres Interesse bei der Öffentlichkeit. So fiel einem Berichterstatter, auf Ensinger angesprochen, einzig die in der Mitte gelenkig befestigte, geschmiedete Doppel-T-Vorderachse auf, zu wenig, um den Ensinger Traktorenbau längere Zeit florieren zu lassen.

Typ/Bezeichnung	Baujahr	Motorleistung PS	Zylinder	Takt	Gänge	Gewicht kg
AS 20	1948	22	2	4	4/1	–
AS 15	1949	15	1	4	4/1	1370
AS 24	1950	24	2	4	4/1	1650

Epple-Buxbaum

Epple-Buxbaum – Vereinigte Fabriken landwirtschaftlicher Maschinen vorm. Epple und Buxbaum, 8900 Augsburg

Die Vereinigten Fabriken landwirtschaftlicher Maschinen vorm. Epple und Buxbaum zählten bis in die zwanziger Jahre hinein zu den traditionsreichsten und größten deutschen Landmaschinenunternehmen. Als Aktiengesellschaft 1882 gegründet, datieren die Anfänge der Vorgänger-Betriebe von Engelbert Buxbaum sowie von Karl und Magnus Epple bereits auf die Jahre 1859 bzw. 1862. Dreschmaschinen, Häckselapparate und Erntemaschinen aller Art gehörten über Jahrzehnte zum Produktionsprogramm des Unternehmens, das kurz nach dem Ersten Weltkrieg mit mehr als 1500 Mitarbeitern seine größte Ausdehnung erreichte. Vertrieben wurden die Erzeugnisse vor allem im süddeutschen Raum, doch existierten auch Niederlassungen in Schlesien und Berlin.

Daß die Vereinigten Fabriken am landwirtschaftlichen Mechanisierungsboom jener Jahre teilhatten, zeigt sich unter anderem an der 1922 getroffenen Entscheidung, zum vorhandenen, etwa 7 ha großen Betrieb auf einem neu zu erwerbenden 26 ha großen Gelände ein hochmodernes Werk II zu errichten. Allerdings überstiegen die damit verbundenen Investitionen die finanziellen Möglichkeiten des Unternehmens bei weitem. Um das

Schlimmste zu verhindern, reduzierte die Firmenleitung 1925/26 die Belegschaft auf 700 Arbeitskräfte und setzte vor allem auf die Einführung neuer, gewinnbringender Landmaschinen.

Wichtigster Hoffnungsträger des nach MAN und Riedinger ältesten Augsburger Maschinenbau-Unternehmens war dabei der Kleintraktor mit dem bezeichnenden Namen »Rollmops«. 1927 auf der Dortmunder DLG-Ausstellung erstmals vorgestellt, steckte in der Maschine eine mehrjährige Entwicklungstätigkeit, die von den bei den Vereinigten Fabriken gebauten Grasmähern ihren Ausgang genommen hatten. So war der hintere Teil des Rollmops-Fahrgestells als Grasmäher-Rahmen ausgebildet, den man über zwei Deichselschuhe mit dem Vordergestell verbunden hatte. Ein aufmontierter 12-PS-Motor von Hanomag trieb sowohl die Hinterachse als auch den im Hinterteil des Fahrzeugs befestigten, vom Fahrersitz aus mittels Fußbetrieb ein- und ausschaltbaren Messerbalken an. Die Motorhaube umkleidete Treibstoff- und Kühlwassertank sowie einen Werkzeugkasten und verlieh durch die gewölbte Form dem Fahrzeug ein unverwechselbares Aussehen.

Einem Leistungstest wurde der Rollmops 1928 im oberschwäbischen Aulendorf unterzogen. Dabei erhielt seine Arbeit als Mähtraktor die Note sehr gut. Weniger

vermochte die Maschine hingegen als Zugmaschine vor Pflug oder Egge zu überzeugen. Der 12-PS-Motor schien den Juroren für den massiven Fahrzeugrahmen zu leicht zu sein, weshalb sie dem »Rollmops« nur eine eingeschränkte Tauglichkeit für die landwirtschaftliche Praxis zuerkannten.

Dennoch sind in Süddeutschland etliche »Rollmöpse« an Bauern verkauft worden. Ihre Wünsche um eine stärkere Motorisierung des Fahrzeugs kamen allerdings nicht mehr zum Tragen. Anhaltend unbefriedigender Geschäftsgang zwang die Vereinigten Fabriken vielmehr noch vor 1930 zur Einstellung kostspieliger Entwicklungsarbeit, bevor ab 1931 der völlige Ausverkauf des einst renommierten Unternehmers einsetzte.

Um so überraschender erschienen dann während des Zweiten Weltkriegs doch noch weiterentwickelte »Epple-Buxbaum«-Traktoren in Deutschland. Es handelte sich dabei vor allem um Dieselschlepper des Typs Aquila, die mit einem 22-PS-Deutz-Motor und Prometheus-Getriebe, also auch in anderen Zugmaschinen bewährten Bauteilen, ausgerüstet waren. Ansonsten ähnelte der Aquila weitgehend dem gleichstarken Bauernschlepper der Berliner Primus-Traktoren GmbH. Dabei handelte es sich keineswegs um einen Zufall, denn die Epple-Buxbaum-Werke AG, Wels (Österreich), eine 1883 gegründete erfolgreiche Tochterunternehmung der Vereinigten Fabriken landwirtschaftlicher Maschinen, unterhielt bereits seit einiger Zeit gute Geschäftsbeziehungen zur Traktorenfabrik Primus. Sie führten während des Krieges sogar zu Produktionsabsprachen, die sich jedoch nur teilweise realisieren ließen. Nach dem Zweiten Weltkrieg konzentrierte sich Epple-Buxbaum in Österreich wieder weitgehend auf den Erntemaschinenbau, wo man sich unter anderem als Anbieter von Mähdreschern einen guten Namen erworben hat.

Epple-Buxbaum-Traktoren (Auswahl)

Typ/Bezeichnung	Baujahr	Motorleistung PS	Zylinder	Takt	Gänge	Gewicht kg
Rollmops	1927	12	–	–	2/1	–
Aquila–Acker	1941	22	2	4	4/1	1620
25 PS Holzgas	1942	25	2	4	4/1	–

Fahr

**Maschinenfabrik Fahr AG,
7702 Gottmadingen**

Wer in der Landwirtschaft weiß nicht, daß von dem am Fuße des Hohentwiel gelegenen Gottmadingen aus deutsche Erntemaschinen-Geschichte geschrieben wurde! Dabei war der Anfang wirklich bescheiden, als Johann Georg Fahr im April 1870 zusammen mit zwei Gesellen und einem Lehrling die ersten Futterschneidemaschinen herstellte. Doch dabei blieb es nicht. Bald schon folgten Handdreschmaschinen, Göpel, Rübenschneider, Schrotmühlen sowie Obst- und Weinpressen nach und fanden guten Absatz. Betriebserweiterungen wurden notwendig und führten 1891 zum Bau einer eigenen Gießerei im 30 Kilometer entfernten Stokkach.

Neben der Eigenfabrikation betätigte sich J. G. Fahr aber auch als Landmaschinenhändler. Vertrieben wurden vor allem amerikanische Erntemaschinen, die sich zu Fahrs Überraschung durchaus als verbesserungswürdig erwiesen. So nutzte er die über Reparaturen und Wartung gewonnenen Erfahrungen, um im letzten Jahrzehnt des vergangenen Jahrhunderts mit der Fertigung eigener Gabelheuwender, Pferderechen und Grasmä-

her zu beginnen. 120 Mitarbeiter beschäftigte Fahr 1899 und konnte doch die aus dem In- und Ausland eingehenden Aufträge kaum erfüllen. Hinzu kam, daß Neuentwicklungen wie Schwadenrechen, Trommelheuwender und ab 1908 Getreidemäher sich gleichfalls zu Marktrennern entwickelten.

Einen Einschnitt brachte die 1910 von Fahr getroffene Entscheidung, die gesamte Fabrikation ausschließlich auf den Bau von Erntemaschinen umzustellen. Doch die Spezialisierung erwies sich als sinnvoll. Maßgeblichen Anteil an der trotz Weltkrieg und Inflation aufwärts gerichteten Entwicklung des Unternehmens hatte der 1911 in Produktion gegangene Fahr-Bindemäher. Über Jahrzehnte blieb er ein wesentlicher Umsatzträger der inzwischen zur Aktiengesellschaft gewordenen Firma Fahr, die bis 1955 um 200 000 Stück dieser Maschinen ausliefern konnte. Ohne die 1930 erfolgte Inbetriebnahme eines Fließbandes in einer neuerbauten Montagehalle wäre ein so beeindruckendes Produktionsergebnis allerdings nicht möglich geworden.

Da machte sich Mitte der dreißiger Jahre auch im Erntemaschinenwerk Fahr das Traktorenzeitalter immer deutlicher bemerkbar. Noch blieb Fahr zwar Erntema-

schinen-Spezialist, aber ohne eingehende Studien der damals auf dem Markt angebotenen Traktoren wäre 1938 die Konstruktion des ersten schleppergezogenen Getreidebinders mit Zapfwellenantrieb kaum gelungen. Daß man bei Fahr vor motorisierten Landmaschinen nicht mehr zurückschreckte, belegt ferner der gegen Ende der dreißiger Jahre auf den Markt gebrachte Fahr-Motorgrasmäher. Ein luftgekühlter 2-Takt-Motor trieb dabei das Mähwerk, während die Zugtiere nur noch für die Vorwärtsbewegung benötigt wurden.

Der Übergang zum Schlepperbau im Jahre 1938 war demnach für Fahr doch kein so weiter Schritt, wie es gelegentlich geschildert wird. Eine wichtige Rolle kam dabei Oberingenieur B. Flerlage zu, der, 1937 von Hanomag zu Fahr gewechselt, zusammen mit Dr. W. Fahr daranging, in Gottmadingen die technischen Voraussetzungen für eine Schlepperproduktion zu schaffen. Und sie leisteten gute Arbeit, denn bald schon stellten sie den ersten Fahr-Traktor mit der Typenbezeichnung »F 22« vor, ein allgemein als formschön aufgenommenes Fahrzeug in rahmenloser Blockkonstruktion. Zum Einbau gelangte der bereits andernorts bewährte 22-PS-Deutz-2-Zylinder-4-Takt-

Fahr-Dieselschlepper D 130 H, auf größte Spurweite von 1924 mm eingestellt

Dieselmotor F 2M 414. Er verlieh dem Fahr-Schlepper im fünften Gang des ZF-Getriebes eine Geschwindigkeit bis zu 19 km/h und machte ihn stark genug für die damals im Handel befindlichen Landmaschinen. Dies aber war für Fahr von großer Wichtigkeit. Schließlich beabsichtigte man, die zahlreichen Erntemaschinenkunden mit dem Argument, der Fahr-Traktor sei in besonderer Weise auf die Landmaschinen hin konstruiert worden, zum Kauf zu veranlassen. Tatsächlich besaß der F 22, was die Lage von Antriebs- und Anlenkpunkten anbelangte, einige Vorzüge, die mit dazu beitrugen, daß die Absatzerwartungen des Herstellers nicht enttäuscht wurden. Eindrucksvoll listete Fahr in Prospekten »20 Vorteile« seines Traktors auf, von denen hier außer der guten Eignung zum Zug von Erntemaschinen nur die beachtliche Wendefähigkeit herausgestellt sei.

Der 1941 gebaute T 22 trug bereits unübersehbar die Zeichen einer Kriegskonstruktion. So galt es, die staatlicherseits vorgegebenen typisierten Abmessungen der 20-PS-Klasse einzuhalten, und an die

Stelle der Luftgummibereifung traten wieder Stahlräder, weshalb der T 22 durchweg mit blockiertem vierten und fünften Gang ausgeliefert wurde. Doch das Intermezzo währte nicht allzulange. Einerseits benötigte die Rüstungswirtschaft immer weitere Teile der Gottmadinger Produktionsanlagen zum Bau von Motorenteilen für die Panther- und Tiger-Panzer, zum andern verlangte der spürbar gewordene Mangel an flüssigen Treibstoffen eine Umrüstung der Traktoren auf Holzgas. Fahr entwickelte deshalb den Typ HG 25, eine freitragende Blockkonstruktion, bei der ein fünfgängiger Eigenbau-Getriebeblock mit dem Deutz-Einheitsgasmotor und der Gaserzeugeranlage zusammenverschraubt war. Der Generator befand sich vor dem Gasmotor, vor und über der Vorderachse in geschlossener Bauweise angebracht, was eine Verlängerung des Radstandes erforderte. Um nun aber dennoch den günstigen Wendekreis, ein wichtiges Merkmal der Fahr-Traktoren, zu erhalten, sah das Werk zu jedem Hinterrad eine separate Bremsbetätigung zum Lenken vor, um die Wendigkeit trotz

der klobigen Holzgasausführung zu verbessern.

Das Kriegsende bedeutete für Fahr mehr als nur die Einstellung des Traktorenbaus. Fliegerbomben hatten die Werkshallen weitgehend zerstört, und was unbeschädigt geblieben war, wurde demontiert. Außerdem sprach die französische Besatzung ein Verbot der Dieselschlepperherstellung aus, das bis zur Währungsreform Gültigkeit behielt. Dies bedeutete jedoch nicht, daß bei Fahr, einem der wichtigsten Arbeitgeber des gesamten Hegaus, die Hände in den Schoß gelegt wurden. Mit 1300 Mitarbeitern, gut 1700 weniger als bei Beginn des Zweiten Weltkriegs, kam doch bereits 1946 wieder die Herstellung von allerlei Notartikeln wie Haushaltsgeräten, Skiern und Handwagen in Gang, ehe man sich der von den Siegermächten noch am ehesten geduldeten Erntemaschinenproduktion zuwandte.

Daneben bemühte sich die Firmenleitung, neue Werkzeugmaschinen für den Traktorenbau zu beschaffen. Dies war leichter gesagt als getan, und so dauerte

Am Fuße des Hohentwiel gebaut und in viele Länder der Erde geliefert: Fahr-Traktoren D 66 und D 88

Fahr-Holzvergaser HG 25 vor dem Prototyp eines gezogenen Mähdreschers

es bis zum Januar 1949, ehe in Gottmadingen die serienmäßige Produktion von Dieselschleppern wieder aufgenommen wurde. Das Programm umfaßte drei Modelle, D 15, D 22 und D 28, von denen die 15 und 22 PS starken Traktoren mit Deutz-Motoren ausgerüstet waren, während die 28 PS leistende Zugmaschine über einen Güldner-Motor verfügte. Im nächsten Jahr motorisierte Fahr die Schlepper durchweg großzügiger (17, 25 und 32 PS), was der Popularität der Fahrzeuge ebenso dienlich war wie die bei allen Typen vorhandenen hydraulischen Kraftheber und die gute Umrüstbarkeit auf Ansteckraupen.

Einen Knüller hielt Fahr 1951 bereit. Zwar sollte der Dieselschlepper D 55 L (55 PS) zunächst nur in den Export gehen, doch da die Nachfrage auch im Inland spürbar wurde, gelangte der mit einem luftgekühlten 4-Zyl.-4-Takt-Deutzmotor ausgerüstete Großtraktor auch in Westdeutschland zur Auslieferung. Und von nun an ging es im Grunde genommen Schlag auf Schlag. Noch im gleichen Jahr lieferte Fahr den 10 000sten Traktor seit Produktionsaufnahme 1938 aus, und schon beschäftigten sich die Konstrukteure mit dem weiteren Ausbau der Modellpalette.

So kamen bald schon ein Kleinschlepper mit 12 PS, mehrere Mittelklassetraktoren mit 24 bis 32 PS und Großtraktoren mit 45 und 60 PS hinzu. Berücksichtigt man ferner, daß Fahr einen 10-PS-Einachs-Motorschlepper baute, so ist die zeitgenössische Feststellung einer Fachzeitschrift nicht unberechtigt, in der der Firma Fahr nachgesagt wurde, die Motorisierung von allen deutschen Herstellern am weitesten vorangetrieben zu haben.

Wie sehr Fahr in den fünfziger Jahren auf die weltweite Zukunft des Traktors setzte, bestätigt die 1952 in Argentinien vorgenommene Einrichtung eines Schlepperwerks. Doch was unter Diktator Peron hoffnungsvoll anlief, endete in späteren Jahren mit großen Verlusten. Dennoch, rund 10 000 Schlepper liefen in Argentinien vom Band, das für Fahr zwar ein wichtiger, im Vergleich zur Bundesrepublik Deutschland jedoch immer zweitrangiger Absatzmarkt blieb.

Hier wiederum hatte sich Fahr inzwischen mit seinen Traktoren auf einen Platz unter den zehn Besten der Zulassungsstatistik festgesetzt. Stete Verbesserungen der bewährten Modelle trugen ebenso zum Absatz bei wie neukonzipierte Schlepper. Auffallend dabei war vor allem die Hin-

wendung von Fahr zu luftgekühlten Motoren. Wurden noch einige Jahre lang beide Kühlungssysteme in Fahr-Traktoren nebeneinander angeboten, so war 1955 der endgültige Wechsel vollzogen. Fahr verwendete nun nur noch luftgekühlte Motoren, die zumeist von der Firma Güldner stammten.

Im Jahr 1956 brachte Fahr auf zweierlei Weise Abwechslung in sein Traktorenprogramm. Zum einen schloß man sich der verbreiteten Neigung zum Geräteträger an und produzierte den GT 130, dessen 17 PS leistender Motor für die vielfältigen Verwendungsmöglichkeiten als gerade hinreichend eingeschätzt wurde. Größeres Aufsehen erregte zweifellos das über zwölf Vor- und zwölf Rückwärtsgänge verfügende Getriebe des GT 130, während die hydraulisch vom Fahrersitz aus zu bedienende Dreipunktaufhängung zwar nicht selbstverständlich, aber doch schon beinahe guter Standard war. Zum zweiten aber nahm Fahr den noch gar nicht so lange gebauten Kleinschlepper D 90 wieder aus der Fertigung. An seine Stelle traten mit dem D 66 und dem D 88 zwei besser für den Geräteanbau geeignete Zugmaschinen, deren Aussehen unter Beibehaltung des typischen Fahr-

Schlepper-Gesichts noch stärker konturiert war.

Neue Wege schlugen die Fahr-Konstrukteure auch bei dem 1958 erstmals vorgeführten Dieselschlepper D 177 ein. Leichte Bauweise bei langem Radstand lautete diesmal die Vorgabe, die im Ergebnis zu einem leistungsstarken und zugkräftigen Traktor mit günstigem Leistungsgewicht führte, der infolge ausgeklügelter Achsdruckverteilung auch unter Last kaum zum Aufbäumen neigte. Bei der Suche nach einem geeigneten Motor war Fahr diesmal bei Mercedes-Benz fündig geworden. Der 4-Zyl.-4-Takt-Dieselmotor hatte zuvor schon in hunderttausenden von anderen Fahrzeugen den Nachweis hoher Belastbarkeit erbracht, auch galt er als extrem geräuscharm, was interessanterweise – und damit gab es doch wieder wassergekühlte Fahr-Traktoren – auf die Wasserkühlung zurückgeführt wurde. Hinsichtlich der technischen Ausrüstung brauchte sich der D 177 hinter keinem seiner Konkurrenten zu verstecken. Zapfwellen, Differentialsperre, hydraulischer Kraftheber und vieles mehr veranlaßten Oberingenieur Flerlage, einen der bedeutenden deutschen Schlepperkonstrukteure, den D 177 als »seiner Zeit voraus« zu kennzeichnen.

In Anbetracht dieses so hochgelobten und von großen Erwartungen begleiteten Traktors mutet es beinahe schon wie Ironie an, wenn Fahr praktisch mit dem Beginn der Serienherstellung am 20. Juni 1958 für den Traktorenbau eine Zusammenarbeit mit dem Konkurrenten Güldner bekanntgab. Sicher, der Wettbewerb war in den fünfziger Jahren härter geworden, und nur massive Kosteneinsparungen konnten den Fortbestand der Schlepperproduktion sichern. Die Vereinbarung sah nun vor, daß beide Firmen ihre Schlepper »mit Ausnahme der Haube und des Anstrichs« einheitlich bauen sollten. Ziel war dabei die Aufteilung des gemeinsamen Typenprogramms auf beide Firmen zur Verringerung der Fertigungsvielfalt um 60 %. Rationalisierung durch Typenbereinigung lautete die Devise.

Als Frucht der Kooperation kam 1959 auf der Frankfurter DLG-Ausstellung die Fahr-Güldner-Europa-Reihe auf den Markt. Die vier Typen der Leistungsklasse 15, 20, 25 und 34 PS zeichneten sich in der Tat durch eine weitgehende Austauschbarkeit der wichtigsten Aggregate aus. So waren im 15-, 20- und 25-PS-Motor Zylinder, Kolben und Pleuelstangen gleich, und auch die Getriebe entsprachen sich zumindest in den Traktoren der mittleren Leistungsklassen. Unterschiedlich hielt man es hingegen mit dem Kühlsystem. Bei einigen Modellen konnte sich der Käufer wahlweise für wasser- oder luftgekühlte Motoren entscheiden.

Die Resonanz auf die Europa-Reihe war außerordentlich. 1960 meldete Fahr, daß die Nachfrage nach Traktoren nicht habe befriedigt werden können. Doch alles Mühen reichte nicht hin, um den finanziellen Kraftakt, den die Umstellung auf neue Traktoren erfordert hatte, auszugleichen. So suchte das Familienunternehmen Fahr nach einem potenten Partner, den man 1962 in dem Konkurrenten KHD gefunden zu haben glaubte. Mit einer Minderheitsbeteiligung am Grundkapital beteiligten sich die Kölner Traktorenhersteller an Fahr, das sich zugleich von Güldner trennte, um nun mit KHD eine Programmabsprache zu verabschieden. Danach hatte Fahr die Erntemaschinen und KHD die Traktoren beizusteuern, damit in Zukunft eine »full-line« angeboten werden könnte.

Bei Fahr hielt man sich an die Absprache. Noch 1962 lief der letzte der roten Gottmadinger Traktoren vom Band, das zwar noch zwei weitere Jahre weiterlief, jetzt allerdings, um Deutz-Traktoren herzustellen. Alles in allem, also einschließlich der in Argentinien gebauten Traktoren, belief sich die Zahl der Fahr-Schlepper auf knapp über 100 000, womit man sicher zu den Großen in der Geschichte des deutschen Traktorenbaus zählt.

Fahr-Traktoren (Auswahl)

Typ/Bezeichnung	Baujahr	Motorleistung PS	Zylinder	Takt	Gänge	Gewicht kg
F 22	1938	22	2	4	5/1	1800
T 22	1941	22	2	4	5/1	1920
HG 25	1943	25	2	4	5/1	–
D 15	1949	15	2	4	5/1	1160
D 22	1949	22	2	4	5/1	1600
D 28	1949	28	2	4	5/1	1980
D 30 L	1951	30	2	4	5/1	2050
D 55 L	1951	55	4	4	4/1	3400
D 12 N	1953	12	1	4	5/1	1125
D 22 P	1953	22	2	4	5/1	1425
D 66	1956	11	1	4	6/2	765
D 88	1956	13	2	4	6/2	845
GT 130	1956	17	2	4	12/12	1605
D 177	1958	34	4	4	8/4	1550
D 131	1959	20	2	4	8/4	1180
D 133 N	1959	25	3	4	8/4	1300

Famo

Famo Fahrzeug- und Motorenwerke GmbH, Breslau
Famo Vertriebsgesellschaft mbH, 4150 Krefeld
Famo/Rathgeber, 8000 München

Die Famo Fahrzeug- und Motorenwerke GmbH, Breslau, wurden im November 1935 von der Junkers-Flugzeug- und Motorenwerke AG gegründet und übernahmen unmittelbar darauf von der Waggonfabrik Linke-Hofmann-Werke AG, Breslau, zusammen mit deren Maschinenbauabteilung auch die Schlepperfertigung. Das Produktionsprogramm umfaßte die beiden leistungsstarken und in der Landwirtschaft geschätzten Raupenschleppertypen Boxer und Rübezahl, während Entwicklungsarbeiten für einen Radschlepper erst im Anlauf begriffen waren. Den Absichten von Famo kamen die Planungen allerdings sehr entgegen, setzte man doch ganz auf eine Verbreiterung der Produktpalette. Mit Nachdruck arbeiteten die Techniker deshalb weiter an einem Ackerradschlepper und konnten auch 1936 ein Fahrzeug vorstellen, dessen Abnehmerkreis ausdrücklich in der Großlandwirtschaft des Ostens gesehen wurde. Entsprechend stark war der Schlepper motorisiert. Ein zunächst für 40 PS, später auf 42/45 PS ausgelegter 4-Zyl.-4-Takt-Dieselmotor von Kämper, Berlin-Marienfelde, verlieh dem Fahrzeug nicht nur große Zugleistung, sondern im Zusammenspiel mit dem aus eigener Fabrikation stammenden 5-Gang-Getriebe auch eine beträchtliche Betriebssicherheit.

Die positive Resonanz auf den Famo-Ackerradschlepper veranlaßte das Unternehmen, zusätzlich einen Straßenschlepper zu konstruieren, der, luftbereift, für den Güternahverkehr gedacht war. Er unterschied sich im wesentlichen durch die veränderte Getriebeabstufung und eine verbesserte elektrische Ausrüstung von der Ackerschlepperversion. Wie sehr Famo damals auf leistungsstarke Fahrzeuge setzte, belegt die 1940 zum Abschluß gebrachte Entwicklung des Raupenschleppers »Riese«. Von einer 100 PS starken 6-Zyl.-4-Takt-Dieselmaschine angetrieben, zählte dieses vorwiegend für die Bauwirtschaft und den Export konzipierte Fahrzeug zu den mächtigsten damals in Deutschland gebauten Schleppern.

Doch dann bestimmte der Krieg auch in Breslau den Produktionsalltag. 1941 wurden erste Versuche mit Holzgasgeneratoren durchgeführt, die 1942 in die Serienherstellung von mit Einheitsgas- und Imbert-Generatoren ausgerüsteten Zugmaschinen einmündeten. Den Hauptteil der Fertigungskapazitäten nahm jedoch inzwischen der 18-Tonnen-Famo-Zugkraftwagen (ZKW), in Anspruch, der als schweres, geländegängiges Halbkettenfahrzeug von der Wehrmacht in erheblicher Stückzahl eingesetzt wurde. Ausgerüstet mit einem 230 PS leistenden 12-Zyl.-Maybach-Motor, war dieses aus der Famo-Schlepperreihe hervorgegangene Militärfahrzeug hervorragend zur Beförderung schwerster Anhängelasten im Gelände und auf Straßen mit Geschwindigkeiten bis zu 50 km/h geeignet. Der erbittert geführte Kampf um Breslau in den letzten Kriegsmonaten brachte die Famo-Produktion zum Erliegen. Sie wurde an alter Stätte auch nicht wieder aufgenommen, denn was von den Werksanlagen den Krieg überstand, wurde von den Russen demontiert. Dies gilt auch für den Verlagerungsbetrieb in Schönebeck (Elbe), so daß die Werksleitung zu Beginn der Nachkriegszeit praktisch vor dem Nichts stand.

Der Name »Famo« indes hatte sich trotz der nur kurzen Zeit seines Bestehens einen guten Klang verschafft. In ihm erblickte Direktor Wohrmuth denn auch das wichtigste Kapital, als er 1949 in Krefeld darauf hinarbeitete, die Produktion von Ersatzteilen für die Raupenschlepper Boxer und Rübezahl sowie den Radschlepper aufzunehmen. Der Vertrieb erfolgte über die neugegründete Famo-Vertriebsgesellschaft, die sich darüber hinaus zum Ziele setzte, möglichst bald auch als Fahrzeughersteller aktiv zu werden. Doch die auf dem Wege dorthin zu bewältigenden Schwierigkeiten waren größer als zunächst vermutet. Erst nachdem ein Arbeitsgemeinschaftsvertrag mit der Waggonfabrik Rathgeber AG, München, abgeschlossen und der Sitz der Famo-Vertriebsgesellschaft in die bayerische Metropole verlegt war, wurde die Neukonstruktion von Raupenfahrzeugen in Angriff genommen.

Wie in der Sage: Der Famo Rübezahl hilft den Bauern bei der Arbeit

Erstmals auf der DLG-Ausstellung 1951 konnte der mit einem 4-Zyl.-Kämper-Dieselmotor ausgerüstete Rathgeber/Famo-Raupenschlepper »Boxer« vorgestellt werden. Im Gesenk geschmiedete und gehärtete Gleisketten garantierten eine höhere Lebensdauer als die vor dem Kriege verwendeten Ketten aus Stahlguß. Ansonsten griff der Hersteller auf bewähr-te Konstruktionsprinzipien wie Blockbauweise und das aus Eigenfertigung stammende 4-Gang-Getriebe zurück. Die aus der Landwirtschaft kommende Nachfrage blieb allerdings beschränkt, so daß Rathgeber/Famo nicht anders als andere Raupenfahrzeughersteller auch nach neuen Absatzmärkten Ausschau hielt. Sie lagen letztendlich im Bereich der Bauwirtschaft, weshalb das Unternehmen ab Mitte der fünfziger Jahre eine aus dem Raupenschlepper Boxer hervorgegangene Planierraupe gleichen Namens mit einer Motorleistung von 52 PS anbot. Nichtsdestoweniger verschwand um 1960 der Name Famo, über rund zwei Jahrzehnte hinweg Inbegriff schwerster Nutzfahrzeuge, auch von den Baumaschinen.

Famo-Traktoren (Auswahl)

Typ/Bezeichnung	Baujahr	Motorleistung PS	Zylinder	Takt	Gänge	Gewicht kg
Ackerradschlepper	1938	42	4	4	5/1	3220
Raupe Boxer Acker	1940	42	4	4	3/1	3400
Raupe Rübezahl Acker	1940	60	4	4	3/1	4500
Raupe Riese Acker	1941	100	6	4	4/1	8000
Raupe Boxer	1951	45	4	4	4/1	4300
Raupe G 36	1956	40	4	4	4/2	3100

Faun

Faun AG, 8500 Nürnberg

Die seit 1986 über die Orenstein & Koppel AG, Dortmund, zum Hoesch-Konzern gehörende Faun AG zählt zu den renommierten deutschen Nutzfahrzeugherstellern. In einer bis ins 19. Jahrhundert zurückreichenden Tradition hat sie sich vor allem auf dem Gebiet des Baus von Transport- und Feuerlöschfahrzeugen schon früh große Verdienste erworben, ehe nach dem Zweiten Weltkrieg zunächst ein zügiger Ausbau der Bereiche Kranwagen-, Kommunalfahrzeug- und Baumaschinenherstellung erfolgte. Dabei schreckte die »Fahrzeugfabrik Ansbach und Nürnberg«, abgekürzt also Faun, vor »schweren Sachen« nicht zurück. Der in der ersten Nachkriegszeit ausgelieferte Verkehrsschlepper »ZR« beispielsweise verfügte über einen 150-PS-Motor und wog 10 500 kg! Den landwirtschaftlichen Transportproblemen widmete hingegen das bis vor wenigen Jahren im Besitz der Familie Schmidt befindliche Unternehmen weit weniger Aufmerksamkeit. Es bedurfte des nach 1945 von den Alliierten ausgesprochenen Verbots des Schwerfahrzeugbaus, ehe die Firmenleitung den landwirtschaftlichen Zugmaschinenbau als Tätigkeitsfeld entdeckte.

Beeinträchtigt durch kriegszerstörte Werksanlagen, entwickelten Faun-Konstrukteure in relativ rascher Zeit ausgangs der vierziger Jahre einen Ackerschlepper mit der Bezeichnung AS 22. Dabei handelte es sich weitgehend um einen Konfektionstraktor, mußten doch Motor, Getriebe, Mähwerk und viele andere Teile mehr zugekauft werden. Faun selbst besorgte den Zusammenbau und steuerte vor allem kleinere Eisenteile bei. Sicher, bei den Zulieferern griff man auf gute Adressen wie MWM und die Zahnräderfabrik Augsburg zurück, doch die hier gegebenen Abhängigkeiten waren beachtlich. Es wäre allerdings unzutreffend, dem Faun-Dieselschlepper deshalb ein »eigenes Gesicht« absprechen zu wollen. Er erhielt die eigenen Konturen vor allem durch die massige, beinahe schon schmucklos zu nennende Motorabdeckung und den überaus kurzen Achsstand von 1 535 mm, was zusammen dem in Blockbauweise gefertigten Fahrzeug den Eindruck von Robustheit vermittelte.

Die Zahl der Kaufinteressenten hielt sich allerdings für den Faun-Dieselschlepper in engen Grenzen, zumal der Vertrieb nicht auf bäuerliche Kunden eingestellt war. Die Gründe dafür sind vielfältig und reichen vom letztlich halbherzigen Engagement des Herstellers, der den Spezialfahrzeugbau nie aus den Augen verlor, bis hin zu dem zu hoch angesetzten Preis. Anfang 1950 beispielsweise mußten für den Faun AS 22 2500 DM mehr bezahlt werden, als für den nur geringfügig schwächeren 20-PS-Allzweck-Bulldog, und selbst zum 25-PS-Ackerluft-Bulldog bestand noch eine Differenz von

1100 DM. Auch nach einer beträchtlichen Preissenkung im Zusammenhang mit der Frankfurter DLG-Ausstellung 1950 verringerte sich der Abstand zu vergleichbaren Traktoren nur geringfügig. In der Zulassungsstatistik fanden diese Gründe ihren Niederschlag. Mit gerade sechs Neuzulassungen im ersten Halbjahr 1950 rangierte Faun als Ackerschlepperhersteller

noch hinter Konkurrenten wie Hoffmann, Kelkel, Miag oder Zanker. Faun zog aus dieser wenig hoffnungsvollen Entwicklung die Konsequenzen und stellte den Bau von Acker-Radschleppern noch in der ersten Hälfte der fünfziger Jahre wieder ein. Ebenfalls nur geringen Eindruck in der Landwirtschaft hinterließ der 1949 in Hannover erstmals vorgestellte 60-PS-

Faun-Kettenschlepper mit dem klangvollen Namen Uranus, später als K 60 bezeichnet. Die nach einer Lizenz des Schweizers Mommenday gefertigte Zugmaschine fand Käufer vornehmlich im Bereich der Bauwirtschaft, während die Bauern im Gegensatz zur Zwischenkriegszeit nun eindeutig Radschlepper bevorzugten.

Faun-Traktoren (Auswahl)

Typ/Bezeichnung	Baujahr	Motorleistung PS	Zylinder	Takt	Gänge	Gewicht kg
AS 22	1949	22	2	4	4/1	1600
K 60 (Raupe)	1950	60	4	4	5/1	5000

Fendt

Xaver Fendt & Co., Maschinen- und Schlepperfabrik, 8952 Marktoberdorf

Fast 60 Jahre hat der Allgäuer Schlepperhersteller Xaver Fendt & Co. darauf hingearbeitet, bei landwirtschaftlichen Zugmaschinen an der Spitze der deutschen Zulassungsstatistik zu stehen. 1982 schien das Ziel schon erreicht, doch im letzten Augenblick mußte man dem Kölner Konkurrenten KHD um genau 23 Traktoren den ersten Platz überlassen. Besser sah es dafür 1985 aus. Um über 250 Fahrzeuge hatte diesmal das rheinische Unternehmen als schärfster Mitbewerber das Nachsehen, und auch 1986 konnte Fendt den Spitzenplatz erfolgreich behaupten. Dieser Erfolg nötigt allgemein Respekt ab. Denn Fendt ist nach wie vor ein Familienunternehmen, das sich als Hecht im Karpfenteich der konkurrierenden internationalen Konzerne behaupten muß. Gestützt vor allem auf eine starke Stellung in der bayerischen Landwirtschaft, scheut man indes auch im übrigen Bundesgebiet die an der Preisfront wie auch hinsichtlich der technischen Ausrüstung vorgetragenen Herausforderungen nicht mehr. Dies war keineswegs immer so. Noch Ende der sechziger Jahre ließ Hermann Fendt, Mitgründer und lange Jahre unbestrittener Sprecher der Firma, verlautbaren: »Wir haben nicht den Ehrgeiz, den Tabellenersten in der Schlepper-Liga zu spielen.« Unterschwellig traute man sich aber auch schon damals mehr zu, nur glaubte man, daß dem Allgäuer Familienunternehmen »Understatement« besser zu Gesicht stünde.

Als Aktivposten galt bei Fendt stets die gut »harmonierende Mannschaft«. Sie hielt auch in schweren Zeiten zusammen und ermöglichte so, nach einem Atemholen in den frühen achtziger Jahren, das Durchstarten an die Spitze der Zulassungsstatistik. Hier zahlte sich aus, daß Fendt über die Jahre hinweg auf klare Geschäftspraktiken Wert gelegt hatte. So wurden für technisch hochwertige Traktoren höhere Verkaufspreise bewußt beibehalten und als Verkaufsargument eingesetzt. Die dahinterstehende Überlegung erwies sich als zutreffend. Der hohe Wiederverkaufswert von Fendt-Gebrauchttraktoren hat den häufiger zu hörenden

Ruf mitbegründet, Fendt-Traktoren seien »die Mercedesse unter den landwirtschaftlichen Zugmaschinen«. Doch bis es so weit war, galt es für Fendt, einen langen und keineswegs immer einfachen Weg zurückzulegen.

Der Anfang datiert auf das Jahr 1928. Damals baute auf Anregung des 60jährigen Johann Georg Fendt der 17jährige Sohn Hermann in der elterlichen Werkstatt einen stationären 4-PS-Benzinmotor mit einem Grasmäher zusammen. Auf einem Bauernhof in der Nachbarschaft eingesetzt, zeigte sich allerdings bald, daß das Fahrzeug doch recht unvollkommen war. Dies wiederum ließ Hermann Fendt nicht ruhen, so daß er sich 1929 ernsthaft mit der Konstruktion eines Motormähers beschäftigte. Die dabei gefundene Lösung war nicht alltäglich. Fendt hatte, ohne daß er dies damals wußte, den ersten europäischen Diesel-Kleinschlepper gefertigt, der mit schnell wechselbarem Anbaupflug und fahrunabhängig angetriebenem, abnehmbarem Mähwerk ausgestattet war.

Der Fahrer konnte den Fahrantrieb, unabhängig vom Mähwerk, auskuppeln und

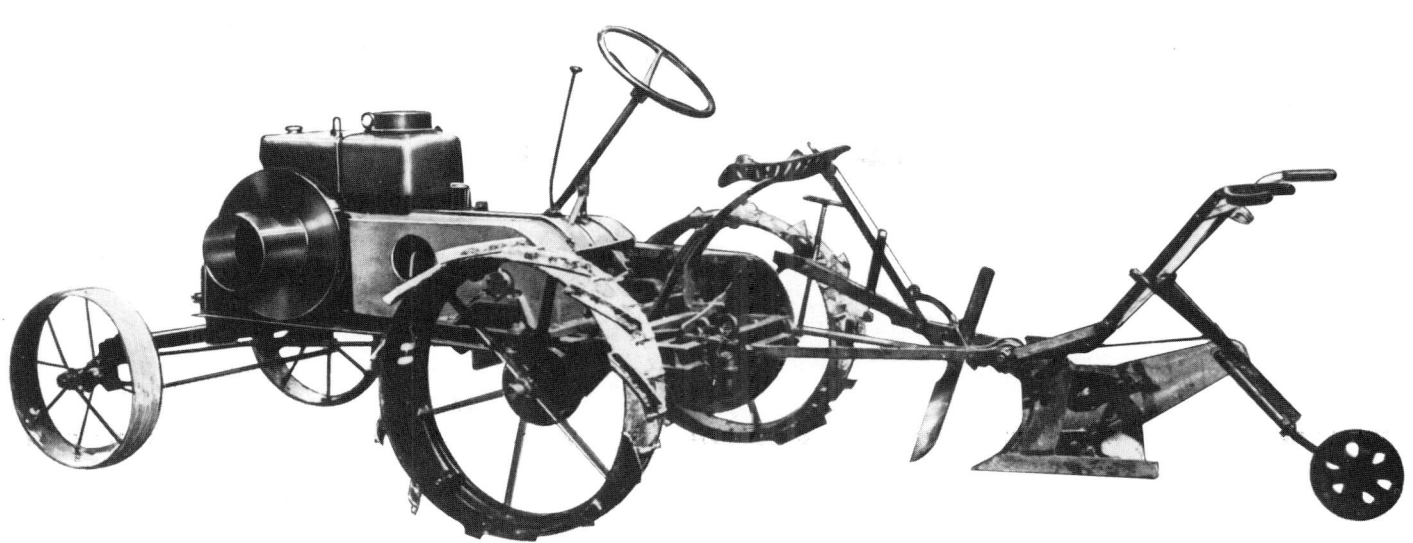

Fendt-Diesel-Kleinschlepper – erste europäische Zugmaschine mit fahrunabhängiger Zapfwelle

das Fahrzeug zum Stillstand bringen, damit das Mähwerk sich bei Verstopfungsneigung sofort freiarbeiten konnte. Dies kommt in hohem, nassem Gras mitunter vor. Hermann Fendt hatte damit das Prinzip der fahrunabhängigen Zapfwelle erfunden, das er dann als erster auch in seine später serienmäßig hergestellten Schlepper übernahm.

Noch nach dem Zweiten Krieg krankten Schlepper anderer Hersteller, insbesondere die zum Antrieb gezogener Mähdrescher eingesetzten starken Schlepper, daran, daß die Zapfwelle abhängig vom Fahrantrieb angetrieben war, das heißt, beim Auskuppeln des Fahrantriebs stehenblieb. Bei Verstopfungsbeginn konnten sich dann die Mähdrescher nicht im Stillstand freiarbeiten.

Beeindruckten die so gegebenen vielseitigen Einsatzmöglichkeiten des Fahrzeugs, so setzte Konstrukteur Hermann Fendt auch, was die Wirtschaftlichkeit des Schleppers anbelangte, bemerkenswerte Maßstäbe. Der verwendete Dieselmotor erwies sich im Kraftstoffverbrauch als sparsamer als die sonst meist eingebauten Benzinmotoren, und als Einmannmaschine kam Fendts Kleinschlepper all jenen Bauern entgegen, die sich eine zusätzliche Arbeitskraft auf dem Hof nicht leisten konnten. Als »Dieselroß« ging das von einem 6-PS-Motor angetriebene, mit Eisenrädern ausgestattete Fahrzeug in die Traktorengeschichte ein und begründete eine Schlepperreihe, die einerseits vielen Bauern den Einstieg in die Motori-

sierung erleichterte und andererseits den Aufstieg des Unternehmens wesentlich mitgetragen hat.

So wie das erste Dieseroß handwerklicher Arbeit entsprang, geschah es auch bei den nächsten Fendt-Zugmaschinen. Für individuelle Kundenwünsche besaß Fendt ein offenes Ohr, und so gibt es Dieselrösser mit 9- und 12-PS-Motoren, mit Eisen-, Vollgummi- und sogar mit Luftbereifung, deren Vorteile er schon früh erkannte. Konsequent beibehalten wurde bei allen Fahrzeugen das Bemühen um eine möglichst organische Einheit von Zugmaschine und Arbeitsgerät. Daran änderte sich nichts, als Fendt der guten Nachfrage wegen begann, erste »Serien« zu bauen. Um mehr als drei Fahrzeuge handelte es sich dabei zunächst nicht, doch ab 1933 wagte man sich auch schon einmal an 15 bis 20 gleichartige Fahrzeuge heran. So dauerte es bis zum Jahr 1935, ehe das 100ste Dieseroß fertiggestellt und ausgeliefert wurde. Damit aber schickte sich das Unternehmen an, die Kinderschuhe der handwerklichen Improvisation abzustreifen. Neue, größere Werksanlagen und vor allem das im Mai 1937 vorgestellte luftbereifte Dieseroß »Modell F 18« eröffneten zukunftsträchtige Produktions- und Absatzaussichten.

In der vom Reichsnährstand organisierten Vergleichsprüfung »Schlepper für den bäuerlichen Betrieb« bekam das Dieseroß F 18 gute Kritiken. Der Zusammenbau des von Deutz gelieferten Dieselmotors FMAH 816 mit dem 4-Gang-Getriebe

überzeugte ebenso wie die sonstige technische Ausstattung und der Preis. So verfügte der F 18-Kleinschlepper als erste landwirtschaftliche Zugmaschine Europas über die erste fahrunabhängige, lastschaltbare genormte Zapfwelle, eine Folge der zuvor betriebenen intensiven Beschäftigung mit dem Problem der Zapfwelle. Kein Wunder also, daß bereits 1938 die Fertigstellung des 1000sten Fendt-Dieselrosses gefeiert werden konnte. Und die Fahrzeugproduktion stieg weiter an. Dazu trug unter anderem das gleichfalls seit 1938 angebotene Dieseroß F 22 bei, ein stärker motorisierter und über Kühler-Ventilator verfügender Traktor. Mit beiden Modellen zusammen schaffte Fendt 1940 erstmals in seiner Firmengeschichte eine Jahresproduktion von über 1000 Fahrzeugen. Doch dann kam der Krieg und mit ihm 1942 das Verbot, weiterhin Dieselschlepper zu bauen.

Wie die Konkurrenz ließ Fendt deshalb aber die Bauern nicht im Stich. Mit einer auf ein Zehntel verringerten Belegschaft entwickelte das Unternehmen entsprechend einer amtlichen Verfügung in der Gruppe Süd mit der Firma Fahr, Gottmadingen, einen Holzgas-Schlepper G 25, von dem bis 1946 1497 Stück an die Bauern geliefert wurden. Schwierigkeiten bereitete hingegen die Umstellung auf die Friedensproduktion. Gekürzte Eisen- und Stahlkontingente wirkten auf den Betrieb ebenso lähmend wie das bis 1948 aufrechtgehaltene Verbot für die Geschäfts-

Fendt-Geräteträger F 12 GT mit untergebautem Rübenhackrahmen

führer, das Werksgelände zu betreten. Aber so ganz versiegte die Produktion doch nicht. Vereinzelte F 18 konnten gebaut und auf Bezugsschein verkauft werden und sorgten dafür, daß die Dieselrösser bei den Bauern nicht in Vergessenheit gerieten.

Mit einer gegenüber dem Vorkriegsmodell veränderten Version des F 18 nahm Fendt 1948 beinahe gleichzeitig mit der Währungsreform die Serienfertigung wieder auf. Auffallend war vor allem die Haube der Fahrzeuge, die zusammen mit den übrigen technischen Beigaben zeigten, daß sich das Dieselroß als Schlepper in jeder Weise emanzipiert hatte. Dies trifft erst recht für die ab 1949 gebaute Dieselroß-Version F 25 zu. Bei dem von einem MWM-Motor angetriebenen Fahrzeug handelte es sich um einen zugstarken Universaltraktor, wie er vor allem von mittleren und großen landwirtschaftlichen Betrieben nachgefragt wurde. Für den kleinbäuerlichen Betrieb gedacht war hingegen das Dieselroß F 15, eine kompakte, mit dem MWM-Motor KD 415 E ausgerüstete Blockkonstruktion. Zusammen mit einem gleichfalls angebotenen 22-PS-Modell brachten diese Fahrzeuge Fendt 1950 mit fast 10 % Marktanteil auf den vierten Platz der Zulassungsstatistik, eine Orientierung, hinter die man nicht mehr zurückgefallen ist! Die folgenden Jahre waren bei Fendt gekennzeichnet von Modellpflege, Kapazitätsausbau und Produktionssteigerung. So lief 1950 der 10 000ste, 1952 der 20 000ste und am 13. Oktober 1955 bereits der 50 000ste Dieselroß-Schlepper aus den Werkshallen. Immer zahlreicher

war inzwischen die Dieselroß-Familie geworden. Fahrzeuge mit Leistungen zwischen 12 und 40 PS gehörten dazu, angetrieben von luft- oder wassergekühlten Motoren und ausgerüstet mit Eigenbau- oder zugekauften Triebwerken. Auch hatte sich 1953 ein bemerkenswerter Bruder hinzugesellt: Der Geräteträger F 12 GT, eine für den Einmannbetrieb konstruierte »selbstfahrende Arbeitsmaschine« mit

vier Anbauräumen, vor, unter, auf und hinter dem Schlepper. Zunächst wurde das Fahrzeug als interessant, aber keineswegs außergewöhnlich eingestuft.

Zur gleichen Zeit stellte eine Reihe anderer Schlepperfirmen ebenfalls Geräteträger, ausgehend vom Lanz-Alldog, vor, mit einem aus zwei Längsträgern gebildeten Anbaurahmen für Geräte, der vor dem Motor-Getriebeblock an der bzw. auf der Hinterachse angeordnet war. Hermann Fendt dagegen verwendete, abweichend von diesen Konstruktionen, einen Längsträger zum Anbau von Geräten, der sowohl starr mit der Vorderachse als auch drehbar um eine horizontale Längsachse mit der Schlepperhinterachse verbunden war. Infolgedessen machten die an dem Längsträger angebauten Werkzeuge, Drillschare u. a. m., die Pendelbewegungen der Vorderachse mit. Außerdem verwirklichte er mit seinem »Einmannsystem« dank Anbauhilfen den Anbau aller Geräte ohne einen zweiten Mann. Mit Vorführungen und Ausbildungskursen konnte er die Bauern, speziell im Hackfrucht- und Gemüseanbau, für dieses System so begeistern, daß ihm als einzigem

Fendt Dieselroß F 25 als Allradschlepper

Moderne Traktorentechnik: Fendt Farmer 308 LS, 78 PS, bei der Pflugarbeit

der Geräteträger-Hersteller der Durchbruch in wirtschaftlich interessante Stückzahlen, auch mit stärkeren Motoren, gelang, bis heute.

Wer hätte in den fünfziger Jahren schon vermutet, als nach kurzer Euphorie eine allgemeine Ernüchterung die Geräteträger wieder aus den meisten Produktionsprogrammen verschwinden ließ, daß die Fendt GT-Linie alleine einen Marktanteil von drei und mehr Prozent am deutschen Traktorenmarkt würde erringen können? Hier zahlte sich eben aus, daß Fendt nicht nur schnell einige Fahrzeuge verkaufen wollte, sondern sich überzeugend für ein Traktorenkonzept einsetzte, es kultivierte und popularisierte und es zuletzt mit dem Allrad GT zu einer nicht vorhersehbaren Einsatzfähigkeit brachte. Günstige Gewichtsverteilung bei dem gesamten Fahrzeug, ausgereifter 80-PS-Motor, Overdrive-Vollsynchrongetriebe mit 21 Vor- und 6 Rückwärtsgängen sowie leicht kippbare Kabine sind nur einige der Merkmale, die vergessen lassen, wieviel Improvisation gerade am Anfang des Geräteträgerbaus gestanden hat.

Trotz allem Einsatz stand der Geräteträger nie allein im Zentrum der Arbeit der Fendt-Konstrukteure. Die Weiterentwicklung des traditionellen, ursprünglich auf Heck- und seit einigen Jahren vermehrt auch auf Frontanbau ausgelegten Traktors mit einem günstig abgestuften Getriebe eigener Fertigung blieb wichtiger, steuerten diese Fahrzeuge doch nach wie vor die Masse des Umsatzes bei. Einen technischen Stillstand hätte sich Fendt bei diesen Fahrzeugen nicht leisten können. So nahm man Ende der fünfziger Jahre von der Dieselroß-Familie Abschied und präsentierte die »ff«-Schlepperserie, formschöne und leistungsstarke Zugmaschinen mit den Bezeichnungen fix, Farmer und Favorit. Angeboten im Leistungsbereich zwischen 19 und 40 PS, ließen sie bereits 1959 die Fendt-Jahresproduktion auf über 10 000 Einheiten hochschnellen, von denen etwa 20 % exportiert wurden. Damit aber war Fendt in eine auch international zu beachtende Größenordnung hineingewachsen, was 1961 eindrucksvoll unterstrichen wurde, als der 100 000ste Marktoberdorfer Schlepper ausgeliefert werden konnte.

»Wir kümmern uns auch um Kleinigkeiten«, dieser Satz Hermann Fendts behielt in den folgenden Jahren trotz immer größer gewordener Anlagen uneingeschränkte Gültigkeit. Die Abrundung der »ff«-Reihe stand dabei obenan und führte zu interessanten Detailverbesserungen. So gelang beispielsweise in Zusammenarbeit mit dem Bad Kreuznacher Max-Planck-Institut für Landarbeit und Landtechnik eine fahrerfreundliche Verbesserung des Schleppersitzes, auch konnten die Motorleistung gesteigert und die Getriebeabstufungen günstiger gestaltet werden. Kurzum, am Entwicklungsaufwand wurde nicht gespart. Er führte in letzter Konsequenz 1968 zur »modernen Fendt-Serie«, Schleppern mit 22 bis nun schon 90 PS Leistung. Vorbei war damit bei Fendt auch die Zeit der runden Formen. Kantig gestylte, markant grün gehaltene Traktoren boten mehr Leistung, mehr Sicherheit und beachtlichen Fahrkomfort. Hervorgehoben zu werden verdient vor allem die im Modell Farmer 3 S erstmals eingebaute stufenlose Anfahrautomatik. Als »turbomatic« ist sie bis in die Gegenwart ein Kennzeichen der Fendt-Traktoren.

Daß auf dem Schleppermarkt die Bäume nicht in den Himmel wachsen, bekam

Fendt mehrfach zu spüren. So entwickelten sich verschiedene Auslandsengagements, beispielsweise Mitte der sechziger Jahre in Brasilien, als kostspielige Abenteuer, und finanziell aufwendig gestaltete sich auch die 1971 zum Abschluß gebrachte Entwicklung des Universal-Transporters Agrobil S. Als wirtschaftlich ertragreicher erwies sich da zweifellos der Mitte der siebziger Jahre verstärkt betriebene Bau von Spezialtraktoren für Wein-, Hopfen- und Obstkulturen. Für Fahrzeuge dieser Art existiert zwar nur ein beschränkter, nichtsdestoweniger aber relativ zahlungskräftiger Markt, den Fendt bei seinem Bemühen, Marktführer zu werden, nicht ungenutzt liegen lassen durfte. Die dafür erforderlichen Produktionskapazitäten hatte man bereits früher sowohl durch konsequenten Ausbau der Marktoberdorfer Werksanlagen als auch durch die 1954 und 1970 erfolgten Übernahmen der Kemptener Maschinenfabrik in Kempten und des ehemaligen Lely-Dechentreiter-Werks in Asbach-Bäumenheim bereitgestellt. In letzterem, inzwischen weit über 1000 Mitarbeiter zählenden Werk wartete Fendt denn auch 1976 mit einer weiteren Überraschung auf. Das zuvor vor allem auf Traktoren der gehobenen Mittelklasse spezialisierte Unternehmen präsentierte die Favorit LS-Reihe, Schlepper der oberen Leistungsklasse mit Kabine. Daß damit das angestrebte Ziel, auch bei den nun häufiger nachgefragten Großtraktoren präsent zu sein, erreicht wurde, bestätigen die Zulassungsstatistiken. Seit Mitte der siebziger Jahre zählt Fendt jedenfalls auch bei Schleppern mit mehr als 100 PS zu den Marktführern in der Bundesrepublik Deutschland.

Technische Ausstattung, Typenprogramm, Produktionsleistungen und Verkaufszahlen müssen stimmen, soll es einer Schlepperfabrik wirtschaftlich gutgehen. Anfang der achtziger Jahre sah es zeitweise so aus, als sei die hier geforderte unternehmerische Balance bei Fendt gefährdet. Doch Eigentümer, Kapitalgeber und Belegschaft hielten zusammen und vermochten den Erfolg der neuen Farmer-Traktoren-Reihe von 45 bis 86 PS zu ernten, so daß bereits 1982 die Investitionskraft zurückgewonnen war. Sie wurde unter anderem eingesetzt, um den Ruf der Fendt-Traktoren, technische Spitzenerzeugnisse zu sein, durch weitere Detailverbesserungen wie unter anderem den Einbau elektronischer Elemente, auszubauen. Außerdem zielte das Unternehmen stärker noch als früher auf ausländische Märkte ab, wo beispielsweise in Frankreich, in den Niederlanden, Italien und im Vorderen Orient vorzeigbare Ergebnisse erreicht wurden. Doch Vorrang besitzt für Fendt nach wie vor die einheimische Landwirtschaft. Für sie hält Fendt eine Traktorenpalette bereit, die mit Fahrzeugen zwischen 38 und 252 PS breiter gefächert und technisch ausgereifter denn je ist.

Fendt-Traktoren (Auswahl)

Typ/Bezeichnung	Baujahr	Motorleistung PS	Zylinder	Takt	Gänge	Gewicht kg
Dieselroß	1929	6	1	2	3/1	740
F 18	1937	16	1	4	4/1	1500
F 22 Acker	1940	22	2	4	4/1	1650
G 25	1943	25	2	-	4/1	–
F 15	1949	15	1	4	4/1	1300
F 25	1949	25	2	4	4/1	1785
F 12 HL	1954	12	1	4	6/2	1250
F 40 U	1954	40	3	4	5/1	2500
F 12 GT	1955	12	1	4	6/2	1100
Fix 2	1960	19	2	4	9/3	1260
Farmer 1	1960	25	2	4	6/2	1485
Favorit 1	1960	40	3	4	10/2	2450
Farmer 2 D	1964	30	3	4	8/4	1820
Farmer 3 S	1966	45	4	4	13/4	2420
Favorit 3 S	1966	62	4	4	16/4	2790
Farmer 4 S	1968	55	4	4	13/4	2640
Favorit 4 S	1970	90	6	4	16/8	3685
Agrobil S	1971	50	3	4	13/4	3500
Farmer 102 S t	1976	48	3	4	13/4	2300
Favorit 622 LS	1980	211	6	4	16/16	9975
Farmer 105 S t	1981	62	4	4	13/4	2920
Farmer 200 S	1986	38	3	4	14/4	3000
Farmer 308 LS	1986	78	4	4	20/6	3625
380 GT A	1986	80	4	4	21/6	3980
Favorit 611 LSA	1986	115	6	4	20/9	5930
Favorit 626 LSA	1986	252	6	4	18/6	9565

Fiat

Fiatagri Deutschland GmbH, 7100 Heilbronn

Das größte Privatunternehmen Italiens, die Fiat S.p.A., Turin, beschäftigt nicht nur über 220 000 Mitarbeiter und erzielt insgesamt einen weit über 40 Milliarden DM liegenden Umsatz, sondern ist auch die Konzernmutter der Fiatagri S.p.A., Modena, des größten europäischen Traktorenherstellers. Mit rund 77 000 Schleppern erreichte das Unternehmen 1985 einen Anteil von 17 % am europäischen Markt und damit mehr als jeder andere Anbieter. Dieser Erfolg ist den Italienern nicht in den Schoß gefallen. Er ist das Ergebnis umfangreicher betriebswirtschaftlicher Analysen, die unter anderem dazu geführt haben, daß Fiatagri-Traktoren nur noch in drei Werken (Modena, Jesi und Cento) gebaut, in zwei Ländern montiert (Spanien, Argentinien) und in einigen anderen Ländern wie Jugoslawien, Korea, Nigeria, Rumänien oder der Türkei in Lizenz hergestellt werden. Dem war nicht immer so. In Frankreich beispielsweise unterhielt Fiat zeitweise drei Traktorenfabriken, doch erst die Konzentration brachte Gewinn, und Fiatagri zählt nicht von ungefähr zu den wirtschaftlich gesunden Herstellern von landwirtschaftlichen Nutzfahrzeugen.

Auf dem deutschen Markt tut sich Fiatagri – auch wenn in den letzten Jahren die Marktanteile gesteigert werden konnten – schwerer als in anderen Ländern. Der Sprung nach ganz vorne will hier nicht so recht gelingen, aber unter den ersten zehn der Neuzulassungsrangliste befindet sich das Unternehmen allemal. Eine nicht zu unterschätzende Rolle für diesen Umstand kommt dem erst relativ späten Auftreten von Fiat auf dem deutschen Schleppermarkt zu. Während der fünfziger Jahre war das Unternehmen voll und ganz damit ausgelastet, die italienischen Bauern mit Zugmaschinen zu versorgen. Erst 1961 versuchte man, sich auch in Deutschland als Anbieter von Traktoren

stärker in Szene zu setzen und arbeitete dazu mit der Waiblinger Firma Andreas Stihl zusammen. Diese importierte Fiat-Traktoren und ergänzte so ihr eigenes typenarmes Schlepperprogramm. Doch das Ergebnis der Kooperation befriedigte beide Seiten nicht so recht.

Da kam der Absatzboom von Stihl-Motorsägen Fiat durchaus gelegen. Er eröffnete dem italienischen Unternehmen die Möglichkeit, sich von Stihl, das mit dem Vertrieb der eigenen Erzeugnisse voll ausgelastet war, zu trennen und einen eigenen deutschen Traktorenvertrieb aufzubauen. Kirchseeon bei München wurde der erste Standort der 1964 neugegründeten Fiat-Traktoren-GmbH, die frischen Wind in die deutsche Schlepperlandschaft zu bringen versprach. Dazu präsentierte das Unternehmen zunächst eine aus vier Typen und etlichen Varianten zwischen 20 und 66 PS bestehende Schlepperreihe, die nach Aussehen und technischer Ausstattung bestem europäischem Standard entsprach. Mit diesen als »Diamant«-Serie bezeichneten Fahrzeugen erzielte Fiat tatsächlich relativ rasch einigen Geländegewinn. 1964 noch

nicht zu den zwanzig im Inland meistverkauften Fabrikaten zählend, nahm man 1965 bereits Rang 14 ein. Das erste Ziel, 1000 in Deutschland verkaufte Fiat-Schlepper, erreichte man jedenfalls noch vor Jahresfrist, und die Zukunftsaussichten auf dem deutschen Markt wurden positiv eingeschätzt. Anlaß dazu bot die inzwischen erreichte führende Stellung auf dem Traktorensektor des Gemeinsamen Marktes. Was europaweit möglich war, sollte wohl auch in Deutschland zu realisieren sein!

Das ausgeprägte Selbstbewußtsein des italienischen Traktorenherstellers rührt nicht zuletzt aus seiner langen Tradition als Nutzfahrzeugbauer her. Bereits 1919 stellte die 1899 von dem legendären Giovanni Agnelli gegründete »Fabbrica Italiana Automobili Torino« (Fiat) den dem Fordson in manchem ähnelnden, allerdings stärker motorisierten Typ 702 in Serie her. Dieses Fahrzeug bedeutete nicht nur für die italienische Landwirtschaft einen beachtlichen Sprung hin zur Moderne, es behauptete sich auch in internationalen Vergleichen. In der großen

Fiat DT 315 mit Allradantrieb bei einer Vorführung 1966 in Kirchseeon

Motorpflugprüfung des Jahres 1921 nahe dem englischen Shrewsbury zählte das Fahrzeug zwar mit zu den schwersten Zugmaschinen, doch seine Ergebnisse vermochten zu überzeugen. Ob Zughakenleistung, mittlere Furchentiefe oder gepflügte Hektar je Stunde, immer lag der Fiat 702 in der Spitzengruppe der 40 Testmaschinen. Im Betriebsstoffverbrauch rangierte er hinter einem englischen Fabrikat sogar auf Rang zwei, weit vor so berühmten Fahrzeugen wie Fordson, Renault oder Titan. Dennoch beschränkte sich Fiat mit seinen Traktoren vornehmlich auf die italienische Landwirtschaft, wo es in jenen Jahren hinreichend zu tun gab.

Daß die Fiat-Konstrukteure sich deshalb nicht zur Ruhe setzten, demonstrierten sie 1932 mit der Serienherstellung von Raupenschleppern. Vor allem in der ab 1939 gebauten Version des »Boghetto« genannten, mit einem Vielstoffmotor ausgerüsteten Modells 40 gab man der landwirtschaftlichen Mechanisierung wichtige Impulse. Fiat leitete damit übrigens eine Tradition ein, an der bis in die Gegenwart festgehalten wird: dem Bau von Raupenschleppern für die Landwirtschaft! Gestützt vor allem auf einen starken Inlandsmarkt, zählt das Unternehmen gerade in diesem Spezialbereich des landwirtschaftlichen Zugmaschinenbaus zu den internationalen Spitzenanbietern.

Dies trifft gleichermaßen für die Allradtraktoren zu. Beginnend 1954 mit dem Modell 411 DT, entwickelte Fiat die Herstellung von allradgetriebenen Schleppern so zur Spezialität, daß jahrelang mit Slogans wie »weltweit die Nummer eins bei Allradtraktoren« geworben werden konnte.

Erfolge hatte Fiat mit seinen Traktoren also in der Vergangenheit reichlich errungen, nun sollten auch in Deutschland die Früchte geerntet werden. Die Kirchseeoner Vertriebseinrichtung konnte da nur ein Intermezzo bleiben. Es bot sich vielmehr an, das auf Wachstum ausgerichtete Traktorengeschäft dort anzusiedeln, wo sich die Zentrale der deutschen Fiat befand: in Heilbronn. 1967 wurde ein entsprechendes Bauvorhaben eingeleitet, und schon im folgenden Jahr konnte die Fiat-Traktoren-GmbH nach Heilbronn auf ein 25 000 m² großes Gelände umziehen. Unter anderem befanden sich dort Montagebänder installiert, auf denen die Fiatschlepper einerseits der deutschen Zulassungsordnung entsprechend umgerüstet und andererseits mit Zusatzgeräten wie Mähwerk und Frontlader versehen werden konnten. Die damit gegebenen verbesserten Arbeitsmöglichkeiten nutzte das Unternehmen, indem Mitte des Jahres 1968 eine neue Traktorengeneration vorgestellt wurde. Die Reihe umfaßte sieben Radschleppertypen im Leistungsbereich zwischen 25 und 90 PS sowie elf Raupenfahrzeuge mit jeweils einer beträchtlichen Anzahl Varianten. Die Fahrzeuge besaßen ein modernes Styling,

Auf landwirtschaftliche Großbetriebe zugeschnitten: Fiat 1580 DT

wichtiger indes waren die neuentwickelten Motoren mit Direkteinspritzung sowie der verbesserte Fahrkomfort für die Bediener.

Im folgenden zeichnete sich ab, daß die damit verbundenen beträchtlichen Investitionen Früchte zu tragen begannen. Eine Steigerung bei den Inlandsneuzulassungen um über 40 % brachte bereits den elften Platz in der Rangliste. Konkurrenten wie Renault, Kramer oder Schlüter waren überholt. Mit forcierter Produktpflege setzte Fiat die Anstrengungen auf dem deutschen Markt fort. Mal wurden Motoren revidiert, dann die Getriebe weiter abgestuft oder die technische Ausrüstung in den Bereichen Zapfwelle, Hydraulik und Fahrkomfort verbessert. Insgesamt brachten diese Aktivitäten 1971 einen Marktanteil von 3,3 %, was dem vierten Rang bei den Neuzulassungen entsprach, allein der Platz konnte in den nächsten Jahren nicht ganz gehalten werden.

Neue Offensivkraft erhoffte sich Fiat von der 1975 vorgestellten »80er Serie«. Den Anfang machten zwei Mittelklassemodelle – 780 (78 PS) und 880 (88 PS) –, die nicht nur über eine klar gegliederte, kantige, in einem auffallenden dunkelbraun gehaltene Linienführung verfügten, sondern auch ein Mehr an qualitativer Technik brachten. Leistungsfähige Motoren mit Direkteinspritzung, vollsynchronisierte Getriebe, Allradantrieb, Komfortkabinen – ganz überwiegend von Fiat selbst gebaut und aufeinander zugeschnitten. Die Resonanz bei den Bauern auf diese neue Traktorengeneration fiel positiv aus. Die Zulassungen stiegen, der Platz unter den zehn meistzugelassenen Traktoren war gesichert. Da wartete Fiat 1979, im Jahr des 80jährigen Bestehens, mit dem nächsten Paukenschlag auf. Die »Großen«, eine Schlepperreihe für die achtziger Jahre, wurden vorgestellt. Mit acht Modellen im Leistungsbereich zwischen 118 und 180 PS hoffte das Unternehmen, am allgemein zu beobachtenden Trend hin zu leistungsstarken Zugmaschinen teilzuhaben. Und wem diese Kraftprotze noch immer nicht reichten, der konnte auf die nun gleichfalls im Fiat-Braun angebotenen Versatile-Boliden im Leistungsbereich zwischen 230 bis 350 PS zurückgreifen. Allerdings handelte es sich dann auch um zwischen 12 und 14 Tonnen schwere Fahrzeuge, die auf Betrieben europäischen Zuschnitts nur beschränkt einsetzbar sind. Dennoch, die großen Fiat erregten Aufsehen, was dem Hersteller nur recht sein konnte.

Fiat ist seitdem nicht untätig geblieben. Auf der 80er Reihe aufbauend, führte man 1984, anläßlich der Frankfurter DLG-Ausstellung, die 90er Klasse mit neuen Modellen zwischen 55 und 180 PS ein. Im Styling kaum verändert, wurde diesmal unter anderem bei den Motoren auf sparsamen Verbrauch, bei den Getrieben auf weiter verbesserte Abstufung sowie auf eine verbreiterte Anwendung der Zapfwelle Wert gelegt. Um das Angebot auch im leistungsschwächeren Bereich abzurunden, ergänzte Fiat 1985 die 90er Reihe um die 66er Serie, kleinere, kompakte Mittelklasse-Traktoren mit Sparmotoren, deren kleinster immerhin noch 45 PS leistet. Diese Traktoren wie auch die der 90er Reihe tragen den neuen, 1983 erstmals eingeführten Namen Fiatagri. Er soll den umfangreichen Landmaschinen-Aktivitäten von Fiat Rechnung tragen, die neben Traktoren die Produktpaletten der zuvor selbständigen Landmaschinenhersteller Hesston, Braud und Laverda umschließen.

Fiat-Traktoren (Auswahl)

Typ/Bezeichnung	Baujahr	Motorleistung PS	Zylinder	Takt	Gänge	Gewicht kg
702	1920	20	4	4	–	2800
Modell 18	1957	18	2	4	6/2	820
211 R	1960	18	2	4	6/2	900
411 R	1960	40	4	4	6/2	1520
215	1964	20	2	4	6/2	980
315 DTA	1964	33	4	4	9/3	1920
615	1964	66	4	4	14/4	2915
250	1968	25	2	4	6/2	1200
450	1968	45	3	4	12/3	1905
900 DTA	1968	90	6	4	16/4	4300
500	1975	50	3	4	12/3	1975
640	1975	64	4	4	12/3	2280
1000	1975	100	6	4	12/4	3620
1300 DT	1975	132	6	4	16/4	5530
780 DTA	1977	78	4	4	12/3	3825
880	1977	88	4	4	12/3	4310
466 DT	1983	50	3	4	20/4	2490
566	1983	58	3	4	20/4	2610
90/90 DT	1985	90	5	4	15/3	4535
115/90 DT/H	1985	115	6	4	24/16	5640
180/90 DT turbo	1985	163	6	4	24/16	7050

Ford

Ford-Werke AG, Traktorenvertrieb, 5000 Köln

Obschon Ford in Deutschland keine Traktorenfabrik unterhält, sind Ford-Traktoren aus der deutschen Landwirtschaft nicht wegzudenken. An ihnen haben sich vielmehr kurz nach dem Ersten Weltkrieg die Gemüter von Politikern, Technikern, Landwirten und Industriellen wie an sonst keiner anderen landwirtschaftlichen Zugmaschine erhitzt. Der Fordson-Traktor, während des Krieges in Nordamerika gebaut und in großer Stückzahl an Großbritannien geliefert, war mit dem Ruf eines alliierten Siegerfahrzeugs behaftet, das ein nationalbewußter Deutscher nicht einsetzen konnte. Demgegenüber standen die Vorzüge des Fordson: Blockbauweise, leistungsfähiger 20-PS-4-Zyl.-Vergasermotor, 3-Gang-Getriebe, niedriges Gewicht und eine damals beachtliche Spitzengeschwindigkeit von annähernd 14 km/h, zu einem Preis, der etwa ein Drittel der ersten deutschen Traktoren betrug. Dies waren Argumente, und so befürwortete das Reichskuratorium für

Technik in der Landwirtschaft (RKTL) aufgrund eines Vergleichsversuchs den Import des Fordson bei der Reichsregierung, die den Ankauf von acht Fordson-Traktoren genehmigte. Sie sollten eingehend getestet und anschließend wieder ausgeschifft werden, doch Kommerzienrat Graetz wußte dies zu verhindern.

Die Politik, besonders die Ruhrbesetzung durch Frankreich im Jahre 1923, eröffnete den Fordson-Traktoren dann größere Möglichkeiten, zu deutschen Landwirten zu gelangen. Bis 1924 waren über das »Einfallstor« Rheinland etwa 200 der Schlepper ins Reichsgebiet gelangt, und die Vorzüge des Fordson, zu denen neben der technischen Ausstattung vor allem der günstige Anschaffungspreis zählte, sprachen für sich. Um der immer stärker werdenden Nachfrage aus der Landwirtschaft ein Ventil zu öffnen, wurde im Frühjahr 1924 der Import weiterer 500 Fordson erlaubt. Doch auch dieses Kontingent konnte den Bedarf nicht decken.

Der erste Generalimporteur, die in Berlin ansässige Firma Amobo AG, teilte mit, daß die Fahrzeuge schneller verkauft als

importiert gewesen wären. Ein erneutes Importkontingent ergab sich als Konsequenz, ohne daß sich deshalb die Nachfrage beruhigte. Doch 1925 öffneten sich dann die Schleusen endgültig: Jede siebte in diesem Jahr in Deutschland gekaufte landwirtschaftliche Zugmaschine trug nun das Fordson-Firmenschild, und im darauffolgenden Jahr traf dies schon auf jeden fünften Traktor zu. Jedenfalls aber gab der Fordson-Traktor in den zwanziger Jahren der erst im Entstehen begriffenen deutschen Schlepperindustrie erhebliche Impulse: Konkurrenz belebt das Geschäft.

Die Fordson-Schlepper, die man auch als »Söhne des Detroiter Automobilkönigs Henry Ford« bezeichnen könnte, hatten durchaus Nachteile. Sie waren zu leicht für schwere Böden und neigten bei harter Arbeit zum Aufbäumen. Auch war der Treibstoffverbrauch beträchtlich, doch gemessen an so manchem Konkurrenzprodukt wogen die Vorzüge, wozu neben dem bereits Erwähnten die ausgereifte Konstruktion, die gute Qualität der verwendeten Werkstoffe, die beachtliche Wendigkeit und die einfache Bedienung hinzukamen, schwerer. Der Ford-Konzern sah die sich in Deutschland eröffnenden Möglichkeiten mit Genugtuung. Nachdem in den USA andere Firmen zumindest gleichwertige Fahrzeuge anboten, suchte das Unternehmen nach neuen Absatzmärkten. Um das deutsche Geschäft anzukurbeln, wurde zunächst in Berlin, später in Köln, die Ford Motor Comp. gegründet, die die Fordson-Schlepper in der zweiten Hälfte der zwanziger Jahre recht erfolgreich unter dem Motto »Seine Pferde schlagen die Vierbeinigen an Anspruchslosigkeit und Fügsamkeit« vermarktete.

Die dreißiger Jahre entwickelten sich für die Fordson-Schlepper insgesamt, aber auch für ihre Verbreitung in Deutschland, weniger erfolgreich. Die Schließung der amerikanischen Fabrik sowie die anschließende Verlagerung der Produktion

Fordson der im Jahr 1917 nach Großbritannien gelieferten Serie

Fordson Dexta Diesel – ohne Murren seit 25 Jahren im Einsatz

1929 ins irische Cork und 1933 ins englische Dagenham irritierten. Hinzu kam, daß die Fordson-Traktoren ihren technischen Vorsprung weitgehend eingebüßt hatten, während gleichzeitig das nationalsozialistische Deutschland ohnehin alles daransetzte, einheimische Produkte zu fördern. Und als 1939 das neue Fordmodell 9 N, ausgerüstet mit den von Harry Ferguson beigesteuerten Elementen Hydraulik und Dreipunktaufhängung, in Serie ging, da verhinderte der Zweite Weltkrieg den internationalen Austausch. Fordson-Traktoren wurden in Deutschland zur Seltenheit.

Der Neubeginn von Ford nach dem Zweiten Weltkrieg gestaltete sich in Deutschland schwierig genug. Die Priorität des Werks lag eindeutig beim Aufbau der PKW-Fertigung in Köln, die mit den legendären Taunus-Modellen tatsächlich bald wieder Fuß fassen konnte. Schlechter hingegen sah es um das Ford-Traktorengeschäft aus. Hier warf einerseits der millionenschwere Patentstreit zwischen Henry Ford und Harry Ferguson seine Schatten voraus, während Ford andererseits in Nordamerika wie auch in England, wohin man während des Krieges rund 140 000 Schlepper exportierte, hinreichend zu tun hatte. So kam es in der Nachkriegszeit nur in einigen wenigen Fällen zum Verkauf von Fordson-Traktoren an deutsche Bauern.

Daß Ford deshalb aber Deutschland keineswegs längerfristig aus seinen Nutzfahrzeugüberlegungen auszuklammern gedachte, deutete unter anderem die Ende der 1940er Jahre eingeleitete Modernisierung der Werksanlagen von Dagenham an. 1951 vermochte Ford auf den damals modernsten Schlepperfließbändern Europas Tag für Tag 160 Fordson-Major zu produzieren, und es war nur eine Frage der Zeit, bis versucht werden würde, erneut auf dem deutschen Schleppermarkt Fuß zu fassen.

1955 war es dann soweit. Die Major-Serie hatte sich weltweit als Verkaufsschlager erwiesen. Ihr trauten die Ford-Manager auch Verkaufserfolge in Deutschland zu. In der Tat bot die Zugmaschine neben gefälligem Styling Hydraulik, Dreipunktkupplung, 6-Gang-Getriebe und einen 4-Zyl.-Ford-Dieselmotor. Aber Ford blieb die Erfahrung nicht erspart, daß ein ausgedehntes PKW-Händlernetz nicht unbedingt guten Traktorenabsatz bringt. Der zwanzigste Platz bei den Neuzulassungen mit nur 0,2 % Marktanteil war sicher weniger als erwartet, und die nächsten Jahre brachten Ford kaum weiter nach vorne. 1958 rangierte das Unternehmen mit knapp 800 verkauften Traktoren gerade auf Rang 18 der deutschen Zulassungsstatistik – zu wenig für ein Weltunternehmen, bei dem am 18. April 1957 der 2,5millionste Ackerschlepper von den Bändern lief, zu wenig aber auch für ein Unternehmen, das immer wieder mit traktortechnischen Kabinettstücken aufwarten konnte. Dies trifft beispielsweise auf das 1957 entwickelte »select-o-speed«-Getriebe zu, mit dem der Bauer sein Fahrzeug »voll-in-Fahrt« unter Last schalten konnte.

Mit Traktoren wie dem Modell 5610 zählt Ford zu den Spitzenreitern

Zur Unterstützung der Major-Traktoren offerierte Ford den deutschen Bauern 1958 den Typ Dexta, einen preiswerten 32-PS-Schlepper der Mittelklasse, als dessen Stärke insbesondere die automatisierte Hydraulik angesehen wurde. Das Fahrzeug traf auf große Resonanz, und bereits 1960 lag Ford am deutschen Schleppermarkt auf Rang 14, wobei der Löwenanteil verkaufter Traktoren auf die kleine Dexta-Klasse entfiel. Die Dynamik der weltweit agierenden Ford Tractor and Implement Corp. zeigen einige Ereignisse der frühen sechziger Jahre. So wurden nicht nur zwei neue Werke in Basildon (Essex) und Antwerpen (Belgien) in Betrieb genommen, auch kamen neue Traktorenmodelle der Serie 2000, 4000 und 6000 auf den Markt. An die Stelle der zuvor gebrauchten Ford-Farben Grau-Rot trat das bis in die Gegenwart charakteristische Blau-Weiß, und nicht zuletzt wurden die Fordsons nun zu Ford-Maschinen. Die Aktivitäten zeitigten Wirkung. 1963 produzierte Ford mit 110 000 Einheiten jeden sechsten in der westlichen Welt verkauften Traktor.

Antwerpen hieß nun die für Deutschland zuständige Traktorenfabrik. 1966 belief sich die Zahl der aus Belgien nach Deutschland eingeführten Ford-Schlepper auf fast 4000, was einem Inlandsmarktanteil von über 5 % gleichkam. Diesem Ergebnis läuft Ford allerdings bis heute hinterher, wenngleich mehrfach vorgenommene Modellerweiterungen oder -wechsel immer wieder verheißungsvolle Impulse gaben. Das trifft beispielsweise für die 1968 in Serie gegangenen Ford 5000er Modelle zu, die wie die meisten anderen Ford-Traktoren in unterschiedlichen Varianten, als allrad- oder hinterachsgetriebenes Fahrzeug angeboten wurden. Interessant, wenngleich in Deutschland nur selten verkauft, war auch das aus zwei Traktoren ohne Vorderräder zusammenmontierte Modell County 1124. Vier gleichgroße Räder und bulliges Aussehen setzten diesen technisch bemerkenswerten Traktor vom sonst üblichen Bild einer landwirtschaftlichen Zugmaschine ab.

1982 ersetzte Ford mit der Traktorengeneration »Serie 10« seine früher mit 3- und 4-Zyl.-Motoren ausgerüsteten Modelle. Synchronisierte Getriebe, wahlweiser Hinterachs- oder Allradantrieb, verbesserte Hydraulik, Servolenkung sowie geräuschisolierte Kabinen sind einige der Merkmale der zwischen 30 und 90 PS Leistung besitzenden Fahrzeuge. Sie stellten das erste Ergebnis eines umfangreichen, auf 100 Millionen Dollar kalkulierten Forschungsprojekts dar, das Ford zum neuen »Welt«-Traktor führen sollte. Ergänzend hinzu kamen 1983 die großen TW-Traktoren, Kraftpakete zwischen 132 und 186 PS. Mit 6-Zyl.-Turbomotoren entsprachen sie dem häufig geäußerten Wunsch nach leistungsstarken, bei schwersten Arbeiten in schwierigem Gelände einsetzbaren Zugmaschinen. Doch die deutschen Bauern sind skeptisch geblieben. Mehr als 1 % Marktanteil hat Ford schon seit Jahren am deutschen Markt nicht mehr erringen können, wobei sicher auch der Ausfall einiger einst angesehener Händler das Unternehmen in seinen Bemühungen um die Landwirte zurückgeworfen hat. In anderen westeuropäischen Ländern sieht es besser für Ford aus, das nicht zuletzt durch die Übernahme des angesehenen Erntemaschinenherstellers Sperry-New Holland zu erkennen gegeben hat, daß das Engagement auf dem Feld der landwirtschaftlichen Nutzfahrzeuge eher verstärkt, denn schwächer fortgesetzt werden wird.

Ford-Traktoren (Auswahl)

Typ/Bezeichnung	Baujahr	Motorleistung PS	Zylinder	Takt	Gänge	Gewicht kg
Fordson	1918	20	4	4	–	–
Modell N	1934	30	4	4	3/1	–
8 N	1952	25	4	4	3/1	2410 lbs
Major	1952	22	4	4	3/1	4340 lbs
Major	1955	40	4	4	6/2	2070
Dexta	1960	32	3	4	5/2	1470
Super Major	1960	54	4	4	6/2	2500
Dexta 2000	1964	34	3	4	9/2	1560
Super Major 5000	1964	62	4	4	9/2	2400
County Super 4	1965	62	4	4	–	3529
County 1004	1967	95	6	4	7/2	3885
5000	1968	75	4	4	10/2	3075
8000	1970	120	6	4	8/2	6719
2000	1977	40	3	4	8/2	1750
3000	1977	48	3	4	8/2	1775
9700 Allrad	1977	146	6	4	14/4	6500
5610	1986	72	4	4	8/4	3400
7610 LP	1986	98	4	4	16/8	3530
TW 15	1986	132	6	4	24/4	6685
TW 35	1986	186	6	4	24/4	7600

Güldner

**Güldner-Motoren-Werke,
8750 Aschaffenburg**

Hugo Güldner (1866 – 1926) gehört zu den hochqualifizierten Motorenkonstrukteuren der ersten Stunde. Bereits 1894 entwickelte er einen 2-Takt-Versuchsmotor, und mehrere Jahre später gelang ihm in Zusammenarbeit mit Rudolf Diesel in Augsburg die Konstruktion eines brauchbaren liegenden 2-Takt-Dieselmotors. Doch nicht nur als Maschinenbauer besaß Güldner bald schon einen anerkannten Namen. Sein 1902 veröffentlichtes Buch »Entwerfen und Konstruktion von

Verbrennungsmotoren« erlebte etliche Auflagen und wurde für eine ganze Technikergeneration zum unverzichtbaren Lehrbuch.

Hugo Güldner war aber nicht nur Konstrukteur und Fachbuchautor, er fühlte sich auch als Unternehmer. Am 15. Februar 1904 gründete er in München zusammen mit Carl von Linde, Professor an der TH München, und Georg von Krauss, Lokomotivenfabrikant ebendort, die Güldner-Motoren-Gesellschaft mbH, die Gasmotoren bei der Maschinenbaugesellschaft München in Lizenz herstellen ließ. Doch es zeigte sich rasch, daß die Er-

zeugnisse dieser Unternehmung weder den Vorstellungen der ambitionierten Unternehmer entsprachen, noch daß die Kapazitäten der Werkstatt ausreichten. Daher erwarb Güldner 1906 von der Stadt Aschaffenburg ein ausgedehntes Industriegelände, auf dem noch 1907 Fabrikanlagen errichtet wurden.

Die Güldner-Motoren-Gesellschaft stellte vor dem Krieg Gasmotoren mit einer Leistung bis zu 250 PS und seit 1907 auch nach dem Dieselprinzip arbeitende Gleichdruck-Ölmotoren mit 70 PS Leistung her. Eine Umstellung in der Produktionspalette brachte der Erste Weltkrieg.

Vom Güldner AF 15 wurden Mitte 1950 bereits 200 Stück monatlich hergestellt

Graugußgeschosse, Kraftwagen und Flugzeugmotoren verließen nun die Aschaffenburger Fabrik. Damals kam Güldner erstmals enger mit der Landwirtschaft in Berührung. Man beteiligte sich an der Moorkultur-Kraftpflug-Ges.m.b.H., Berlin, deren Fahrzeuge man mit Pflugmotoren ausrüstete. Ansonsten forcierte Güldner vor allem die Herstellung von Motoren in der Leistungsklasse zwischen 60 und 600 PS, also den Großmotorenbau.

Rückläufige Nachfrage nach diesen Maschinen in den ausgehenden zwanziger Jahren bereitete Güldner wirtschaftlich große Schwierigkeiten. Der Mehrheitsgesellschafter, die Gesellschaft für Linde's Eismaschinen, übernahm deshalb 1929 das Unternehmen und betrieb eine Umstrukturierung des Produktionsprogramms. Neu aufgenommen wurde 1931 die Serienherstellung von Kleindieselmotoren, die sich guter Nachfrage erfreuten. Eine 1935 errichtete große Montagehalle brachte der Abteilung D – so die interne Bezeichnung der Linde-Zweigniederlassung Aschaffenburg – zusätzliche Produktionskapazitäten. Da bot es sich an, die eigenen, als leistungsfähig anerkannten Motoren in Zugmaschinen einzubauen, versprach doch die gerade auf dem Lande anlaufende Motorisierungskampagne gute Verkaufsaussichten. Allerdings nahmen Konstruktion und Herstellungsvorbereitung doch noch einige Zeit in Anspruch, so daß es bis 1938 dauerte, ehe Güldner mit der Herstellung von landwirtschaftlichen Zugmaschinen begann.

Der Güldner-Traktor A 20 zählte zu den leichten Bauernschleppern, deren Kennzeichen vor allem Robustheit und einfache Bedienung waren. Der 1-Zyl.-Dieselmotor arbeitete nach dem Wälzkammerverfahren und leistete bei 1500 U/min 20 PS. Eine trockene Einscheiben-Kupplung übertrug die Motorkraft zum Getriebe, mit dem der Motor zu einer stabilen Einheit verbunden war. Die von Prometheus, Berlin, oder der Zahnradfabrik Friedrichshafen gelieferten Getriebe ließen vier Geschwindigkeitsstufen zu, die in Abhängigkeit der Reifengröße bis maximal 17,5 km/h ausgelegt waren. Als Sonderausrüstung konnten Riemenscheiben, Zapfwelle und Mähwerk gewünscht werden.

Der Schlepperbau bei Güldner entwickelte sich kriegsbedingt nicht störungsfrei.

Zunächst ging man für den 20-PS-Traktor eine Baugemeinschaft mit der Deutschen Lieferwagengesellschaft (Deuliewag) ein, dann folgte die Umrüstung der eigenen Zugmaschinen auf Motoren für feste Brennstoffe. Während des Kriegs entwickelte Güldner ferner einen 25-PS-Holzgasschlepper, bei dem Gaserzeuger, Motor und Getriebe in Blockbauweise miteinander zum selbstfahrenden Aggregat verbunden waren. Den zum Einbau kommenden 2-Zyl.-Einheitsgasmotor stellte Güldner selbst her, bot ihn darüber hinaus aber auch anderen Schlepperfirmen an. Der Güldner-Holzgasschlepper verfügte serienmäßig über Zapfwelle und Riemenscheibe, während Mähantrieb, Seilwinde und Spill auf Wunsch mitgeliefert wurden. Doch von Güldner wurde noch weitergehende Flexibilität verlangt.

Fliegerbomben zerstörten in den letzten Kriegsmonaten das Werksgelände zu über 70 %. Die Güldner-Traktorenfertigung wurde deshalb nach Gottmadingen zur Firma Fahr ausgelagert, wo bald schon die Holzgasmotorenfertigung fortgeführt wurde. Von dem am Fuße des Hohentwiel gelegenen Gottmadingen aus belieferte Güldner nun einige Monate lang die in Baden und Bayern ansässigen Hauptabnehmer seiner Motoren, ehe die immer schlechter werdenden Verkehrsverbindungen den Geschäftsbetrieb zum Erliegen brachten.

Der Neuaufbau der Werksanlagen in Aschaffenburg bereitete beträchtliche Schwierigkeiten. Zwar konnten bereits 1946 wieder erste Dieselmotoren ausgeliefert werden, doch bis zur Traktorenfertigung vergingen weitere Monate. So mußten die während des Kriegs nach Oberschwaben verbrachten Werksanlagen, soweit diese nicht beschädigt, zerstört oder demontiert waren, wieder zurück an den Main geholt werden, auch galt es, Kontingente für Rohmaterialien zu vereinbaren. Mitte 1947 jedoch war der Betrieb in Aschaffenburg wieder so weit in Gang gebracht, daß mit der Herstellung eines 28-PS-Diesel-Ackerschleppers mit Mähwerk und Renk-Getriebe begonnen werden konnte. Beibehalten hatte man dazu die rahmenlose Blockkonstruktion, während diesmal ein 2-Zyl.-Motor eigener Fertigung mit der Typenbezeichnung »F 2« zum Einbau gelangte. Diese Maschine stellte Güldner wiederum Konkur-

renten wie Deuliewag und Fahr für deren Ackerschlepper zur Verfügung.

Daß Güldner mit dem A 28-Schlepper richtig lag, bestätigen die Zulassungszahlen. Im ersten Halbjahr 1950 beispielsweise rangierte dieser Fahrzeugtyp bei den Neuzulassungen von Fahrzeugen in Westdeutschland zwischen 26 und 40 PS sogar an erster Stelle. Mit Abstand folgten dann Fahrzeuge von KHD und Lanz auf den Plätzen. Und Güldner beließ es nicht bei diesem einen Traktor. 1949 stellte das Unternehmen zur Abrundung des Programms den 16-PS-Diesel-Kleinschlepper »A 15« vor, der über einen 2-Zyl.-Dieselmotor und über ein 5-Gang-Getriebe verfügte. Bemerkenswert an diesem Schlepper war aber vor allem, daß die Betätigung der Lenkbremsen

Der Allradschlepper G 50 gehört zur letzten von Gi

In Zusammenarbeit mit Fahr entwickelt: Güldners Europa-Traktoren

uten Traktorenfamilie

über separate Fußhebel rechts und links erfolgte. Die Einschätzung des Herstellers, ein durch »rassige Form, geringe Bauhöhe, große Bodenfreiheit, beste Straßenlage und gute Sicht« ausgezeichnetes Fahrzeug entwickelt zu haben, teilten zahlreiche Bauern. Mit 1950 = 5,5 % Anteil an den inländischen Neuzulassungen rangierte Güldner immerhin auf dem sechsten Platz.

In den folgenden Jahren betrieb Güldner eine recht erfolgreiche Modellpflege. So wurde die Motorleistung des durch eine flache Kühlerhaube charakterisierten stärksten Güldner-Traktors über 30 PS 1952 auf 32 PS angehoben. Aufgestockt wurde gleichzeitig auch die Typenvielfalt der über eine abgeschrägte Kühlerhaube verfügenden leichteren Traktoren, von denen 1953 eine 17-PS- und eine 22-PS-Version hergestellt wurden. 1954, im Jahr des 50jährigen Werksjubiläums, bestand das Produktionsprogramm aus vier Dieselschleppern mit 12 bis 35 PS Leistung. Zum Einbau gelangten durchweg stehende 2-Zyl.-4-Takt-Dieselmotoren eigener Fertigung mit Wasserkühlung.

Dem damals allerorten in der Schlepperindustrie zu beobachtenden Hang zur Luftkühlung folgte Güldner Ende 1954/Anfang 1955. Von dem nun acht Typen umfassenden Programm war sowohl der 12-PS- wie auch der 17-PS-Traktor mit einer luftgekühlten Maschine ausgerüstet, was die Beliebtheit der nordbayerischen Fahrzeuge in der Landwirtschaft weiter erhöhte. Dazu trugen auch die serienmäßig mitgelieferten Güldner-Kraftheber System Kratzenberg bei, die das Arbeiten mit den am Fahrzeugheck und zwischen den Achsen befestigten Arbeitsgeräten erleichterten. In der Zulassungsstatistik von 1955 schlugen sich diese Anstrengungen mit 5986 Fahrzeugen nieder, ein weder zuvor noch später jemals wieder von Güldner erreichtes Ergebnis.

Geschäftlich erfolgreich verlief das folgende Jahr 1956. Der Slogan »Ein Güldner ist nicht kleinzukriegen« kam auf dem Lande an und hatte einiges für sich. Inzwischen waren denn auch nicht weniger als 25 000 Traktoren von Güldner und anderen Herstellern mit Güldnermotoren ausgeliefert, ohne daß nennenswerte Beschwerden zu registrieren gewesen wären. Da wagte das Unternehmen noch im gleichen Jahr die Vorstellung einer neuen

Baureihe. Unter einer veränderten, vorne durch einen oval geformten, flachen Kühlergrill gekennzeichneten Motorhaube verbarg sich ein 11 bzw. 13 PS starker luftgekühlter Motor, der den Kleinschlepper bis auf 20 km/h beschleunigen sollte. »Moderne Schlepper für moderne Menschen« lautete die dem Fahrzeug zugrunde gelegte Konzeption.

Das neue Design für die Güldner-Fahrzeuge war damit gefunden. Es wurde beibehalten, als der Hersteller 1959 in Zusammenarbeit mit der Firma Fahr, Gottmadingen, die Europa-Reihe mit Fahrzeugen zwischen 15 und 34 PS vorstellte. Dogmatisch festgelegt auf ein bestimmtes Motorensystem zeigten sich die Güldner-Konstrukteure dabei keineswegs. Luft- und wassergekühlte Versionen wechselten ebenso ab wie die Anzahl der Zylinder zwischen zwei und vier schwankte. Was hingegen die Fahrzeugabmessungen und sonstige Details anlangte, so nutzte Güldner Rationalisierungsvorteile durch weitgehende Austauschmöglichkeiten, ein Umstand, den vor allem Händler und Werkstätten sehr zu schätzen wußten.

Um so härter traf Güldner die bereits 1961 wieder erfolgte Aufhebung der Arbeitsgemeinschaft mit Fahr. Doch man fühlte sich auch alleine stark genug, die Europa-Reihe fortzuführen und weiterzuentwickeln. So verließen noch 1961 die soeben erneuerten und erweiterten Aschaffenburger Werksanlagen Traktoren mit so wohlklingenden Bezeichnungen wie Spessart (15 PS), Tessin (20 PS), Burgund (25 PS), Toledo (36 PS) und Gotland (48 PS). Gefederte Vorderachse, hydraulischer Kraftheber, Regelhydraulik und Zapfwellenantrieb zeigten, daß diese Fahrzeuge zum Standard der damals gebotenen Technik zählten. Beibehalten hatte der Hersteller ferner die weitgehende Austauschbarkeit der Teile. Der sechste Platz in der Zulassungsstatistik war denn auch ein vorzeigbares Ergebnis, allein es machte sich doch der kleiner werdende Markt bei den absoluten Verkaufsstückzahlen bemerkbar. Doch mit bewährter Technik und der Bereitschaft, sich flexibel den Wünschen der Kundschaft anzupassen, hielt sich Güldner bis 1966 gut im Geschäft. Spürbar wurde diese werksseitig vorhandene Flexibilität beispielsweise, als 1964 verstärkt auf Allradantrieb gesetzt wurde. Die Typen G 40 und G 50 Allrad waren denn auch mit einer ZF-Lenk-Triebachse ausgestattet, die zur exakten Spurhaltung und zur Erhöhung der Lenkbarkeit auf weichem Grund sowie zur Minderung des Schlupfes der Hinterräder gute Dienste leistete.

Dessenungeachtet beobachtete die Linde Aktiengesellschaft ihre seit 1965 als »Werksgruppe Güldner Aschaffenburg« firmierende Schlepperfabrik mit wachsender Sorge. Die aufwendiger gewordene Technik verlangte immer höheren Entwicklungsaufwand, die die rückläufigen Absatzzahlen hingegen kaum wieder einzuspielen in der Lage waren. Die weltweite Sättigung des Schleppermarktes machte sich bemerkbar. So veränderte man zwar noch einmal das Design der Traktoren, wagte sich auch in die Leistungsbereiche zwischen 60 und 75 PS hinein, doch so, wie die Begeisterung für Europa zurückging, so nahm auch das Engagement für die so euphorisch als Europa-Reihe gestarteten Traktoren in Aschaffenburg ab. 1969 gab Linde diesen Produktionszweig endgültig auf, nicht ohne zuvor KHD für die Fortführung der Ersatzteilversorgung gewonnen zu haben.

Leichtgefallen ist diese Entscheidung sicher nicht. Immerhin hatte das Werk bis zu diesem Zeitpunkt rund 300 000 Dieselmotoren und über 100 000 Ackerschlepper in Aschaffenburg gebaut. Doch die unbefriedigende Erlössituation ließ keine andere Wahl. Ausgebaut wurde statt dessen das Gabelstapler- und Hydraulikprogramm, so daß Linde heute weltweit zu den führenden Anbietern von Flurförderfahrzeugen und hydrostatischen Getrieben zählt. Der Name Güldner allerdings findet sich auf Aschaffenburger Produkten nicht mehr.

Güldner-Traktoren (Auswahl)

Typ/Bezeichnung	Baujahr	Motorleistung PS	Zylinder	Takt	Gänge	Gewicht kg
A 20	1940	20	1	4	4/1	1600
AZ 25	1943	25	2	–	4/1	–
A 28	1949	28	2	4	4/1	1825
AF 15	1949	16	2	4	5/1	1225
AF 30	1951	30	2	4	5/1	2040
ABN 25	1955	25	2	4	6/1	1512
AX	1957	11	1	4	6/2	800
AK	1957	13	2	4	6/2	865
A 2 K	1959	15	2	4	6/2	860
A 2 D	1959	20	2	4	8/4	1180
Spessart	1961	15	2	4	6/2	960
Tessin	1961	20	2	4	8/4	1355
Burgund	1961	25	3	4	8/4	1450
Toledo	1961	34	4	4	8/4	1650
G 15	1966	15	2	4	6/2	1090
G 50	1966	50	4	4	8/4	2570
G 75 A	1968	75	6	4	12/6	3380

Gutbrod

**Gutbrod-Werke GmbH,
6601 Saarbrücken-Bübingen**

Zu den abwechslungsreichsten Firmengeschichten deutscher Traktorenhersteller zählt die der Gutbrod-Werke GmbH. Denn wer vermutet schon bei dem saarländischen Unternehmen, daß seine Wiege 1925 in einer früheren Ludwigsburger Kaserne stand? Hier hatte Wilhelm Gutbrod die Standard-Fahrzeugfabrik gegründet, die mit der Landtechnik nichts, mit dem Bau von robusten und soliden, dabei aber durchaus auch sportlichen Motorrädern alles zu tun hatte. Kaum eine Rennstrecke Europas ließ Gutbrod in den zwanziger Jahren aus, um die Leistung seiner Maschinen zu demonstrieren. Ein eigenes Werksteam unterhielten die Standard-Werke damals, dem kein Geringerer als der später legendär gewordene Silberpfeil-Pilot Karl Lang angehörte.

Doch selbst die größten Erfolge seiner Motorräder ließen Wilhelm Gutbrod nicht ruhen. Schnelle Fahrzeuge konnte er bauen, das hatte er bewiesen, nun wollte er einen noch umfassenderen Beitrag zur Lösung der Transportprobleme von Menschen und Geräten leisten. Ein erster Kleinlastwagen markierte 1930 den Anfang, dem nur zwei Jahre später der Bau des berühmt gewordenen Pkw-Standard-Superior folgte. Angesichts der nun breiter gewordenen Produktpalette reichte die Ludwigsburger Fabrikationsstätte nicht mehr aus. Stuttgart-Feuerbach hieß der neue Standort, doch lange hielt es Gutbrod auch dort nicht. Erst ein erneuter Umzug in das nur wenige Kilometer entfernte Plochingen 1937 in eine frühere Konservenfabrik brachte die Voraussetzungen für eine unternehmerische Stetigkeit, die Gutbrod mit der Herstellung von Motormähern für Gras und Getreide zu nutzen beabsichtigte. Dazu übernahm er von der Schweizer Motormäher-Firma Rapid die Fertigungslizenz für deren Gebirgsmäher, die mit ihrem vornliegenden Messerbalken dem Bedürfnis zahlreicher Landwirte mit kleinen Betrieben entsprachen. Die Verbindung zur Landwirtschaft

war damit hergestellt, nur von langer Dauer blieb sie zunächst nicht. Krieg und anschließende Werksdemontage warfen das Unternehmen zurück, was Wilhelm Gutbrod indes nicht daran hinderte, den Wiederaufbau seines Unternehmens mit allem Nachdruck zu betreiben. Es stimmte ihn zuversichtlich, als noch Ende der vierziger Jahre das Plochinger Werk als »größte Motormäher-Fabrikationsstätte Europas« bezeichnet wurde. Doch er hatte sich damit wohl zuviel zugemutet. 58jährig starb er, was seine Söhne aber nicht davon abhielt, konsequent an dem einmal eingeschlagenen Weg des Ausbaus der landtechnischen Abteilung des nach wie vor in der Pkw- und Klein-Lkw-Fertigung tätigen Unternehmens festzuhalten.

Das Ergebnis der Entwicklungsarbeit bestand unter anderem in der Ackerbaumaschine Farmax, die 1948/49 den Landwirten als »Lastenfahrzeug, Schlepper, Motormäher, Motorpflug, Motorkultivator, Motorhacke...« und vieles mehr angepriesen wurde. Allzweckmaschine sollte der Farmax sein, und er war es mit seinen zwei Zapfwellen, Ladepritsche und guten Anbaumöglichkeiten für Arbeitsgeräte verschiedenster Art wohl auch. Der einfach zu bedienende und in der Wartung denkbar anspruchslose 1-Zyl.-4-Takt-Dieselmotor erschien allerdings damaligen Fachleuten mit seinen nur 10 PS als zu schwach dimensioniert. Das gleiche gilt für den wahlweise angebotenen 2-Zyl.-2-Takt-Benzinmotor mit 12 PS, der für schwere Feldarbeiten einfach nicht hinreichte. Doch sieht man einmal von der zu schwach ausgelegten Motorleistung ab, so stand hinter dem Farmax schon ein revolutionäres Schlepperkonzept. In kaum erreichter Vielseitigkeit auf dem Acker und der Straße einsetzbar, billig in der Anschaffung und Unterhaltung, so ermöglichte er dem Bauer ein bequemeres und besseres Arbeiten mit weniger Arbeitskräften. Doch wie häufig in der Traktorengeschichte beeindruckten

Gutbrod Farmax – ein Geräteträger mit Ladepritsche und schwachem Motor

Bei den Kommunaltraktoren eine Größe: Gutbrod 2900 D, 36 PS

Idee und Konstruktion des Farmax, während es bei der Abstimmung der Fahrzeugkomponenten in mancher Hinsicht haperte. Zuviel des Guten sollte der Farmax können und leisten, am Ende tat er von allem ein bißchen, und das reichte nicht hin, um ihn zum geschäftlichen Erfolg werden zu lassen. So nahm Gutbrod den Farmax schon nach kurzer Zeit wieder aus dem Produktionsprogramm, um sich statt dessen mehr noch auf den erfolgreichen Bau von Einachsgeräten zu konzentrieren.

Diese Entscheidung erwies sich in den frühen fünfziger Jahren als durchaus richtig. Bauern, die sich nicht gleich an den Kauf eines Traktors heranwagten, erwarben bereitwillig Gutbrod-Geräte. Mehr als 125 000 verkaufte Motorlandmaschinen unterstreichen den bis Anfang 1958 von Gutbrod geleisteten Beitrag zur Mechanisierung der Landwirtschaft. Einen zunehmenden Anteil hatte daran das seit 1956 angebotene Terra-System für Landwirtschaft und Gartenbau, das einen kleinen Einachsschlepper dank einfacher Zusatzgeräte zum vielseitig einsetzbaren Zug-, Hack- und Pflegegerät machte. Allerdings reichten nun auch die Möglichkeiten der Plochinger Fabrik für die immer größer gewordene Nachfrage nicht aus. Diese schien besser durchführbar in dem im Saarland gelegenen Bübingen, wo die zu

Gutbrod gehörende Moto-Standard GmbH nach dem Anschluß des Saarlands an das Bundesgebiet ohne Beschränkungen in den Gutbrod-Firmenverbund integriert werden konnte. So wurde Bübingen ab 1957 zur Fabrikationsstätte des Gutbrod-Programms, während über die kurzfristig hinzuerworbene Niederlassung Wendlingen für einige Zeit die Ersatzteilversorgung der Gutbrod-Fahrzeuge abgewickelt wurde.

Der Boom bei Einachsgeräten hatte Anfang der sechziger Jahre seinen Höhepunkt überschritten. Gutbrod reagierte darauf mit der Entwicklung eines Kleintraktors, der von den Pkw des Unternehmens die Bezeichnung Superior erhielt. »So klein wie seine Abmessung, so groß ist seine Leistung« lautete der Slogan, mit dem Bauern, Gärtner und Landschaftspfleger zum Kauf des mit einem reinen Zahnradgetriebe ausgestatteten Fahrzeugs aufgemuntert werden sollten. Und die Bemühungen zeitigten Erfolg. Seit 1964 rangiert Gutbrod ununterbrochen in der Rangliste der zwanzig meistneuzugelassenen Traktoren. Besonders günstig gestaltete sich der Absatz in den Regionen Rheinland-Pfalz, Bayern und Baden-Württemberg, während in Nordrhein-Westfalen und Niedersachsen erst Ende der sechziger Jahre Verkaufsabschlüsse in größerer Zahl gelangen.

Das Superior-Programm entwickelte sich für Gutbrod zu einem wichtigen Umsatzträger. 1966 beispielsweise umfaßte es sechs Modelle im Leistungsbereich zwischen 7/8 PS und 12/14 PS, die sich vor allem in Frankreich, wo Gutbrod in Macon eine eigene Produktionsstätte unterhielt, und Deutschland großer Nachfrage erfreuten. Immerhin bot Gutbrod mit seinen auf kleine landwirtschaftliche Betriebe und Gärtnereien ausgerichteten Fahrzeugen damals mehr als 1500 Mitarbeitern Arbeit, während für den Vertrieb der Produkte etwa 3000 autorisierte Händler zur Verfügung standen.

Die Aussichten für Gutbrod schienen günstig, entsprechend massiv investierte das Unternehmen. Doch dann, 1969, stockte vor allem in Frankreich überraschend der Absatz. Das Familienunternehmen geriet in eine Finanzlücke und mußte dankbar sein, als sich die Frankfurter Investitions- und Handelsbank an der Firma beteiligte. Nur waren damit die Probleme noch nicht gemeistert. Eine Gesundschrumpfung mit Massenentlassungen und immer höher werdender Kapitalbedarf erschütterten das Unternehmen bis in die Grundfesten. Doch Kapitalgeber und Belegschaft standen die Roßkur durch. Als Ausrüster für die Olympischen Spiele 1972 in München konnte man sich vor einer breiten Öffentlichkeit als Spezialist für Rasenpflege, Grünlandbearbeitung und Flächenreinigung sehr gut in Szene setzen, was das Image des Unternehmens wieder stabilisierte. Daneben blieb Gutbrod dem Kleintraktorenbau treu, für den sich ab 1974 wieder günstigere Perspektiven abzeichneten, als das Programm des Herstellers Bungartz & Peschke übernommen werden konnte. Der Blick auf das 1975er Traktorenprogramm von Gutbrod zeigt denn auch eine interessante Typenbreite. Es reicht vom Typ 1010, dessen 1-Zyl.-Motor von Briggs & Stratton ganze 7,2 PS leistete, bis hin zum Typ T 9, einem ansehnlichen 52-PS-Schlepper aus der früheren Bungartz & Peschke-Linie. Hinzuweisen ist ferner auf die seit Jahren von Gutbrod gebauten Kommutrac-Fahrzeuge, die indes in der Landwirtschft kaum zum Einsatz gelangten.

Daß Gutbrod nach der Krise zu Beginn der siebziger Jahre in der zweiten Hälfte des Jahrzehnts wieder Grund unter die Füße bekam zeigt unter anderem die

Nach wie vor gefragt: Gutbrod Einachsschlepper, jahrelang meistverkauft in Europa

1976 erfolgte Übernahme des Werkes Hornbach der in Liquidation gegangenen Karl Peschke KG. Investitionen von über 4 Millionen DM trugen mit dazu bei, daß Gutbrod im Geschäftsjahr 1973/74 mit rund 1200 Mitarbeitern einen Gruppenumsatz von etwa 135 Millionen DM erwirtschaftete. Und die Tendenz zeigte weiter nach oben. 1976, im Jahr des 50jährigen Unternehmensbestehens, belief sich der Umsatz, zu dem die Traktoren einen beachtlichen Anteil beisteuerten, tatsächlich auf etwa 170 Millionen DM, doch unge-

trübt war zu diesem Zeitpunkt die Freude darüber nicht. Das – inzwischen geschlossene – französische Tochterunternehmen belastete das Ergebnis stark negativ, und zudem zeichnete sich eine Stagnation des Geschäfts mit den Staatshandelsländern ab. Doch dessenungeachtet entwickelte Gutbrod seine Kleintraktorenreihe weiter. Als Marktführer der Traktoren in der Leistungsklasse unter 24 PS verfügt man in der Bundesrepublik Deutschland seit Jahren über einen festen Kundenstamm, der mit den

kleinen, aber technisch hochstehenden Fahrzeugen sehr zufrieden ist. Die Palette des Gutbrod-Traktorenprogramms reicht denn auch von kleinen Rasen- und Gartentraktoren über Kleintraktoren mit Eigenbau-1-Zylinder-4-Takt-Dieselmotoren bis hin zum 37-PS-Schmalspurschlepper, die mit Gruppengetriebe, mehreren Zapfwellen, wahlweisem Hinterachs- oder Allradantrieb und vielem mehr dem Standard der großen Traktoren durchaus in den meisten Bereichen entsprechen.

Gutbrod-Traktoren (Auswahl)

Typ/Bezeichnung	Baujahr	Motorleistung PS	Zylinder	Takt	Gänge	Gewicht kg
Farmax 10 D	1949	10	1	4	3/1	900
Farmax 12 O	1949	12	2	2	3/1	800
Vielzweckgerät U 53	1953	8	1	2	3/1	234
Bauernhacke 54	1954	6	1	2	3/1	126
Superior	1962	8	1	4	4/2	330
Superior 1020	1966	8	1	4	3/1	–
Superior 1050	1966	12	1	4	4/1	–
Kommunal 2400 D	1980	14	2	4	4/1	496
Kleintraktor	1980	12	1	4	4/1	330
Schmalspur GT 40 A	1980	37	3	4	9/3	1250
Gartentraktor 1010	1987	11	1	4	5/1	182
Kommunal 2850 D Hydrostatic	1987	34	3	4	–	1120
Allrad 4300	1987	30	3	4	12/4	1060

Hagedorn

**Gebr. Hagedorn & Co.,
Landmaschinenfabrik – Eisengießerei,
4410 Warendorf (Westfalen)**

Das Landhandwerk ist die Wiege vieler Traktorenfabriken. Doch nur bei wenigen ist die Verbindung zum Ursprung über die Jahre hinweg so deutlich geblieben wie gerade bei dem westfälischen Familienunternehmen Hagedorn. Als Schmied und Schlosser hatte man über Generationen sein Auskommen verdient, und so war es ausgangs des 19. Jahrhunderts kein weiter Schritt, mit der Herstellung von Häckselmaschinen, Kartoffelquetschen und Göpelanlagen zu beginnen. Daß die ganze Familie dabei kräftig zupacken mußte, belegt unter anderem der Georg Hagedorn zugesprochene, im Angesicht des Ambosses an die Söhne gerichtete Satz: »Schloat mann düchtig drupp, ett is ju Vader un Moder nich!« Gesagt, getan, und aus der bescheidenen Werkstatt entwickelte sich ein Unternehmen, das 1902 die kurz zuvor stillgelegte »Warendorfer Maschinenfabrik und Eisengießerei« erwerben konnte. Mit

zehn Mann stellte Hagedorn hier kleine, ab 1904 auch größere Landmaschinen wie etwa Gabelheuwender her. Die unter den Markenbezeichnungen »Hagedorn« und »Westfalia« verkauften Maschinen fanden weit über Westfalen hinaus Absatz, so daß die Belegschaftsstärke 1907 auf über 50 und 1915 auf über 100 anwuchs.

Den Ersten Weltkrieg überstand Hagedorn als mittelständisches Unternehmen, das für innovatorische Bastelei und Experimente immer Verständnis hatte. So ließ es sich Anton Hagedorn jr. Mitte der zwanziger Jahre nicht nehmen, einen Motormäher zu konstruieren, für den man eigens einen Benzinmotor entwickelt hatte. Improvisiert sahen die mal mit einem, dann wieder mit zwei hintereinandergekoppelten Motoren, mal mit Eisenrädern und dann wieder mit Vollgummireifen ausgerüsteten Fahrzeuge schon aus, doch Hagedorn störte dies wenig, denn an eine Serienherstellung der Maschinen dachte damals in Warendorf ohnehin niemand. Unbeschwert ging man auf Kundenwünsche ein, mit der Folge, daß etliche »Westfalia«-Motormäher schon damals mit einem zweiten Sitz ausgeliefert wurden. Bauern hatten sich die Sonderanfertigung gewünscht, damit der Beifahrer die Mäharbeit vom Fahrzeug aus kontrollieren könne.

Den Übergang von der Motormäherbastelei zur Kleinschlepperherstellung leitete Hagedorn 1931/32 ein. Dazu erhielten die Fahrzeuge einerseits ein traktorähnlicheres Aussehen, andererseits wurden auch die Anbau- und Anhängemöglichkeiten verbessert. Eine vom Reichskuratorium für Technik in der Landwirtschaft veranstaltete Prüfung bestätigte kurz darauf, daß der Westfalia-Schlepper ohne weiteres als Zugmaschine vor dem Bindemäher einzusetzen war. Das Fazit der Jury lautete »Beim Kauf eines Hagedorn-Traktors können zwei Pferde ausgemustert werden.«

Der Hagedorn-Motor blieb indes Grund fortgesetzter Ärgers. So entschied man sich Mitte der dreißiger Jahre, die Fahrzeuge mit Deutz-Motoren auszurüsten, was sich nur vorteilhaft auf die Einsatzbereitschaft der Schlepper auswirkte. Daß Hagedorn daraufhin gut ins Kleinschleppergeschäft kam, zeigte sich unter anderem auf der Reichsnährstandsausstellung 1937. Hagedorn führte dort zwei als »Bauern-Universal-Schlepper« bezeichnete Fahrzeuge vor, die sowohl in der Leistung (16 bzw. 20 PS) als auch vom Aussehen her auf die Besucher einen durchaus positiven Eindruck hinterließen. Der Traktorenbau fand bis zur kriegsbedingten Einstellung 1939 in überschaubarem Rahmen statt. Immerhin hatten bis dahin rund 1000 Fahrzeuge die Fabrikhallen verlassen, die nun von der Wehrmacht als Lagerräume zweckentfremdet wurden. Auch nach Kriegsende konnte Hagedorn die unzerstört gebliebenen Einrichtungen nicht sofort wieder für die Produktion nutzen. Beschlagnahme und alliierte Auflagen gestatteten erst 1949 einen Neuanfang des Hagedornschen

Aus der Kinderzeit der Traktoren: Hagedorn-Motormäher mit Eigenbaumotor

Traktorenbaus. Produziert wurden zwei Typen, beide als rahmenlose Blockkonstruktionen. Allerdings hatte Hagedorn Motoren und Getriebe zuzukaufen, so daß der 15-PS- wie auch der 25-PS-Hagedorn-Dieselschlepper zu den sogenannten Konfektionsschleppern zu zählen sind. Fragte man zeitgenössische Beobachter nach Besonderheiten der Fahrzeuge, so erwähnten s e höchstens die automatisch wirkende Lenkbremse, zweifellos zuwenig, um den Traktoren eine größere Käuferschicht zu sichern.

Hagedorn wartete nicht lange mit Konsequenzen. Noch 1950, unter dem Eindruck eines drastischen Preissturzes für landwirtschaftliche Zugmaschinen, schloß man die Schlepperfertigung, um sich fortan ganz auf die Entwicklung von Landmaschinen zu konzentrieren. Als Hersteller von Ladewagen, Kartoffelerntern usw. hat man sich bis heute einen guten Namen in der Branche bewahren können, wenngleich gerade in den letzten Jahren mehrfache Besitzerwechsel einer kontinuierlichen Unternehmensentwicklung kaum förderlich gewesen sind.

Hagedorn-Traktoren (Auswahl)

Typ/Bezeichnung	Baujahr	Motorleistung PS	Zylinder	Takt	Gänge	Gewicht kg
Westfalia-Motormäher	1932	–	1	2	3/1	–
Bauern-Universal-Schlepper 16 PS	1937	16	1	4	3/1	1500
Bauern-Universal-Schlepper 20 PS	1937	20	1	4	3/1	1700
P 22	1940	22	2	4	4/1	1600
HS 15	1949	15	1	4	5/1	1370
HS 25	1950	25	2	4	5/1	1670

Hako

**Hako-Werke GmbH & Co.,
2060 Bad Oldesloe**

Hako nimmt mit seinen Erzeugnissen seit mehr als fünfzehn Jahren einen festen Platz in der Rangliste der zwanzig in Deutschland meistneuzugelassenen Traktoren ein. Das Spitzenergebnis erzielte der norddeutsche Hersteller bislang 1982, als mit einem Marktanteil von 1,4 % der elfte Platz eingenommen werden konnte. Allerdings liefert Hako seine Arbeitsmaschinen nur noch zu einem geringen Teil an die Landwirtschaft aus. Wichtigere Kunden sind seit Jahren schon die Kommunen und sonstige Anlagen-, Sportplatz- und Grundstückspfleger, die die kompakten, mit zahlreichen Anbaugeräten vielseitig einsetzbaren Fahrzeuge gerne zum Mähen und Grasabsaugen, zur Wegereinigung und zum Schneeräumen, zum Ziehen und Transportieren einsetzen. Auch als Reinigungsspezialist tritt Hako häufig nach außen auf, nicht zuletzt seit 1984 die im US-Bundesstaat Minnesota ansässige Firma Multi-Clean Inc. erworben wurde. Damit hat sich Hako den Bereich der Reinigungsmaschinen für die Gebäude- und Büroreinigung erschlossen, dessen Wachstumsaussichten positiv eingeschätzt werden.

Hat sich Hako auch in letzter Zeit weg von der Landwirtschaft entwickelt, so liegen die Anfänge des Werks doch ganz unmittelbar in diesem Bereich. Denn für Hans Koch, den Firmengründer, war die Liebe zum Land und seinen Bewohnern alles andere als ein leeres Gerede. Als Angehöriger der deutschen Jugendbewegung zog er vielmehr 1919 bewußt als Siedler auf das Land, um sozialpolitische Vorstellungen konkret umzusetzen. Die Arbeit mit der Handhacke gehörte dabei zu den täglichen beschwerlichen Tätigkeiten, die er im Gegensatz zu vielen anderen nicht so ohne weiteres hinzunehmen bereit war. Eine Motorhacke schien Hans Koch eine geeignete Lösung zu sein, die Konrad von Meyenburg, einer der Pioniere des motorisierten Fräsens, nachhaltig förderte. So erwarb Hans Koch noch in den zwanziger Jahren ein Patent auf eine solche Maschine, welches er während der dreißiger Jahre von einem Berliner Unternehmen auswerten ließ.

Vielleicht hätte Hans Koch seine im Mecklenburgischen gelegene Landwirtschaft nicht verlassen, doch Krieg und Nachkriegswirren schufen völlig neue Voraussetzungen. Die Flucht nach Norddeutschland führte ihn schließlich nach Pinneberg, wo intensiver noch als zuvor am Konzept der »motorisierten Hand« weitergearbeitet wurde. Im Mittelpunkt der Überlegungen stand eine Maschine, die gründliche Hackarbeit leisten sollte, ohne den Boden zuvor zu verdichten. Mit Geräten wie der Hakorette, dem Hakoboy und der Hakocombinette kam Hans Koch diesem Ziel über Jahre hinweg für zahlreiche Landwirte in überzeugender Weise nahe. Sie kauften die mehrfach DLG-an-

Klein, aber oho! 6-PS-Hakotrac mit Hochdruckbaumspritze

erkannten Geräte in großer Zahl und lobten die robusten, einfach zu handhabenden und durchaus leistungsfähigen Maschinen durchweg. So reichte die Pinneberger Fabrikationsstätte bald schon nicht mehr zur Bewältigung der steigenden Nachfrage aus. 1954 zog Hako deshalb nach Bad Oldesloe um, wo man schließlich zum größten Industrieunternehmen am Orte aufstieg. Zwischen 1954 und 1970 wuchs die Belegschaft von 7 auf 700 Mitarbeiter an, eine Größenordnung, die in etwa bis in die Gegenwart Bestand hat. Allerdings verteilen sich die Beschäftigten seit 1962 auf die beiden Industriewerke Bad Oldesloe und Trappenkamp bei Neumünster, die jedoch angesichts einer Entfernung von etwa 30 Kilometern gut kooperieren.

Bis 1960 setzte Hako voll und ganz auf Einachsgeräte. Dabei bedeutete es schon einen tiefgreifenden Einschnitt, als das Unternehmen einen Vierrad-Kleinschlepper Hakotrac vorstellte. 2500 DM kostete das vor allem für Klein- und Nebenerwerbslandwirte konzipierte Fahrzeug, das von einem 6 PS starken 2-Takt-Ilo-Motor angetrieben wurde und unter günstigen Bedingungen bis zu 18 km/h schnell lief. An der Vielseitigkeit des aus dem Einachsschlepper Hakorecord weiterentwickelten Schleppers gab es wenig Zweifel, schließlich bot Hako eine große Anbaugerätereihe mit an. Auch eignete sich das Fahrzeug gut für

den Einsatz in allen Reihenkulturen, was jedoch an der verbreiteten Skepsis vieler Bauern den Kleinstschleppern gegenüber wenig zu ändern vermochte. Die Sympathie zumal der norddeutschen Bauern für große, schwere Pferde hatte sich eben auch auf den Traktor übertragen; um so schwerer hatten es Fahrzeuge, die schon auf den ersten Blick wie Miniaturausgaben ihrer größeren Vettern aussahen.
Nur, Hako ließ sich von solcher Kritik wenig beeindrucken. Man kultivierte viel-

mehr die Vorzüge der kleinen Fahrzeuge und baute das einmal entwickelte Kleinschlepper-Konzept für Gärtner und Winzer, Landwirte und Siedler weiter aus.

Dazu wurde aus dem ursprünglichen Hakotrac eine Hakotrac-Reihe entwickelt, in der die Motorleistung bei einigen Typen bis 1971 auf 12 PS, bis 1985 sogar auf 41 PS gesteigert wurde. Dabei runden Kleintraktoren mit Motorleistungen um 12 PS nach wie vor das Hako-Traktorenprogramm ab, das, unabhängig, ob es sich nun um Klein- oder Kompaktschlepper handelt, durch einen technisch bemerkenswerten Entwicklungsstand ausgezeichnet ist. So werden die Bad Oldesloer Traktoren wahlweise auch mit Allradantrieb angeboten. Auch verfügen einige Modelle über Hydrostatik und ein Schnellkuppelsystem, das die rasche Umrüstung der Fahrzeuge nachhaltig erleichtert.

Hans Kochs Produktphilosophie, nach der kleine Geräte und Maschinen Großes bewirken können, ist für Hako bis in die Gegenwart verbindlich geblieben. Sinnbildlicher Ausdruck für diese Einstellung ist unter anderem der bemerkenswerte Umstand, daß seit 1987 Hans Kochs Schwiegersohn Tyll Necker, der persönlich haftende Gesellschafter der Hako-Werke, an der Spitze des Bundesverbandes der Deutschen Industrie steht.

Hakotrac mit Schneefräse, Salzstreuer und Komfortkabine für den Fahrer

Hako-Traktoren (Auswahl)

Typ/Bezeichnung	Baujahr	Motorleistung PS	Zylinder	Takt	Gänge	Gewicht kg
Hako-Trak	1955	5	1	2	2/–	162
Hakotrac	1960	6	1	2	2/1	203
Hakotrac V 10	1964	10	1	4	6/2	500
Hakotrac D 12	1964	8	1	4	6/2	525
Hakotrac V 490	1971	12	1	4	6/2	450
Hakotrac D 52	1971	12	1	4	6/2	450
Hakotrac 1200	1981	10	1	4	4/1	350
Hakotrac 1900 D	1987	18	2	4	6/3	660
Hakotrac 2700 D	1987	27	3	4	6/3	728
Hakotrac 1400	1987	12	1	4	5/2	450
Hakotrac 3800 D	1987	41	4	4	–	960
Hakomobil 6000D Hydrostatic	1987	55	4	4	–	1638

Hanomag

Hanomag GmbH, 3000 Hannover

Als die alte, berühmte Hanomag 1970 die Schlepperfabrik schloß, um nur noch Baumaschinen herzustellen, überraschte dies die Landwirtschaft sehr. Noch wenige Monate zuvor hatte das damals zum Essener Rheinstahl-Konzern gehörende Unternehmen in einer großangelegten Anzeigenkampagne für die eigenen Traktoren geworben, die kraftvoller denn je seien, über den Fahrkomfort eines modernen Pkw verfügten und sich zudem durch Eleganz, Ausdauer und Zuverlässigkeit auszeichneten. Auch liefen zu diesem Zeitpunkt weltweit über 110 000 landwirtschaftliche Zugmaschinen mit dem Namen Hanomag – doch das Ende der Hanomag-Traktoren war nicht aufzuhalten. Es war kurz und, wie es scheint, unwiderruflich.

Begonnen hatte die »Hannoversche Maschinenbaugesellschaft vorm. Georg Egestorff« mit der Landmaschinenherstellung im Jahre 1912. Bis dahin hatte sich das Unternehmen einen ausgezeichneten Ruf als Lokomotivbauanstalt und Eisengießerei, als Dampfmaschinen-, Kessel- und Werkzeugmaschinenbauer erworben. Über eine Tochterfirma, die »Deutsche Kraftpflug-Gesellschaft mbH« in Berlin, machte man sich nun daran, das Produktionsprogramm um Motortragpflüge zu erweitern, die Ingenieur Ernst Wendeler gemeinsam mit Landwirt Boguslaw Dohrn entwickelt hatte. Die von 80-PS-4-Zyl.-Ottomotoren angetriebenen Maschinen revolutionierten die landwirtschaftliche Bodenbearbeitung und konn-

Hanomag R 28 mit Mähbalken und Gitterrädern

ten unter dem Markenzeichen »WD« bis Mitte der zwanziger Jahre in über 1000 Stück verkauft werden.

Dann entsprach der Motorpflug allerdings nicht mehr den landtechnischen Anforderungen. Kettenschlepper hatten größere Zugkraft auf dem Acker, und Radschlepper wie Pöhl oder Fordson waren indessen vielseitiger auf dem Feld einsetzbar und wesentlich billiger. So machte sich Hanomag beide Entwicklungen zu eigen. Bereits 1919 brachten Wendeler und Dohrn den ersten europäischen Raupenschlepper heraus, der zunächst mit einem 20-PS-4-Zyl.-Motor ausgestattet war. Er konnte wahlweise mit Benzin, Petroleum oder Gemisch betrieben werden, besaß Umlaufschmierung, Bosch-Magnetzündung, und, für die damalige Zeit ungewöhnlich, einen Luftfilter. 1921 durchgeführte Demonstrationen ließen eine stärkere Motorisierung sinnvoll erscheinen. So verstärkte man den 20-PS-Motor auf 25 PS und fügte noch im gleichen Jahr einen 50 PS starken Raupenschlepper Typ Z 50 hinzu.

Auch auf dem Gebiet des Radschlepperbaus wurde Hanomag aktiv. 1925 präsentierte man das Modell R 26, das in seiner rahmenlosen Blockbauweise dem Fordson weithin nachempfunden, jedoch schwerer und zugkräftiger war. In einer mehrwöchigen Fahrt durch Deutschland sorgte die »Hanomag-Karawane« für Publizität, die dem 1927 auf den Markt gebrachten WD-Radschlepper R 28 gleichfalls zugute kam. Fast aber wäre die Hanomag an den zu lange noch gelieferten Benzin-Petroleum-Motoren gescheitert.

Landtechnik- und Motorengeschichte schrieb Hanomag 1931 mit einem als äußerst robust gerühmten, beinahe aber zu spät gekommenen 4-Takt-Dieselmotor, den Lazar Schargorodsky entwickelte. Der Motor basierte auf einer bei Hanomag entwickelten Schrägnocken-Einspritzpumpe, die bis in die fünfziger Jahre in Hanomag-Schleppern Verwendung fand. Allerdings vermochte dieser Motor nicht zu verhindern, daß auch Hanomag in den Strudel der Weltwirtschaftskrise geriet. So mußte das Unternehmen die Zahlungen einstellen und konnte nur über einen Vergleich wieder flottgemacht werden, ehe 1936 die Vereinigten Stahlwerke AG das Unternehmen erwarb.

Der wirtschaftliche Aufschwung nach 1933 erfaßte die Hanomag-Schlepper-produktion. In rascher Folge wurden nun neue, ständig verbesserte Typen vorgestellt. Aufsehen erregten die verschiedenen, mit einem 50-PS-4-Takt-Dieselmotor ausgerüsteten Schlepper. Sie entsprachen dem verbreitet vorgetragenen Wunsch nach leistungsstarken Maschinen, um die zwischenzeitlich verbesserten Ackergeräte auch im Feld einsetzen zu können.

Anfang der dreißiger Jahre gelang in den USA die Entwicklung von Niederdruck-Luftreifen großen Durchmessers für Ackerschlepper. Wenig später brachte auch die Fa. Continental Gummiwerke in Hannover in Zusammenarbeit mit Hanomag und Lanz 1934 die ersten luftbereiften Schlepper heraus. Das war eine Sensation! Nach anfänglicher Skepsis erkannten die Bauern, daß luftbereifte Schlepper auf dem Acker ebensogut oder noch besser als mit den eisenbereiften Greiferrädern arbeiten konnten, die für den Straßenbetrieb nicht geeignet waren. Nun aber konnten die Schlepper mit den Luftreifen ohne weiteres auch auf Feldwegen und Straßen fahren und beladene Ackerwagen ziehen, sogar schneller als Pferdegespanne. Die Luftreifen an Schleppern und Ackerwagen haben in der Folgezeit die Landwirtschaft geradezu revolutioniert, an der Spitze unter anderem von Hanomag angeführt. Das gab der Firma erheblichen Auftrieb.

Stand bis 1936/37 die Entwicklung von zuverlässigen und leistungsstarken Großschleppern wie etwa dem R 38 bei Hanomag im Vordergrund, so drängte die Reichsregierung die Traktorenhersteller nun, auch für bäuerliche Familienbetriebe eine geeignete Zugmaschine zu konzipieren. Die Antwort des Hauses Hanomag bestand in dem 1937 vorgestellten Diesel-Bauernschlepper RL 20, der geringfügig modifiziert auch als Kleinzugwagen ausgeliefert wurde. Hinzu kamen ab 1939 verschiedene Typen der Reihe R 40, die über einen 40 PS leistenden Dieselmotor verfügten und ihrer Robustheit wegen im Ruf standen, »Lokomotiven auf dem Acker« zu sein, insbesondere beim Ziehen und Antreiben der ersten berühmten Claas-Mähdrescher.

Nach dem Zweiten Weltkrieg besaß Hanomag alte oder zerstörte Anlagen. Trotzdem gelang es, schon im August 1945 wieder die ersten Traktoren zu Reichsmarkpreisen anzubieten. Mit dem R 40

hatte man ein bewährtes Vorkriegsmodell ins Programm aufgenommen, und auch der 1949 entwickelte R 25 konnte die Verwandtschaft zum rund zehn Jahre älteren RL 20 nur schwer verbergen. Den Nachkriegserfolg festigte Hanomag aber vor allem mit der zu Beginn der fünfziger Jahre vorgestellten Baureihe R 16 bis R 45. Hinzu kamen noch die Raupenschlepper K 55 und K 90, die jedoch mit ihren fest angebauten Erdbaugeräten schon mehr für Kunden aus der Bauwirtschaft denn aus der Landwirtschaft ausgelegt waren. Zu diesem Zeitpunkt war Hanomag der erfolgreichste Anbieter auf dem deutschen Traktorenmarkt, und auch unter den Exporteuren lag das Unternehmen ganz vorne.

WD-80-Motortragpflug der zu Hanomag gehörenden »Deutschen Kraftpflug GmbH«

1951/52 wurde deutlich, daß der Trend der deutschen Landwirtschaft hin zur pferdelosen Vollmotorisierung unaufhaltsam voranschritt. Dem Zug der Zeit folgend, entwickelte Hanomag eine »gerätetragende Vielzweckmaschine«, das heißt einen Tragschlepper mit einer schlanken »Wespentaille«, der zusätzlich zu den Arbeitsräumen hinter dem Heck, vor und seitlich vom Schlepper einen Arbeitsraum unter dem Schlepper zwischen den Achsen aufwies zum Anbau von Hackwerkzeugen, die zwischen Pflanzenreihen arbeiten.

1953 stellte Hanomag als Ergebnis dieser Überlegungen auf der DLG-Ausstellung den Tragschlepper R 12 dem Publikum vor. Als »Combitrac« sollte er dem Be-

Kantig und zugstark – der Granit von Rheinstahl-Hanomag

Einer der stärksten Traktoren der sechziger Jahre: Hanomag Robust 900

trieb in der Größenklasse unter 10 ha den Übergang zur Vollmotorisierung erleichtern. Anfangs schien das Konzept aufzugehen. 1954 lief der 100 000ste Traktor seit Aufnahme der Ackerschlepperherstellung bei Hanomag vom Band. Fast 7000 Mitarbeiter fanden auf dem über 70 ha großen Werksgelände Beschäftigung.

Der Erfolg war jedoch nur von kurzer Dauer. Entgegen den Erwartungen der Fachwelt setzten sich die Tragschlepper, auch anderer Hersteller übrigens, in der Landwirtschaft nicht durch, weil der Anbau neu anzuschaffender Geräte zwischen den Schlepperachsen unter der Wespentaille zu umständlich war. Auch arbeiteten die Bauern lieber mit ihren bisherigen Geräten, angebaut oder angehängt hinter dem Schlepper, selbst dann, wenn ein »Feinsteuermann« für die Führung der Geräte zwischen den Achsen benötigt wurde. Problem: Die Sicht vom Fahrer auf die Geräte unter dem Schlepper war nicht gegeben!

Der 1955 herausgebrachte R 24 mit einem schmalen 2-Takt-Dieselmotor erwies sich außerdem als Fehlschlag, weil Hanomag den Schleppermotorenbau nach Investition vieler Millionen DM auf die Herstellung kostengünstigerer 2-Takt-Dieselmotoren umgestellt hatte, die sich in der Praxis nicht bewährten. Insbesondere wurde der Lärm der 2-Takt-Motoren beanstandet. Hinzu kamen Mängel beim

Anlauf der Serie, die zu vielen Reklamationen führten, und auch ein unzureichender Kundendienst trug nicht zur Verbesserung der Lage bei. Hanomag aber hatte, bevor man dies in Hannover begriff, nicht nur den guten Platz in der Zulassungsstatistik, sondern auch den ausgezeichneten Ruf bei der Kundschaft verloren. Da vermochten technische Pionierleistungen wie Frontlader, Antischlupf oder Dreipunktaufhängung nur mehr wenig zu retten.

1957 wagte Hanomag angesichts stark rückläufiger Absatzzahlen den Schritt in die entgegengesetzte Richtung. Der alte 4-Takt-Diesel wurde wieder in die bewährten Schleppertypen eingebaut. Nur das Äußere war stilistisch verändert. Auch erhielten die Schlepper neue Bezeichnungen und warben nun als Greif, Brillant oder Robust um Kunden. Doch der einmal angerichtete Schaden ließ sich so leicht nicht beheben, zumal sich die Konkurrenz die Chance nicht hatte entgehen lassen. 1964 lief zwar bei Hanomag der insgesamt 250 000ste Traktor vom Band, doch zufrieden war die Geschäftsführung mit der Absatzentwicklung nicht. Das neue Programm, bestehend aus den Fahrzeugen Perfekt 300 und 400, Granit 500 und Brillant 600, stieß zwar auf Interesse, ohne deshalb aber die Bauern zu einem veränderten Kaufverhalten zu veranlassen. Dies trifft auch für den Robust 800 zu, das neue

Flaggschiff der Hanomag-Traktoren, der über den bereits bei der Raupe K 7 bewährten 70-PS-Dieselmotor D 941 R verfügte.

Dieses Schlepperprogramm behielt Hanomag bei geringfügigen Änderungen in den folgenden Jahren bei. So gab es noch den Robust 900 mit 85 PS, der insbesondere für den Zug mit angehängtem Mähdrescher konzipiert war. Aber der Markt räumte Hanomag nur noch bescheidene Chancen ein. Mehr als den sechsten bis siebten Platz in der Zulassungsstatistik vermochte man nicht mehr zu erobern. Die Krisensymptome waren denn auch unübersehbar. Und sie hatten inzwischen die Konzernmutter Rheinstahl erfaßt. Der Ausverkauf begann. 1969 wurde das Traktorenwerk in Argentinien an Massey-Ferguson abgetreten, und im gleichen Jahr ging die Hanomag-Lastwagen-Fertigung an Daimler-Benz über. 1970 stellte man dann in Hannover die Traktorenproduktion ganz ein, die dem Werk über Jahrzehnte hinweg zu wirtschaftlichem Wohlergehen verholfen hatte. KHD erklärte sich wenigstens bereit, bis 1977 die Ersatzteilversorgung sicherzustellen.

Doch der Schwanengesang von Hanomag war damit noch nicht zu Ende. 1974 wurde das zum reinen Baumaschinenhersteller gewordene Unternehmen an Massey-Ferguson verkauft. Statt einst 10 000 Mitarbeiter hatte das Werk nun gerade noch 2400 Beschäftigte. Doch auch bei Massey-Ferguson hatte Hanomag kein Glück. Schon 1980 wurde man wieder verkauft, diesmal an die IBH Internationale Baumaschinen-Holding von Horst-Dieter Esch. Aber auch hier bot sich Hanomag nur eine kurze Verschnaufpause. 1984 folgte mit dem Konkurs der erneute Übergang des Unternehmens, diesmal auf die mittelständische Gruppe Papenburg-Gassmann. Ihr der »Hanomag Baumaschinen Produktion und Vertrieb GmbH« vorgegebenes Konzept scheint allerdings aufzugehen. Immerhin erwirtschafteten im Jahre 1985 wieder 1200 Mitarbeiter einen Umsatz von 255 Millionen DM und bewirkten, daß die scheinbar nicht unterzukriegende Hanomag wenn schon nicht mehr bei Traktoren, so doch wenigstens im Bereich Planier- und Laderaupen sowie Radladern Marktführer in der Bundesrepublik Deutschland geblieben ist.

Typ/Bezeichnung	Baujahr	Motorleistung PS	Zylinder	Takt	Gänge	Gewicht kg
WD 80	1912	80	4	4	2/1	–
Z 25 (Raupe)	1919	25	4	4	3/1	3300
Z 50 (Raupe)	1921	50	4	4	3/1	6800
R 26 A	1926	26	4	4	3/1	1950
R 28 A	1927	28	4	4	3/1	1950
RD 36	1931	36	4	4	3/1	2750
AR 50	1933	50	4	4	3/1	3100
RL 20	1937	20	4	4	3/1	1615
R 40 A	1939	40	4	4	5/1	2950
R 25	1949	20	4	4	5/1	1860
R 16 A	1951	16	2	4	5/1	1170
R 22	1951	22	3	4	5/1	1520
R 45 A	1951	45	4	4	5/1	3220
R 12	1953	12	1	2	6/2	840
R 24	1955	24	2	2	6/2	1360
C 224	1957	24	2	2	6/2	1440
R 435	1957	35	4	4	5/2	1920
Granit	1961	32	3	4	10/2	2190
Brillant	1961	42	4	4	10/2	2255
Robust	1961	50	4	4	10/2	2350
R 450 E	1961	55	4	4	5/1	3600
Perfekt 300	1962	25	2	4	6/2	1710
Granit 500	1966	40	3	4	9/3	2100
Brillant 600	1966	50	4	4	10/2	2520
Robust 900	1967	85	6	4	12/3	3225

Hatz

Motorenfabrik Hatz GmbH & Co. KG, 8399 Ruhstorf a. d. Rott

»Erst der Motor, dann der Schlepper« lautete die Devise des Familienunternehmens Hatz. Sie gibt Aufschluß über den erst spät, 1954, erfolgten Einstieg des Unternehmens in den Traktorenbau und erklärt auch seine bereits nach rund zehn Jahren wieder erfolgte Aufgabe. Die Nutzfahrzeugherstellung stellte eben – gemessen am Dieselmotorenbau – nur ein Zusatzgeschäft dar, das in dem Maße an Bedeutung verlor, wie der Absatz von Motoren florierte. Und da konnte und kann sich Hatz nicht beklagen. Seit langem schon liefert das niederbayerische Unternehmen Jahr um Jahr weit über 60 000 Motoren vornehmlich an Bau- und Landwirtschaft aus und dürfte bei Motoren mit einer Leistung bis zu 30 PS einer der Marktführer in Europa sein.

Mit einigem Stolz kann die Motorenfabrik Hatz auf eine bis in das Jahr 1890 zurückreichende Tradition zurückblicken. Damals gründete Mathias Hatz eine Reparaturwerkstätte für landwirtschaftliche Maschinen und Geräte, der bald schon die Fabrikation von Schrotmühlen, Häckslern und Windturbinen angegliedert wurde. Das dabei verdiente Geld ermöglichte dem Sohn des Firmengründers 1906 die Entwicklung eines ersten Verbrennungsmotors, der von zahlreichen Bauern der Umgebung für den Einsatz als Stationärantrieb erworben wurde. Auf der Suche nach einem robusten und wirtschaftlichen Motor begann man sich 1910 bei Hatz mit der Entwicklung von Glühkopfmotoren zu beschäftigen, die unter anderem in Lokomobilen zum Einsatz gelangen sollten. Doch der Erste Weltkrieg machte zunächst den weiterführenden Plänen ein abruptes Ende. Die Gebrüder Hatz zogen in den Krieg, und ihr Werk wurde geschlossen.

Nach Kriegsende waren Hatz-Motoren gefragter denn je. Durch die Einführung der Flachsitzdüse leistete die Firma einen wichtigen Beitrag zur Entwicklung des kompressorlosen Dieselmotors, wie er bald schon nicht mehr nur für den stationären Antrieb, sondern auch in Schiffen und Fahrzeugen zum Einsatz gelangte.

Hatz selbst beschritt den Übergang zur Herstellung von Motoren für den mobilen Einsatz mit der Konstruktion des L-Dieselmotors 1936, der unter anderem in dem im thüringischen Rudolstadt zusammengebauten Kleinschlepper »Brummer« eingebaut wurde. Es handelte sich um einen liegenden 1-Zyl.-2-Takt-Dieselmotor, der mit Hilfe einer Lunte bei verringerter Verdichtung angedreht wurde. Die Kühlung erfolgte, wie damals weit verbreitet, über Verdampfung, während zur Übertragung der Kraft eine Zahnkette vorgesehen war. Ebenfalls noch vor dem Zweiten Weltkrieg eröffnete sich Hatz mit dem 2-Zyl.-Dieselmotor A2 gute Absatzchancen, doch wie schon 1914 unterbrach der Krieg eine erfolgversprechende Entwicklung. Durch Anordnung wurde das Unternehmen gezwungen, die Motorenproduktion einzustellen und statt dessen als Zulieferer für andere Industriebetriebe zu arbeiten.

Nach einer insgesamt acht Jahre dauernden Unterbrechung gestaltete sich für Hatz 1948 der Neubeginn des Motorenbaus überaus schwierig. Modelle und Gesenke waren verlorengegangen, und über Jahrzehnte gewachsene Geschäftsverbindungen hatten zu bestehen aufgehört. Dennoch setzte Hatz mit rund 100 Mitarbeitern schon kurz nach der Währungsreform wieder auf die Dieselmotorenfertigung. Der Einstieg in das Treckergeschäft gelang 1949 unter anderem über die kleinen Fahrzeughersteller Klauder und Schneider-Fahrzeugbau. Doch auf Dauer befriedigen konnte dies in Ruhstorf nicht, da sich beide Unternehmen am Markt nicht durchzusetzen vermochten.

So entschloß sich Hatz, dem Motorenbau eine Traktorenfabrik anzugliedern, die 1954 die ersten Zugmaschinen mit den Typenbezeichnungen T 13, T 16, T 26 und T 32 auslieferte. Es handelte sich um leichte Standardtraktoren, die von wassergekühlten 2-Takt-Dieselmotoren eigener Fertigung angetrieben wurden und mit einem von ZF oder Hurth gelieferten Getriebe ausgerüstet waren. Doch lange blieben die Fahrzeuge in dieser Ausstattung nicht im Lieferprogramm. Hatz betrieb seit 1952 die Entwicklung von luftgekühlten 4-Takt-Dieselmotoren, die bald schon Serienreife erlangten. Sie wurden nun von Hatz nach und nach in die als TL-Typen bezeichneten Schlepper eingebaut, bis 1958 ein immerhin sieben Typen umfassendes, reinrassig luftgekühltes Traktorenprogramm in der Leistungsklasse zwischen 10 und 35 PS angeboten werden konnte.

Große Bedeutung am Schleppermarkt erzielte Hatz indes nur mit seinen leichten Traktoren. Während man insgesamt froh sein mußte, bei den Inlandszulassungen überhaupt unter die ersten zwanzig zu gelangen, so erreichte man in der zweiten Hälfte der fünfziger Jahre in der leichten Klasse bis 12 PS sogar einen respektablen sechsten Platz. Doch der Anteil für Kleintraktoren schrumpfte damals bereits rasant. Hatz forcierte deshalb das Geschäft mit den Traktoren der Leistungsklasse bis 17 PS, doch ohne den erhofften Erfolg. So stellte das Unternehmen 1964 nach genau 7201 gebauten Ackerschleppern die Traktorenherstellung wieder ein, um sich ganz auf den Motorenbau zu konzentrieren. Die hier in der Folgezeit erzielten Erfolge sind beachtlich. Sie reichen vom kleinsten Industriedieselmotor der Welt (1966) über lärmgedämpfte Kleindieselmotoren (1968) bis hin zum Silent-Power-System, mit dem für die Lösung des Lärmproblems bei Verbrennungsmotoren neue Maßstäbe gesetzt werden konnten. In neuerer Zeit gelangten Hatz-Motoren unter anderem in Traktoren der Firmen Holder und Schanzlin zum Einbau

Hatz-Traktoren (Auswahl)

Typ/Bezeichnung	Baujahr	Motorleistung PS	Zylinder	Takt	Gänge	Gewicht kg
T 13	1954	13	1	2	5/1	1134
T 16	1954	16	1	2	5/1	1310
T 26	1954	26	2	2	5/1	1640
T 32	1954	32	2	2	5/1	1840
TL 10	1956	10	1	2	4/1	800
TL 15	1956	15	1	4	5/1	–
TL 22	1956	22	2	4	5/1	1600
H 113	1964	12	1	4	6/1	845
H 222	1964	22	2	4	8/4	1550
H 332	1964	32	3	4	8/4	1700
H 340	1964	40	3	4	8/4	1856

Hela

Hela – Hermann Lanz, Schlepperfabrik, 7960 Aulendorf

Als Hermann Lanz (1890 – 1972) im Jahre 1914 im oberschwäbischen Aulendorf die 1888 gegründete väterliche Werkstatt übernahm, um dort landwirtschaftliche Geräte herzustellen, konnte niemand ahnen, daß er wenige Jahre später unbestritten zu den Pionieren des deutschen Schlepperbaus gezählt werden würde. Nicht lange verborgen blieb allerdings, daß Hermann Lanz das Handwerk besser beherrschte als andere Mechaniker der Umgebung. So häuften sich die Aufträge für die von ihm hergestellten Gerätschaften, und bereits 1922 sah sich Lanz, der mit der Mannheimer Industriellenfamilie gleichen Namens in keiner Weise in Beziehung steht, veranlaßt, eine erste größere Werkshalle zu errichten. Auffallend war dabei vor allem, mit welch wachem Auge und feinem Gespür Hermann Lanz die Sorgen und Wünsche der Bauern registrierte. So erfuhr er Ende der zwanziger Jahre, wie die Bauern der Nachbarschaft nach einem leistungsfähigen Kleinmotormäher verlangten. Seine Antwort bestand in der Konstruktion des Motormähers Samson, der außer zur Grünfutterernte und leichten Transporten im wesentlichen als stationärer Antrieb von Futterschneid- oder Dreschmaschinen einzusetzen war. Und bei dem einen Fahrzeug beließ es Hermann Lanz nicht. Er erweiterte sein Produktionsprogramm um den Diesel-Samson, bei dem der 15-PS-Motor auf einen stabilen schmiedeeisernen Rahmen montiert worden war.

Auch gesellte sich bald schon der noch martialischer aussehende Motormäher und Kleinschlepper Herkules hinzu, und wieder galt: Was Lanz anbot, kam bei Bauern wie unabhängigen Gutachtern gut an. Dies trifft beispielsweise für den verbesserten Samson »Modell 37« zu, mit dem Lanz sich an der Vergleichsprüfung »Schlepper für den bäuerlichen Betrieb« beteiligte. Von den zusammenge-

bastelten Fahrzeugen zu Beginn des Lanz-Schlepperbaus war hier tatsächlich nicht mehr viel zu erkennen. Blockbauweise, 20-PS-Deutz-Dieselmotor, 4-Gang-Getriebe und fahrtunabhängiger Zapfwellenbetrieb wiesen das Fahrzeug vielmehr als gereiften Traktor aus. Dies legte es auch 1939 den für die Maßnahmen zur Typenbegrenzung im Ackerschlepperbau Verantwortlichen nahe, der Firma Lanz-Aulendorf, wie das Unternehmen und seine Produkte häufig zur Unterscheidung von Lanz-Mannheim genannt wurden, auch weiterhin den Bau eines 20-PS-Schleppers zuzubilligen.

Der Lanz-Aulendorf-22-PS-Schlepper blieb während der ersten Kriegsjahre eine ohne Probleme abzusetzende Zugmaschine. Dennoch mußte sie 1942 aus dem Fertigungsprogramm herausgenommen werden, durften doch fortan nur noch Holzgasschlepper gebaut werden. Aber auch mit einer solchen Maschine konnte Lanz aufwarten. In dem in Aulendorf gefertigten Typ L 25 fanden Einheitsgasgenerator und Deutz-Einheitsgasmotor sowie ZF-Getriebe Verwendung, von der Qualität her gute, aber nicht weiter auffallende Komponenten also. Interessant war höchstens der Versuch, den Gasgenerator in der sogenannten offenen Bauweise so auf den Schlepper zu verteilen, »daß der Gaserzeuger zwischen Motor und Vorderachse eingebaut, der Feinreiniger über dem linken Hinterrad befestigt, der Wärmeaustauscher mit Entstäuber und Aschekasten vorn unter der Haube und die beiden Kühler hinter dem Motor angebracht« wurden. Dadurch gelang Lanz eine Verkürzung des Radstandes, dessen übergroße Länge bei vielen Holzgastraktoren ein gravierendes Problem darstellte.

Das Kriegsende brachte der Ackerschlepperfabrik Lanz mit der totalen Demontage des Maschinenparks einen schweren Rückschlag. Nur vereinzelt konnten deshalb während der ersten Nachkriegsmonate Schlepper aus übrig-

gebliebenen Teilen zusammengeschraubt werden, darunter 1947 immerhin die 3000ste Lanz-Zugmaschine seit Produktionsaufnahme. Bis zur serienmäßigen Fertigung von Traktoren dauerte es allerdings bis 1949. Doch die dann drei Modelle umfassende Reihe lag gut im Markt. Es handelte sich bei den beiden 22 PS und 14 PS starken Typen um Weiterentwicklungen von Vorkriegsfahrzeugen, während mit dem 28-PS-Traktor versucht wurde, neben den Besitzern größerer landwirtschaftlicher Betriebe Fuhrunternehmer als Käufer anzusprechen. Die Motoren der Fahrzeuge lieferte MWM, Vorderachsen und Getriebe aber stammten aus eigener Fabrikation. Und darauf war Lanz-Aulendorf besonders stolz. Im Gegensatz zu den Konfektionären bezeichnete man sich denn auch als »Traktoren-Spezialwerk«, ein Anspruch, der verpflichtete. So bot Lanz nicht nur serienmäßig ein günstig abgestuftes 5-Gang-Getriebe, sondern gegen einen geringen Aufpreis konnte sogar ein 8-Gang-Getriebe bis zu 28 km/h gewünscht werden. Zur Grundausstattung der Traktoren gehörten ferner abstellbare Riemenscheibe, Zapfwelle, Mähwerk, Differentialsperre und Beleuchtungsanlage, für die so mancher Wettbewerber einen nicht unerheblichen Aufpreis verlangte.

Die Bauern honorierten das Lanz-Angebot. 1950 erreichte das Werk mit 3 % der Inlandszulassungen einen beachtlichen elften Platz in der Rangliste, und es schien den Oberschwaben geraten, sich weiter von der Mannheimer Konkurrenz abzugrenzen. Das Markenzeichen »Hela« bot sich an, und tatsächlich lief bereits die 1951er Traktorenkollektion von Lanz mit einem entsprechenden neuen Typenschild aus den Werkshallen. In der in den folgenden Jahren betriebenen Modellpflege zeigte Lanz beachtliches Geschick. Nicht nur, daß bald schon wahlweise wasser- wie luftgekühlte Modelle angeboten wurden, auch vervollkommnete man die Getriebe immer weiter. Der

Lanz-Aulendorf-Dieselschlepper, 20 PS, der Vorkriegszeit

Kriechgang mit 1,8 km/h, 1951 erstmals im 17-PS-2-Zyl.-Modell eingebaut, kam dabei besonders den Erfordernissen bei den zeitaufwendigen Pflanzarbeiten entgegen und fehlte bald schon in keinem der immer zahlreicher werdenden Hela-Schlepper mehr.

Neben Hermann Lanz bestimmte inzwischen sein Sohn, der bei dem bekannten Landtechniker Professor Fischer-Schlemm ausgebildete Diplomingenieur T. Lanz, die Geschicke des Familienunternehmens. Auf seinen Einfluß geht die

1956 erfolgte Übernahme der Fertigung eines kurzen und sehr wendigen Kleinschleppers Varimot mit vier großen, dicht beieinander angeordneten Triebrädern zurück.

Das Spezialfahrzeug wird wie ein Raupenschlepper durch Abbremsen der Triebräder der einen Seite bzw. Beschleunigen der Triebräder der anderen Seite gelenkt und ist extrem wendig, was für Wein- und Obstbaubetriebe bedingt interessant war. Durch Anbau von Erdbaugeräten ist es zur Baumaschine ge-

worden, die sich einen bescheidenen Markt erobern konnte.

T. Lanz hatte den Ehrgeiz, die Hela-Schlepper ab 1955 mit einer eigenen Motorenreihe auszurüsten. Die dafür erforderliche Investition in eine – vermutlich nur ungenügend ausnutzbare – Fertigungseinrichtung hat sich sicher nicht ausgezahlt. MWM hätte die Motoren wegen der Produktion in größerer Stückzahl wahrscheinlich an Lanz-Aulendorf billiger liefern können. Angesichts der Mitte der fünfziger Jahre über der für Lanz magischen Zahl 2000 liegenden Neuzulassungen schien sich der Kraftakt aber zunächst zu lohnen. Doch das Auslaufen des großen Nachkriegs-Schlepperbooms ließ Lanz nicht unberührt. Ab 1957 registrierte das Werk rückläufige Zulassungszahlen, denen auch mit groß herausgestellten technischen Raffinessen wie Rotocap, einer automatischen Ventil-Drehvorrichtung, oder Helamatic nicht befriedigend entgegengewirkt werden konnte. Unter Helamatic war übrigens eine Vorrichtung zu verstehen, die dem Führer das Fahren, Lenken und Anhalten des Traktors mittels eines Hebels vom Boden aus ermöglichte.

Einen Aufschwung erhoffte sich das Werk von dem 1960 durchgeführten Modellwechsel. Fünf Typen zwischen 15 und 38 PS umfaßte nun die Hela-Baureihe, sieht man einmal von Spezialtraktoren für Sonderkulturen ab. Verändert hatte das Werk keineswegs nur das Styling der Fahrzeuge, welches zweifellos auch ras-

Hela D 254 als Zugmaschine vor Fahr-Mähdrescher

siger ausgefallen war, sondern auch den Fahrerplatz, die Anordnung der Bedienungshebel sowie teilweise Getriebe und Motor. Nur, statt des erhofften Erfolges brachte die neue Typenreihe erneut rückläufige Zulassungszahlen. Dafür ursächlich war vor allem die zu starke Konzentration des Händlernetzes auf Baden-Württemberg, wo 1962 nahezu 50 % aller Zulassungen registriert wurden. In Niedersachsen etwa brachte es Lanz bei 13 566 Zulassungen in diesem Jahr gerade auf 22 Fahrzeuge! Von einem das Bundesgebiet umfassenden flächendeckenden Absatz konnte zu diesem Zeitpunkt also bereits nicht mehr die Rede sein.

In diese sicherlich gedrückte Stimmung hinein fiel 1964 das 50jährige Firmenjubiläum, Anlaß für den Firmenpatriarchen Hermann Lanz, eine Bilanz zu ziehen. Mit 400 Beschäftigten lag die Monatskapazität bei Traktoren bei etwa 120 Fahrzeugen, wobei der große Anteil eigener Teilefertigung besonders zeitintensiv zu Buche schlug. Außerdem konnten maximal etwa 30 Varimot gebaut werden. Insgesamt hatten bis dahin rund 30 000 Lanz- bzw. Hela-Traktoren die Aulendorfer Werkshallen verlassen, von denen sich zu diesem Zeitpunkt immerhin noch zwei Drittel im Einsatz befanden, was als Zeichen der Robustheit der Fahrzeuge zu interpretieren ist. Dem Trend zu stärkeren Traktoren entsprach Hela zur gleichen Zeit mit der Produktion des 45-PS-Traktors D 45, der, angetrieben von einem 3-Zylinder-4-Takt-Hela-Dieselmotor, als »Vollernteschlepper« vorgestellt wurde. Mit ihm und der in den folgenden Jahren gemäß dem Motto »Schlepper nach Maß« verstärkt betriebenen Entwicklung von Spezialtraktoren, die unter anderem leistungsstarke Allradversionen mit einschloß, gelang Lanz dann aber doch noch einmal eine Stabilisierung auf bescheidenerem Niveau. Um 500 Neuzulassungen mit eindeutigem Schwerpunkt in Baden-Württemberg brachten Lanz zwar um den Genuß kostengünstiger Massenherstellung, reichten aber immerhin aus, um die Beschäftigung des Werks zu sichern. Allerdings belief sich der Anteil des Baumaschinengeschäfts inzwischen auf rund 25 bis 30 % des Geschäftsvolumens, was der Firmenleitung eine behutsame Hinwendung zu diesem Geschäftsbereich geeignet erscheinen ließ.

Mit dem Rückzug aus dem Traktorengeschäft tat sich Lanz schwer. So versuchte man sein Glück zuvor noch als Alleinvertreter der rumänischen Universal-Traktoren. Die in Brasow, dem ehemaligen Kronstadt, gebauten Fahrzeuge rundeten in der Tat das Hela-Programm mit Fahrzeugen bis zu 60 PS cut nach oben ab. Nur, an dem sich ab 1971 noch weiter verschlechternden Geschäftsverlauf vermochte auch dieses Engagement nichts zu ändern. So ließen rückläufige Absatzzahlen die hohen Entwicklungsaufwendungen für die immer aufwendiger werdende Traktorentechnik kaum noch als gerechtfertigt erscheinen. Darüber hinaus fiel 1972 mit dem Tode von Hermann Lanz auch die Persönlichkeit aus, für die der Traktorenbau Lebensinhalt gewesen war. Als Konsequenz daraus ergab sich, daß bei Hela zwar der Traktorenbau fortbestand, doch in einem immer bescheidener werdenden Umfang. Entlastung brachte ferner der verstärkte Rückgriff auf MWM-Motoren – doch der Rückzug war damit unübersehbar geworden. 1978, im 64. Geschäftsjahr, war es dann soweit.

Die IBH-Baumaschinen-Holding AG, Mainz, erwarb 91 % des 1,5 Millionen DM betragenden Kapitals in der Absicht, das IBH-Programm an Spezialmaschinen auf die Landwirtschaft auszudehnen. Diese Pläne konnten infolge des Konkurses des Mainzer Baumaschinenkonzerns jedoch nicht verwirklicht werden, vielmehr ist die Schlepperfabrik Lanz froh, nach den mit dem Konkurs der Muttergesellschaft verbundenen Turbulenzen heute wieder in bescheidenem Umfang Spezialmaschinen für die Landwirtschaft und das Baugeschäft produzieren zu können.

Hela-Lanz-Traktoren (Auswahl)

Typ/Bezeichnung	Baujahr	Motorleistung PS	Zylinder	Takt	Gänge	Gewicht kg
Samson I	1929	–	1	2	–	–
Samson II	–	15	–	–	–	–
Dieselschlepper	1937	20	2	4	4/1	1500
Bauernschlepper	1938	11	1	4	4/1	1200
22 PS Acker	1940	22	2	4	4/1	1520
L 25	1943	25	2	–	4/1	–
Bauern-Diesel	1949	14	1	4	5/1	1300
D 47	1949	22	2	4	5/1	1700
D 28	1950	28	2	4	5/1	1900
D 15	1956	15	1	4	6/1	1250
D 24	1956	24	2	4	6/1	1420
D 130	1960	30	2	4	8/4	1500
D 38	1960	38	3	4	6/1	1870
D 254 A	1968	54	4	4	8/4	2700
Schmalspur D 538 S	1973	40	3	4	10/2	1590
D 634	1975	34	2	4	8/2	1780
D 260 A	1975	60	4	4	16/8	2720

Hoffmann

**Hoffmann – Hannoversche
Fahrzeugfabrik
Hoffmann & Co.,
3000 Hannover-Laatzen**

Friedrich Karl Hoffmann gehört zusammen mit Johannes Köhler (Primus) zu den heute weitgehend in Vergessenheit geratenen Pionieren des Schlepperbaus. Seine Mitte der dreißiger Jahre unter dem Namen Hanno gebauten Straßenzugmaschinen zeichneten sich durch schlichte funktionale Konstruktion, durch die Verwendung bewährter Komponenten wie etwa der Motoren von Deutz und Junkers sowie wirtschaftlichen Einsatz aus. Für das 25-PS-Modell S 236/5 beispielsweise behauptete Hoffmann, den »Gipfel der Rentabilität durch Zusammenfassung von Schnell- und Schwertransporten in einem Schlepper zu erreichen«. Tatsächlich brachte es das Fahrzeug mit einer Anhängerlast von 7 bis 8 Tonnen auf eine Höchstgeschwindigkeit von 38 km/h, und daß sich auch der Aktionsradius sehen lassen konnte, zeigt das auf 240 Liter angesetzte Fassungsvermögen des dem Fahrzeug eigenen Betriebsstofftanks.

Kurz nach Kriegsbeginn bot »Hanno« eine interessante Palette kleiner und mittelschwerer Verkehrsschlepper mit Leistungen zwischen 8 und 33 PS an. Pläne, einen 11-PS-Schlepper zu bauen und sich damit die Möglichkeit des Einstiegs auch in die Fertigung der stark nachgefragten Bauernschlepper offenzuhalten, scheiterten an den veränderten Prioritäten der Rüstungsproduktion.

Die Produktionsanlagen der Hannoverschen Fahrzeugfabrik wurden durch Kriegseinwirkungen ernsthaft in Mitleidenschaft gezogen. So war man froh, daß in den ersten Nachkriegsmonaten wenigstens einige Kipp- und Ackerwagen gebaut werden konnten. Die Absicht aber, an die erfolgreiche Schlepperherstellung so bald wie möglich anzuknüpfen, wurde deshalb nicht aufgegeben. Anfang 1949 hatte man es dann geschafft. Als Weiter-

Hoffmann-Ackerschlepper Typ 601 – ein komfortabler und teurer Traktor

entwicklung des Vorkriegsmodells R 22 baute Hoffmann nun den Straßenschlepper »501«, dessen Besonderheit die zum Patent angemeldete Vorderachse darstellte. Hoffmann hatte die beiden Vorderräder mit Hilfe zweier Drehstäbe, die mit den Lagern beider Schwingarme in Verbindung standen, einzeln abgefedert und so ein überraschend weiches Fahrverhalten erreicht. Angetrieben wurde der Hoffmann 501 von einem 22-PS-Deutz-Dieselmotor, der dem Fahrzeug das erwünschte Durchzugsvermögen verlieh.

Von den vom Typ 501 verkauften Stückzahlen konnte Hoffmann den Betrieb nicht finanzieren. Laut Zulassungsstatistik betrug die Zahl im ersten Halbjahr 1950 ganze sechs Stück. Da lag es für Hoffmann nahe, den Weg in den als zukunftsträchtig eingeschätzten Ackerschleppermarkt einzuschlagen. Der Mitte 1949 anläßlich der DLG-Ausstellung in Hannover erstmals der Öffentlichkeit vorgestellte Hoffmann-Ackerschlepper »601« verriet die mehrjährige Erfahrung des Herstellers

im Traktorenbau. Revolutionierend war dabei vor allem die aus dem Straßenfahrzeugbau übernommene Hinterachsfederung. Anstelle der bei vielen Konkurrenzprodukten verwendeten Starrachse rüstete Hoffmann sein Fahrzeug mit zwei Pendelhalbachsen mit Drehstabfedern aus, die direkt am Getriebegehäuse abgestützt waren. Er begründete diese ungewöhnliche Technik mit den bei ungefederten Fahrzeugen häufig auftretenden gesundheitlichen Schädigungen der Fahrer. Und Testfahrer bestätigten den Hersteller in seiner Argumentation. Sie erklärten, erstmals auch bei höheren Geschwindigkeiten im Bereich um 20 bis 25 km/h auf der Straße mit einem Ackerschlepper ohne größere Erschütterung gefahren zu sein. Der Markt indes honorierte Hoffmanns »bandscheibenschonende Schlepperbauweise« nicht. Fünfzehn in der ersten Hälfte des Jahres 1950 neu zugelassene Hoffmann-601-Traktoren machten die Fahrzeuge zu Exoten in der Schlepper-Landschaft, die ohne sie allerdings ein beträchtliches Stück ärmer wäre.

Typ/Bezeichnung	Baujahr	Motorleistung PS	Zylinder	Takt	Gänge	Gewicht kg
Hanno S 35	1935	7	1	4	3/1	1150
Hanno S 236/5	1935	25	2	2	5/1	2250
Hoffmann 501	1949	22	2	4	4/1	1800
Hoffmann 601	1950	22	2	4	5/1	1750

Holder

Gebr. Holder GmbH, 7430 Metzingen

Auf eine annähernd 100jährige Firmengeschichte schaut das 1888 gegründete, am Fuße der Schwäbischen Alb beheimatete Unternehmen Holder zurück. Während dieser Zeit hat es so viele technische Pionierleistungen hervorgebracht, daß der Name Holder zu Recht in der internationalen Landtechnik einen festen Platz einnimmt. Dies gilt besonders für den Bereich der Pflanzenschutztechnik, wo Holder-Spritzen zu Marksteinen der Entwicklung geworden sind. Ob selbsttätige Rückenspritzen oder Motorspritzen, wie auch immer, zutreffend war auf jeden Fall der schon zur Jahrhundertwende verwendete Slogan »Holder-Geräte helfen bei der Bekämpfung von Schädlingen an allen Kulturpflanzen, im Feld-, Obst- und Weinbau, im Forst und bei der Desinfektion«. Und früh fanden sie auch im Ausland großen Anklang: 1913, am Vorabend des Ersten Weltkriegs, lieferte Holder bereits mehr als ein Drittel der Gesamtproduktion an Kunden jenseits der Reichsgrenzen.

Mit dem Traktorenbau hatte das Unternehmen dagegen bis in die ersten Jahre nach dem Ersten Weltkrieg nichts zu tun. Erst ein längerer Amerikaaufenthalt von Max Holder, dem Sohn eines der Firmengründer, weitete den Blick in diesen landtechnischen Bereich. Denn Max Holder

hatte zum einen bei dem US-Automobilhersteller Nash als Ingenieur umfassende Einblicke in die Motorfahrzeugproduktion gewonnen, zum andern aber war er bei seinen Reisen durch den nordamerikanischen Kontinent auch Zeuge des allerorten auf den Farmen stattfindenden Aufbruchs hin zur mechanisierten Landwirtschaft geworden. Zurückgekehrt nach Deutschland, beschloß er daher, einen wirtschaftlichen Traktor für den kleinbäuerlichen Betrieb zu konstruieren. Dies war

für den Juniorchef leichter gesagt als getan, galt es doch zunächst einmal, firmeninterne Widerstände älterer Mitarbeiter auszuräumen. Jüngere Kollegen jedoch begeisterten sich für Max Holders Idee, und tatsächlich konnte noch im Frühjahr 1930 der erste 6-PS-Holder-Einachsschlepper mit der Bezeichnung »Pionier« vorgestellt werden.

Der »Pionier« wartete mit überraschend guten Ergebnissen beim Pflügen, Mähen, Schleppen, Hacken und kurze Zeit später

Gelungener Wurf: Holder-Allrad-Dieselschlepper B 10

auch beim Fräsen auf. Selbst eine Weinbergseilwinde konnte angebaut werden, und Max Holder wurde nicht müde, das Gerät landauf, landab vorzuführen. Die Resonanz fiel positiv aus, doch was ausblieb, waren Kaufaufträge. Die Bauern hatten bei noch so großem Interesse kein Geld – Massenarbeitslosigkeit und Depression bestimmten das wirtschaftliche Geschehen. Mit Freude registrierte Holder denn auch einen ersten größeren, aus Frankreich kommenden Auftrag über 50 Maschinen, der allein fast zwei Drittel der ersten Jahresproduktion von 82 »Pionieren« ausmachte.

Doch mit dem wirtschaftlichen Aufschwung setzte ab 1933 auch eine vermehrte Nachfrage nach Holder-Einachsschleppern ein. Da nahte 1938 und damit das 50jährige Firmenjubiläum, für Max Holder Anlaß, eine verbesserte, leistungsfähigere Zugmaschine zu entwickeln. Der »Neue Holder-Traktor«, abgekürzt NHT, entstand und war so ausgelegt, daß er keineswegs nur Gärtnereien und Gemüsebetriebe, sondern in größerer Zahl auch Bauern ansprach. In rahmenloser Bauart, mit drei Vorwärtsgängen und einem Rückwärtsgang, Innenbackenbremsen, Holmschnellverstellung und einem 7-PS-ILO-Motor bot er so viel Technik, daß er selbst bei Pflugarbeit mit den meisten Pferdegespannen in Wettbewerb treten konnte.

Die Motorgerätefertigung gewann durch die Produktion des NHT für Holder an Bedeutung. Um so stärker traf das Unternehmen die 1942 als Folge der Kriegsereignisse ergangene Auflage, den Bau von Fahrzeugen für flüssige Kraftstoffe einzustellen. Eine Möglichkeit zur Fortführung der Schlepperproduktion bestand allerdings, als es gelang, einen Kleinschlepper mit Holzgasgenerator zu entwickeln. Die Fachleute standen dem Vorhaben skeptisch gegenüber. Ihrer Ansicht nach benötigte der Holzgasbetrieb ein Motorhubvolumen von mindestens 2500 cm^3, während den Einachsschlepper ein Motörchen von etwa 500 cm^3 antrieb! Doch Holder nahm die technische Herausforderung an. In mühsamer, oft vom Fliegeralarm gestörter Entwicklungsarbeit baute man einen Holzgasgenerator in Miniaturausgabe, der im Frühjahr 1943 in Serie gehen konnte. Er bildete die Grundlage für den Holzgasschlepper EHG, der mit einem verbesserten Eigen-

Rund 30 Jahre liegen zwischen diesen beiden Holder-Einachsschleppern

In Sonderkulturen unverzichtbar: Kleintraktoren wie der Holder A 15

92

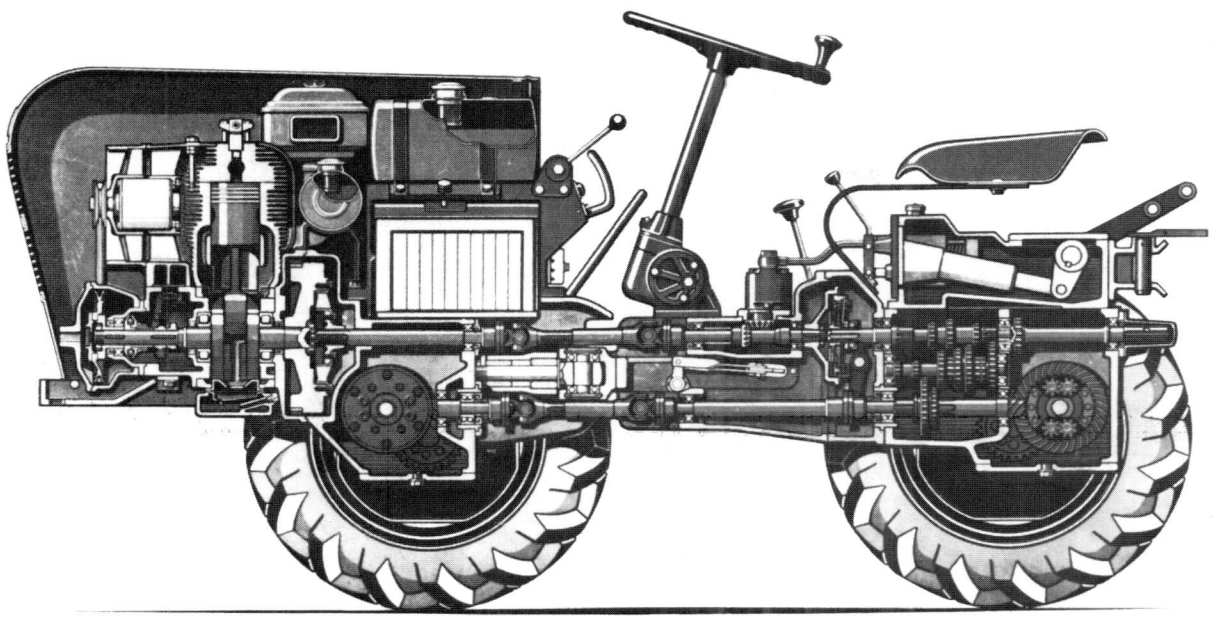

Als Knicklenker technisch hochinteressant: Holder Cultitrac A 12

baugetriebe sowie mit Drehgrifflenkung ausgestattet, Neuerungen bot, die sich auch nach Kriegsende noch als sinnvoll erwiesen.

Der Einachsschlepperbau hatte nach dem Zweiten Weltkrieg seine große Zeit. Viele Bauern suchten über die kleinen, handlichen und relativ preiswerten Maschinen den Weg hin zur Motorisierung, was Holder nur entgegenkam. Ein Zweigwerk wurde geplant, um der vermehrten Nachfrage nach Holder-Erzeugnissen entsprechen zu können. In Grunbach bei Waiblingen in der amerikanischen Zone, im Gegensatz zu dem in der französischen Besatzungszone befindlichen Metzingen, stand geeignetes Areal zum Verkauf. Holder ließ sich die Gelegenheit nicht entgehen und gründete am 1. Juli 1949 die selbständig organisierte »Holder GmbH Grunbach«, die bald schon für den Kleinschlepperbau des Unternehmens verantwortlich zeichnete.

Die Ouvertüre zum Holder-Traktorenbau der Nachkriegszeit fand im Zusammenhang mit dem bewährten Einachsschlepper statt. Nachdem man auf der Suche nach einem geeigneten Klein-Dieselmotor mehrfach von renommierten Herstellern Absagen bekommen hatte, ergriff das mittelständische Unternehmen selbst die Initiative. Das Ergebnis stellte ein nach dem Zweitaktverfahren arbeitender, mit einem Flachkolben ausgerüsteter Kleindieselmotor dar, der nach einigen

Verbesserungen Ende 1950 seine Bewährung im Holder-Einachsschlepper bestand. Tatsächlich war das Aufsehen, das die ersten Diesel-Einachsschlepper erregten, beachtlich. Kein Geringerer als Professor H. Meyer, bekannt als Schlepper-Meyer, berichtete damals: »Es ist wirklich beachtlich, daß es Außenseitern immer wieder gelingt, neue Entwicklungen auszubilden, wie es zum Beispiel von der Firma Gebr. Holder mit ihrem Zweitakt-Dieselmotor erreicht worden ist.«

Nur, als »Außenseiter« konnte das schwäbische Unternehmen in der Schlepperindustrie schon nach wenigen Monaten nicht mehr bezeichnet werden. Denn mit Anlaufen des Werkes Grunbach startete Holder auch die Produktion des Vierradtraktors B 10, dessen Kennzeichen Wendigkeit, geringer Bodendruck, tiefer Schwerpunkt, Vierradbremse und zwei Zapfwellen einen Könner in der Traktorenherstellung verrieten. Die Landwirte, zumal in den Wein- und Obstbauregionen von Rheinland-Pfalz und Baden-Württemberg, erkannten dies schnell. 1953 rangierte Holder mit 1178 in der Bundesrepublik Deutschland neuzugelassenen Traktoren bereits auf dem 16. Platz – eine beachtliche Leistung für einen Newcomer des Vierrad-Schlepperbaus. Und der aufwärts gerichtete Trend setzte sich fort. Im nächsten Jahr bereits verließ der 2000ste B 10 die Werkshallen, und ein weiteres Modell, der Allradtraktor A 10, sorgte für neue

Furore. Als frontlastige Spezialmaschine für Reihenpflanzungen verfügte er über Allradbremsen, organisch integrierte Hydraulik und Knicklenkung. Dies bedeutete, daß das Fahrzeug um den in der Fahrzeugmitte liegenden Knickpunkt mit hydraulischer Kraft geknickt werden kann, so daß es extrem kurz zu wenden in der Lage ist. Der technische Aufwand der Knicksteuerung ist einerseits beachtlich, bewirkt andererseits aber eine außerordentliche Wendigkeit, so wie sie für den Einsatz in Weinbergen und Obstanlagen zweckmäßig ist. Mit diesen beiden interessanten Kleintraktoren gelang Holder in der damals heißumkämpften Klasse der Traktoren bis 12 PS der Sprung in die Spitzengruppe der Anbieter. Nur KHD, Fendt und Hanomag verkauften 1955 mehr Kleintraktoren als Holder, dessen Produktionskapazitäten der großen Nachfrage wegen schon wieder erschöpft waren. Deshalb ließ Holder den inzwischen bewährten 2-Takt-Dieselmotor in größerer Stückzahl auch für andere Firmen in Lizenz bei Fichtel & Sachs in Schweinfurt bauen.

Der große Erfolg von Holder in der kleinen Traktorklasse schuf die Voraussetzung, um in den nächsten Jahren vorrangig auf Modellpflege zu setzen. Doch möglicherweise tat das Unternehmen des Guten zuviel! Zwischen 1958 und 1968 halbierte sich nämlich die Zahl der Inlandszulassungen, eine Folge der sich hin zu stärkeren Traktoren verlagernden

Nachfrage. Dennoch konnte Holder 1959 mit einiger Genugtuung auf zehn Jahre Grunbach zurückblicken. 240 Mitarbeiter zählte das Werk inzwischen, und insgesamt 50 000 gebaute Holder-Traktoren demonstrierten, daß man sich durchaus zu den etablierten Herstellerfirmen zählen durfte. Dies unterstrich Holder einige Jahre später, 1963, als in beiden Fabrikationsstätten das 75jährige Unternehmensjubiläum gefeiert wurde. 800 Mitarbeiter, 1,7 Millionen Pflanzenschutzgeräte, 90 000 Kleinschlepper bei 500 000 Anbaugeräten sind nur einige Positionen einer eindrucksvollen Bilanz. Doch auf den Erfolgen ausruhen konnte gefährlich sein. Deshalb forcierte Holder während der sechziger Jahre vor allem den Ausbau des Traktorenprogramms. Erfolgreiche Modelle wie die Typen Cultitrac A 20 und A 21 wurden in diesen Jahren herausgebracht, bei denen einerseits technisch bewährte Elemente wie Knicklenkung und Allradantrieb beibehalten, andererseits aber die Motorleistung erhöht und die Getriebeabstufung verbessert wurde. 1966 beispielsweise umfaßte so die Holder-Traktorenreihe Fahrzeuge mit Leistungen zwischen 3 und 27 PS. Und in diese Richtung setzte Holder auch in den nächsten Jahren seine Anstrengungen fort. 1975 leistete das Holder Spitzenmodell A 55 bereits 42 PS, wobei sich das

Unternehmen einiges darauf zugute hielt, Motor wie Getriebe selbst gefertigt zu haben. Daran änderte sich auch in den folgenden Jahren wenig. Holder perfektionierte das Knickschlepperkonzept und machte die Fahrzeuge zu hochwertigen Spezialmaschinen vor allem für Reihenkulturen. So lassen sich im Front- wie auch im Heckanbau gleichzeitig verschiedene Anbaugeräte auf einfache Weise an den Holder-Traktoren anbringen, wodurch zwei Arbeitsgänge bei einer Fahrt erledigt werden können. Dies trifft beispielsweise auf die Kombination Mulchen und Spritzen zu, was einer zeitsparenden und gleichzeitig bodenschonenden Landbewirtschaftung sehr entgegenkommt.

Das Styling der Holder-Traktoren ist unverwechselbar geworden. Schon von Ferne sind die in Dunkelgrün gehaltenen Zugmaschinen an dem weit über die Vorderachse nach vorne gezogenen Motor, der schmalen und zugleich niedrigen Bauweise, den vier gleichgroßen Rädern und der Knicklenkerkonstruktion zu erkennen. Doch trotz dieses individuell und in der Zweckmäßigkeit heute kaum mehr umstrittenen Konzepts tut sich Holder mit seinen Traktoren auf dem enger gewordenen Schleppermarkt schwer. So hat sich zwischen 1978 und 1985 die Zahl der Inlandsneuzulassungen wiederum halbiert, und das, obwohl während dieser

Zeit der Marktanteil nur um 0,3 % Punkte von 1,5 % auf 1,2 % zurückgegangen ist. Auf die wirtschaftliche Lage des Unternehmens konnte dies nicht ohne Wirkung bleiben. Die Finanzlücke wurde zu Beginn der achtziger Jahre größer, und Anfang 1986 bot nur noch das Vergleichsverfahren eine Chance für die Fortführung des Betriebs. Es umfaßte die Unternehmensgruppe Holder mit ihren beiden Fabrikationsstätten in Metzingen und Grunbach sowie die Carl Platz GmbH, Frankenthal. Nach langwierigen Verhandlungen einigten sich Gläubiger und Eigner auf eine Fortführung der Firma Gebr. Holder in beschränktem Umfange allerdings. Verkauft wurde das Werk Frankenthal, geschlossen die Fabrikationsstätte Grunbach, fortgeführt dagegen das Werk Metzingen. Mit knapp über 500 Mitarbeitern setzt Holder hier ganz auf den Ausbau der Sparten Umwelt- und Pflanzenschutztechnik sowie Kommunalschlepper und Landwirtschaftstraktoren. Daß man die in der Konzentration der Kräfte liegenden Chancen zu nutzen gewillt ist, dokumentierte Holder unter anderem im Herbst 1986 mit der Neuvorstellung der Knickschlepper-Modelle A 62 (50 PS) und A 65 Turbo (59 PS), mit denen das Unternehmen am allgemeinen Trend zu leistungsstärkeren Zugmaschinen teilzuhaben beabsichtigt.

Holder-Traktoren (Auswahl)

Typ/Bezeichnung	Baujahr	Motorleistung PS	Zylinder	Takt	Gänge	Gewicht kg
Kleintraktor	1932	6	1	2	–	–
NHT	1938	7	1	2	3/1	–
EHG	1943	–	1	–	–	–
B 10	1952	10	1	2	4/1	610
Cultitrac A 10	1954	10	1	2	4/2	–
Cultitrac A 12	1958	12	1	2	6/3	690
Cultitrac A 21 S	1962	20	2	4	8/4	1050
Cultitrac AM 2	1966	20	2	4	6/3	820
Cultitrac AG 3	1966	30	3	4	6/3	1010
Cultitrac AG 35	1968	30	3	4	8/4	1240
Cultitrac A 18	1977	16	1	4	6/3	610
Cultitrac A 30	1977	28	2	4	6/3	995
Cultitrac A 55	1977	42	3	4	8/4	1410
Cultitrac A 60	1981	50	3	4	12/4	1700
A 28	1986	28	2	4	6/3	945
A 50	1986	50	3	4	8/4	1455
A 65	1986	59	3	4	12/4	1760

Hürlimann

Hürlimann Traktoren AG, CH-9500 Wil

Vor und nach dem Zweiten Weltkrieg besaß die Schweiz eine im Vergleich zur Landesgröße ansehnliche Traktorenindustrie. Zu ihren Kennzeichen zählten der Kleinserienbau, die Vorliebe für mittlere bis schwere Typen, die Vorherrschaft des Benzin- oder Petrolmotors sowie das uneingeschränkte Bekenntnis zur Qualität.

Alle diese Charakteristika führten nun dazu, daß um 1950 immer wieder von süddeutschen Bauern versucht wurde, Schweizer Traktoren nach Deutschland zu holen. Doch noch fehlte die Liberalisierung des Außenhandels, und kaum weniger hoch war das durch den Preis der Schweizer Zugmaschinen errichtete Hindernis. Das hohe Schweizer Lohnniveau hatte entsprechend hohe Traktorenpreise zur Folge, weshalb Fahrzeuge der Hersteller Bührer, Hürlimann, Saurer und Vevey, um nur einige wenige zu nennen, in Deutschland selten blieben.

Um so bemerkenswerter ist es, daß es doch einer Schweizer Traktorenfabrik gelang, unter die ersten zwanzig der deutschen Zulassungsstatistik vorzustoßen: Gemeint ist der älteste und zugleich größte Schweizer Traktorenhersteller, die im St. Galler Wil ansässige Firma Hürlimann. Seit 1982 ist sie aus der Anonymität der »Sonstigen« der Zulassungsstatistik herausgetreten und rangiert seitdem auf den Plätzen 18 bis 20. Dies stellt angesichts des hartumkämpften deutschen Traktorenmarktes einen beachtlichen Erfolg des Schweizer Herstellers dar, der einen kurzen firmengeschichtlichen Rückblick sinnvoll werden läßt.

Den ersten Schlepper baute der zum Mechaniker ausgebildete Bauernsohn Hans Hürlimann bereits 1929. Es handelte sich um einen von einem 1-Zyl.-Benzinmotor des Motorenbauers Bernard angetriebe-

nen zweiachsigen Motormäher, dessen auf der linken Seite des Traktorengehäuses angebrachter Mähbalken sich als äußerst gelungen erwies. Doch noch befand sich Hürlimann auf der Suche nach dem brauchbaren Traktorenkonzept. Zahlreiche Modelle mit unterschiedlichen Motoren belegen die während der frühen dreißiger Jahre handwerklich betriebene Herstellung von Traktoren, bei der immer nur wenige Fahrzeuge eine Serie ausmachten. Der Trend indes war eindeutig. Hans Hürlimann setzte auf stärkere Leistung und erhöhte die Wendigkeit der Fahrzeuge. Um unabhängig von den Zulieferern zu werden, baute er zudem Mitte der dreißiger Jahre einen eigenen Motorenbau auf. Dies versetzte ihn ab 1936 in die Lage, die eigenen Traktoren mit selbstgebauten Motoren auszurüsten. Zunächst dominierten dabei Benzinmotoren, 1939 aber rüstete Hürlimann seine Traktoren auch mit Eigenbau-Dieselmotoren aus. Doch nicht nur Motoren und Fahrzeugen galt des Firmenchefs Aufmerksamkeit.

1941 konstruierte er mit der »Motoregge« ein bemerkenswertes Gerät, das Pflügen und Eggen in einem Arbeitsgang zusammenfaßte und tatsächlich einige Zeit lang als besonderer Rationalisierungsfortschritt eingeschätzt wurde.

Interesse verdiente unter anderem das Hürlimann-Traktorenprogramm des Jahres 1951. Allgemein wurde den Fahrzeugen Formschönheit nachgesagt, die jedoch weder Robustheit noch Funktionalität beeinträchtigte. Zwischen 32 und 60 PS leisteten sie, die mit Eigenbaumotoren, -getrieben und -kupplungen ein besonderes Glanzstück des Schweizer Traktorenbaus präsentierten. Gefertigt wurden die Fahrzeuge in einer mehrfach vergrößerten Werksanlage, in der 1954, im Jahr des 25jährigen Bestehens des Unternehmens, rund 200 Beschäftigte Arbeit fanden.

Den offiziellen Gang nach Deutschland wagte Hürlimann im Jahre 1962. Zuvor schon hatte man auf anderen Exportmärkten, so vor allem in Frankreich, einschlägige Erfahrungen gesammelt, doch nun wollte man auch in Deutschland um Käufer für die in der Schweiz seit Jahren bewährten Typen D 90 (45 PS) und D 120 (65 PS) werben. Dazu beschickte das Unternehmen mit einem vorzeigbaren Stand die Münchener DLG-Ausstellung, doch über Nacht war ein leistungsfähiges Verkaufs- und Servicenetz nicht aufzubauen. So hielten sich die Verkaufserfolge von Hürlimann, dessen in Deutschland angebotene Produktpalette 1975 Modelle mit Leistungsstärken zwischen 55 und 100 PS umfaßte, in engen Grenzen.

Ein Sprung nach vorn glückte Hürlimann in Deutschland 1981/82, kurz nach der Feier des 50jährigen Bestehens. Das inzwischen mit dem italienischen Hersteller Same kooperierende Familienunternehmen konnte einige guteingeführte Händler hinzugewinnen, was binnen eines Jahres zu einem Anstieg der Traktorenneuzulassungen von 151 auf 218 Einheiten führte. Damit hatte man bei den Stückzahlen prozentual die höchste Zuwachsrate erreicht, eine Zunahme, die sich bislang jedoch nicht wiederholen ließ. Damals wie heute wird bei Hürlimann ein acht Traktortypen mit Leistungen zwischen 62 und 200 PS umfassendes Programm gebaut. Die Fahrzeuge repräsentieren moderne Traktorentechnik, die einen unter Last zuschaltbaren Allradantrieb ebenso einschließt wie einen 40-km/h-Schnellauf oder eine hydrodynamische Turbokupplung, hydrostatische Lenkung, elektrohydraulische Hubwerksregelung und vieles mehr. Als solide gelten zudem die Hürlimann-Motoren, deren niedrige Umdrehungszahlen bei gleichzeitig hohem Drehmomentverlauf einen guten Einsatz auf Straße und Feld erlauben.

Typ/Bezeichnung	Baujahr	Motorleistung PS	Zylinder	Takt	Gänge	Gewicht kg
1 K 10	1929	10	1	4	3/1	–
2 M 20	1934	20	2	4	3/1	1480
H 12	1951	32	4	4	5/1	1470
D 600	1951	65	4	4	5/1	3850
D 90	1962	45	4	4	10/2	1590
D 120	1962	65	4	4	10/2	2225
D 115	1975	55	4	4	10/2	2370
D 180	1975	77	4	4	10/2	3040
D 550	1975	100	4	4	12/4	–
H 468	1986	70	4	4	15/15	2820
H 478	1986	80	4	4	15/15	3050
H 5116 Turbo	1986	110	5	4	24/12	4400
H 6136	1986	130	6	4	24/12	5260
H 6200 A Turbo	1986	200	6	4	12/4	8200

Hummel

Ing. Ludwig Hummel –
Maschinenfabrik und Eisengießerei,
7843 Heitersheim

Zu den Unternehmen, die in der Aufbruchstimmung der Nachkriegs-Motorisierungswelle in den Traktorenbau einstiegen, gehört die Firma A. Hummel Söhne, die Vorgängerin der Maschinenfabrik und Eisengießerei Ing. Ludwig Hummel. Die schon seit 1907 im Oberbadischen bestehende Landmaschinenfabrik hatte zuvor in großer Zahl nach eigenen Patenten Pumpen, Rübenschneider und Universalmühlen hergestellt, ehe kurz nach Kriegsende erste Überlegungen angestellt wurden, wie ein landwirtschaftliches Klein-Motorfahrzeug beschaffen sein müßte, um bei den Bauern der Umgebung gute Aufnahme zu finden. Das Ergebnis der Planungen führte zu einem leichten Universal-Motorgerät, wie es insbesondere von den vielen Parzellenbauern Südwestdeutschlands gut eingesetzt werden konnte. Ob als Mäher

oder Pflug, das Hummel-Universalgerät konnte im Acker leicht bis zu zwei Pferde ersetzen.
Einen Schritt weiter hin zum Vierrad-Traktor vollzog A. Hummel Söhne 1950. In diesem Jahr verbesserte man nicht nur das Universalgerät zum Einachsschlepper, man begann vielmehr auch mit Versuchen, eine zum Einachsfahrzeug passende, angetriebene Schleppachse zu konstruieren. Sollte dieses eigenwillige Vorhaben gelingen, so hätte Hummel mit bescheidenen Mitteln einen kleinen allradgetriebenen Traktor geschaffen, dessen wesentlicher Vorzug extreme Wendigkeit darstellen würde. Und tatsächlich, 1951 konnte der »Hummel Einachsschlepper mit Schleppachse (DPa)« auf den Markt gebracht werden, ein Allradfahrzeug, das die vielseitigen Einsatzmöglichkeiten des Einachsschleppers mit den Vorzügen des Vierradtraktors verband. Ob mit Anbauwechselpflug, Frontmähwerk, Ladepritsche oder Anhänger, der Hummel-Diesel-Kleinschlepper bot

eine respektable Leistung und munterte das Herstellerwerk auf, den eingeschlagenen Weg zum Bau eines richtigen Vierradtraktors konsequent weiterzuverfolgen.
Mit dem 1954 in Serie gegangenen DT 54 schaffte A. Hummel Söhne endgültig den Sprung in den Kreis der Traktorenhersteller. In einer einfachen Blockkonstruktion hatte man den von Fichtel & Sachs gelieferten wassergekühlten, von Holder konstruierten 1-Zyl.-2-Takt-Dieselmotor, Kupplung und ein über sechs Vorwärts- und zwei Rückwärtsgänge verfügendes Eigenbaugetriebe zusammengeschraubt. Zwei vorne und hinten angeordnete gangunabhängige Zapfwellen kamen dem Anbau von leichten Arbeitsmaschinen, wie sie insbesondere im Obst- und Weinbau eingesetzt werden, sehr entgegen. In der Tat zielte Hummel mit seinen Fahrzeugen im besonderen Maße auf die Betriebe von Intensivkulturen als Käufer ab, eine Hoffnung, die sich nur in bescheidenem Umfange erfüllte. Immerhin

konnte Hummel so viele Traktoren verkaufen, daß das Unternehmen in die Lage versetzt wurde, technische Verbesserungen an den Fahrzeugen vorzunehmen. Sie führten zum einen zu einem etwas stärkeren und schwereren Radschlepper (H 12 M) und zum anderen zum Allradtraktor Typ HA 56, der als Kleinschlepper für schwierige Bodenverhältnisse bei unübertroffener Wendigkeit vorgestellt wurde.

A. Hummel Söhne gestattete der Öffentlichkeit 1957, im Jahr des 50jährigen Bestehens, einen Blick in die Werkshallen. Dabei wurde deutlich, wie sehr gerade in diesem Betrieb noch die Handarbeit vor der Maschinenarbeit dominierte. Um so überraschender umfaßte das Hummel-Schlepperprogramm des Jahres 1958 fünf verschiedene Einachs- und drei Zweiachsfahrzeuge! Bei letzteren verdient vor allem der Duplo-Trac Aufmerksamkeit, ein kleiner Allradtraktor, der wahlweise mit 12-PS- oder 20-PS-Motor, mit 8-Gang-Getriebe, Zapfwelle, Hydraulik und Knicksteuerung ausgeliefert wurde und als »Spezialfahrzeug für Weinbau und Plantagen« tatsächlich einige Anerkennung fand.

Anfang der sechziger Jahre firmierte das Unternehmen in Ing. Ludwig Hummel um, setzte jedoch ansonsten die einmal eingeschlagene Produktentwicklung kontinuierlich fort. Im einzelnen führte dies zu interessanten Vierradschleppern mit den Bezeichnungen T 12, T 20, T 27 und T 31 sowie zu immer stärker motorisierten Duplo-Trac-Varianten, schon im Aussehen eigenwilligen Zugmaschinen, deren

Ein landtechnisches Kuriosum: Hummel Einachstraktor mit Schleppachse

Technik ganz auf den Einsatz in Wein-, Hopfen- und Gartenbau sowie Plantagen ausgerichtet war. Anerkannte Landmaschinenfirmen wie etwa Perrot, Lanninger, Platz oder Rau halfen, den Hummel-Traktoren durch passende Anbaugeräte eine eindrucksvolle Einsatzbreite zu verschaffen. Doch was Hummel im einzelnen auch immer unternahm, es änderte nichts an der wesentlich regional beschränkten Bedeutung der Heitersheimer Fahrzeuge. Bei im Jahre 1965 im Bundesgebiet erfolgten 33 und 1966 erfolgten

30 Neuzulassungen konnte von einer gewinnbringenden Fertigung in dem Augenblick jedenfalls keine Rede mehr sein, als andere Unternehmen auch Marktnischen mit rationell gefertigten Serienprodukten zu besetzen begannen. Dies traf in der zweiten Hälfte der sechziger Jahre im Bereich des Spezialtraktorenbaus zu, so daß sich Hummel gezwungen sah, den Traktorenbau, den man in exzellenter handwerklicher Tradition als Krönung der Landwirtschaftstechnik betrachtete, wieder aufzugeben.

Hummel-Traktoren (Auswahl)

Typ/Bezeichnung	Baujahr	Motorleistung PS	Zylinder	Takt	Gänge	Gewicht kg
Universalgerät	1949	7	1	2	3/1	–
DS 52 K	1952	10	1	2	3/1	640
DT 54	1954	10	1	2	6/2	880
H 12 M	1956	12	1	4	6/2	1040
HA 56	1956	10	1	2	6/2	1000
DT 58	1960	12	1	2	6/2	1125
Duplo Trac A 9	1960	12	1	4	6/2	960
Duplo Trac A 20	1962	20	2	4	6/2	1050
T 12	1964	12	1	4	4/2	780
Duplo Trac A 65/30	1965	31	2	4	12/4	–
T 66/31	1966	31	2	4	12/4	990

IH

IH – International Harvester Company GmbH, 4040 Neuss

Wie wenige Unternehmen hat International Harvester (IH) die Geschichte der landwirtschaftlichen Mechanisierung im Laufe der letzten 150 Jahre mitbestimmt. Wer weiß, welche Entwicklung beispielsweise die Getreideernteverfahren genommen hätten, wäre da nicht Cyrus Hall McCormick (1809 – 1884) gewesen, der den Getreidemäher nicht nur zu einer beachtlichen technischen Reife entwickelte, sondern ihn auch in einem bewundernswürdigen »Feldzug« weltweit bekannt machte. In einem regelrechten »Mähmaschinenkrieg«, der Demonstrationen in den USA und in Europa ebenso einschloß wie ausgedehnte Rechtsstreitigkeiten mit Konkurrenten, kämpfte er für seine Erzeugnisse, die noch im Laufe des 19. Jahrhunderts als Flügelableger und Mähbinder zu unverzichtbaren Helfern der getreidebauenden Landwirte geworden waren.

Aber das Unternehmen von Cyrus Hall McCormick, die »McCormick Harvesting Machinery Company«, war nur eine der fünf Gesellschaften, aus denen 1902 die International Harvester Company hervorging. Kaum weniger Renommee besaß die 1861 gegründete und nun ebenfalls ihre Selbständigkeit aufgebende Marsh Harvester Co./Deering Harvester Co., die auch mit Erntemaschinen groß geworden war. Zusammen mit drei weiteren, in Europa weniger bekannten Gründungsfirmen verfügte das neue Unternehmen schon kurz nach der Jahrhundertwende über eine beachtliche Marktmacht in Nordamerika, die es geraten erscheinen ließ, nach neuen Tätigkeitsfeldern Ausschau zu halten. Die Motorisierung der Landwirtschaft bot sich an, nicht zuletzt, weil die verschiedenen Gründungsfirmen teilweise schon Jahre zuvor erste technische Versuche in dieser Richtung unternommen hatten. So ganz unvorbereitet trat IH an die neue Aufgabe also nicht heran.

Da waren zum einen erste, 1889 von der Deering Company begonnene Versuche mit Verbrennungsmotoren. Zwar handelte es sich dabei noch um stationäre Motoren, doch die Montage auf Deering-Arbeitsmaschinen wies bereits den Weg hin zu Motorfahrzeugen. Zum andern hatte E. A. Johnston 1900 für McCormick einen dreirädrigen Motormäher entwickelt, der als Ergebnis mehrjähriger Forschungen an Verbrennungsmotoren galt. In verbesserter Form wurde das Fahrzeug 1906 in Verbindung mit der Ohio Manufacturing Company auf den Markt gebracht, ehe IH 1908 den ersten vollständig selbständig produzierten Schlepper baute.

Die IH-Schlepper vermochten bei den großen nordamerikanischen Traktor-Prüfungen der Vorkriegszeit zu überzeugen. So überrascht es nicht, daß es sich 1910 bei jedem dritten in den Vereinigten Staaten gebauten Traktor entweder um einen »Mogul« oder »Titan«, beides Fabrikate von IH, handelte. Sicher, die Maschinen erinnerten in der Konstruktion noch in vielem an die Dampfschlepper des ausgehenden 19. Jahrhunderts, doch unübersehbar war, daß eine Nachfrage nach schweren landwirtschaftlichen Zugmaschinen bestand, der IH entsprechen wollte. Daß das Unternehmen selbst den Bau von zehn und mehr Tonnen schweren Fahrzeugen nicht als der Weisheit letzten Schluß erachtete, demonstrierte man kurz nach dem Ersten Weltkrieg, als nach dem Bau verschiedener kleiner Typen mit dem Farmall ein bemerkenswerter Wurf gelang. Konstruiert hatten Bert R. Benjamin und seine Mitarbeiter einen Vierradschlepper, der von vorn wie ein Dreiradschlepper aussah, standen die beiden kleinen Fronträder doch ganz dicht beieinander. So konnte das Fahrzeug zwischen den Pflanzenreihen hindurchlaufen, während die hochgestellte Hinterachse über die Pflanzen bis zu ei-

McCormick Farmall mit 25-PS-Dieselmotor

ner Höhe von einem Meter hinwegrollen konnte, ohne diese zu beschädigen. Damit war der Typ des Hack-Schleppers geschaffen, der gut lenkbar auch innerhalb der Felder einsetzbar war.

Hinzu kam, daß der Farmall in besonderer Weise für die Ankopplung landwirtschaftlicher Arbeitsgeräte sowohl unter wie hinter dem Fahrzeug geeignet war. Riemenscheibe, Zughaken und fahrabhängige Zapfwelle – 1918 im IH-Modell 8-16 erstmals auf der Welt (!) serienmäßig in einen Traktor eingebaut – erhöhten die Vielseitigkeit des Farmall weiter. Zunächst taten sich die Farmer mit dem Traktor schwer, zu ungewöhnlich sah das hochbeinig daherkommende Fahrzeug aus. Doch dann sparten sie mit Zuspruch nicht. Am 12. April 1930 bereits lieferte IH den 100 000sten Farmall aus, der sich anschickte, in der Beliebtheit Nachfolger des legendären Fordson zu werden. In der Folge verbesserte IH den Farmall-Traktor mehrfach, so 1932, als das Modell F 12 und 1938, als das Modell F 14 vorgestellt wurde. Daneben wurden in den verschiedenen IH-Traktorenfabriken aber auch Standardtraktoren mit dem herkömmlichen Aussehen gebaut. Ihre Bezeichnung lautete McCormick-Deering, womit an zwei Unternehmensgründer erinnert wurde.

International Harvester hätte den Firmennamen zu Unrecht getragen, wäre eine Fixierung des Geschäfts ausschließlich auf Nordamerika erfolgt. Hier wurde zwar der Schwerpunkt der Aktivitäten gesehen, doch bemerkenswert früh bestand großes Interesse auch am ausländischen Geschehen. In Deutschland beispielsweise findet man McCormick bereits 1863 mit einem Getreidemäher auf der Hamburger Landwirtschaftsschau vertreten, und kein Geringerer als der US-Generalkonsul in Hamburg bemühte sich fortan um den Vertrieb der US-Erntetechnologie in Deutschland. Der Absatz der McCormick-Getreidemäher entwickelte sich dabei zu Beginn des 20. Jahrhunderts so gut, daß IH in Deutschland eine seiner ersten internationalen Niederlassungen gründete. In Neuss am Rhein wurde 1908 eigens eine Gesellschaft dazu gegründet, die zunächst amerikanische Maschinen importierte und verkaufte, um dann 1911 in einer neuerbauten Fabrik die Produktion von Getreidemähern, Pferderechen und Heuwendern aufzunehmen. Von hier oder den großen Verkaufsniederlassungen in Hamburg, Berlin und Breslau aus arrangierte IH auch gelegentliche Präsentationen seiner US-Traktoren, so beispielsweise auf dem 49. Maschinenmarkt 1912 in Breslau. Der Erfolg dieser Bemühungen indes blieb bescheiden.

Erster Weltkrieg und Inflation verzögerten die Entwicklung des Unternehmens, das 1923 immerhin doch schon 2000 Mitarbeiter zählte. Getreidemäher und Mähbinder galten als Domäne von IH, das seltener noch als vor dem Kriege Traktoren aus der US-Fertigung nach Deutschland vermittelte. Dies änderte sich jedoch Mitte der dreißiger Jahre, als einerseits Mitglieder der Reichsregierung der Motorisierung der bäuerlichen Betriebe das Wort zu reden begannen und andererseits für Importe von Schleppern aus dem westlichen Ausland keine Devisen bereitgestellt wurden. Wollte IH nicht ganz von dem zu erwartenden großen Geschäft mit den deutschen Bauern ausgespart bleiben, mußte in Neuss eine eigene Traktorenfertigung aufgebaut werden. Nur war dies auch vor 50 Jahren schon leichter gesagt als getan. So stellte IH 1936 auf der Frankfurter Reichsnährstandsschau noch zwei in Chicago verfertigte Traktoren aus (McCormick Typ 10/20 und Farmall F 12), doch ein Jahr später bereits hatte man es geschafft. Das Unternehmen beteiligte sich an der Vergleichsprüfung »Schlepper für den bäuerlichen Betrieb« mit einem in Deutschland hergestellten Traktor der Farmall-Serie F 12, dem uneingeschränktes Interesse entgegengebracht wurde. Außerdem baute IH eine Verkehrsschlepper-Version, die in vielem dem Deering-Vorbild aus der US-Fertigung entsprach.

IH warb vor und während des Zweiten Weltkriegs für seine Fahrzeuge mit dem Bekenntnis »Deutsches Erzeugnis«. Dies ermöglichte dem Unternehmen die Fortführung der Traktorenfertigung auch nach der Typenbegrenzung durch die nationalsozialistischen Machthaber. Sie gestanden IH den Bau eines Haupttyps mit 15-PS-Motor zu und hielten diesen Beschluß auch aufrecht, als der Geschäftsführer von IH in Neuss, F. W. Trautfest, interniert und schließlich in die USA abgeschoben wurde.

Die Zerstörung des Neusser Werks zu 70 % bei Kriegsende verhinderte eine sofortige Produktionsaufnahme. Aufbauarbeiten besaßen Vorrang, und man war froh, wenigstens einige wenige Maschinen aus noch vorhandenen Ersatzteilen zusammenbauen zu können. Im März 1947 betrug beispielsweise die Zahl der bei IH gebauten Traktoren 13, einen Monat später waren es 16 und im August 1947 gar nur 7. Niedrig fiel auch die Zahl der 1950 insgesamt im Bundesgebiet neuzugelassenen IH-Traktoren aus.

McCormick-Deering der Vorkriegszeit mit 20-PS-Ottomotor

93 Einheiten reichten gerade für den 25. Platz der Zulassungsstatistik aus und entsprachen 0,2 % Marktanteil. Als Hemmschuh besonderer Art erwies sich dabei für IH vor allem das zu lange Festhalten an Vergasermotoren. Das änderte sich erst Ende 1950 mit der Vorstellung des Farmall DF 25, der über einen in Neuss konstruierten, mit einer Wirbel-Vorkammer ausgestatteten 4-Zyl.-Dieselmotor und Direktstartanlage verfügte. Dieser Traktor erfreute sich im In- und Ausland steigender Beliebtheit und hatte wesentlichen Anteil daran, daß die Produktionszahlen von IH von 1500 im Jahre 1951 rasch anstiegen. Doch damit gaben sich die wieder selbstbewußt gewordenen Neusser IH-Repräsentanten noch lange nicht zufrieden. Aus eigener Planung brachten sie 1953 den Farmall Typ DED 3 heraus, zu dessen Kennzeichen ein Eigenbau-3-Zyl.-Reihenmotor, selbsttragende Blockbauweise, eine als Portalachse ausgebildete, pendelnd gelagerte Vorderachse mit Einzelrad-Teleskopfederung und viele andere technische Raffinessen mehr gehörten. Ihm in vielem ähnlich und gleichfalls im kräftigen IH-Rot gehalten waren die 1954 ausgelieferten Traktortypen DLD 2 und DGD 4. Mit diesen drei Modellen deckte IH nun die Leistungsklassen zwischen 14 und 30 PS ab, was ausreichte, um dem Unternehmen 1954 einen Platz unter den ersten zehn in der Zulassungsrangfolge zu sichern. Doch das entwickelte Traktorkonzept gab noch mehr her. 1955 bot IH eine sechs Modelle umfassende Schlepperreihe mit Fahrzeugen zwischen 12 und 50 PS an, die sich eines beachtlichen Zuspruchs erfreuten.

Mit Traktoren wie dem Typ 523 rückte IH Anfang der siebziger Jahre an die Spitze der Neuzulassun...

Mit über 4000 Mitarbeitern zählte das IH-Werk 1955 unbestritten zu den Großen der deutschen Ackerschlepper- und Landmaschinenindustrie. Dabei galt es zunächst einmal, den Rückgang der Getreidemäher- und Mähbinderproduktion aufzufangen, was einerseits dank steigender Absatzzahlen bei Traktoren und andererseits über den Aufbau einer eigenen Mähdrescherfertigung gelang. Positiv wirkte sich ferner aus, daß mit technischen Neuentwicklungen wie dem 1957 vorgestellten, in Neuss konstruierten, sehr fortschrittlichen Agriomatic-Getriebe das Image des Werks als Traktorenhersteller aufgewertet werden konnte. Das

Agriomatic-Getriebe gestattete unter anderem eine Verringerung der Fahrgeschwindigkeit des Fahrzeugs bei voller Zapfwellendrehzahl oder aber einen Wechsel vom Straßengang in den Ackergang, ohne kuppeln zu müssen. Man unterstrich damit bei IH beizeiten die besondere Bedeutung, die dem Getriebe für die Bewertung des Traktors zukommt.

1958 feierte IH das 50jährige Bestehen seines deutschen Werks. Dazu hatte man sich mit der »Parade des Fortschritts in der Landtechnik« etwas Besonderes einfallen lassen, konnte so doch anhand firmeneigener Erzeugnisse demonstriert werden, welche beachtliche Entwicklung

etwa vom Titan-Schlepper bis hin zum modernen IH-Traktor zurückzulegen war. Aber nicht nur Rückschau stand an. Mit den Modellen D 214 und D 217 leitete das Unternehmen vielmehr zu einer neuen, im Schwerpunkt 1962 vorgestellten Traktorenreihe über, die das Ende der Farmall-Serie in Deutschland bedeutete. Nun lautete die Produktbezeichnung McCormick, während die Ziffernkombination Auskunft gab über die Zylinderzahl und die PS-Leistung der Motoren. Wie niedrig damals noch der Leistungsbedarf der Landwirtschaft war, zeigt der stärkste bei IH gebaute Traktor Typ D 439. Es handelte sich um einen Standardtraktor mit sage und schreibe 36/39 PS.

weltweit mehr als 100 000 Mitarbeitern hatte das Unternehmen in 46 Werken bis zu dieser Zeit mehr als 5 Millionen Traktoren gebaut, zu denen IH Deutschland immerhin schon 250 000 beigesteuert hatte. Vorzeigbar waren auch die in Neuss geschaffenen Kapazitäten. Sie ließen eine Jahresproduktion von 23 000 Traktoren in der Endmontage und 75 000 Dieselmotoren zu, die weitgehend an andere Unternehmen des IH-Verbundes geliefert wurden. In Deutschland hatte der IH tragende Aufwind zur Folge, daß man 1972 erstmals die Nummer eins der Zulassungsrangliste werden konnte. Und dies verpflichtete. Ganz wurde nun auf das Markenzeichen »International« gesetzt, auch wurde das Traktorenprogramm in den leistungsstarken Bereich hin ausgebaut, und vor allem bot man mit der »perfect-Reihe«, die auch in Allrad-Version verfügbar war, Mitte der siebziger Jahre eine zusätzliche Attraktion. Die Kennzeichnung »perfect« leitete man übrigens ab von einer als möglichst vollkommen vorgestellten Ausstattung der im mittleren bis höheren Leistungsbereich angesiedelten Traktoren. Sie umfaßte synchronisierte Getriebe, günstige Gewichtsverteilung, Regelhydraulik, 4-Zyl.-Motoren mit Direkteinspritzung, Doppelscheibenbremsen, Umschlagschutzbügel, Sicherheitskabinen u. v. m., alles dargeboten in ansprechend gestylten Fahrzeugen, deren rot-weiße Farbgebung sich bei den Bauern festgesetzt hatte.

Tatsächlich gelang es IH, die einmal erreichte Spitzenposition auf dem deutschen Traktorenmarkt in den folgenden Jahren weiter auszubauen. 1975 belief sich der Marktanteil einmal sogar auf 22,2 %, und bis 1981 blieb es dabei, daß mindestens jeder fünfte in Deutschland neu zugelassene Traktor ein International war. In den Schoß fiel dem Neusser Unternehmen der Erfolg nicht. Mit Können beteiligte sich IH beispielsweise an dem Trend zu stärkeren Fahrzeugen. 6-Zyl.-Motoren mit Direkteinspritzung und Abgas-Turbolader kamen beispielsweise in den Modellen 1046 und 1246 zum Einbau, und selbst vor dem Bau noch größerer Ackerschlepper schreckte IH nun nicht mehr zurück. Aufsehen erregte man 1978 etwa mit dem International 1455, einem 145-PS-Ackergiganten mit gleichgroßen Rädern, der als Flaggschiff einer

Im gleichen Jahr rangiert IH bereits auf dem zweiten Platz der deutschen Zulassungsstatistik. Daneben wurden in beachtlicher Anzahl Motoren und Traktoren ins Ausland verkauft. Um jedoch für ein Vordringen an die Spitze der deutschen Traktorenhersteller gewappnet zu sein, bedurfte es dringend einer Aufstockung der Fahrzeugpalette in den leistungsstärkeren Bereich. 1965 brachte IH mit den Typen 523 und 624 die schon lange erwarteten Traktoren für den gehobenen Zugkraftbedarf heraus, die sowohl über neue Motoren, Regelhydraulik, Vollsynchrongetriebe und einen für die Zeit vor 20 Jahren beachtlichen Fahrkomfort verfügten. Auch das Styling war verändert.

Kantige, klare Formen und ein Hervorheben des Firmenzeichens IH signalisierten, daß das Unternehmen auch optisch auf ein verändertes Image hinarbeitete. Dazu paßte die bis 1969 vorgenommene Komplettierung der McCormick-International-Star-Serie bis hin zum Modell 724, einem leistungsstarken 67-PS-Traktor. Wie ambitioniert IH in jenen Jahren war, erhellt unter anderem eine Beteiligung des Unternehmens am Apollo-Raumfahrtprojekt, von dem man sich doch tatsächlich zukunftweisende Ergebnisse auch für die Konstruktion von Ackerschleppern erhoffte.

IH befand sich um 1970 eindeutig auf einer internationalen Erfolgsschiene. Mit

elf Grundtypen umfassenden Traktoren-reihe gesehen wurde.

Doch so gut die Entwicklung für IH in Deutschland auch verlief, ein international operierender Konzern bietet an vielen Stellen offene Flanken. Eine solche tat sich am 1. September 1979 auf, als 35 000 Beschäftigte der nordamerikanischen IH in den Streik traten. Daß es sich dabei nicht um einen gewöhnlichen Arbeitskampf handelte, merkte die Werksleitung bald. Er brachte vielmehr bis Ende April 1980 einen Produktionsausfall und einen ungefähren Verlust von etwa einer halben Milliarde Dollar! Davon blieb auch das deutsche IH-Werk nicht unberührt. Als Zulieferer hatte man zuvor Motoren in großer Zahl in die USA geliefert, Exporte, die nun fortfielen. Tatsächlich leitete der große Automobilarbeiterstreik bei IH den sich über die erste Hälfte der achtziger Jahre hinwegziehenden Niedergang des gesamten Konzerns ein, dem sich die deutsche Tochter zwar mit aller Kraft widersetzte, allein verhindern konnte sie ihn

auch nicht. Dessenungeachtet zählt es zu den herausragenden Leistungen dieses Jahrzehnts, wie es dem Neusser Management gelang, das deutsche IH-Tochterunternehmen voll auf dem Markt zu halten, Produktinnovation zu betreiben und als gute Partie für jeden Aufkäufer zu erscheinen. Denn der Ruf des Unternehmens bei den Bauern hatte allen internationalen Turbulenzen zum Trotz kaum gelitten. Neue Schlepperreihen wie etwa die XL-Serie kamen gut an und boten hochwertige Motoren-, Getriebe- und Ausrüstungstechnik. Einiges zugute hielt sich IH Deutschland auch auf die neu entwickelten »Controllcenter-Kabinen«, die schon einen beachtlichen Bedienungskomfort boten. Traktoren in der 40-km/h-Version fehlten ebensowenig wie eine weiterverbesserte vollhydraulische Hubwerkregelung, für die die wohlklingende Bezeichnung »sens-o-draulic« eingeführt wurde.

1983, im 75. Jahr des Bestehens, konnte IH Deutschland auf eine eindrucksvolle

Erfolgsbilanz zurückblicken. Mehr als 1,2 Millionen Dieselmotoren und über 650 000 Traktoren hatte man während dieser Zeit gefertigt. Die Produkte des Unternehmens spiegeln die technische Entwicklung während des letzten Dreivierteljahrhunderts wider, auf die man mehrfach nachhaltig Einfluß nehmen konnte. So wundert es nicht, daß der US-Mischkonzern Tenneco nach der Übernahme der Landmaschinensparte von IH 1983 auch von der Option auf die deutsche IH-Tochter Gebrauch machte. 1985 erwarb Tenneco IH Deutschland, um das Unternehmen seitdem in seine weltweit neugeordneten Landmaschinen-Aktivitäten einzugliedern. Konsequenzen waren also naheliegend. Sie führten unter anderem dazu, daß es seit dem 1. März 1986 die International Harvester Company mbH in Neuss am Rhein nicht mehr gibt. Seitdem firmiert das Unternehmen als J. I. Case, so daß vor allem der Produktname »Case-IH« noch an die 78 Jahre deutscher IH-Geschichte erinnert!

International-Harvester-Traktoren (Auswahl)

Typ/Bezeichnung	Baujahr	Motorleistung PS	Zylinder	Takt	Gänge	Gewicht kg
F 12 G Acker	1940	20	4	4	3/1	1700
FG	1949	20	4	4	4/1	1830
DF 25	1951	25	4	4	4/1	1750
DED 3	1953	20	3	4	5/1	1300
DLD 2	1954	14	2	4	5/1	975
DGD 4	1954	30	4	4	5/1	1370
Farmall D 212	1956	12	2	4	6/1	1100
Farmall D 320	1956	20	3	4	6/1	1300
Farmall D 430	1956	30	4	4	8/2	1400
523	1965	52	3	4	8/4	2440
624	1965	61	4	4	8/4	2475
D 214	1958	14	2	4	6/1	1050
D 219	1958	17	2	4	6/1	1100
724	1969	72	4	4	8/4	2630
383	1975	35	3	4	8/2	2033
554	1975	54	4	4	8/4	2870
1046	1975	100	6	4	12/5	3950
1455 A	1978	145	6	4	12/5	5640
733	1980	60	4	4	8/4	2600
743 XL	1983	67	4	4	16/8	3260
955 XL	1983	90	6	4	16/8	4210
1255 XL A	1983	145	6	4	20/9	5980
433	1985	35	3	4	8/4	2355
844 XL	1985	80	4	4	16/8	3660
1056 XL	1985	105	6	4	16/8	4750

Kämper

Heinrich Kämper Motorenfabrik AG, 1000 Berlin-Marienfelde

Die 1901 von Heinrich Kämper gegründete Motorenfabrik gehört zu den Pionier-Unternehmen der deutschen Ackerschlepperindustrie, obschon komplette Zugmaschinen in nennenswerter Anzahl im Werk nie gebaut wurden. Eigenen Angaben zufolge begann Kämper aber bereits 1907 mit der Konstruktion von Sondermotoren für Kraftpflüge und Traktoren, die vor dem Ersten Weltkrieg bereits an renommierte Hersteller wie Lanz, Pöhl und WD geliefert wurden, ehe diese zum Bau eigener Motoren übergingen. Auch an die in Budapest produzierende Firma Ganz & Co. lieferte man für deren Mechwart-Fräsen Motoren. Kämper-Motoren konnten also schon frühzeitig für sich in Anspruch nehmen, international anerkannt zu sein.

Nach dem Weltkrieg fand Kämper als neue Abnehmer unter anderem die Motorpflughersteller E. C. Flader aus Jöhstadt (Sachsen) und Toro aus Braunschweig, die Raupenschlepperfirmen MTW und Linke-Hofmann sowie die Siemens-Schuckert-Werke für ihre Motorfräsen. Geliefert wurden bis gegen Ende der zwanziger Jahre durchweg großvolumige, mehrzylindrige Vergasermotoren, die »einfach im Aufbau, unempfindlich in der Bedienung und leicht verständlich in ihrer Wirkungsweise« waren. Sie sollten damit »dem außerordentlichen rauhen Betrieb in der Landwirtschaft« und dem noch nicht an Motorarbeit gewöhnten Bedienungspersonal entgegenkommen.

Der von Kämper bei der Herstellung von Vergasermotoren für die Zeit erreichte hohe technische Standard brachte es mit sich, daß man zögernder als einige Konkurrenzfirmen zum Bau von Dieselmotoren überging. Dies erwies sich letztlich als Nachteil, da nun mit Ausnahme von Ritscher die meisten Kunden aus der Landmaschinenindustrie verlorengingen, weil sie entweder den Zugmaschinenbau aufgaben oder aber eigene Motoren herstellten, während neue Abnehmer nicht hinzugewonnen werden konnte. Nicht zuletzt deshalb entwickelte Kämper Ende der zwanziger Jahre »Ölmotoren«, wohinter sich nichts anderes als Dieselmotoren verbergen. »Das dringende Verlangen der Landwirtschaft nach Verwendung preiswerter Schweröle« hatte für die Konstruktion von 2-Zyl.-Dieselmotoren den Ausschlag gegeben, die bei 800 U/M 24 PS leisteten. Angedreht wurden die Maschinen ohne Zündpatronen von Hand. Sie galten als zuverlässig und störungsfrei und ermöglichten im Vergleich zum gleichstarken Kämper-Vergasermotor eine nicht unbeträchtliche Betriebsersparnis. Die Erfahrungen mit dem Motor veranlaßten Kämper um 1930, einen ähnlich aufgebauten 4-Zyl.-Dieselmotor zu entwickeln, der – auf 50 bis 60 PS Leistung ausgerichtet – nun schon über eine elektrische Anlasservorrichtung verfügte.

Daß sich die Stellung von Kämper als Ausrüster landwirtschaftlicher Zugmaschinen im Laufe der dreißiger Jahre verschlechterte, läßt die Typentafel der im Jahre 1940 gebauten Traktoren erkennen. Nur noch Ritscher mit seinem kleinen Dreiradtraktor war aus der einst stolzen Kundenliste übriggeblieben, was indes nicht hieß, daß einzelne Hersteller nicht doch immer wieder für die eine oder andere neu ins Programm aufgenommene Traktorentype zumindest am Anfang auf Kämper-Motoren zurückgriffen. Im großen und ganzen aber beherrschten andere Motoren wie vor allem Deutz und MWM das Feld.

Der Zusammenbruch nach dem Zweiten Weltkrieg bedeutete für Kämper, obschon im Westsektor der Stadt gelegen, zunächst das Ende jeglicher Produktion. Doch was lag näher, als nach ersten Aufräumungsarbeiten wieder mit der Fertigung bewährter Vorkriegsmodelle zu beginnen? Konkret hieß dies, daß die beiden Dieselmotoren Typ 50 mit 12/14 PS und Typ 4 DH 10 gebaut wurden. Letzterer fand vor allem in den allerdings nur in kleinen Stückzahlen gebauten Famo-Raupenschleppern Verwendung. Neben der Motorenfertigung beabsichtigte Kämper ferner, Dieselschlepper in eigener Regie herzustellen. Ein 14-PS-Modell befand sich in Planung, am weitesten gediehen jedoch war ein 24-PS-Kämper-Dieseltraktor, der alles andere als ein Konfektionsschlepper geworden wäre. Den 1-Zyl.-Dieselmotor beabsichtigte das Berliner Unternehmen ebenso aus eigener Fabrikation beizusteuern wie das 4-Gang-Getriebe. Pendelnd aufgehängte Vorderachse und eine beachtliche Bodenfreiheit von 350 mm waren ebenfalls vorgesehen. Doch zu viel mehr als zum Bau einiger weniger Prototypen ist es vermutlich nicht gekommen. Kämper blieb Motorenbau-Unternehmen, ehe man sich Anfang der sechziger Jahre, inzwischen Tochterunternehmen der International Basic-Economic Corp., Genf, und der Duisburger Demag AG dem Maschinenbau zuwandte.

Kämper-Traktoren (Auswahl)

Typ/Bezeichnung	Baujahr	Motorleistung PS	Zylinder	Takt	Gänge	Gewicht kg
Kämper-Diesel (geplant)	1950	24	1	4	4/1	1650

Kelkel

Kelkel-Fahrzeugbau, 7146 Tamm bei Ludwigsburg

Am Fuße des Hohenasperg, jenes berühmt-berüchtigten württembergischen Gefängnisberges, auf dem einst Friedrich Schiller einsaß, haben sich 1937 die Gebrüder Kelkel mit einem Fahrzeugbau-Unternehmen selbständig gemacht. Über den Zweiten Weltkrieg hinweg hatte das Geschäft Bestand, doch 1948 kam es zu firmenrechtlichen Änderungen. Denn was gemeinhin übersehen wird, ist für dieses Jahr im benachbarten Tamm belegt. Während die Firma Kelkel in Asperg verschwindet, tauchen unmittelbar darauf in Tamm die Firmen Gottfried Kelkel, Fahrzeugfabrik, und Josef Kelkel, Fahrzeugbau, auf. Beide Unternehmen engagierten sich im Anhängerbau, mit welchem sich die Gebrüder Kelkel zuvor in der Umgebung einen durchaus anerkannten Namen verschaffen konnten.

Und beide, Josef wie Gottfried Kelkel, beließen es nicht bei der Herstellung von Fahrzeuganhängern. Zugmaschinen wollten und konnten sie – wie bald schon demonstriert wurde – bauen. Josef Kelkel, der für seine Firma in Werbeschriften in Anspruch nahm, über eine 25jährige Erfahrung im Fahrzeugbau zu verfügen, setzte dabei auf einen 15-PS-Dieselschlepper »JK 15«, den man doch tatsächlich 14 lange Jahre erprobt haben wollte! Immerhin war das Fahrgestell in Blockbauweise gehalten, motorisiert mit einem wassergekühlten MWM-4-Takt-Dieselmotor und angetrieben über ein ZF-Getriebe mit vier bzw. wahlweise sogar acht Gängen. Aus Kelkelscher Eigenfabrikation – so Firmenmitteilungen – stammten die Hinterachse und die auf die Hinterräder wirkende mechanische Einzelrad-Patent-Lenkbremse. Bei den Aufbauten fielen hochgezogene Seitenwände auf, die dem Fahrer Schutz gegen Wind und Wetter bieten sollten. Nicht alltäglich sah ferner die Konstruktion der Hinterrad-Kotflügel aus. Kelkel hatte sie so massiv gestaltet, daß sie unfallsicher

für vier Personen Platz boten! Vorgestellt wurde der JK 15 auf der Frankfurter DLG-Ausstellung 1950. Doch ein Jahr später bereits teilte der Hersteller mit, daß man den Schlepperbau zukünftig nicht forcieren würde. Damit war der Ausstieg aus dem Traktorengeschäft eingeleitet, in dem man mit der zu fertigenden Kleinstserie auf Dauer ohnehin keine Chancen hatte. Sinnvollerweise verstärkte Josef Kelkel noch einmal den Anhängerbau, wo vor allem mit verschiedenen Drei-Seiten-Kippanhängern ein einträgliches Geschäft zu machen war.

Stärker als Josef Kelkel engagierte sich das Unternehmen von Gottfried Kelkel in der Traktorenherstellung. Der über einen 24-PS-MWM-Dieselmotor verfügende Acker-Straßen-Schlepper »K 22« verkaufte sich im nördlichen Baden-Württemberg recht ordentlich. Vereinzelt befinden sich diese Fahrzeuge jedenfalls auch heute noch im Einsatz, obschon es für Kelkel nie zu einer Aufnahme in die Rangliste der zwanzig meistzugelasse-

Kelkel-Schlepper, 15 PS, mit Kelkel-Allzweck-Triebachs-Anhänger

nen landwirtschaftlichen Zugmaschinenfabrikate reichte. Immerhin handelte es sich bei dem Typ K 22 um einen durchaus vorzeigbaren Konfektionsschlepper mit bewährtem wassergekühltem Motor und ZF-Getriebe. Das Fahrzeug fiel im wesentlichen auf durch die beachtliche Bodenfreiheit von 350 mm und die pendelnd aufgehängte Vorderachse. Dadurch war es dem Kelkel-Schlepper möglich, sich unebenem Gelände einigermaßen zufriedenstellend anzupassen.

Die größte Resonanz in der Öffentlichkeit erzielte Gottfried Kelkel allerdings nicht mit seinen Traktoren. Aufsehen erregte vielmehr 1951 in Hamburg der den DLG-Besuchern auf dem Allgaier-Stand gezeigte Kelkel-Triebachs-Anhänger. Angetrieben durch die fahrabhängige Zapfwelle, erhöhte er die Zugkraft des Schleppergespanns beträchtlich. »Das ist der Vierrad-Antrieb, den Sie suchen«, warb Gottfried Kelkel, und zunächst hatte es den Anschein, als ob der Triebachsanhänger-

Idee Erfolg beschieden sei. Doch Probleme gab es zur Genüge! So mußte der Triebachsanhänger jeweils durch ein besonderes Getriebe den unterschiedlichen Reifendurchmessern von Schlepper und Anhänger angepaßt werden. Viele Varianten waren erforderlich, woran die Fertigung scheiterte. Mit dem Niedergang des Triebachsanhängers aber verschwand Mitte der fünfziger Jahre auch das Unternehmen von Gottfried Kelkel aus dem Traktorengeschäft.

Kelkel-Traktoren (Auswahl)

Typ/Bezeichnung	Baujahr	Motorleistung PS	Zylinder	Takt	Gänge	Gewicht kg
JK 15	1950	15	1	4	8/2	1300
K 22	1951	24	2	4	4/1	1760

Klauder

Wilhelm Klauder, Fahrzeugbau, 8994 Mariathann

An Selbstbewußtsein fehlte es dem Allgäuer Unternehmen nicht, als es Ende 1949 seinem, wie es im Prospekt hieß, »lang gesuchten« 12-PS-Bauernschlepper den wohlklingenden Namen Büffel gab. Assoziationen von Stärke und Zugkraft sollten geweckt werden, was jedoch bei allem Zutrauen zu dem eingebauten Hatz-1-Zyl.-2-Takt-Dieselmotor recht hoch gegriffen schien. Eher zuzustimmen war Klauder bei anderen, zur Kennzeichnung seiner Traktoren verwendeten Attri-

buten wie Einfachheit und Stabilität. Dafür bürgten neben dem Hatz-Motor das von ZF gelieferte Getriebe und die solide, in jeder Beziehung konventionelle Konstruktion. Ackerschiene, Kotflügel, Beifahrersitz und Riemenscheibe gehörten serienmäßig zum Fahrzeug, während elektrische Ausrüstung, Vorglüheinrichtung, Mähwerk und Motorverkleidung nur gegen Aufpreis geliefert wurden. Positiv aufgenommen wurden die Bodenfreiheit von 310 mm und die Spurweite von 1270 mm, die einen auf Feld und Straße gleichermaßen guten Einsatz des »Büffel« erlaubten.

Die Anzahl der insgesamt gebauten Klauder-»Büffel« ist sehr gering geblieben. Bereits 1952 sucht man vergeblich nach Hinweisen auf den Schlepper, der gleichwohl in den zwanziger und dreißiger Jahren einige wenige Vorläufer besaß. Die 1923/24 und 1936 von Klauder unternommenen Versuche, im Traktorenbau Fuß zu fassen, waren jedoch ohne größere Resonanz geblieben und wurden eingestellt, als die Politik die Typenvielfalt beschränkte. Dies verwundert nicht, besaßen die Klauder-Schlepper doch mit Ausnahme von Bezeichnung und Markenzeichen kaum Originalität.

Klauder-Traktor (Auswahl)

Typ/Bezeichnung	Baujahr	Motorleistung PS	Zylinder	Takt	Gänge	Gewicht kg
Büffel A1W	1949	12	1	2	4/1	1050

Klöckner-Humboldt-Deutz

Klöckner-Humboldt-Deutz AG, 5000 Köln

Kein Traktorenhersteller hat in der Geschichte der Bundesrepublik Deutschland so oft bei den Neuzulassungen Platz 1 eingenommen wie die in Köln beheimatete Klöckner-Humboldt-Deutz AG. Stets gehörte man zu den ersten drei der Rangliste und markierte im Laufe der inzwischen 80 Jahre umfassenden Tradition als Hersteller landwirtschaftlicher Zugmaschinen etliche Fixpunkte, die in der deutschen Traktorengeschichte auch zukünftig Bestand haben werden. Dies gilt zum Beispiel für den Zulassungsrekord, den KHD, so die allgemein gebräuchliche Abkürzung des Herstellernamens, im Jahre 1966 mit 17 509 Traktoren aufstellte. Kaum weniger imponierend ist aber auch der Abstand, den man damals zum zweitbestverkauften Fabrikat besaß: Auf rund 7500 Traktoren belief sich die Differenz, eine Zahl, die höher liegt als die in jüngerer Zeit selbst von den Marktführern zu erzielenden Neuzulassungen pro Jahr! Bemerkenswert ist aber auch, daß Deutz-Traktoren seit 1950 im deutschen Markt stets mit Anteilen oberhalb 12 % vertreten sind. Zum einen drückt sich darin eine beeindruckende Fähigkeit des Herstellerwerks aus, über Jahrzehnte hinweg technisch hochwertige Fahrzeuge zu akzeptablen Preisen anzubieten, und zum andern läßt dies auf eine feste Verwurzelung des Kölner Maschinenbauunternehmens in der Landwirtschaft schließen. An der Feststellung, daß »die grünen Schlepper vom Rhein«, die lange unter dem Markennamen »Deutz« und seit einigen Jahren als »Deutz-Fahr« vertrieben werden, aus dem Bild der westdeutschen Landwirtschaft nicht wegzudenken sind, gibt es jedenfalls kaum etwas zu deuteln.

Daß KHD seine landwirtschaftlichen Zugmaschinen aber keineswegs nur für Deutschland produziert, liegt auf der Hand. Seit Jahrzehnten schon werden

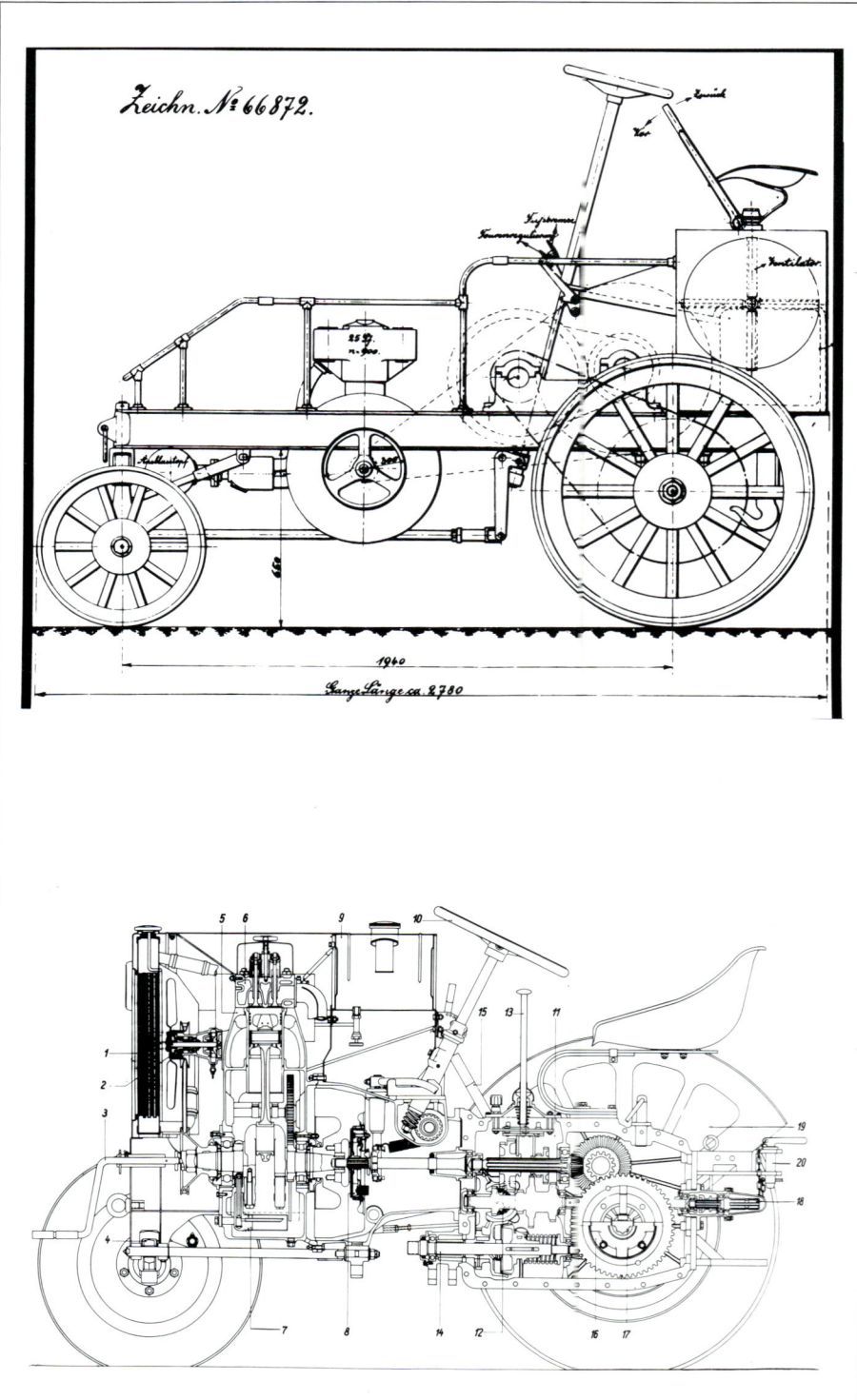

Deutz-Traktoren weltweit angeboten, wofür man unter anderem in mehr als 30 Ländern der Erde nationale Vertriebs- und Servicegesellschaften unterhält. Auch hat es immer wieder Lizenzfertigungen im Ausland gegeben, die allerdings – wie das Beispiel von Deutz-Argentina zeigt – alles andere als risikolos sind. Am nachhaltigsten hat KHD seine internationalen Ambitionen am Landmaschinenmarkt erst 1985 durch die Übernahme der Landtechniksparte des US-Unternehmens Allis-Chalmers bekundet. Schlagartig baute Deutz-Allis, so die neue Bezeichnung der US-Landmaschinentochter von KHD, mit diesem Coup sein Vertriebsnetz auf dem größten Landmaschinenmarkt der westlichen Welt von zuvor etwa 300 auf nunmehr 1400 Händler aus, was Chancen eröffnet, ist erst die schwere Krise der nordamerikanischen Landwirtschaft einmal überwunden. Doch auch so ist KHD mit diesem Aufkauf der Sprung unter die absolut Größten der Traktorenindustrie gelungen!

Die Entscheidung von KHD für den Ausbau der Landmaschinenaktivitäten ist wesentlich vor dem Hintergrund der einzigartigen Tradition des Unternehmens in diesem Markt zu sehen. Schon Nikolaus August Otto (1832–1891), dieser geniale Motorenkonstrukteur und Vater des Viertakters, zielte mit seinen ersten stationären Maschinen auf die Landwirte als Kunden ab. An dieser Absicht hielt er auch dann fest, als sich nicht alle Hoffnungen sofort verwirklichen ließen. Vielmehr trat man immer wieder auf den großen land-

Stationen der Deutz-Traktorengeschichte 1907 – 1936

Vom Stahlschlepper baute Deutz vor dem 2. Weltkrieg rund 12000 Stück

wirtschaftlichen Ausstellungen mit technisch interessanten Konstruktionen in Erscheinung, die Stück um Stück das Interesse der Bauern für die Motorisierung steigerten. Zu nennen sind hier unter anderem der Petroleum-Motor des Jahres 1894, der anläßlich der achten DLG-Wanderausstellung mit einem ersten Preis ausgezeichnet wurde. Sechs Jahre später gab es die gleiche Prämierung in Harburg für eine Spirituslokomobile, ehe es sich die DLG zwei Jahre später vorbehielt, der Gasmotorenfabrik Deutz gleichfalls für eine Spirituslokomobile den »Ehrenpreis Seiner Majestät des Kaisers« zu verleihen. Damit fanden die von Deutz unternommenen vielfältigen Anstrengungen, den Landwirten zu einer von selbsterzeugten Treibstoffen angetriebenen Maschine zu verhelfen, Anerkennung, ohne daß sich diese Technik allerdings auf Dauer durchzusetzen vermochte.

Erfolgreicher und in der Krafterzeugung effizienter waren dagegen die Benzinmotoren. Deutz lieferte sie bereits vor der Jahrhundertwende in größerer Zahl, sowohl als Stationärmotoren wie auch eingebaut in Lokomobilen, an die Landwirtschaft aus, ohne daß zunächst versucht wurde, einen Selbstfahrer oder gar eine motorisierte Zugmaschine zu konstruieren. Dafür, so vermutete das Unternehmen, gebe es in Deutschland, anders als in den USA, keinen Bedarf. Dort nämlich hatte die US-Tochter der Gasmotorenfa-

brik Deutz, Otto Gas Engine Works, schon 1894 mit der Herstellung schwerer Zugmaschinen begonnen, bei denen allerdings das Gewicht-Leistungs-Verhältnis nie einer befriedigenden Lösung zugeführt werden konnte. In Deutschland ließen sich die Kölner Motorenbauer mehr Zeit, doch ab 1905 begannen sie, sich auch hier ernsthaft mit dem Bau landwirtschaftlicher Zugmaschinen zu beschäftigen.

Traktorengeschichte gestaltete die Gasmotorenfabrik Deutz im Jahre 1907 gleich mit zwei Konstruktionen. Der Deutz-Automobilpflug versetzte die Besucher der in diesem Jahr in Düsseldorf stattfindenden DLG-Schau in Staunen, sahen sie doch zumeist erstmals einen Ackerschlepper, der – angetrieben von einem 25-PS-Motor – sowohl Pflug und Egge über das Feld ziehen als auch über eine Riemenscheibe Dresch- und Häckselmaschinen im Hof antreiben konnte. Sicher, der Automobilpflug besaß auch seine Tücken wie übermäßiges Gewicht und großen »Durst«, doch eine landtechnische Pioniertat war er allemal.

Diese Auszeichnung fällt auch der im gleichen Jahr nach Patenten der Ingenieure Brey und Heyer gebauten Deutzer Pfluglokomotive zu, die in beiden Richtungen arbeiten konnte. Diesmal trieb ein 40-PS-Benzinmotor die vier zugleich auch lenkbaren Räder eines Fahrzeugs an, an welchem vorne wie hinten jeweils

ein mehrschariger, über Seilzug motorisch aushebbarer Pflug befestigt war. Und sollte die Bodenhaftung der Pfluglokomotive, die eigentlich nichts anderes war als ein selbstfahrender Kipp-Pflug, einmal nicht ausreichen, so konnte das der Maschine beigegebene Seil zur Abhilfe eingesetzt werden. Über einen Erdanker mit dem Ackerende verbunden, bot sich der Maschine über Aufrollen des Seiles die Möglichkeit, sich gleichsam am »eigenen Schopf« aus dem Acker herauszuziehen. Doch so technisch reizvoll Pfluglokomotive und Automobilpflug auch waren, die Gasmotorenfabrik Deutz verfolgte die Projekte nicht weiter. Der noch zu leistende Aufwand schien angesichts nach wie vor geringer Neigung der deutschen Bauern, die Außenwirtschaft zu motorisieren unvertretbar zu sein. Doch wie auch immer: Die Deutzer Pfluglokomotive war den heutigen allradangetriebenen Zweiwegeschleppern um etwa 70 Jahre voraus!

Einen weiteren Vorstoß auf das Gebiet des landwirtschaftlichen Zugmaschinenbaues unternahmen die Deutzer unmittelbar nach dem Ersten Weltkrieg. Aufbauend auf Erfahrungen, die man während des Krieges mit der Herstellung schwerer Artilleriezugmaschinen gewonnen hatte, wurde ein »Motor-Trekker« entwickelt, der im Acker und Forst ebenso wie auf der Straße einsetzbar sein sollte. Ein zunächst 40 PS und später 33 PS starker Benzol-Motor trieb das Fahrzeug bis zu einer Geschwindigkeit von maximal 6 km/h an, das mit gefederter Vorder- und Hinterachse, Ladepritsche, Fahrerhaus und Vollscheibenrädern vorne gleich eine Fülle charakteristischer Merkmale aufzuweisen hatte. Den Verkauf jedoch förderte diese auffällige Ausstattung kaum, zu spürbar war für die Bauern, daß sich der Hersteller selbst noch auf der Suche nach einem endgültigen Konzept für die Lösung der landwirtschaftlichen Transportprobleme befand.

Ein in der Folge aufgegriffener Vorschlag lief darauf hinaus, einen der um 1924 mit großem Erfolg gebauten stationären Dieselmotoren einfach auf Räder zu montieren. Als MTH 222 ging das nach diesen Plänen mit Vollscheiben-Eisenrädern ausgestattete Fahrzeug 1926 in Serie und diente vor allem als mobiler Antrieb für stationäre Arbeitsmaschinen. Daneben bewährte es sich aber auch hier und dort als Zugmaschine, etwa wenn genossenschaftlich betriebene Dreschmaschinen von Hof zu Hof zu schleppen waren. Geringere Eignung besaß der MTH 222 dagegen im Acker, wo die Räder unter Last rasch durchrutschten. Da kam der 1928/29 in Serie gegangene MTZ 220 den Vorstellungen der Bauern schon näher. Angetrieben von einem quer angeordneten, langsamlaufenden 2-Zyl.-Dieselmotor mit Verdampfungskühlung, sah diese Zugmaschine nicht nur in vielem schon so aus, wie man sich heute einen Traktor vorstellt, sondern sie konnte auch entsprechend eingesetzt werden. Der aus stark bemessenen Stahlblechträgern und eingenieteten Querträgern gebildete Rahmen war ebenso robust wie der Motor zugstark. Greiferräder sorgten im Akker für die nötige Griffigkeit, so daß es nicht überraschend kam, als diese Konstruktion 1931 auf der in Hannover stattfindenden DLG-Ausstellung mit der Silbernen Preismünze ausgezeichnet wurde. Immer wieder verbessert, wurde der MTZ 220 bis 1936 gebaut und hatte wesentlichen Anteil an der Gesamtzahl der 2650 zwischen 1926 und 1936 in Deutz gebauten Schlepper.

Vollends den Durchbruch hin zum leistungsfähigen Traktorenbau schaffte das seit 1930 in »Humboldt-Deutz-Motoren AG« umbenannte Unternehmen im Jahr 1933 mit der Konstruktion des Deutz Stahlschleppers, so genannt wegen des aus geschweißtem Stahlblech gefertigten Getriebegehäuses. Offiziell lautete die

Ob Gasöl, Petroleum oder Paraffin – der MTZ verbrannte alles

Typenbezeichnung allerdings F2M 315 und galt einem in Blockbauweise montierten, von einem schnellaufenden, stehenden 2-Zyl.-Motor angetriebenen Traktor, der samt Modellvarianten mit 35 und 50 PS in etwa 12 000 Stück gebaut wurde. Noch heute finden sich gelegentlich Deutz-Stahlschlepper im Einsatz, wie denn auch schon 1934 die Schlepperprüfstelle in Bornim bei Potsdam erklärte: »Der Schlepper hat sich sowohl in Leistung als auch im Kraftstoffverbrauch sehr gut bewährt. Die Ausführung ist zweckentsprechend, so daß eine hohe

Lebensdauer bei geringen Instandsetzungskosten zu erwarten ist. Der Schlepper ist den landwirtschaftlichen Bedürfnissen gut angepaßt; seine Bedienung stellt keine besonders hohen Anforderungen.« Der 50-PS-Dieselmotor konnte mit Druckluft aus einem zuvor aufgeladenen Druckluftbehälter mühelos angelassen werden.

Noch mehr zur Popularität der Deutz-Traktoren trug aber der auf Anregung der Professoren Dencker und H. Meyer von den Deutz-Konstrukteuren Schosnig und Rothard entwickelte, 1936 in Serie ge-

Konnte sich am Markt nicht durchsetzen: 160-PS-Deutz-Traktor D 160.06

gangene »Elfer-Deutz« bei. Seine Typenbezeichnung F1M 414 wurde auf dem Lande bekannt wie sonst selten eine längere Buchstaben-Ziffern-Kombination. Sie stand für Tausende von Bauern für den »Bauernschlepper« schlechthin, der vielseitig einsetzbar, robust, langlebig, zugstark, einfach zu handhaben und doch preiswert sein sollte. Der »Elfer-Deutz« entsprach diesen Erwartungen wie kaum ein zweiter Trecker, weshalb die Feststellung zutrifft, gerade dieses Fahrzeug habe zur Motorisierung der klein- und mittelbäuerlichen Betriebe vor dem Zweiten Weltkrieg in besonderer Weise beigetragen. Dabei fällt die absolute Zahl der während dieser Jahre ausgelieferten »Elfer« – sie dürfte um 10 000 liegen – weniger ins Gewicht als der durch diesen Kleintraktor bewirkte Sinneswandel. Hieß es zunächst »Motorisierung ist nur für Großbetriebe bezahlbar«, so lautete es nun häufiger »Schleppereinsatz ist auch für den bäuerlichen Betrieb sinnvoll«. Denn obschon der Elfer nur 2980 Reichsmark kostete, so bot er doch eine Zugkraft von vier starken Pferden, ausreichend für einen 2-Schar-Pflug, ohne Schnaufpause, dafür mit Spurweitenverstellung, günstiger Anordnung der Anhängepunkte, Riemenscheibe, Mähwerksantrieb, Zapfwelle, Luftbereifung und einem Aufsattelbolzen für Einachsanhänger, Technik, die bei anderen Traktoren häufig nur gegen Aufpreis zu bekommen war. Der Zweite Weltkrieg brachte der »Klöckner-Humboldt-Deutz AG« (so der Firmenname seit 1938) unter anderem ein verstärktes Engagement im Holzgasschlepperbau. Die dabei zur Gaserzeugung aus festen Brennstoffen wie Holz, Holzkohle oder Anthrazit entwickelte Technik nutzte das Werk in eigenen Fahrzeugen wie dem 47-PS-Holzgas-Straßenschlepper und dem 25-PS-Holzgas-Universalschlepper und zum nachträglichen Umbau von Schleppern, stellte sie aber auch anderen Herstellern wie Deuliewag, Fahr, Kramer, Fendt und Stock zur Verfügung. Doch das damit verbundene Auftragsvolumen hielt sich insgesamt in Grenzen, zu sehr lagen kriegsbedingt die Prioritäten in der Rüstungsgüterfertigung.

Auch nach dem Ende des Zweiten Weltkriegs hatte KHD zunächst andere Aufgaben zu bewältigen, als die Schlepperfertigung wieder in Gang zu setzen. Aufräum-

Komfort auf dem Traktor gab es lange Zeit nicht. Fritzmeier lieferte ein zum Deutz D 30 passendes Allwetterverdeck.

arbeiten im zu Dreiviertel zerstörten Werk besaßen Priorität, ehe aus noch vorhandenen Ersatzteilen doch schon 1946 wieder »Elfer-Deutz« montiert wurden. In diesem Jahr waren es insgesamt 81 Schlepper, und auch im nächsten Jahr blieb die Fahrzeug-Produktion bei KHD

bescheiden. Doch spätestens bei der Währungsreform 1948 konnte das Kölner Unternehmen wieder von einem annähernd normalen Geschäftsgang sprechen, der nach Jahren der Stagnation Innovationen verlangte. Allerdings stritten damals Bauern und Professoren noch um

Anhängern der Wasserkühlung führte. Doch KHD ließ sich von dem einmal eingeschlagenen Weg nicht abbringen. Konsequent baute das Werk in den nächsten Jahren das Programm luftgekühlter Traktoren aus, das 1954 bereits fünf Grundmodelle mit zahlreichen Varianten umfaßte. Dabei stellten die luftgekühlten Motoren nur ein, wenngleich wichtiges Moment der Deutz-Traktoren dar. Ihre sonstige technische Ausstattung konnte sich ebenfalls sehen lassen und umfaßte unter anderem zur Anpassung an verschiedene Pflanzenreihenabstände Teleskop-Vorderachse, fahrunabhängigen Mähantrieb, Zapfwelle, Dreipunktanbau von Geräten u. v. m. Aber nicht nur dem Radschlepperbau räumte KHD damals eine große Zukunft ein. Mit zwei Raupenschleppertypen im oberen Leistungsbereich hoffte das Werk gleichfalls auf Kunden in den Bereichen Land- und Forstwirtschaft sowie Landeskultur.

Bei den Bauern kam das Deutz-Traktorenprogramm gut an. Im Frühjahr 1955 rollte der 100 000ste, vier Jahre später bereits der 175 000ste Schlepper vom Kölner Montageband. Am Ende des 1958 in der Bundesrepublik Deutschland gezählten Schlepperbestandes von rund 709 000 Stück hatte KHD einen Anteil von 102 000, bei einem Vorsprung von mehr als 20 000 auf das folgende Fabrikat. Doch zu langes Festhalten an einer Typenreihe birgt selbst für den erfolgreichsten Hersteller Gefahren. Aus diesem Wissen heraus stellte KHD 1959 eine neue Traktorenreihe, bestehend aus drei Grundtypen D 15, D 25 und D 40, vor, die in den folgenden Jahren weiter ausgebaut wurde. Flaggschiff der äußerlich nur geringfügig modifizierten, in der technischen Ausstattung aber nachhaltig verbesserten Traktoren war der 1963 in Serie gegangene Traktor D 80. Sein 6-Zyl.-Dieselmotor mit 75 PS, das reichlich abgestufte Getriebe, Regelhydraulik und ein für die Zeit beachtlicher Bedienungskomfort machten ihn auf den landwirtschaftlichen Ausstellungen jener Jahre zu einem regelrechten Blickfang.

Es ist nicht damit getan, neue Modelle zu konstruieren. Sollen sie den wirtschaftlichen Erfolg bringen, müssen vielmehr auch die Produktionsanlagen modernen Anforderungen entsprechen. In guter Einschätzung der Nachfrage nach den Traktoren der D-Reihe erbaute KHD in den

die Frage, ob die Vollmotorisierung der Landwirtschaft ohne Pferde und Zugkühe überhaupt möglich wäre!
Über die Eigenschaft luftgekühlter Dieselmotoren besaßen die KHD-Techniker bereits einige Erfahrungen, als sie Mitte 1950 den auf 15 PS gebrachten Bauern-schlepper mit luftgeküh tem 1-Zyl.-Dieselmotor vorstellten. Sie versprachen sich außer der Gewichtsersparnis davon vor allem eine effizientere Kühlung. »Anpassung der Kühlwirkung an die Motorbelastung«, lautete die Losung, die zeitweise zu heftigen Auseinandersetzungen mit

Jahren 1959 bis 1961 in Köln-Kalk ein neues Werk, dessen Kapazität auf 30 000 Zugmaschinen jährlich ausgelegt war. Mit der Auslieferung des 250 000sten Deutz-Traktors 1962 bestand es schon nach wenigen Monaten seine erste Bewährungsprobe.

Einer ungleich höheren Belastung wurden die Produktionsanlagen allerdings 1968 anläßlich der Umstellung auf die neukonzipierte 05er Traktoren-Reihe unterzogen. Von der veränderten, gradlinigen Form angefangen über die erweiterte technische Grundausstattung bis hin zu den nun mit Direkteinspritzung versehenen Dieselmotoren hatte man sich auf veränderte Fahrzeuge einzustellen. Gänzlich neu war auch der 1970 gebaute Traktor D 16 006: Vier gleichgroße Räder, 8-Zyl.-V-Motor, Allradantrieb, Knicklenkung zeichneten einen »Ackergiganten« aus, für den das Herstellerwerk

selbst eine Betriebsgröße von rund 200 ha zur Voraussetzung für den wirtschaftlichen Einsatz machte. Im Ausland sollten Chancen für den Traktor liegen, doch zum großen Geschäft wurde er für den Hersteller sicher nicht.

Daß nicht alle Neuheiten binnen kurzem die geleisteten Aufwendungen wieder einspielen, mußte KHD auch bei der 1972 vorgestellten Intrac-Serie erkennen. Mit großem Einsatz hatte man hier ein Fahrzeugkonzept entwickelt, das hinsichtlich Wirtschaftlichkeit, Sicherheit und Komfort für die Zukunft neue Maßstäbe setzen sollte. Erreicht werden sollte dies unter anderem durch die leichte Kopplung von Arbeitsgeräten, durch drei Anbauräume am Fahrzeug, durch Allradantrieb, günstige Gewichtsverteilung und geräumige, vorn angeordnete Fahrerkabine. Doch die Reaktion der Bauern blieb zurückhaltend selbst dann, als Deutz im Laufe der siebziger Jahre immer stärker motorisier-

te Intrac-Varianten vorstellte. So blieb der traditionell konzipierte Traktor als Umsatzträger für den Kölner Maschinenbaukonzern interessanter, der ansonsten seine Landtechnikaktivitäten zu Beginn der siebziger Jahre durch ein massives Engagement bei den Landmaschinenfabriken Fahr, Gottmadingen, und Ködel & Böhm, Lauingen, nachhaltig verstärkte.

»Auch Schlepper wachsen«, so hieß es bei KHD schon in den fünfziger Jahren. Seither ließ man dieser Erkenntnis immer wieder Taten, also größere und leistungsstärkere Traktoren folgen. Am eindrucksvollsten aber gestaltete sich die Vorstellung der DX-Reihe im Jahr 1978. Zwischen 80 und 150 PS leisteten die fünf Modelle der großen Klasse, die von luftgekühlten 5- und 6-Zyl.-Motoren angetrieben wurden und wahlweise über Hinterrad- oder Allradantrieb verfügten. Die integrierten Kabinen boten beachtlichen

Stark, formschön und erfolgreich sind die DX-Traktoren von Deutz-Fahr

Komfort just zu einer Zeit, da der Fahrer höhere Ansprüche an sein Fahrzeug zu stellen begann. Wie der Markt auf die DX-Traktoren reagierte, zeigt ein Vergleich der Zulassungszahlen 1977 und 1979. War KHD im ersten Vergleichsjahr noch nicht in der Leistungsklasse der Traktoren über 120 PS vertreten, so nahm man im zweiten Vergleichsjahr mit 321 Neuzulassungen bereits den dritten Rang ein! Dieser Erfolg reichte allerdings nicht aus, um die seit 1973 schwächer gewordene Marktstellung von KHD wieder grundlegend zu festigen. Eine neue Traktorenreihe im mittleren Leistungsbereich war dazu vonnöten. Und sie folgte als 07er Serie im Jahr 1979. Von der Vorgängermodellen hatte man dazu bewährte Bauteile übernommen und mit anderen völlig neu konstruierten verbunden. Zusammen ergab dies in neuer Formgebung technisch in jeder Weise ansprechende Traktoren, bei denen Motor, Getriebe, Regelhydraulik, Fahrerkabine usw. gleichermaßen aufeinander abgestimmt waren. Tatsächlich schaffte KHD mit dem kombinierten 07er-DX-Programm nach 19 Jahren 1982 wieder einmal den Sprung an die Spitze der Zulassungsrangliste! Inzwischen allerdings ist die 07er Serie von KHD weitgehend aus der Produktpalette herausgenommen. Statt dessen setzt das Unternehmen jetzt hinab bis zur unteren Mittelklasse auf die DX-Reihe, die sich gleichwohl einem immer härter gewordenen Wettbewerb ausgesetzt sieht.

Klöckner-Humboldt-Deutz-Traktoren (Auswahl)

Typ/Bezeichnung	Baujahr	Motorleistung PS	Zylinder	Takt	Gänge	Gewicht kg
Automobilpflug	1907	25	4	4	–	–
Pfluglokomotive	1907	40	4	4	–	–
Trekker	1921	33	4	4	3/1	3600
MTH 222	1926	14	–	4	2/1	2600
MTZ 220	1930	30	2	4	3/1	2450
F1M 414	1937	11	1	4	3/1	1075
F2M 315	1940	28	2	4	3/1	2590
F3M 317	1940	50	3	4	3/1	3720
Holzgas Universal	1943	25	2	–	5/1	–
F1M 414	1949	11	1	4	4/1	1180
F2L 514	1950	15	1	4	5/1	1300
F2L 514	1951	30	2	4	5/1	1730
F3L 514	1951	42	3	4	5/1	2340
F4L 514	1951	60	4	4	5/1	2975
90 PS Raupe	1956	90	6	4	5/4	8950
Multitrac 20	1958	18	2	4	10/2	1220
D 15	1962	14	1	4	6/2	920
D 25	1962	20	2	4	8/2	1370
D 40 L	1962	35	3	4	8/2	1580
D 50 S	1962	52	4	4	8/4	2280
D 80	1963	75	6	4	8/4	3200
D 25 06	1968	22	2	4	8/2	1675
D 40 06	1968	35	3	4	8/2	1860
D 60 06	1968	62	4	4	9/3	2525
D 80 06	1970	80	6	4	16/7	–
D 160 06 Allrad	1972	160	8	4	–	9000
Intrac 2002	1975	51	3	4	8/4	2665
DX 90 A	1980	88	5	4	12/4	5700
DX 120 A	1980	–	6	4	12/4	4990
DX 160 A	1980	150	6	4	12/4	5850
28 07	1986	29	2	4	8/2	1840
DX 3.10	1986	46	3	4	8/4	2540
DX 3.50 A	1986	61	3	4	16/8	3290
DX 3.90	1986	75	4	4	12/4	3260
DX 4.70 A Turbo	1986	90	4	4	18/6	4220
DX 6.30 A	1986	115	6	4	18/6	5020
DX 7.10 A Turbo	1986	160	6	4	36/12	5950
DX 8.30 A Turbo	1986	220	6	4	18/6	9250

Kögel

**Kurt Kögel, Schlepperfabrik,
8000 München**

Auf eine vor allem im Baumaschinenbereich lange Tradition verwies Kurt Kögel, als er 1949 als Ackerschlepperhersteller aktiv wurde. Seine beiden ersten Modelle K 22 und K 28 besaßen indes alle Eigenschaften einer Konfektionszugmaschine. Die Motoren lieferte MWM, und die Getriebe kamen entweder aus Friedrichshafen (ZF) oder Augsburg (Renk). Aber so ganz ohne Originalität waren die Kögel-Schlepper denn doch nicht. Interessant war vor allem die als Patent angemeldete, gefederte Pendel-Vorderachse, die sich in einem unmittelbar am Motor angelenkten starken Schwingarm aufgehängt befand. Kögel versprach sich davon sowohl eine gute Geländegängigkeit seiner Fahrzeuge als auch ein ruhiges Fahren, sollten auf diese Art und Weise doch von Unebenheiten ausgehende Stöße auf das Fahrwerk gut aufgefangen und zur Maschinenmitte weitergeleitet werden. Auffällig an den Kögel-Traktoren waren ferner die breiten Kotflügel über Vorder- und Hinterrädern, die den Fahrer einerseits vor Schmutz bewahren sollten, ihm andererseits aber doch sein Blickfeld nach unten nicht unbeträchtlich einengten. Als formschön galt schließlich die runde Kühlerverkleidung, so daß Kögel insbesondere in Bayern eine beträchtliche Anzahl seiner Fahrzeuge an Bauern verkaufen konnte. 1950 beispielsweise rangierte er bei den Schlepperneuzulassungen im Bundesgebiet an 19. Stelle und lag damit vor Firmen wie Wille, Deuliewag und Bautz.

Im gleichen Jahr erweiterte Kögel seine Modellpalette um den Typ K 15, der im Äußeren den größeren Traktorbrüdern doch sehr ähnelte. Man wies im Herstellerwerk darauf hin, daß man bei der Konstruktion dieses Fahrzeugs vor allem an die Belange des bayerischen Oberlandes gedacht habe, wo das Arbeiten im bergigen Gelände an der Tagesordnung war.

Kögel-Werkhalle an der Nymphenburger Straße in München

Das serienmäßig eingebaute 5-Gang-Getriebe sollte mit dazu beitragen, den K 15 selbst noch in solchen Hanglagen als Mähschlepper einzusetzen, die bislang für den Mähmaschinenschnitt ungeeignet waren. Auch wagte sich Kögel 1950 auf die Frankfurter DLG-Ausstellung – nur zu einem eigenen Stand reichte es nicht. So trafen die Besucher den 22-PS-Kögel-Traktor auf dem Stand der Firma Linke-Hofmann-Busch an, bei der sich ja die angestrebte Radschlepper-Fertigung nicht wie erhofft entwickeln konnte.

Im folgenden Jahr wechselte Kögel zumindest teilweise den Motorenlieferanten. Das Modell K 25 M verfügte ebenso wie das neuentwickelte Fahrzeug K 36 über Motoren des Kasseler Herstellers Henschel. Alle Kögel-Traktoren aber konnten bald schon mit der wiederum zum Patent angemeldeten Hydraulik ausgerüstet werden, die einfach und preisgünstig zugleich gehalten war. Mit ihrer Hilfe ließen sich nicht nur die verschiede-

nen Bodenbearbeitungsgeräte, sondern auch der Mähbalken handhabungssicher heben und senken. Damit aber erschöpfte sich der innovatorische Beitrag der Schlepperfabrik Kögel. So lief in der ersten Hälfte der fünfziger Jahre die Produktion der Traktoren aus, die sich trotz der immer wieder gegen Konfektionsschlepper vorgebrachten Kritik durchaus als haltbar erwiesen. Noch 1963 belief sich der Bestand registrierter, zulassungspflichtiger Kögel-Traktoren im Bundesgebiet auf 725 Fahrzeuge!

Mit dem Ende der Schlepperfabrik Kurt Kögel verschwand der Name Kögel jedoch noch nicht endgültig aus dem Traktorengeschäft. Unter nahezu unveränderter Adresse agierte vielmehr in der zweiten Hälfte der fünfziger Jahre die Maschinen-Vertriebs GmbH H. Kögel, die sich vor allem für die Verbreitung des Skoda-Zetor-Ackerschleppers in Deutschland einsetzte.

Typ/Bezeichnung	Baujahr	Motorleistung PS	Zylinder	Takt	Gänge	Gewicht kg
K 22	1949	22	2	4	4/1	1600
K 28	1949	28	2	4	5/1	2050
K 15	1950	15	1	4	5/1	1280
K 36	1951	36	3	4	5/1	2050

Komnick

Automobilfabrik F. Komnick, Elbing (Ostpr.)

Franz Komnick, 1857 in Trappenfelde bei Danzig geborener Sohn eines Schmiedemeisters, hatte den Maschinenbau auf einer mehrjährigen Wanderschaft bei führenden Unternehmen in Hannover, Düsseldorf und Berlin gründlich kennengelernt, als er 1906 im ostpreußischen Elbing die Anlagen einer ehemaligen Textilfabrik erwarb, um dort eine Automobilfabrik einzurichten. Erste Lastkraftwagen verließen 1908 die Fabrikhallen, und noch im gleichen Jahr wurde auch schon mit dem Bau von Motortragpflügen begonnen. Dabei setzte Komnick zunächst ganz auf Großmaschinen wie den siebenscharigen Motorpflug, den er mit einem 100 PS starken 4-Zyl.-Motor ausrüstete. Als Käufer der hauptsächlich zur Bearbeitung des Ackers einzusetzenden Geräte traten vor allem russische Großgrundbesitzer in Erscheinung, die im Motorpflug eine leistungsfähige Alternative zu den noch überwiegend eingesetzten Dampfpflügen erkannten. Werbewirksam waren dabei vor allem die mehrfach von Komnick in Rußland erzielten Auszeichnungen, deren bekannteste wohl die 1913 in Petersburg anläßlich der Romanow-Gedächtnisausstellung erhaltene Goldmedaille gewesen sein dürfte.
Für mitteleuropäische Verhältnisse scheinen die frühen Komnick-Motorpflüge allerdings überdimensioniert. Man reduzierte deshalb in Elbing Gewicht und Motorleistung der Fahrzeuge und erreichte nicht zuletzt durch eine veränderte Anordnung der an der Maschine befestigten Pflugkörper eine weiter verbesserte Bodenbearbeitung. Daß der Motorpflugbau trotz des großen Engagements von Komnick doch nur eine kleine Abteilung des rasant gewachsenen Unternehmens beschäftigte, deutet die für die Jahre des Ersten Weltkriegs ausgewiesene Belegschaftsstärke von 3600 Mann an. Damit zählte Franz Komnicks Automobilfabrik zu den größten Unternehmen Ostpreußens überhaupt!

Nach Kriegsende bekam der Landmaschinenbau bei Komnick zusätzliches Gewicht. So kaufte das Unternehmen

Komnick-50-PS-Traktoren gelangten vor allem in Ostdeutschland zum Einsatz

den Elbinger Flugplatz, um in den aufgelassenen Flugzeughallen landwirtschaftliche Zugmaschinen zu produzieren. Eine technisch interessante Konstruktion gelang mit dem Sechs-Schar-Motorpflug, dessen 80-PS-Motor bereits über einen Luftfilter verfügte. Hier machte sich die Erfahrung eines erfolgreichen Automobilherstellers bemerkbar, der seinen bäuerlichen Kunden nicht verwehren wollte, was Spediteuren, Omnibusunternehmern und Pkw-Käufern billig war. In der ersten Hälfte der zwanziger Jahre bot Komnick schließlich ein Motorpflug-Programm mit drei Typen an, denen nachgesagt wurde, daß sie gute Bodenbearbeitung leisteten und auch als Stationärantrieb für die Maschinen der Haus- und Hofwirtschaft geeignet seien.

Doch aller Lorbeer und noch so massive Einflußnahme vermochten den Motorpflügen auf die Dauer nicht zum Durchbruch

zu verhelfen. Komnick reagierte auf den nur schleppenden Absatz der zu einseitig ausgerichteten Fahrzeuge mit dem 1925 begonnenen Bau von Radschleppern, die das Werk trotz eines respektablen 40-PS-Motors bescheiden als »Kleinkraftschlepper« bezeichnete. Daß man in Ostpreußen vor der Produktionsaufnahme eifrig den Fordson-Traktor studiert hatte, verriet nicht nur der rahmenlose Zusammenbau. Ausgeliefert sowohl mit Greiferrädern wie auch mit Vollgummibereifung, eigneten sich die Komnick-Traktoren für Feld und Straße gleichermaßen.

Fachleute zählen den Komnick-Schlepper zu den besten deutschen Zugmaschinen der zwanziger Jahre. Die verbreitete Anerkennung veranlaßte Komnick denn auch trotz eines ab 1925 stark rückläufigen Geschäftsbetriebs zum Aufbau einer Traktorenreihe. 1929 produzierte das Unternehmen neben dem inzwischen mit einem kleineren Motor bestückten Kleinkraftschlepper zwei unterschiedlich starke Versionen (42 und 52 PS) eines »Großkraftschleppers«, die als Halbrahmenfahrzeuge gebaut wurden. Dazu hatte man das Fahrzeugvorderteil auf einen regelrechten Rahmen montiert, dessen Längsträger hinten am kombinierten Getriebe- und Hinterachsgehäuse endeten. Zum geschäftlichen Erfolg wurden allerdings auch die Komnick-Radschlepper nicht. Das Unternehmen geriet vielmehr voll in den Strudel der sich abzeichnenden Weltwirtschaftskrise sowie der Notlage der ostpreußischen Landwirtschaft (Osthilfe!) und mußte 1930 Konkurs anmelden. Zwar konnte die Nutzfahrzeugproduktion über den Firmenzusammenbruch hinweg fortgeführt werden, doch 1931 – sieben Jahre vor dem Tod des Firmengründers – kam auch für den Komnick-Traktorenbau das endgültige Aus!

Komnick-Traktoren (Auswahl)

Typ/Bezeichnung	Baujahr	Motorleistung PS	Zylinder	Takt	Gänge	Gewicht kg
Sechsschar Motorpflug	1924	80	4	4	3/1	7400
Dreischar Motorpflug	1924	45	4	4	2/1	5475
Kleinkraftschlepper	1925	40	4	4	3/1	–
Kleinschlepper	1929	32	4	4	3/1	2500
Großschlepper Type PS	1929	42	4	4	3/1	3400
Großschlepper Type PT	1929	52	4	4	3/1	4700

Kramer

Kramer-Werke GmbH, 7770 Überlingen

Am Anfang der Schlepperherstellung von Kramer stand uneingeschränkt die landwirtschaftliche Praxis, und diese sah Mitte der zwanziger Jahre im deutschen Südwesten so aus, daß die Bauern mit Kuh- und Ochsengespannen jahraus, jahrein aufs Feld hinaus fuhren, um die beschwerliche Arbeit zu erledigen. Vorn-

an stand dabei die Halmfuttergewinnung, also Grasmähen und Heumachen, erwirtschaftete man doch den kargen Lebensunterhalt vor allem durch eine intensive Viehwirtschaft. Kleine Betriebe, hügeliges Gelände und eine nur eingeschränkte Bodenfruchtbarkeit ließen keinen anderen Ausweg zu.

Emil Kramer, im badischen Gutmadingen als Landmaschinenhändler zu Hause,

hatte schon vor dem Ersten Weltkrieg überlegt, wie er den benachbarten Bauern eine Maschine anbieten könnte, die ihren speziellen Bedürfnissen gerecht würde. Mähen pflügen, ziehen und treiben sollte sie können, vor allem aber mußte sie billig sein. Unterstützt von seinen Brüdern, kam er 1925 auf die Idee, einen stationären Motor auf einen umgebauten Gespannmäher zu setzen. Ein

Der erste Kramer-Motormäher von 1925

luftgekühlter 4-PS-2-Takt-Benzinmotor vom DKW-Motorrad wurde auf dem Deichselholm befestigt, unter dem vorne eine lenkbare Vorderkarre angeschraubt war. Die Kraftübertragung erfolgte mit Kette, Reibungskupplung und 2-Gang-Getriebe. Bemerkenswert aber war vor allem, daß der Motor über eine Exzenterwelle ein klappbares Mähwerk antreiben konnte. Die Gebrüder Kramer hatten somit die erste deutsche selbstfahrende Mähmaschine entwickelt, die zudem über eine Anhängevorrichtung und ein Vorgelege zum Antrieb ortsfester Arbeitsmaschinen verfügte.

Die Kramersche Motormähmaschine machte Furore. Die Bauern des südlichen Schwarzwalds bestellten das auf den ersten Blick einfache, in Tätigkeit aber überzeugende Gefährt. 25 dieser Motormäher waren verkauft, ehe das Jahr 1926 vorbei war. Auf der DLG-Ausstellung in Dortmund 1927 gewann der »kleine Kramer«, wie die Maschine überwiegend genannt wurde, Freunde auch über Baden hinaus, wenngleich der Südwesten bevorzugtes Absatzgebiet blieb. Bestätigt wurde dies durch den Bestelleingang anläßlich der DLG-Ausstellung 1928 in München. Rund 250 Stück des nunmehr mit einem luftgekühlten 8-PS-Benzinmotor

ausgestatteten Kramer-Kleinschleppers konnten binnen weniger Tage verkauft werden.

Die Weltwirtschaftskrise der dreißiger Jahre erschütterte das Familienunternehmen Kramer. Einige Patente mußten verkauft werden, um die finanzielle Durststrecke überstehen zu können. Doch in Lethargie verfiel man deshalb nicht. Vielmehr bot man 1932 das »Modell A 31«

an, das neben verbesserter fahrzeugtechnischer Ausstattung vor allem die Möglichkeit einer stärkeren Motorisierung eröffnete. So konnte der Vierradmäher, der zugleich auch ein Kleinschlepper war, nun wahlweise mit Motoren zwischen 7 und 12 PS Leistung geliefert werden und vermochte vor dem Getreidebindemäher immerhin drei Pferde zu ersetzen. Doch damit hatte sich die ursprüngliche Typenreihe weithin vollendet. Kramer wagte deshalb 1932 die Einführung eines neuen Modells, das als K 12 erstmals mit einem Dieselmotor ausgerüstet war. Die Firma Güldner lieferte den verdampfungsgekühlten, eigentlich für Stationärbetrieb vorgesehenen 11-PS-1-Zyl.-4-Takt-Motor und ermöglichte Kramer damit den Anschluß an die süddeutsche Konkurrenz der Fendt und Hermann Lanz, die, obschon sie später mit dem Motormäherbau begonnen hatten, doch schon um 1929 Dieselmotoren einsetzten.

Bemerkenswert war die Differentialsperre in der Hinterachse für die Arbeit in Hanglagen. Als Pionier erwies sich Kramer aber auch bei der zweckmäßigen Ausgestaltung des Fahrzeugs. Man warb damit, bei dem Modell K 12 die ersten unfallsicheren Kotflügelsitze im Schlepperbau angebracht zu haben. Doch bald wurde aus der Kundschaft erneut der Wunsch laut, den Kramer-Schlepper noch stärker zu motorisieren. Mit dem 20 PS starken K 18 vermochte die Firma dem Verlangen nach höherer Transportleistung zu entsprechen. Im vierten Gang fuhr der

Frontleuchten in die Motorhaube integriert: Kramer K 33

117

Schlepper bis 15 km/h, bei geringem Brennstoffverbrauch übrigens, wie in Kundenzuschriften vermerkt wurde.

Die Baureihen K 12 und K 18 erwiesen sich als ausgesprochen erfolgreich. Wegen der Vielseitigkeit mit dem Namen »Allesschaffer« versehen, fanden sie Freunde in allen Teilen des damaligen Deutschen Reiches. Im traditionellen Herstellungsverfahren konnte die Nachfrage nicht mehr befriedigt werden. 1934 begann Kramer deshalb in Gutmadingen mit der Fließbandherstellung – das Familienunternehmen ging zum »Großserienbau« über.

Die »Allesschaffer« wurden zum Fahrzeug des bäuerlichen Familienbetriebs, das heißt, sie waren vielseitig verwendbar, reparaturunanfällig, preisgünstig in der Anschaffung und langlebig. Viele Landwirte haben über diese Maschinen den Weg zur modernen technisierten Landwirtschaft gefunden. Bis zum Jahre 1939 konnten immerhin über 10 000 Kramer-Schlepper verkauft werden.

Der Zweite Weltkrieg brachte der Firma einen nachhaltigen Rückschlag. Die Dieselschlepperherstellung mußte ab 1942 gedrosselt und später sogar ganz eingestellt werden. Da war es nur eine bescheidene Hilfe, daß Kramer zu den Firmen zählte, die auf Anordnung des »Generalbevollmächtigten für das Kraftfahrwesen« mit der Herstellung des 25-PS-Einheits-

gasschleppers beauftragt wurden. Mit seiner Hilfe wollte die Reichsregierung der Landwirtschaft trotz der Knappheit bei flüssigen Treibstoffen die Vorzüge motorisierter Feldarbeit erhalten. Das Ergebnis dieser Anstrengungen war bei Kramer der K 25, ein Holzgasschlepper, der über einen 2-Zyl.-Holzgasmotor, den Einheitsgasgenerator EG 60 und eine Wasserkühlung verfügte. Allerdings blieb dieses Modell ebenso wie die anderen Holzgasschlepper ein Kind der Not.

Im Jahre 1945 stand die Maschinenfabrik Gebr. Kramer GmbH vor einem Neuanfang. Von Zerstörung war man verschont geblieben, nicht aber von Demontage. Auch herrschte Rohstoffmangel, und an modernen Maschinen fehlte es sowieso. Von der Belegschaft waren wichtige Mitarbeiter gefallen, andere verwundet oder in Kriegsgefangenschaft. So konnte man bei Kramer froh sein, mit den bewährten Vorkriegsmodellen K 12 und K 18 die Produktion wiederaufzunehmen. Und an der Sympathie insbesondere der südwestdeutschen Bauern für diese Typenreihe hatte sich wenig geändert. Sie nahmen die mit Deutz- bzw. Güldner-Motoren, ZF-Getrieben und Gummibereifung angebotenen Modelle bereitwillig ab.

Fünf Jahre später zog Kramer unter die unmittelbare Nachkriegszeit einen Schlußstrich. Äußerlich dokumentierte man dies durch die den K 12 und K 18

gegebene Motorenverkleidung, denen gleichwohl einige technische Neuerungen hinzugefügt worden waren. So baute Kramer dem K 12 V ein 5-Gang-Getriebe eigener Fertigung ein; auch hatte man den Schlepper kürzer, geringfügig schmaler, vor allem aber leichter gehalten. Entscheidend war jedoch, daß Kramer mit dem K 28 ein völlig neues Modell vorstellen konnte, mit welchem dem Ruf, ausschließlich Hersteller von Kleinschleppern zu sein entgegengewirkt wurde. Und in diese Richtung baute Kramer fortan seine Modellpalette aus. Schon Ende 1951 brachte man den K 33 heraus, der nun anstelle des im K 28 eingebauten MWM-TD-15-Dieselmotors über einen Deutz-Diesel mit einer Leistung von 30 PS verfügte. Der K 33 war übrigens nach dem KE 22, der Ostern 1951 als Nachfolgemodell des K 18 Allesschaffer vorgestellt worden war, der zweite Schleppertyp des Hauses Kramer, bei dem sich die Scheinwerfer geschützt unter der Motorhaube befanden.

Von nun an ging es Schlag auf Schlag. Kramer wurde mitgerissen von der Mechanisierungswelle, die in den frühen fünfziger Jahren über die deutsche Landwirtschaft hinwegzog. In guten Jahren erzielte das Unternehmen mit rund 5000 Zulassungen einen Marktanteil um 5 %. Allerdings benötigte man dazu ein breitgefächertes Angebot. 1957 zum Beispiel bot Kramer neun verschiedene Typen an,

Kramer-1014-Zweiwege-Trac bei der Rübenernte

zwei mehr als der damalige Marktführer KHD, der auf einen Anteil von rund 14 % kam. Diese breite Produktpalette war zwangsläufig mit Kostennachteilen verbunden, zumal Bauelemente der verschiedensten Hersteller bezogen werden mußten. So fanden beispielsweise nebeneinander Motoren von KHD, Güldner und Standard Triumph in Coventry Verwendung, während man bei den Schaltgetrieben sein eigener Hersteller geworden war. Dann aber endlich konzipierte Kramer ein nach Baugruppen standardisiertes Schlepperprogramm, bei dem sich die einzelnen Typen im wesentlichen durch die Stärke der Motoren unterschieden. Die Motoren kamen ganz überwiegend von KHD, die Getriebe lieferte das eigene Unternehmen.

Eine technische Delikatesse brachte Kramer Anfang 1963 auf den Markt. Der KL 800 wurde als »Universal-Arbeits- und -Zugmaschine« konzipiert, die in der Landwirtschaft ebenso wie in der Forstwirtschaft und auch als Straßenzugmaschine Verwendung finden sollte. Als Antriebsaggregat diente ein 80 PS leistenden der 6-Zyl.-4-Takt-Dieselmotor von KHD, die Umsetzung der Kraft auf die Straße erfolgte über Allradantrieb mit Differentialsperre. Besonders interessiert zeigte sich die Bauwirtschaft an dieser Konstruktion – mit der Konsequenz, daß sich Kramer zu diesem Produktionssektor hin orientierte. Doch noch dominierte das Traktorengeschäft. Rund 3,5 % Marktanteil konnte bis 1966 gehalten werden, ehe eine zunächst behutsame, dann jedoch rasche Schrumpfung erfolgte. 1970 lag Kramer mit 586 im Bundesgebiet zugelassenen Schleppern bereits unter 1 %. In Nischen wollte man überleben, deshalb baute das Unternehmen Schlepper für Sonderkulturen, allein der Abnehmerkreis für diese Modelle blieb begrenzt.

1972 sind die Kramer-Werke GmbH, zwischenzeitlich mit der Geschäftsführung in ein neues Werk in Überlingen (Bodensee) umgezogen, letztmals mit einem umfassenden Schlepperprogramm auf der DLG-Ausstellung aufgetreten. Sechs Modelle mit 40 bis 125 PS Leistung dokumentierten, daß aus dem Hersteller von Kleinschleppern ein Unternehmen geworden war, das sich nun auf mittelschwere bis schwere landwirtschaftliche Nutzfahrzeuge spezialisiert hatte.

Doch 1973 trug auch dieses Geschäft nicht mehr. Bei Kramer fand die große Typenbereinigung statt. Nachdem über 100 000 Schlepper ausgeliefert waren, verschwand das formschöne, insbesondere von der Getriebetechnik her reizvolle Schlepperprogramm, das als Emblem Zahnrad und Ähre, Zeichen der Verbundenheit von Technik und Landwirtschaft, getragen hatte, vom Markt. Mit einer Ausnahme: Mitte der siebziger Jahre stellten die Kramer-Werke das Modell 1014 vor, einen Zweiwege-Trac, der als schwerer Allrad-Schlepper, Allrad-Geräteträger und Selbstfahrer ausgelegt war. Das Gerät, das modifiziert bis heute angeboten wird, verfügt über eine aufwendige Technik. Auffällig ist vor allem der leichte Wechsel von Zug- auf Schubfahrt, wobei der Fahrer sich auf dem Fahrsessel drehen kann, um dann, nach Umstellung des Lenksystems, unter gleichen Bedienungs-, Fahr- und Lenkbedingungen in die andere Richtung fahren zu können.

Kramer-Traktoren (Auswahl)

Typ/Bezeichnung	Baujahr	Motorleistung PS	Zylinder	Takt	Gänge	Gewicht kg
Motormähmaschine	1925	4	1	2	–	–
Modell A 31	1932	8	1	2	–	–
K 12 Acker	1937	12	1	4	4/1	1300
K 18 Acker	1937	18	1	4	4/1	1500
K 25 Holzgas	1943	25	2	–	4/1	2200
K 12	1949	11	1	4	4/1	1450
K 18	1949	20	1	4	4/1	1650
K 28	1950	28	2	4	4/1	2000
KB 22	1951	20	2	4	5/1	1350
K 33 L	1952	30	2	4	5/1	1750
KA 110	1956	11	1	4	5/1	955
KB 180	1956	18	2	4	5/1	1145
KA 330	1956	33	2	4	5/1	1655
KL 150	1961	13	1	4	5/1	1150
KL 300	1961	28	2	4	10/2	1570
KL 600	1961	54	4	4	7/7	3000
KL 800	1961	80	6	4	7/7	3200
UF	1964	90	6	4	–	3700
KL 450 Allrad	1968	45	3	4	10/5	2300
414 Allrad	1970	42	3	4	10/5	2380
714 Allrad	1970	64	4	4	12/6	3100
1214 Allrad	1971	115	6	4	12/12	6000
1014 Zweiwege-Trac	1974	105	6	4	16/16	5800

Krieger

F. Krieger KG, Landmaschinen- und Fahrzeugbau, 6741 Rhodt

Zu den wenigen »stillen« Traktorenherstellern im Lande gehört die in Rhodt an der Weinstraße ansässige Krieger KG. Selten nur ist das Unternehmen auf den großen Landwirtschaftsausstellungen in Erscheinung getreten, obwohl man für sich in Anspruch nimmt, seit Anfang der dreißiger Jahre über Erfahrungen im Landmaschinenbau zu verfügen. Häufiger dagegen präsentierte Krieger seine Erzeugnisse auf den Weinbau-Fachschauen, wo das Publikum direkt angesprochen werden konnte, aus dem sich ganz überwiegend die Krieger-Kundschaft rekrutiert: die Weinbauern. Für sie konstruierte das Unternehmen auch Anfang der sechziger Jahre Schmalspurschlepper, die vor allem in Rheinland-Pfalz mit einigem Erfolg abgesetzt werden konnten.

Mitter der sechziger Jahre hatte Krieger zwei Traktoren-Typen, »Kruni 20« und »Kruni 30«, im Angebot, kleine, kompakte Zugmaschinen, angetrieben von 2-Zyl.-Kurzhub-Dieselmotoren des Mannheimer Motorenherstellers MWM, ausgerüstet mit gut abgestuften Mehrganggetrieben, Kraftheber und funktionalen Anbauvorrichtungen. Besonderes Kennzeichen der Krieger-Traktoren aber war die beträchtliche Kippsicherheit bei Steigung und am Seitenhang. Gerade diese Eigenschaft machte die Fahrzeuge für Winzer mit Weinbau in Steillagen interessant. Immerhin orderten denn auch 1968 163 Käufer Krieger-Schlepper, die zum allergrößten Teil aus Rheinland-Pfalz stammten.

Den Sprung in den Kreis der zwanzig meistneuzugelassenen Schlepperfabrikate schaffte Krieger erstmals 1972. Damals konnte Rang 20 bei einem Marktanteil von 0,4 % errungen werden. Die Möglichkeiten des Spezialtraktorenherstellers hatten sich damit aber noch keineswegs erschöpft. Mit 370 Neuzulassungen stellte Krieger 1978 einen Rekord auf, während die besten Marktanteilsergebnisse 1979 und 1980 mit jeweils 0,7 % erreicht wurden. Seitdem büßt Krieger allerdings Jahr um Jahr sowohl bei den absoluten Zulassungszahlen wie auch beim Marktanteil Boden ein, eine Folge unter anderem der stark rückläufigen Nachfrage nach Schleppern der schwächeren Leistungsklassen. Hier aber hatte Krieger in seinen guten Jahren besonders Erfolge erzielt, während man sich bei den stärkeren Schmalspurschleppern immer etwas schwerer getan hatte. Um neues Terrain zu erschließen, brachte Krieger Anfang der achtziger Jahre stärkere Komfort-Schmalspurschlepper mit der Bezeichnung KS 55 S und KS 65 S heraus. Der Erfolg dieser mit Technik vollgestopften, über Fronthydraulik, Frontzapfwelle, hydraulische Unterlenkerverriegelung usw. verfügenden Kraftpakete hält sich allerdings in engen Grenzen. Mit 109 Neuzulassungen in der Bundesrepublik Deutschland erzielte Krieger 1986 jedenfalls ein so ungünstiges Ergebnis wie in 20 Jahren zuvor nicht.

Krieger-Traktoren (Auswahl)

Typ/Bezeichnung	Baujahr	Motorleistung PS	Zylinder	Takt	Gänge	Gewicht kg
Kruni 20	1967	20	2	4	6/1	760
Kruni 30	1967	30	2	4	6/1	830
KS 30 Allrad	1968	30	2	4	6/1	1040
KS 40	1968	40	3	4	8/2	1000
K 55 S	1984	55	–	4	–	–
K 65 S	1984	65	–	4	–	–

Kühner & Berger

Kühner & Berger, 7591 Sasbach bei Achern

Die Zahl der erfolgreichen Dreiradschlepper ist in Deutschland, anders als etwa in den USA, beschränkt geblieben. Ritscher erzielte mit seiner Version noch die größte Resonanz; Lanz, IH und John Deere gelang dagegen mit dreirädrigen Hackschlepper-Modellen der Durchbruch nicht. Mehr Glück hatte schon das im badischen Ortenaukreis produzierende Unternehmen Kühner & Berger mit einer zwischen 1950 und 1956 gebauten Dreirad-Ackermaschine »Dieselzwerg«.

Aus der Rüstungsindustrie gekommen, hatte Dipl.-Ing. Berger nach dem Krieg auf dem familieneigenen Betrieb seines Schwagers Kühner, einem Sägewerk, Zuflucht gefunden. Er richtete dort eine

Reparaturwerkstatt für verschlissene Stoßdämpfer von US-Panzern mit Erfolg ein, so daß er anschließend eine Werkstätte für die Herstellung des von ihm konstruierten »Dieselzwergs« betreiben konnte.

Der Dieselzwerg sprach nicht wenige, vor allem in Südwestdeutschland beheimatete Bauern an, die in ihm einen in Parzellenlandwirtschaften und Obstbaubetrieben vollwertigen Kleintraktor erblickten. Die Vielseitigkeit des Dieselzwergs ergab sich aus der Ausrüstung mit Ladepritsche (für eine Zuladung von etwa 300 kg), Zapfwelle, Riemenscheibe, Ackerschiene und mehrere Anhängevorrichtungen. Gegen Aufpreis lieferte der Hersteller außerdem Anbaupflug, Vorder-Mähwerk, Spritzpumpe usw. Angetrieben wurde der Dieselzwerg von einem 8 PS leistenden

Farymann-1-Zyl.-Dieselmotor mit Verdampfungskühlung, dessen Kraft über ein mit sechs Vorwärts- und zwei Rückwärtsgängen reichlich abgestuftes Jeep-Getriebe umgesetzt wurde. Die Lenkung erfolgte direkt mittels Sterzen, was den Bauern ja nicht unbekannt war, pflegten sie doch die Pflüge so zu führen.

Der Dieselzwerg war robust und konnte später wahlweise auch mit einem 10-PS-Motor geliefert werden. Einzelne dieser Kleintraktoren befinden sich selbst nach mehr als 30 Jahren noch in einem hervorragenden Zustand, so daß die gelegentlich bei Oldtimer-Veranstaltungen in Anbetracht von Dieselzwergen geäußerte Vermutung, hier handele es sich keineswegs um einen Traktor der Nachkriegszeit, sondern um eine moderne Bastelei, durchaus einige Berechtigung besitzt.

Kühner & Berger-Traktor (Auswahl)

Typ/Bezeichnung	Baujahr	Motorleistung PS	Zylinder	Takt	Gänge	Gewicht kg
Dieselzwerg	1950	8	1	4	6/2	650

Kulmus

Anton Kulmus, Dieselschlepper-Bau, 7989 Eisenharz

Zu den nimmermüden Bastlern in Sachen Traktor zählt der Konstrukteur und Maschinenbauer Anton Kulmus. Personenwagen dienten ihm in der Zwischenkriegszeit als Grundlage für den Bau von Motormähern und Kleinschleppern, die

jedoch nur lokale Bedeutung erlangten. 1926 rüstete Kulmus beispielsweise nacheinander einen Opel »Laubfrosch« zur landwirtschaftlichen Zugmaschine und einen Brennabor-Pkw zum Motormäher um. Einige Jahre spezialisierte sich Kulmus sogar auf den Umbau von Brennabor-Fahrzeugen, ehe er 1935 auf das Chassis eines NSU-Pkw einen 8-PS-

Hatz-Dieselmotor montierte, der dem weit mehr als Personenwagen denn als landwirtschaftliche Zugmaschine anzusprechenden Fahrzeug eine Maximalgeschwindigkeit von 14 km/h verlieh.

Mit dem Einsatz der umgebauten Kulmus-Zugmaschinen im Acker war es nicht weit her. Mäharbeit auf trockenen Wiesen mochte noch durchführbar sein, aber als Schlepper von Pflügen und Eggen auf unebenen Böden kamen sie kaum in Betracht. Kulmus arbeitete deshalb 1937 auf den Bau eines »richtigen« Traktors hin, den er von dem bewährten Deutz-Motor F2 M 313 antreiben zu lassen gedachte. Noch im gleichen Jahr verließ der erste Kulmus-Schlepper die Werkstatt, doch verändert hatte sich mit der Konstruktion auch die Kalkulation. Statt 1900 Reichsmark für einen Kulmus-Umbau kostete der Traktor 4960 Reichsmark und damit fast 2000 Reichsmark mehr als der bei den Bauern beliebte Elfer-Deutz. An größere Stückzahlen konnte Kulmus angesichts solcher Preis-

unterschiede nicht denken, was aber nicht bedeutete, daß nicht doch einzelne Bauern bis zu der 1939 von den Nationalsozialisten verfügten vorläufigen Einstellung der Produktion Kulmus-Schlepper erworben haben.

Ideenreichtum zeichnete Anton Kulmus auch nach 1945 aus, als er erneut mit der Herstellung von landwirtschaftlichen Nutzfahrzeugen begann. Kuriosa wie der 6 PS starke Kleinschlepper »Zugbock« oder der von einem luftgekühlten 6-PS-Sachsmotor angetriebene Dreiradschlepper »Kulmus Pony« fanden aber ebenso wie ein motorisierter Schwadrechen nur beschränkt Anklang bei den Bauern. Kul-

mus versuchte deshalb 1949 sein Glück mit der Herstellung eines konventionellen Vierradschleppers, der zum Jahresende unter der Bezeichnung DKE 22 fertiggestellt werden konnte. Es handelte sich dabei um einen typischen Vertreter der sogenannten Konfektionsschlepper. Kaum ein wichtiges Bauteil fertigte Kulmus selber, vielmehr bezog man den 22-PS-Motor von Deutz und das Getriebe von ZF. Gleichwohl gehörten Zapfwelle, Riemenscheibe, Seilwinde und Mähantrieb serienmäßig zu dem Traktor, der jedoch so rasch, wie er zusammengeschraubt worden war, wieder vom Markt verschwand.

Kulmus-Traktor (Auswahl)

Typ/Bezeichnung	Baujahr	Motorleistung PS	Zylinder	Takt	Gänge	Gewicht kg
DKE 22	1949	22	2	4	4/1	1700

Lamborghini

Lamborghini-Traktoren-Vertrieb, 6080 Groß-Gerau

Für Automobilfreunde zählen Lamborghini-Sportwagen zum Exklusivsten! Immer nur in beschränkter Stückzahl gebaut, genießen sie aufgrund ihrer Formgebung, der Verarbeitung und nicht zuletzt des Preises eine Sonderstellung selbst im Feld der Luxussportwagen. Doch ist es kein Geheimnis, daß die Lamborghini-Sportwagenfertigung seit Beginn der Ölkrise mehrfach harte Zeiten durchzustehen hatte. So trennte sich der Firmengründer Ferrucio Lamborghini schon vor Jahren von der Firma Automobili F. Lamborghini S.p.a., um statt dessen seine Kraft auf einen zweiten, scheinbar profitableren Bereich seiner industriellen Aktivitäten zu konzentrieren: die Traktorenfertigung. Luxussportwagen und Trakto-

ren haben also – zumindest bei Lamborghini – durchaus etwas miteinander zu tun. Eleganz, Komfort und Technik sind hier wie dort gefragt, und der Stellenwert, der im einen Falle der Geschwindigkeit zukommt, nimmt im anderen Falle die Kraft ein.

Lamborghini hat nie verhehlt, daß man wichtige Elemente der Automobilherstellung für den Traktorenbau nutzbar zu machen bestrebt war. »Für den Anspruchsvollsten an erster Stelle«, hieß es in Anzeigen, und naheliegende Assoziationen wecken sollte auch der Slogan »Der Schönste und Stärkste im Design und Ausstattung«. Aus der Luft gegriffen waren diese Vorstellungen nicht. In Italien rangierten die im nahe bei Bologna gelegenen Pieve di Cento gebauten Lamborghini-Traktoren seit Jahrzehnten in der Spitzengruppe der meistgekauften

Fabrikate. 1967 beispielsweise erreichte das Werk immerhin einen Marktanteil von 5,8%, was neuzugelassenen 2926 Fahrzeugen entsprach. Damit lag Lamborghini immerhin vor so bekannten Herstellern wie Ford und Massey-Ferguson!

Den Weg auf den deutschen Markt schlug der italienische Traktorenhersteller erst Anfang der siebziger Jahre ein. 1974 präsentierte man auf der Frankfurter DLG-Ausstellung auf einem Gemeinschaftsstand italienischer Landmaschinenhersteller den 47 PS starken Raupenschlepper C 503 S, der mehr noch als für die Landwirte für Bauunternehmungen interessant war. Doch zwei Jahre später in München wartete Lamborghini mit einem auch für deutsche Verhältnisse zugeschnittenen Traktorenprogramm mit Fahrzeugen zwischen 47 und 102 PS Leistung auf.

Lamborghini-Traktoren zeichnen sich seit Jahrzehnten durch Eleganz und Allradantrieb aus

Zum Vorstoß in die Rangliste der zwanzig meistzugelassenen Traktoren reichte es allerdings erst 1978, als mit 209 Neuzulassungen ein Marktanteil von 0,4 % errungen werden konnte. In ihm fanden unter anderem die massiven Anstrengungen Eingang, mit denen die inzwischen in Groß-Gerau ansässige Lamborghini-Vertriebsgesellschaft auf der Frankfurter DLG-Ausstellung aktiv geworden war. Dreizehn verschiedene Radschleppertypen mit Leistungen zwischen 34 und 105 PS beeindruckten die Besucher ebenso wie vier Raupenschleppermodelle mit 34- bis 62-PS-Motoren. Als Folgewirkung ist möglicherweise auch die wesentliche Steigerung der Zulassungszahlen im Jahr 1979 zu deuten, die zu einem Marktanteil von 0,6 % führte. In den nächsten Jahren vermochte Lamborghini die einmal errungene Position einigermaßen zu halten, ehe das Unternehmen 1983 wieder auf die Größenordnung des Jahres 1978 zurückgeworfen wurde.

Kennzeichen der trotz ihrer Stärke durchaus eleganten Lamborghini-Traktoren ist unter anderem die Tatsache, daß die Komponenten weitgehend eigener Fertigung entstammen. Motoren, Getriebe und Allradachsen stammen aus Cento und fügen sich gut zueinander. Einiges zugute hält sich Lamborghini ferner auf den Allradantrieb, der bei jedem Modell wahlweise angeboten wird, sowie den Komfort. Bei den Traktoren der gehobenen Leistungsstärke sorgt beispielsweise die über Thermostat regulierte Heizungs- und Belüftungsanlage für gleichbleibende Temperaturen in der Kabine, und auch was die übersichtliche Anordnung der Bedienungsinstrumente anbelangt, merkt der Traktorfahrer schon, daß er es mit einem Lamborghini zu tun hat. Nur, für größere Marktanteile reichte dies bislang in Deutschland nicht aus. Seit Mitte der achtziger Jahre versucht Lamborghini, dieses Ziel der Marktanteilsaufstockung zusammen mit dem italienischen Traktorenhersteller Same und der Schweizer Traktorenschmiede Hürlimann zu erreichen.

Lamborghini-Traktoren (Auswahl)

Typ/Bezeichnung	Baujahr	Motorleistung PS	Zylinder	Takt	Gänge	Gewicht kg
R 235	1977	34	2	4	6/2	1410
R 503 DT	1977	47	3	4	12/3	2040
854 DT	1977	82	4	4	12/3	3600
Raupe 553	1984	53	3	4	8/4	2700
653	1984	62	3	4	12/3	2580
955 DT	1984	92	5	4	12/3	3700
1156	1984	115	6	4	12/3	4340
674-90	1986	70	4	4	20/20	2760
874-90	1986	88	4	4	20/20	3000
1506	1986	145	6	4	24/12	5895
1706 DT	1986	165	6	4	24/8	6275

Lanz

Heinrich Lanz AG, 6800 Mannheim

Wenn es das Ziel eines jeden Unternehmens ist, seinen Erzeugnissen einen möglichst unverwechselbaren Markennamen zu geben, dann ist dies Lanz bei seinen Traktoren in geradezu einmaliger Weise gelungen! Die Bezeichnung Bulldog, 1921 erstmals für den von Dr. Fritz Huber (1881–1942) konstruierten selbstfahrenden 12-PS-Rohölmotor eingeführt, hat sogar in den Duden Eingang gefunden, wo sie als Synonym für »Zugmaschine« schlechthin erläutert wird. Und tatsächlich, insbesondere in Süddeutschland ist unter Bauern auch heute noch vom »Bulldog« die Rede, geht es um Schlepper oder Traktoren. Sucht man nach Gründen für diese Wandlung einer Produktbezeichnung zum Gattungsbegriff, kann der Zahl der insgesamt produzierten Bulldogs dafür schon einige Bedeutung zugemessen werden. Bis 1956, dem Jahr, in dem der US-Landmaschinen-Konzern Deere die Aktienmehrheit

an der Lanz AG erwarb, rollten 200 000 Bulldogs aus den Mannheimer Werkshallen, und bis zum endgültigen »Aus« der Bulldogs 1959 stieg ihre Zahl noch auf 219 253. Doch so respektabel die im Laufe von 39 Jahren vollbrachte Produktionsleistung auch ist, Ford schaffte bei seinem Fordson-Traktor ein beträchtlich höheres Ergebnis allein in den drei Jahren zwischen 1923 und 1925. Am Produktionsergebnis allein kann es also nicht gelegen haben, vielmehr muß anderes hinzukommen, was den Lanz-Traktoren ihren bis in die Gegenwart ungebrochen anhaltenden legendären Ruf verschafft hat.

Von nicht zu unterschätzendem Einfluß ist dafür sicher das Aussehen der Lanz-Traktoren. Dies gilt beispielsweise für den in den Bulldog eingebauten Glühkopfmotor mit seinem eigentümlich geformten Zylinderkopf und der darüber angebrachten Schutzkappe samt Entlüftungslöchern, der der Frontpartie durchaus Ähnlichkeiten mit dem Kopf einer Bulldogge

verleiht. Kaum weniger auffallend ist aber auch der nach oben gerichtete Auspuff, dessen als Doppelkegel gestaltete Form des Funkenfängers selbst heute noch auf Oldtimer-Treffen die Blicke der Besucher gleichsam magisch anzieht. Und bullig sahen die Bulldogs bis zu Beginn der fünfziger Jahre allemal aus. Für ein kraftvolles Erscheinungsbild aber haben die Bauern stets etwas übrig gehabt, denn nur Stärke bürgte dafür, daß der Pflug durch den Acker gezogen, die Dreschmaschine angetrieben und die vollbeladenen Ackerwagen zum Hof geschleppt werden konnten. Unterstrichen wurde dieser Eindruck zusätzlich durch den typischen Bulldog-»Sound«. Nur ein langsamlaufender 1-Zyl.-2-Takt-Motor ist in der Lage, jeden Ausstoßtakt als dumpfen Hammerschlag zu intonieren, der zudem begleitet wird von der Vibration des gesamten Fahrzeugs. Gesagt wurde, daß man mit dem Bulldog beim Unterfahren von Apfelbäumen die reifen Äpfel mit dem vertikalen Auspuffdruck herunterschütteln konnte!

Man würde indes den Bulldogs nicht gerecht, beließe man es bei der Suche nach Gründen für ihren jahrzehntelangen Erfolg bei der Auflistung von Äußerlichkeiten. Ohne die in Acker und Flur vollbrachten Leistungen hätte alles Aussehen den Mannheimer Traktoren wenig genützt. In der Leistung aber überzeugten die Bulldogs bereits zu einer Zeit, da anderen Fabrikaten der Ruf vorauseilte, mehr defekt denn betriebsbereit zu sein. Auf die Einsatzbereitschaft der Lanz-Schlepper konnten die Bauern sich selbst in den Arbeitsspitzen verlassen, wenn es darum ging, die Saat in die Erde und das Korn in die Scheune zu bringen. Der Bulldog, robust, einfach, belastbar, unempfindlich und langlebig, um nur einige der zahllos in Zuschriften an den Hersteller aufgezählten Eigenschaften anzuführen, machte es möglich. Nur: Zeitlos war der Bulldog denn doch nicht. Zu langes Festhalten am Konzept des 1-Zyl.-Glühkopf-

Bahnbrechend: Fritz Hubers HL-Bulldog

Während des 1. Weltkriegs baute Lanz den Landbaumotor mit Moorbereifung

motors, wenig glückliche Modifikationen an den Fahrzeugen zu Beginn der fünfziger Jahre und der Bau des bahnbrechenden, aber technisch an dem nicht ausgereiften Motor gescheiterten Geräteträgers Alldog blieben nicht ohne Wirkung. Lanz, wo man zu Recht für sich in Anspruch nehmen konnte, während der Zwischenkriegszeit jahrelang über die Hälfte aller in Deutschland gebauten Traktoren hergestellt zu haben, büßte zu Beginn der fünfziger Jahre bei den Inland-Neuzulassungen seine uneingeschränkte Spitzenstellung ein. 1956, im Jahr des Einstiegs von Deere, reichte es beispielsweise hinter KHD und Hanomag nur zu Rang drei, wobei der Vorsprung vor dem Vierten, Fendt, gerade noch 400 Traktoren betrug. Das Ende von Lanz als selbständiges Unternehmen und damit auch das Auslaufen der Bulldog-Produktion warf hier seine unübersehbaren Schatten voraus.

Die Geschichte des Landmaschinenunternehmens und lange Zeit größten Traktorenherstellers Deutschlands Lanz reicht weit zurück ins 19. Jahrhundert. 1859 legte Heinrich Lanz den Grundstein, als er – unmittelbar nach dem Eintritt ins väterliche Speditionsgeschäft – einen Handel mit landwirtschaftlichen Maschinen eröffnete. Wie kein anderer zuvor

setzte er dabei auf britische Technologie, die im Rufe stand, führend in der Welt zu sein. Doch bald schon beließ er es nicht nur bei der Warenvermittlung. Über die Reparatur der ausgelieferten Maschinen fand er 1867 zur Eigenfabrikation zunächst kleinerer Landmaschinen wie Göpel, ehe er zwölf Jahre später, 1879, den Einstieg in den Dampflokomobilen- und Dampfdreschmaschinenbau wagte. Von nun an aber gab es für das Wachstum des Unternehmens von Heinrich Lanz kein Halten mehr. Zum größten Industriebetrieb Mannheims stieg man auf, mit 3655 Beschäftigten im Jahre 1909, dem 50. Jahr des Firmenbestehens. Was aber war während dieses halben Jahrhunderts in Mannheim nicht alles für die Landwirtschaft hergestellt worden! Runde 610 000 Landmaschinen, darunter etwa 24 000 Lokomobilen und 15 800 zugehörige Dreschmaschinen, trugen den Namen Lanz und machten ihn in nahezu allen Landwirtschaften der Erde populär. Doch die Zeit des Dampfes neigte sich in der Landwirtschaft unübersehbar dem Ende zu. Bei Lanz erkannte man dies und startete 1912 einen ersten Versuch mit einem motorisierten Selbstfahrer. Der »Landbaumotor Lanz, System Köszegi« verfügte über einen 4-Zyl.-Benzinmotor mit 80 PS Leistung und wog beachtliche

4800 kg. Als Fräse konzipiert, befand sich heckwärts montiert eine Hauenwelle, die, man höre und staune, bereits hydraulisch angehoben und abgesenkt werden konnte. Schwerfällig aber blieb die Zugmaschine allemal, weshalb es bemerkenswert ist, daß bis 1916 nur etwa 120 dieser Maschinen verkauft wurden. Mit zunehmender Kriegsdauer aber war für den Landbaumotor in der Landwirtschaft keine Verwendung mehr vorgesehen. Nun wurde er als Heereszugmaschine eingesetzt und kam selbst in einer Version als Raupenschlepper zur Auslieferung.

Spätestens mit dem Eintritt von Fritz Huber in das Werk im Jahre 1916 hatte man erkannt, daß technisch andere Wege einzuschlagen seien, sollte die Motorisierung der Landwirtschaft gelingen.

Huber setzte dabei vor allem auf den Glühkopfmotor, eine dritte Motorenart neben Vergaser (Otto-) und Dieselmotor. Glühkopfmotoren waren schon seit der Jahrhundertwende als Motoren für kleinere Schiffe bekannt und wegen ihrer ventillosen, einfachen und robusten Bauart als 2-Takt-Motoren und wegen des Betriebs mit billigem Schweröl oder beliebigen anderen flüssigen Kraftstoffen im Schiffbau verbreitet. Die Funktion des Glühkopfmotors sei kurz skizziert:

Verdampfer-Raupenbulldog bei der Rübenernte

Beim 2-Takt-Verfahren ohne gesteuerte Ventile wird die Frischluft im Kompressionshub bekanntlich von der Kolbenrückseite in den Kurbelkasten des Motors eingesaugt und, darin eingeschlossen, beim Arbeitshub vorkomprimiert.

Kurz vor dem Totpunkt des Kompressionshubs vom Kolben wird von einer Einspritzpumpe der Kraftstoffstrahl durch eine Düse auf den ständig glühenden Glühkopf in der Vorkammer gespritzt, so daß er in der komprimierten Verbrennungsluft explosionsartig verbrennt und den Motor im Arbeitshub antreibt.

Der Glühkopf aber muß stets eine Temperatur von 360 bis 390° haben. Zum Starten des Glühkopfmotors sah Huber daher eine einfache Lötlampe mit offener Flamme zum Aufheizen des Glühkopfes vor. Diese Prozedur nahm zwar etliche Minuten Zeit in Anspruch, was heutzutage gerne, einer Zeremonie gleich, vorgeführt wird. Das Anheizen der Bulldog-Mo-

toren hatte jedoch den großen und gegenüber anderen Motoren entscheidenden Vorteil, daß sie auch bei größter Kälte zuverlässig ansprangen.

Der Fahrer zog zum Starten von Hand – elektrische Anlasser und Batterien gehörten damals noch nicht zur Ausstattung von Schleppern – das Lenkrad mit seiner Achse aus der Fahrzeuglenkung heraus und steckte es in das stillstehende Schwungrad des quer angeordneten liegenden Bulldog-Motors ein, um ihn durch Hin-und-her-Drehen des Lenkrades bis kurz vor den Totpunkt so weit aufzuschaukeln, daß der Kraftstoff eingespritzt wurde und der Motor sofort ansprang.

Das Herausziehen des mit dem Schwungrad rotierenden Lenkrades aber war gefährlich und erforderte einiges Geschick. Das hat manchem Bulldog-Fahrer Zähne oder sogar einen Unterkieferbruch gekostet.

Das Hantieren mit der offenen Flamme der Lötlampe in einer mit Stroh oder Heu gefüllten Scheune und der gelegentliche Funkenflug aus dem Auspuff-»Schornstein« war so feuergefährlich, daß der Betrieb der Bulldogs innerhalb von Scheunen verboten wurde.

Dennoch, diese Nachteile wurden durch andere Vorzüge wettgemacht, insbesondere durch die erheblichen Einsparungen an Kraftstoffkosten bei der Verwendung billigen »Gasöls«, wie es damals hieß, und anderer Kraftstoffe. Vorteilhaft waren auch der zuverlässige Start, die einfache und robuste Bauart mit nur einem Zylinder ohne Ventile und die leichte Instandhaltung des Motors.

Es gelang Huber nach langen Bemühungen, den bis dahin noch bestehenden Mangel der Glühkopfmotoren, im Leerlauf zu kalt zu werden und stehenzubleiben, durch wesentliche Verbesserungen zu beheben.

1921 war es dann soweit. Das Ende der Fabrikation der teuren, schweren und schwerfälligen Dampfmaschinen war bei Lanz vorauszusehen. Rechtzeitig stand der erste serienreife Bulldog für die nachfolgende Produktion von Antriebsaggregaten der Landwirtschaft zur Verfügung, er kostete nur einen Bruchteil der Dampflokomotiven, war leicht ortsbeweglich und mit billigem Kraftstoff zu betreiben, das heißt, der Bulldog benötigte keinen ständigen Nachschub von großen Mengen Kohle und Wasser.

Die Maschine mit dem querliegenden, verdampfungsgekühlten 1-Zylinder-Glühkopfmotor und seinem großen Schwungrad als Riemenscheibe wurde denn auch angeboten als: »einzylindriger, selbstfahrender Schwerölmotor Bulldog, der bei Leerlauf nicht stehenbleibt, sondern gleichmäßig, wie bei Vollast jede Zündung ausführt«. Einzylindrig war kein Schreibfehler, sondern eine Eigenschaft, denn Huber prägte damals den Satz: »Der Bulldog kann nicht einzylindrig genug sein«, ein Satz, der zwei Jahrzehnte lang richtig war, nach drei Jahrzehnten der Firma Lanz aber zum Verhängnis wurde.

Der HL-Bulldog wurde als Selbstfahrer geliefert: »Es ist nicht beabsichtigt, die Maschine als Schlepper zu benutzen, sondern sie soll vorwiegend als feststehende Betriebsmaschine arbeiten, und die Fahreinrichtung soll nur zur gelegent-

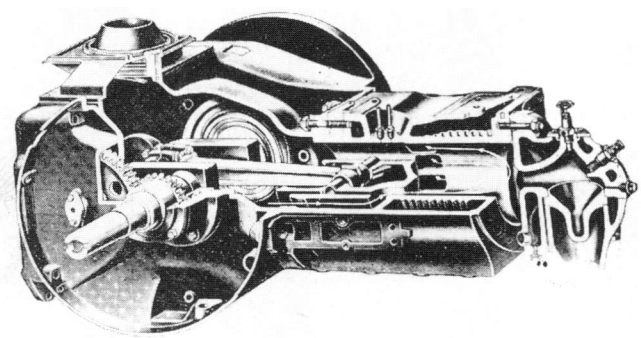

Einfach und robust:
der Glühkopfmotor

Als Hackfruchtschlepper fand der Lanz-Bulldog in Deutschland nur wenige Freunde

lichen Ortsveränderung, auch unter Mitnahme der Arbeitsmaschine (sprich Lanz-Dreschmaschie) dienen.«

Der Selbstfahrer-Bulldog hatte daher noch kein Schaltgetriebe, die Anfahrkupplung war im großen seitlichen Schwungrad untergebracht, man konnte nur mit einer Geschwindigkeit fahren. Zum Rückwärtsfahren schaukelte der Fahrer den Motor durch Gaswegnehmen in die andere Drehrichtung um. Außerdem war der »Gespannbulldog« ohne Fahrantrieb mit einer Zugdeichsel für ein Pferdegespann und der »Ortbulldog« für stationären Betrieb lieferbar.

Natürlich versuchten die Bauern, den Selbstfahrerbulldog auch als Schlepper auf dem Acker zu benutzen – mit schlechtem Erfolg. Huber und seinen Mitarbeiter Lentz veranlaßte dies, den Bulldog zu einem frontlastigen, allradangetriebenen »Ackerbulldog« mit großen Vorderrädern und kleinen Hinterrädern, mit großer Zugkraft und Wendigkeit durch Knicklenkung weiterzuentwickeln. Dieser ᛁP-Ackerbulldog, der seiner Zeit um etwa drei Jahrzehnte voraus war – siehe Holder-Knickschlepper – kam bereits 1923 auf den Markt, mitten in der Inflationszeit, so daß nur 723 Stück verkauft werden konnten. Der Bulldog mußte also als Schlepper erheblich abgespeckt werden, um verkäuflich zu sein.

Aber zur gleichen Zeit hatte Lanz noch ein zweites Eisen im Feuer bzw. auf dem Traktorenmarkt. Der »Felddank« verfügte über einen 2-Zyl.-Glühkopfmotor, war 38 PS stark und mit 4,2 Tonnen mehr als doppelt so schwer wie der Ackerbulldog. Seine Form entsprach schon eher der des später üblich gewordenen Traktors. Er hatte zwei gefederte Achsen, und auch in der Leistung überzeugte er so, daß ihm anläßlich eines Reichswettbewerbs der mit 100 000 Reichsmark dotierte erste Preis zuerkannt wurde. Nur – auf den Verkauf blieb dies nahezu ohne Einfluß. Um 800 zwischen 1923 und 1925 produzierte Einheiten ließen den Hersteller jedenfalls wiederum nicht auf seine Kosten kommen.

Tiefgreifende Veränderungen brachte für Lanz das Jahr 1925. Aus der offenen Handelsgesellschaft wurde am 15. November eine Aktiengesellschaft mit einem Grundkapital von 12 Millionen Reichsmark. Die Aktien behielt zwar noch die Familie, doch der Einfluß der Banken wurde unübersehbar stärker. Zusammen leitete man umfangreiche Rationalisierungsmaßnahmen ein, die sich auf dem Gebiet des Traktorenbaus auswirkten.

Der Felddank wurde aus dem Programm gestrichen, ebenso der Ackerbulldog, der zu einem Ackerschlepper mit Hinterachsantrieb durch große Triebräder und mit normaler Lenkung durch kleine Vorderräder verbilligt wurde. Die Leistung des unveränderten Bulldogmotors ließ sich durch Drehzahlerhöhung auf 22/28 PS steigern, und mit einem 4-Gang-Schaltgetriebe ohne Rückwärtsgang ging der HR 2-Lanz-Großbulldog in die Serienfertigung, als erster Schlepper in Deutschland auf dem Fließband montiert. Infolge seines günstigen Preises von 5600 Reichsmark schlug er gut ein und konnte binnen drei Jahren bereits mit 7230 Stück verkauft werden. Im direkten Vergleich zeigte er sich dem zu leichten Fordson vor allem beim Pflugeinsatz als überlegen, doch im Ausland schätzte man die Verdampfungskühlung wegen des täglichen Wasserbedarfs nicht.

Lanz ging deshalb 1929 auf Thermosyphonkühlung mit Lamellenkühler und einem seitlich quer angeordneten Kühlventilator über und fügte dem Schaltgetriebe einen Rückwärtsgang ein.

In der Version des HR 5, auch als 15/30-PS-Ackerbulldog bezeichnet, leistete er 30 PS, während der HR 6 oder 22/38-PS-Ackerbulldog über 38 PS verfügte. Von beiden Typen zusammen wurden zwischen 1929 und 1934 rund 11 000 Einheiten an Kunden im In- und Ausland geliefert, was allerdings nicht hinreichte, um Lanz vor den Auswirkungen der Weltwirtschaftskrise der beginnenden dreißiger Jahre zu schützen. Erstmals in der Firmengeschichte brachte nämlich das Geschäftsjahr 1930 einen Betriebsverlust, und das gleich in der Höhe von fast 1 Million Reichsmark. Kaum besser schloß das Geschäftsjahr 1931 ab, so daß es schon der Hilfe der Banken bedurfte, um das Unternehmen fortzuführen.

Die sich hier bietende Chance aber nutzte das Flaggschiff der deutschen Landmaschinenindustrie gut. Ab 1932 brachte man die HN-Modellreihe, beginnend mit einem 20-PS-Traktor, auf den Markt, dessen besonderes Merkmal ein 6-Gang-Getriebe mit drei Acker- und drei Verkehrsgeschwindigkeiten wurde. Auch besaß der HN 1 eine außenliegende Zapfwelle, die auf eine von der Fahrgeschwindigkeit unabhängige Drehzahl und für die drei Ackergeschwindigkeiten auf geschwindigkeitsabhängige Drehzahlen geschaltet werden konnte. Auffällig war ferner die über den Bosch-Öler bewirkte zentrale Schmierung der Gelenke, was zwar tech-

War fast nicht kleinzukriegen: 20-PS-Bulldog D 3506

nisch attraktiv, in der Herstellung jedoch viel zu teuer wurde. So blieb es bei rund 670 hergestellten Traktoren dieses anspruchsvollen Typs, wozu außerdem noch die Hackschlepper zu zählen sind, die ab 1931 in wenigen Exemplaren nach amerikanischem Vorbild als Dreiradfahrzeuge mit großen Hinterrädern die Mannheimer Werkshallen verließen.

Technisch einfach und den Bedürfnissen der Bauern eher entsprechend, stellte Lanz ab 1934 das Modell HN 2 her. Diesmal hatte man die Zapfwelle zur Zusatzausstattung erhoben; auch war die Zentralschmierung abgeschafft und durch ein Tropföler-System ersetzt worden. Dafür aber war der HN 2 auf Wunsch mit Ackerlufttreifen lieferbar, was seine Verwendbarkeit wesentlich verbesserte.

Um dem Wunsch nach höherer Motorleistung zu entsprechen, wurde in einer weiteren Variante, dem Modell HN 3, die Drehzahl des Motors auf 850 U/min erhöht, was eine Leistungssteigerung auf 25 PS zur Folge hatte. Mit diesen und weiteren Zugmaschinen stand Lanz nach 1933 einsetzenden Wirtschaftsaufschwung einigermaßen gerüstet gegenüber. Die Verkaufszahlen stiegen, und aus den Verlusten wurden bald wieder ordentliche Gewinnabschlüsse. Mit den stärkeren Modellen HR 7 und HR 8, im Aufbau den HN-Bulldogs ähnlichen Zugmaschinen mit 30 bzw. 35 und 38 bzw.

45 PS, verbesserte das Unternehmen zudem seine Marktchancen weiter. 1935 heißt es im Geschäftsbericht von Lanz denn auch: »Die neuen Traktortypen der Firma haben sich ausgezeichnet bewährt«, was die Firmenleitung veranlaßte, binnen Jahresfrist die Belegschaft um 1300 auf 5548 Mitarbeiter aufzustocken. Die Lanz-Traktorenreihe erfuhr in den dreißiger Jahren eine Bereicherung unter anderem durch die 1934 in Serie gegangene 55-PS-Bulldog-Raupe HRK, den 1936 erstmals ausgelieferten 55-PS-Eilbulldog sowie verschiedene Verkehrsbulldog-Varianten. Im gleichen Jahr übrigens verließ der 65 000ste Bulldog das Mannheimer Werk, dessen Ruf allen politischen Diskussionen zum Trotz im Ausland ausgezeichnet war. Nur so ist es zu erklären, daß 1938 beinahe jeder zweite vom Fließband kommende Bulldog in den Export ging. Daneben behielt Lanz aber auch die klein- und mittelbäuerlichen Betriebe im Visier. Der 1939 erstmals auf der Reichsnährstandsschau in Leipzig vorgestellte 15-PS-Allzweck-Bauernbulldog fand größte Resonanz nicht nur, weil er mit 2750 Reichsmark der billigste in Deutschland gebaute Traktor überhaupt war, sondern weil er mit elektrischem Anlasser, verstellbarer Spurweite, großer Bodenfreiheit, hydraulischem Krafthebel und luftbereiften Speichenrädern ein durchaus schlüssiges Motorisierungsan-

16-PS-Lanz-Allzweck-Bauernbulldog von 1951

gebot an die Bauern darstellte. Er rundete die Lanz-Bulldogreihe im unteren Leistungsbereich ab, die nun aus sechs Grundtypen zwischen 15 und 55 PS bestand. Ihr Konstrukteur, Fritz Huber, aber erhielt 1941 von der Universität Halle den Ehrendoktor rer. nat. h. c. verliehen, »nach einem Vierteljahrhundert erfolgreicher Arbeit am deutschen Ackerschlepper, dem er Weltgeltung verschafft hat«. Jäh unterbrochen wurde der Lanz-Schlepperbau durch den Zweiten Welt-

krieg. Zwar konnte 1942 noch der 100 000ste Bulldog ausgeliefert werden, doch dann wirkten sich die kriegsbedingten Produktionshemmnisse voll aus. Ab 1943 hieß es die Bulldogs auf Holzgasbetrieb umzurüsten, was sich insofern problematisch gestaltete, als hier das Gas-Dieselöl-Verfahren zur Anwendung gelangte, welches von der Regierung ungerne gesehen wurde und darüber hinaus eine eigene Technik erforderte. Die Erfindung der Gasschleuse machte es

möglich, daß schließlich doch fast bis zum Kriegsende Lanz-Traktoren gebaut werden konnten.

Der Neuanfang des Mannheimer Traktorenbaus 1945 litt stark unter den zu 90 % zerstörten Werksanlagen. Vorrang in der Produktion hatten außerdem Ersatzteile, galt es doch zunächst einmal, die rund 40 000 noch in Deutschland laufenden Bulldogs einsatzbereit zu halten. Dann aber konnte doch wieder mit der Fabrikation neuer Schlepper begonnen werden. Zunächst brachte man es auf einen 25-PS-Ackerluft-Bulldog täglich, doch 1948 waren es bereits deren wieder vier. Dies bedeutete gleichzeitig das Startzeichen für die konstruktive Weiterentwicklung der Fahrzeuge. Sie führte zu dem mit ölhydraulischem Kraftheber und günstigen Geräteanhängevorrichtungen ausgerüsteten 25-PS-Allzweck-Bulldog, dem rasch ein 20-PS- und ein 16-PS-Modell folgten. Letzteres fiel unter anderem durch den seitlich angeordneten Glühkopf und den ohne Doppelkegel nach oben geführten Auspuff auf. Er leitete vom Aussehen her über zu der 1952 in Serie gegangenen neuen Lanz-Traktoren-Generation, den sogenannten Halbdiesel-Bulldogs. Zuvor jedoch präsentierte Lanz auf der Hamburger DLG-Ausstellung 1951 den von Professor Wilhelm Knolle entwickelten Geräteträger Alldog. Konkurrenten wie Freunde von Lanz zeigten sich von dem Fahrzeug überrascht, dessen konstruktive Vorfahren der Endressche Packesel oder auch der Farmax von Gutbrod waren. Immerhin bot der Alldog vier Arbeitsräume, vor dem Fahrzeug, unter dem Fahrzeug, auf und hinter dem Fahrzeug, hydraulische Betätigung der Arbeitsgeräte, eine Pritsche mit Ladekapazität bis zu 0,75 Tonnen Tragkraft, nur der 12-PS-Benzinmotor war nicht serienreif und trug zum Niedergang der Firma bei. Bald schon sprach man von dem mit so viel technischem Wissen ausgestatteten Alldog des Motorengeräuschs wegen vom »Knalldog«, eine Verballhornung, von der sich das Fahrzeug allerdings nicht mehr erholte.

Große Hoffnungen setzte Lanz auf die von Knolle entwickelten Halbdiesel-Bulldogmotoren, die den geringen Dieselkraftstoffverbrauch bester Dieselmotoren erreichten und ein Drittel des Kraftstoffverbrauchs der Glühkopfmotoren einsparten. Das war eine beachtliche Inge-

Lanz-Geräteträger Alldog mit aufmontiertem Transportkasten

nieurleistung, zumal der liegende Halbdieselmotor infolge seiner leichteren Kolben den Schlepper in Längsrichtung weniger »schüttelte« als der Glühkopfmotor. Die Schüttelschwingung war für die Fahrer unangenehm und auf die Dauer gesundheitsschädlich. Diese Schüttelschwingungen treten bei stehend angeordneten Motoren nicht auf. Das hatte sich auch bei den Bauern herumgesprochen. Die Zeiten, in denen der Dorfschmied den einzylindrigen Bulldog-Motor überholen konnte, waren auch längst vorbei. Es ist tragisch, daß die berühmte Firma Heinrich Lanz Mannheim eigentlich daran zugrunde gegangen ist, daß ihre leitenden Kaufleute den Slogan von der Einzylindrigkeit nicht aufgeben wollten.

Lanz spürte diese Skepsis und versuchte durch intensive Öffentlichkeitsarbeit gegenzusteuern. So machte das Werk die Auslieferung des 150 000sten Bulldog 1953 zu einem weitbeachteten Ereignis, welches man mit dem Hinweis verband, daß sich noch immer vier Fünftel aller von Lanz gebauten Bulldogs im Einsatz befänden!
Diese Aktivitäten verschafften dem Werk noch einmal Auftrieb. Bis 1956 produzierte Lanz weitere 50 000 Bulldogs, ein Ergebnis, für das man bei Beginn des werkeigenen Traktorenbaus ganze zwei Jahrzehnte gebraucht hatte. Zum nachhaltigen wirtschaftlichen Erfolg aber langten selbst diese Produktionszahlen nicht. Zwar verdoppelten die Lanz-Aktien zwi-

schen 1953 und 1955 ihren Kurs, auch schüttete das Unternehmen wieder eine von den Aktionären begrüßte Dividende aus, die Verbindlichkeiten des Unternehmens aber stiegen in zuvor ungeahnte Höhen. Ein Gewitter braute sich da Mitte der fünfziger Jahre über Lanz zusammen, so daß trotz der Traktorenproduktion, die gerade mit 16 779 Schleppern und 2072 Alldogs die höchste war, die das Unternehmen während seiner Selbständigkeit zuwege brachte, keine rechte Freude mehr aufkommen wollte. Und tatsächlich, ein Jahr später mußte das traditionsreiche und aus der Traktorengeschichte nicht wegzudenkende Unternehmen Heinrich Lanz froh sein, in John Deere einen »Retter« gefunden zu haben.

Lanz-Traktoren (Auswahl)

Typ/Bezeichnung	Baujahr	Motorleistung PS	Zylinder	Takt	Gänge	Gewicht kg
Landbaumotor	1913	80	4	4	3/1	5500
HL Bulldog	1921	12	1	2	1/1	1650
HP Bulldog	1923	12	1	2	1/1	1960
Felddank	1924	38	2	2	3/1	4200
HR 2 Großbulldog	1926	28	1	2	4/–	3840
HR 5 Kühlerbulldog	1929	30	1	2	3/1	2650
HN 1 Ackerbulldog	1932	20	1	2	6/2	2900
HN 3 Ackerbulldog	1934	25	1	2	6/2	–
HR 7 Ackerluft-Bulldog	1934	30	1	2	6/2	3600
HR 8 Ackerluft-Bulldog	1934	35	1	2	6/2	3870
Raupe HRK	1934	55	1	2	6/2	5000
HR 9 Eilbulldog	1936	55	1	2	6/2	4250
Allzweck-Bauern-Bulldog	1939	15	1	2	6/2	1200
Ackerluft-Bulldog	1939	20	1	2	6/2	1900
Ackerluft-Bulldog	1940	35	1	2	6/2	3300
Acker-Bulldog	1940	55	1	2	3/1	3600
Holzgas-Bulldog	1943	25	1	–	6/2	–
Holzgas-Eilbulldog	1943	40	1	–	5/1	–
D 7506	1949	25	1	2	6/2	2260
D 8506	1949	35	1	2	6/2	3650
D 9506	1949	45	1	2	6/2	3850
D 1561 Raupe	1949	55	1	2	6/2	5220
D 5506	1950	16	1	2	6/2	1100
Alldog	1952	12	1	2	6/2	980
D 1706	1952	17	1	2	6/2	1150
D 2806	1952	28	1	2	6/2	2100
D 3606	1953	36	1	2	6/2	2390
D 1616	1955	16	1	2	6/2	1360
D 2416	1955	24	1	2	6/2	1590
D 5016	1955	50	1	2	6/2	3620
D 6016	1955	60	1	2	6/2	4020
D 1106 Bulli	1956	11	1	2	6/2	870

LHB

LHB – Linke-Hofmann-Busch, Waggon-Fahrzeug-Maschinen GmbH, 3321 Salzgitter-Watenstedt

Aus der schlesischen Geschichte ist die Figur des Rübezahl, jenes gutmütig strengen Berggeistes aus dem Riesengebirge, nicht wegzudenken. Daß der Rübezahl darüber hinaus aber auch in der Traktorengeschichte eine beachtliche Rolle gespielt hat, dürfte nur mehr wenigen bekannt sein. Dabei konnte sich der »50-PS-LHB-Großkraftschlepper ›Rübezahl‹« unter den Zugmaschinen der Zwischenkriegszeit durchaus sehen lassen: Als Raupenfahrzeug besaß er nicht nur hervorragende Bodenhaftung, er bot vielmehr insbesondere hinsichtlich Laufwerk und Steuerung so viel technisches Know-how, daß die Landwirte, allen voran schlesische Großgrundbesitzer, die Bezeichnung »Rübezahl« nicht nur als werbewirksamen Gag, sondern auch als Gütezeichen anerkannten. Mit einem solchen Erfolg hatten die Linke-Hofmann-Busch-Werke in Breslau nicht rechnen können, als sie, die weltberühmte und traditionsreiche Lokomotiv- und Waggonbaufabrik, 1926 mit der Entwicklung von Raupenschleppern begannen. Denn gerne unternahm man diesen Ausflug in den Nutzfahrzeugbau nicht. Ungenutzte Kapazitäten verlangten vielmehr nach Auslastung, und da schien die Motorisierungsbereitschaft der Landwirtschaft einen Ausweg zu bieten, zumal der wenige Jahre zuvor gebaute Linke-Dieselmotor in Industrie und Wirtschaft guten Absatz fand.

Experimentiert wurde bei LHB zwar von Anfang an mit Diesel-Raupenfahrzeugen, doch kurz vor Produktionsbeginn entschieden sich die Konstrukteure anders. Der Raupenschlepper Typ »A« verfügte über einen von Kämper, Berlin, gelieferten 50-PS-Benzinmotor, dessen besonderer Vorzug sein niedriges Gewicht war. Darüber hinaus verfügte er über einen besonderen Kühler und Filter für das

Schmieröl, wodurch bei einem Verbrauch von arbeitstäglich etwa anderthalb bis zwei Litern die Abnutzung der Motorenteile nachhaltig verringert werden konnte. Ebenso wie der Typ »A« hatte auch die 1927 von LHB gebaute Raupe Typ »F« noch starre Laufrollenkästen. Dies änderte sich mit dem 1929 herausgebrachten Raupenschlepper »Rübezahl«, der außer den nun unabhängig voneinander schwingenden Laufrollenkästen mit einer Doppel-Differential-Lenkung ausgerüstet war. Die Schwenkbarkeit der Laufwerke führte zu einer besseren Anpassung des Fahrzeugs an Bodenunebenheiten, mit der Folge, daß beide Ketten stets mit voller Fläche auflagen, während die Doppel-Differential-Lenkung korrekteres Lenken bei Schonung des Kettenlaufwerks gestattete. Wahlweise wurde der Rübezahl nun auch mit einem 55-PS-Linke-Dieselmotor ausgeliefert, der eine Erhöhung der Arbeitsleistung des Fahrzeugs um etwa 20 % bei gleichzeitig stark verringerten Betriebsstoffkosten bewirkte.

Eine echte Bewährung in der Praxis brachte dem Fahrzeug der nasse Herbst des Jahres 1930. Dabei zeichneten sich die bis dahin an Landwirte verkauften

einige hundert Rübezahl-Raupen vor allem wegen ihrer guten Adhäsion und großen Betriebssicherheit aus. Mehr als einmal wurde der Rübezahl denn auch als »Retter der Rübenernte« bezeichnet, was dem weiteren Absatz des Fahrzeugs nur förderlich war. Tatsächlich steigerte LHB die Produktion in den folgenden Jahren von zunächst jährlich 200 auf 600 und später sogar auf 1000 Raupenfahrzeuge. Kam der Rübezahl aufgrund seiner Motorleistung nur für Großbetriebe der Land- und Forstwirtschaft in Betracht, so entwickelte LHB 1934/35, um den potentiellen Kundenkreis zu erweitern, sowohl kleine Raupenschlepper mit der Bezeichnung »Boxer« als auch erstmals Diesel-Radschlepper. Rahmenlose Bauart, ein 42-PS-Linke-Dieselmotor sowie Zapfwelle und Riemenscheibe gehörten zur Standardausrüstung der Fahrzeuge, in die die bei der Großraupe gewonnenen Erfahrungen eingegangen waren. So besaß auch der Boxer bewegliche Laufrollenkästen und ein Doppel-Lenkdifferential. Daß man sich bei LHB intensiv mit der Adhäsionsfrage beschäftigt hatte, zeigte vor allem der Radschlepper. Das mit Luftgummibereifung ausgerüstete Fahrzeug

LHS-25-Bauernschlepper der Nachkriegszeit

131

LHW-Raupenschlepper bei der Rübenernte 1928

verfügte nämlich serienmäßig über Zusatzgewichte, um so die Bodenhaftung an das Gewicht der verlangten Zughakenkräfte anpassen zu können.

So hätte der Traktorenbau bei LHB erfolgreich fortgeführt werden können, wenn nicht 1936 eine Neuordnung des rüstungswichtigen Konzerns erfolgt wäre. Dabei wurde der Maschinenbau an die Breslauer »Fahrzeug- und Motoren GmbH«, kurz Famo genannt, abgegeben, was gleichbedeutend mit dem vorläufigen Ende der LHB-Zugmaschinenherstellung war.

Der Zweite Weltkrieg zog LHB in besonderem Maße in Mitleidenschaft. Zum Verlust der Produktionsstätten in Sachsen und Schlesien kamen alliierte Auflagen für die in den Westzonen vorhandenen Werksreste. Mit Lokomotiv- und Waggonreparaturen hielt sich das Unternehmen in Braunschweig und Salzgitter mühsam über Wasser. Angesichts der schmal gewordenen Produktpalette wurden Erinnerungen an den Traktorenbau früherer Jahre wach. Doch leicht fiel die Entscheidung für die Schlepperfertigung nicht, denn die technischen Unterlagen hatte

man seinerzeit an die Famo abgegeben, und Neukonstruktionen brauchten Zeit. Aber dann entschloß man sich doch. 1949 noch wurde mit der Fertigung eines Radschleppers begonnen, der unter der Bezeichnung LHS 25 alle Merkmale eines typischen Konfektionsschleppers vereinte. Motor, Getriebe, Räder, Bereifung, Motorhaube, Fahrersitz und elektrische Ausrüstung mußten von Spezialfirmen besorgt werden, so daß in Salzgitter selbst nur der Zusammenbau erfolgte. Die Wahl der Zulieferer indes verriet Geschick. Vor allem mit dem 2-Zyl.-22-PS-Henschel-Dieselmotor hatte man Glück. Er trug mit dazu bei, daß der LHS 25 1950 auf der Hamburger DLG-Ausstellung durchaus freundlich aufgenommen wurde. Nur, die Zahl der Kaufabschlüsse blieb bescheiden. Bis Mitte 1952, also in gut zwei Jahren, brachte man es auf ganze 400 verkaufte Radschlepper, zuwenig, um die Herstellung angesichts der zahlreich in das Geschäft hineindrängenden Anbieter fortzusetzen.

LHB stellte 1952 den Radschlepperbau allerdings nicht ersatzlos ein. Man vermutete vielmehr Marktchancen für Raupen-

fahrzeuge, die sich in einigen wenigen Exemplaren seit 1950 in der Werkserprobung befanden. Die Prototypen verfügten über den vom LHS 25 bekannten 22-PS-Henschel-Motor, den man in Blockbauweise mit einem ZF-Getriebe mit Hinterachsantrieb zusammenmontiert hatte. Zwei Laufwerkrahmen waren ähnlich der Rübezahl-Konstruktion unabhängig voneinander beweglich angeordnet, doch so recht vermochte das Fahrzeug nicht zu überzeugen.

LHB wollte dann für die Landwirtschaft einen universellen Raupenschlepper Robot herausbringen, der bei der Feldarbeit trotz geringen Bodendrucks eine hohe Zugkraft erbringen, aber auch die Transportarbeiten auf der Straße mit einer Fahrgeschwindigkeit bis zu 20 km/h erledigen sollte. Mit der Konstruktion beauftragte man Dipl.-Ing. Kniepkamp, den erfolgreichen Schöpfer der vom Heereswaffenamt zur Motorisierung von Artillerie und Pionierwesen entwickelten schnellfahrenden Halbkettenfahrzeuge, der Zugkraftwagen (siehe Famo!). Er wandte die bei diesen bewährten Elemente, vorn angeordnete Kettentriebräder, einzeln abgefederte große vollgummibereifte Laufräder sowie geschmierte Stahlketten mit auswechselbaren Gummipolstern, an. Ein leichter Stahlrohrrahmen trug das Laufwerk und das aus Dieselmotor mit angeflanschtem Schalt- und Lenkgetriebe (Doppeldifferential) bestehende Triebwerk. Als Motor war ein 2-Zyl.-Dieselmotor mit 25 PS Leistung, Lizenz Primus, von Modag in Darmstadt gebaut, vorgesehen. Nach einer kleinen Vorserie mußte die Fertigung dieses leichten, schnellfahrenden und zugkräftigen Raupenfahrzeugs leider aufgegeben werden, weil sich zeigte, daß es wegen seines hohen Preises in der Landwirtschaft nicht absetzbar war.

LHB-Traktoren (Auswahl)

Typ/Bezeichnung	Baujahr	Motorleistung PS	Zylinder	Takt	Gänge	Gewicht kg
Raupenschlepper Rübezahl Bauart Stumpf	1929	55	4	4	3/1	3200
Raupenschlepper Boxer	1935	42	4	4	3/1	3500
LHW-Diesel-Radschlepper	1935	42	4	4	5/1	3300
LHS 25	1949	22	2	4	5/1	1300
Leichtraupe Robot	1953	25	2	4	5/1	1750

MAN

**MAN – Maschinenfabrik
Augsburg-Nürnberg AG,
8500 Nürnberg**

Die Tradition des landwirtschaftlichen Nutzfahrzeugbaus von MAN reicht bis zum Jahre 1915 zurück, als erste Überlegungen angestellt wurden, wie die Landwirtschaft zu motorisieren sei. Damit war der Boden für den Hallenser Dozenten R. Bernstein bereitet, der 1916 Konstruktionspläne für einen Motorpflug vorlegte. Konzipiert war seine Ackermaschine als Ein-Mann-Fahrzeug, »in Form eines einachsigen Zugkraft-Aggregats, in dem der Getriebekasten zugleich als Rahmen und Träger für den Motor und das gesamte Triebwerk wirkt«. Der MAN-Vorstand zeigte sich beeindruckt und beschloß den Bau einiger Versuchsfahrzeuge. Allein der Erste Weltkrieg machte einen Strich durch die hochfliegenden Absichten. Die Rüstung erhielt Vorrang – da hatte die Landwirtschaft auf ihre Motorfahrzeuge zu warten!

Schon kurz nach dem Kriegsende besann sich MAN aber wieder des Motorpflug-Gedankens. Man gliederte die geplante Schlepperherstellung dem Lastwagenbau an, was sinnvolle Rationalisierungsmöglichkeiten eröffnete. So wurde der 1921 erstmals der Öffentlichkeit vorgestellte MAN-Motortragpflug mit dem gleichen 4-Zyl.-Ottomotor ausgerüstet, der zuvor schon im 2½-Tonnen-Lastkraftwagen eingebaut war. Nur hatte man ihn zunächst auf eine Leistung von 20 PS bei 700 U/min gedrosselt, fürchtete man doch angesichts der zu leistenden harten, gleichmäßigen Pflugarbeit sonst um seine Haltbarkeit. Die Sorgen aber erwiesen sich als unbegründet. Bald schon wurde die Leistung auf 30 PS heraufgesetzt, was wesentlich verbesserte Einsatzmöglichkeiten der Maschine zur Folge hatte. Das Urteil einer Schlepperprüfung aus dem Jahre 1921 spiegelt die allgemeine hohe Wertschätzung wider: »Ein leichter Tragpflug; ist eine sehr sinnreich konstruierte, überaus wendige und sehr leistungsfähige Maschine von geringem Betriebsstoffverbrauch. Sie zählt, was Leistung anbelangt, zu den besten und bemerkenswertesten Maschinen des Prüfungspflügens. Der Motorpflug leistete eine sehr saubere, gute Arbeit . . . Von allen Prüfungspflügen hatte der MAN größte Wendigkeit, die ihm das vollständige Auspflügen des Arbeitsfeldes ermöglichte. Die Maschine erregte allseits großes Interesse, besonders wegen ihrer großen Beweglichkeit und sauberen Arbeit.« Dem MAN-Motorpflug wurde wegen der leichten Lenkung und großen Wendigkeit von der DLG die »Große silberne Denkmünze« verliehen.

Die Konstrukteure des MAN-Motorpflugs, Dr. Bernstein und Zülch, hatten einen völlig neuen Weg eingeschlagen, um diesen leicht lenkbar und sehr wendig zu machen. Im Gegensatz zu den damals »herkömmlichen« Konstruktionen, bei denen der Pflugtragrahmen mit der Fronttriebachse eine starre Einheit bildete, die durch das hinten befindliche Stützrad mit

MAN-Motorpflug nach Professor Bernstein: unkonventionell, wendig und leistungsfähig

erheblicher Handkraft gelenkt werden mußte, verbanden sie den Tragrahmen um ein Knickgelenk schwenkbar mit der Fronttriebachse. Das Stützrad war ein ungelenktes, von selbst nachlaufendes Hinterrad.

Gelenkt wurde die Triebachse, und zwar durch Abbremsung eines Triebrades, wobei das andere Triebrad infolge der Wirkung des Einfach-Differentialgetriebes um so schneller angetrieben wurde. Ohne große Handkraft beim Lenken knickte die Triebachse gegenüber dem Pflugtragrahmen ein. Damit Triebachse und Pflug horizontal mit voller Belastung beider Triebräder arbeiten konnten, hatte das rechte, in der Pflugfurche laufende Triebrad einen entsprechend größeren Durchmesser, weshalb das Differential zum Ausgleich unsymmetrisch ausgebildet war. Und damit der Knickwinkel beim Wenden am Furchenende groß sein konnte, war der Tragrahmen rechts einseitig abgekröpft.

Aber auch am Siegeszug der Fahrzeug-Dieselmotoren war MAN – als zweites Unternehmen nach Benz & Cie. – beteiligt. Den 1924 gebauten ersten kompressorlosen Dieselmotor mit Direkteinspritzung des Kraftstoffs der Welt erprobte man mit Erfolg im MAN-Motorpflug.

Die Verkaufszahlen der frühen zwanziger Jahre fielen allerdings selbst für erfolgreiche Fahrzeuge niedrig aus. MAN brachte es beispielsweise bis zum Jahresende 1924 mit seinen Motorpflügen und einem seit 1923 gebauten 20-PS-Kleinschlepper auf insgesamt ausgelieferte 300 Stück. Angesichts so bescheidener Zahlen schienen dem Werk weitere Investitionen nicht vertretbar, weshalb in Nürnberg die vorläufige Einstellung des Traktorenbaus beschlossen wurde.

Dann aber, nach genau 12jähriger Abstinenz vom Schleppermarkt, wurde für MAN die landwirtschaftliche Nutzfahrzeugherstellung wieder interessant. Mit großer Aufmerksamkeit hatte man offizielle Verlautbarungen vernommen, in denen es hieß: »Wir brauchen noch 500 000 Ackerschlepper!« Hier lag also ein Geschäft in der Luft, das ein Unternehmen wie MAN nicht ungenutzt vorübergehen lassen durfte.

Erste Konstruktionen für einen neuartigen MAN-Ackerschlepper entstanden noch im Jahre 1937 am Reißbrett. Ziel war, den im Lkw bewährten 4-Zyl.-Dieselmotor zu

Schon vor dem 2. Weltkrieg setzte MAN auf Allradantrieb. Nach Kriegsende führte der AS 325 die Tradition fort

verwenden, der für den Einsatz auf dem Acker auf eine Leistung von 50 PS bei 1500 U/min gedrosselt wurde. Diese Maschine arbeitete nach dem von P. Wiebikke entwickelten Verbrennungsverfahren mit Kugelbrennraum im Kolben und direkter Strahleinspritzung, dessen Vorzug vor allem in seiner hohen Wirtschaftlichkeit lag. Außerdem gab es dem Dieselmotor ein außerordentlich gutes Startvermögen und einen günstigen Drehmomentverlauf. Ansonsten entschied man sich bei MAN für die Blockbauweise, bei der Motor, Kupplung, Getriebe und Hinterachse wie üblich das Rückgrat des Schleppers bildeten. Neu indes war neben der Ausgestaltung der Vorderachse als gefederte Schwingachse besonders ihre wahlweise Ausbildung als angetriebene Vorderachse, die zwar damals auf Kritik stieß, aber dennoch dem Schlepper eine erhöhte Zugkraft verlieh. Das war der Anfang des Allradantriebs im Ackerschlepperbau, der sich erst 15 Jahre später durchzusetzen begann!

Bis zur Serienreife des Traktors dauerte es noch einige Monate. Erst Ende 1938 ging mit der Bezeichnung »MAN Ackerschlepper Typ AS 250« ein Fahrzeug in Serie, das von Anfang an bei Land- und Forstwirtschaft auf Gegenliebe stieß. Hohe Literleistung, niedriger Kraftstoffverbrauch, hervorragende Kaltstartfähigkeit, vorzügliche Licht- und Anlasseranlage, schwenkbare Anhängerkupplung sowie eine leistungsfähige Zapfwelle waren auch Argumente, denen andere Schlepper jener Zeit nur schwerlich etwas entgegenzusetzen hatten. So bereitete man sich in Nürnberg guter Hoffnung auf eine Großserie des AS 250 vor, die 1939 vom Band laufen sollte.

Da brach am 1. September 1939 der Zweite Weltkrieg aus. Anfangs hatte er auf die Ackerschlepperherstellung von MAN nur geringen Einfluß, mit zunehmender Kriegsdauer jedoch wurde das Nürnberger Wirtschaftspotential vollständig für die Rüstungsgüterproduktion, insbesondere Panzerbau, in Beschlag genommen. Bei MAN empfand man dies als überaus schmerzlich, hatte man doch häufiger zu hören bekommen, wie überlegen der AS 250 vergleichbaren Traktoren, den 45-PS-Lanz-Bulldog eingeschlossen, war.

Not macht erfinderisch – die Traktorengeschichte ist reich an Belegen für die alte

Spruchweisheit. So mußte MAN zwar im Laufe des Krieges die Traktorenherstellung aufgeben, doch ein erfolgreiches Produkt läßt man sich nur ungern aus der Hand nehmen. MAN ergriff daher die erste sich bietende Gelegenheit der Zusammenarbeit mit einem im besetzten Frankreich liegenden Fahrzeughersteller. Glück hatte man, handelte es sich doch bei der Firma Latil um einen traditionsreichen und renommierten Produzenten von allradangetriebenen Zugmaschien für die Forstwirtschaft. Mit dieser Firma Latil kam MAN nun überein, fortan den AS 250 im Fertigungsauftrag für das deutsche Unternehmen herzustellen, eine für beide Seiten günstige Lösung. Sie erstreckte sich sogar über die Umrüstung der MAN-Dieselschlepper auf den Gas-Generatorbetrieb und hatte wesentlichen Anteil daran, daß bis 1944 insgesamt rund 1000 der 50-PS-MAN-Allrad-Schlepper an land- und forstwirtschaftliche Betriebe ausgeliefert werden konnten.

Trotz des zu rund 80 % zerstörten MAN-Werks Nürnberg waren die Verantwortlichen fest entschlossen, den Traktorenbau so bald wie möglich wieder aufzunehmen. Versuche einer erneuten Kooperation mit Latil scheiterten allerdings am Einspruch der Militärregierung und bedeuteten zunächst das Ende für die 50-PS-Traktoren. Man entschied sich daraufhin bei MAN für einen leichteren 25 PS starken Ackerdiesel mit der Typenbezeichnung AS 325. Angetrieben wurde das 1949 marktreif gewordene Fahrzeug von einem hauseigenen, schnellaufenden 4-Zyl.-Dieselmotor, in den die langjährigen positiven Erfahrungen mit Schlepper- und Lastwagenmotoren Eingang gefunden hatten. Er funktionierte wiederum mit Kugelbrennraum im Kolben und direkter Strahleinspritzung. Aufsehen erregte MAN jetzt mit dem bereits vor dem Krieg hergestellten zusätzlichen Vorderradantrieb mit kleinen Vorderrädern, der wahlweise anstelle des üblichen Zweiradantriebs in die Traktoren eingebaut werden konnte. »Der Vierradantrieb übernimmt Aufgaben, die bisher nur dem Raupenschlepper vorbehalten waren, ohne jedoch die Vorteile des luftbereiften Straßenfahrzeugs, größere Geschwindigkeit, größere Wendigkeit und keine Zerstörungen an Straßen und Wegen einzubüßen«, hieß es in der Firmenankündigung.

MAN Ackerdiesel, 18 PS, mit Zwillingsreifen

Mit dem Typ 4 R 3 endete der MAN-Traktorenbau

Zuviel hatte MAN damit nicht versprochen. Tests ergaben, daß sich die maximale Zugkraft allein durch Zuschalten des Vorderradantriebs um 20 % erhöhte. Doch wo wurde der Allradantrieb speziell benötigt? Auf losen Böden und im Forst, da, wo zur Lenkung eingeschlagene, nicht angetriebene Vorderräder wenig oder nicht lenkfähig sind und zudem größeren Widerstand durch Schieben verursachen, kamen seine Vorzüge in besonderer Weise zur Geltung. Denn angetriebene Vorderräder erhöhen nicht nur die Zugkraft des Schleppers, zum Lenken eingeschlagen ziehen sie den Traktor vielmehr auch in die gewünschte Richtung.

Das Jahr 1950 brachte dem MAN-Schlepperbau organisatorisch neue Grundlagen. Erstmals richtete das Werk für die Sparte landwirtschaftliche Nutzfahrzeuge eine eigene Abteilung ein, der Produktionsstätten und eine selbständige Verkaufsorganisation angegliedert wurden. Zugleich nahm man ein neues Fließband in Betrieb, auf dem bis zu 250 Einheiten monatlich montiert werden konnten. Technisch bedeutsamer waren hingegen die Jahre 1951/52. S. Meurer entwickelte das Mittelkugel-Brennverfahren, das später viele Jahre lang als »M-Verfahren« weltweit Anerkennung fand. Er verlegte den Kugelbrennraum des Kolbens in die Kolbenmitte mit der Wirkung, daß der direkt eingespritzte Kraftstoff verdampfte und sich rascher mit der Verbrennungsluft vermischte. Das ergab eine bessere Verbrennung, geringeren

Kraftstoffverbrauch und größere Laufruhe der Motoren, wodurch das Interesse an den leistungsfähigen MAN-Dieselmotoren noch gesteigert wurde. Allerdings dauerte es noch bis zum Jahre 1955, ehe M-Motoren serienmäßig in Schlepper eingebaut wurden. Zu erklären sein mag die Verzögerung durch den in diesem Jahr stattfindenden Verkauf des ehemaligen BMW-Flugmotorenwerks in München-Allach an MAN und den Umzug der Schlepper- und Lkw-Fertigung von Nürnberg eben dorthin.

Für den MAN-Traktorenbau bedeutete dies nämlich neue Produktionsanlagen, auf denen zunächst 400, dann sogar 600 Einheiten monatlich montiert werden konnten. Die vergrößerten Kapazitäten legten auch den Ausbau der Schlepperreihe nahe. So rollte noch 1955 der erste MAN-18-PS-Allrad-Schlepper vom Band. Mit ihm hoffte das Werk, die der Motorisierung aufgeschlossen gegenüberstehenden kleineren und mittleren Landwirte gewinnen zu können. Im übrigen aber blieb MAN den mittleren bis starken Ackerschleppern treu. Die MAN-Ackerdiesel mit 32, 45 und 50 PS galten denn auch als robust, langlebig und technisch ausgereift.

Doch nicht alle von MAN in den Traktorenbau gesetzten Erwartungen erfüllten sich. Der ständige Ausbau der Schlepper-

reihe bei fortwährendem Wechsel von Modellen ist Zeichen einer im Unternehmen herrschenden Unsicherheit. Denn allen Anstrengungen zum Trotz wollte MAN der Sprung in die Gruppe der Spitzenanbieter einfach nicht gelingen. Bei den Inlandszulassungen pendelte man zwischen dem siebten und dem zwölften Platz hin und her, was zuwenig war, um auf die Dauer Traktoren mit Gewinn produzieren zu können. Rationalisierung bei der Fertigung tat also not. MAN entzog sich dem Zwang nicht. 1961 stellte man eine Schlepperreihe nach dem Baukastenprinzip vor, dem möglichst einheitliche Konstruktionsmerkmale zugrunde lagen. Variabel war vor allem der Motoreneinbau, bei dem die Kunden je nach Leistung zwischen einer 2-, 3- oder 4-Zyl.-Version mit gleicher Zylindereinheit wählen konnten. Andere Teile wie Kühlung, Kraftheber, Zapfwelle ZF-Getriebe usw. entsprachen hingegen einander völlig.

Doch allen gegenteiligen Behauptungen zum Trotz verstummten einmal laut gewordene Zweifel an der Fortführung des MAN-Schlepperbaus nicht mehr. Daß sie tatsächlich nicht aus der Luft gegriffen waren, zeigte sich im August 1962. Damals kamen die Mannesmann AG, Düsseldorf, ihre Tochter Porsche-Diesel-Motorenbau, Friedrichshafen, sowie MAN überein, »einen neuen Weg in der Ferti-

gung und im Vertrieb ihrer im Markt bewährten Ackerschlepper und deren Motoren zu gehen«. Abstimmung der Fertigungsprogramme lautete die Devise, der zufolge fortan MAN-Schlepper bei Porsche in Friedrichshafen gebaut werden sollten. MAN wollte nur mehr Motoren nach dem M-Verfahren sowie den Allradantrieb beisteuern. Bei vielen Bauern stießen diese Erklärungen auf wenig Verständnis, und sie behielten recht. Denn entgegen allen Absichtserklärungen ergeben zwei Kranke bekanntlich noch keinen Gesunden. So wurde bereits im März 1963 die Produktion der Porsche-Diesel-Schlepper eingestellt. Renault trat als »Erbe« unter anderem auch des MAN-Traktorenbaus auf und übernahm mit dem Händlernetz auch die Ersatzteilversorgung!

Vollständig zurückgezogen hat sich MAN gleichwohl doch nicht aus dem Schleppergeschäft. Als Motorenbauer bietet man Dieselmotoren für Ackerschlepper an, deren Vorzüge ihr kräftiger Durchzug, wirtschaftlicher Betrieb und Umweltfreundlichkeit sind. Ob in freisaugender, aufgeladener oder zusätzlich ladeluftgekühlter Ausführung, man findet sie unter anderem von Fendt und Schlüter in ihre Schlepper der oberen Leistungsklasse eingebaut.

MAN-Traktoren (Auswahl)

Typ/Bezeichnung	Baujahr	Motorleistung PS	Zylinder	Takt	Gänge	Gewicht kg
Motorpflug	1921	20	4	4	2/1	1970
Gespannschlepper	1924	20	4	4	1/1	1500
AS 250	1938	50	4	4	5/1	3700
AS 325	1949	25	4	4	5/1	1920
AS 420 Allrad	1953	30	4	4	6/1	1860
AS 542 Allrad	1953	42	4	4	5/1	2100
B 45 Allrad	1954	45	4	4	7/1	2880
2 K 1 Allrad	1956	18	4	4	6/1	1250
A 25 Allrad	1956	25	4	4	5/1	1980
D 40 Allrad	1956	40	4	4	5/1	2620
4 S 1	1957	50	4	4	7/1	3170
2 K 3	1958	18	2	4	6/1	1210
2 N 1	1959	28	2	4	8/4	1480
4 N 2 Allrad	1960	28	2	4	8/4	1720
2 P 1	1961	35	3	4	8/4	1670
4 P 1 Allrad	1961	35	3	4	8/4	1920
2 R 3	1961	45	4	4	8/4	2350
4 R 3 Allrad	1961	45	4	4	8/4	2500

Martin

Otto Martin, Maschinenbau, 8942 Ottobeuren

Ende der dreißiger Jahre trat die bayerische Landmaschinenfabrik Otto Martin mit einem Universal-Bauernschlepper auf den Markt, der den Konfektionsschleppern zuzurechnen ist. So stammte der 22 PS leistende 2-Zyl.-Motor von Deutz, Prometheus lieferte das 5-Gang-Getriebe, während andere Fahrzeugteile wie Elektrik und Einspritzdüse von Bosch stammten. Der Schlepper wurde zumeist mit Luftgummibereifung an die Bauern abgegeben, doch bestanden vereinzelt auch Käufer auf einer Bestückung mit Eisenrädern.

Während der letzten Kriegsjahre sowie in der unmittelbaren Nachkriegszeit ruhte bei Martin der Traktorenbau. 1948 beispielsweise war das Unternehmen froh, wenigstens Jaucheverteilanlagen und Jauchepumpen herstellen zu können. Das Ziel, Traktoren zu fertigen, wurde allerdings nicht aus dem Auge verloren. Im darauffolgenden Jahr, 1949, hatte Martin es dann geschafft. Gebaut wurde nun ein robuster, in Blockbauweise gehaltener Kleinschlepper, der gleichfalls zur Gruppe der Konfektionstraktoren gehört. Diesmal stammten der Motor von Deutz und das Getriebe von ZF, während Martin im wesentlichen den Zusammenbau besorgte.

Über die handwerkliche Fertigung seiner Traktoren ist Martin allerdings weder vor noch nach dem Kriege hinausgelangt. Im ersten Halbjahr 1950 wurden beispielsweise im gesamten Bundesgebiet nur 17 »Martin S 11« neu zugelassen, davon 16 in der engeren Umgebung der Herstellerfirma. Doch auch dort konnte Martin mit seinen Traktoren nicht auf Dauer heimisch werden. Zu wenig Originalität, ein ungenügendes Vertriebsnetz und ein beachtlicher Preis von rund 5700 DM blieben nicht ohne Wirkung. So stellte man in Ottobeuren den Schlepperbau wieder ein, noch bevor der eigentliche Motorisierungsboom die deutsche Landwirtschaft erfaßte.

Martin-Traktoren (Auswahl)

Typ/Bezeichnung	Baujahr	Motorleistung PS	Zylinder	Takt	Gänge	Gewicht kg
22 PS Acker	1940	22	2	4	4/1	1550
S 11	1949	11	1	4	4/1	1270

MF

MF – Massey-Ferguson GmbH, 3440 Eschwege

Der weltweit größte Traktorenhersteller MF hat sich während der vergangenen Jahre in einer schweren wirtschaftlichen Krise befunden. Umschuldungen und Sanierungen lösten einander mehrfach ab, bis zuletzt ein in vielerlei Hinsicht gegenüber den siebziger Jahren veränderter Konzern übrigblieb. Für die Öffentlichkeit

trug das nordamerikanische Unternehmen dem durch eine Umbenennung Rechnung. Aus der Massey-Ferguson Ltd. mit Sitz im kanadischen Toronto wurde die Varity-Corp., was der Aufsichtsratsvorsitzende mit der Feststellung: »Wir nehmen einen neuen Namen an, weil wir eine neue Gesellschaft sind«, begründete. So trennte man sich von vielen wenig lukrativen Geschäftsbereichen wie etwa Teilen des Baumaschinengeschäfts und

baute dafür andere Sparten wie beispielsweise die Fertigung von Hydraulikkomponenten aus. Festgehalten hat Varity an der Landtechnik, die nach wie vor unter dem weltbekannten Namen Massey-Ferguson produziert und verkauft wird.
In Deutschland gehören MF-Traktoren seit fast drei Jahrzehnten zu den zehn meistzugelassenen Fabrikaten. So konnte das Werk zwischen der Mitte der sechziger und der Mitte der siebziger Jahre

sogar den vierten Platz in der Zulassungsrangliste erringen, wobei die besten Ergebnisse zwischen 1971 und 1976 erzielt wurden. Seitdem haben sich die absoluten Zulassungszahlen ebenso verringert wie der Marktanteil des Unternehmens, der in den letzten Jahren zwischen 5,5 % und 6,7 % schwankte und nur mehr für Platz sechs reicht. Dennoch dürfte MF nach wie vor der größte Schlepperimporteur der Bundesrepublik Deutschland sein. Die seit Jahren schon in den Farben Rot/Schwarz gehaltenen MF-Traktoren kommen zumeist aus Italien, wo sie bei der Traktorenfabrik Landini hergestellt werden, sowie in geringeren Teilen aus Frankreich und Großbritannien. In Deutschland hat MF für Traktoren zu keiner Zeit eigene Produktionslinien aufgebaut, was überraschen mag, besitzt das Unternehmen doch eine lange deutsche Tradition. Sie reicht weit zurück ins 19. Jahrhundert, als Daniel Massey und Alanson Harris mit selbständigen Firmen um Kunden für ihre Erntemaschinen kämpften. Verstärkt wurde das Deutschland-Engagement nach 1892 von der durch Fusion entstandenen Massey-Harris Company, die wenige Jahre später in Berlin zunächst eine Filiale und dann ein Tochterunternehmen gründete. Ihre Aufgabe war es, nordamerikanische Getreide- und Grasmäher, Pflüge, Eggen, Sämaschinen und Düngerstreuer nach Deutschland zu importieren und hier zu verkaufen.

Zu einer deutschen Produktion fand Massey-Harris während des Ersten Weltkriegs. Der Mangel an Ersatzteilen für Mähmaschinen gab 1916 den Ausschlag, in Berlin-Moabit eine Fabrik einzurichten, die in den zwanziger Jahren fortgeführt wurde. Die zur Verfügung stehenden Kapazitäten blieben jedoch begrenzt, so daß Massey-Harris nach einem ausbaufähigeren Werksgelände Ausschau hielt. 1927 wurde man in Porz-Westhoven bei Köln fündig, wo ein früheres Lastwagenwerk von Mannesmann zum Verkauf stand. Mit großem finanziellen Aufwand baute Massey-Harris hier eine Erntemaschinenproduktion auf, in der zeitweise mit 600 Mitarbeitern etwa 12 000 Maschinen jährlich hergestellt wurden. An den Traktorenbau wagte man sich hingegen nicht heran. Auf den großen landwirtschaftlichen Ausstellungen der frühen dreißiger Jahre führte Massey-Harris

Ferguson-Traktor mit Dreipunkt-Regelhydraulik beim Pflügen

zwar mehrfach Ackerschlepper vor, doch stammten die Fahrzeuge durchweg aus nordamerikanischer Fertigung.

Während des Zweiten Weltkriegs brachen die Verbindungen der deutschen Firmentochter zur nach wie vor in Toronto ansässigen Konzernmutter weitgehend ab. Massey-Harris galt als Feindvermögen und präsentierte über einen deutschen Treuhänder seine Produkte als »deutsche Erzeugnisse«, ehe in mehreren Luftangriffen 1942 die Fabrikhallen zu großen Teilen zerstört wurden. Damit kam für nahezu ein Jahrzehnt, bis 1951, die Massey-Harris-Erntemaschinenherstellung in Deutschland zum Erliegen, denn mehr als einige 100 Maschinen konnten aus den noch vorhanden Ersatzteilen nicht zusammengebaut werden. Doch dann fiel die Entscheidung für den Fortbestand des deutschen Massey-Harris-Unternehmens. Die Westhovener Anlagen wurden instand gesetzt und ein neues Firmengelände in Eschwege hinzugekauft. Wieder produzierte man Erntemaschinen: Mäher, Getreidebinder und

Strohpressen sowie Antriebsketten für Landmaschinen. Auch in das Traktorengeschäft wollte Massey-Harris damals einsteigen. Verhandlungen mit Hanomag, im Auftrag des kanadischen Mulitkonzerns den Traktor R 28 zu bauen, scheiterten allerdings.

Erfolgreicher agierte dagegen seit 1949 der britische Traktorenhersteller Ferguson auf dem deutschen Markt. Harry Ferguson (1884 – 1960), ein irischer Bauernsohn, erfand gegen Ende des Ersten Weltkriegs in England, wo er den Einsatz der aus USA gelieferten Fordson-Schlepper betreute, das Anbaugestänge mit zwei Unterlenkern und einem Oberlenker, an deren drei Endpunkten er den Pflug an den leichten Fordson-Schlepper anbaute, um ihn durch einen Teil vom Pfluggewicht und Pflugwiderstand schwerer und zugfähiger zu machen. Außerdem konnte er den Pflug, damals noch von Hand, vom Fahrersitz aus ausheben und wieder in den Boden einsetzen. Damit war die »Dreipunkt-Kupplung« geschaffen!

Furore machte die Verbindung Ferguson-Ford auch in der Zwischenkriegszeit. Lieferte Ferguson zunächst einmal Pflüge und andere Geräte mit dem Dreipunktgestänge für Ford, so ging man in den dreißiger Jahren getrennte Wege. Doch 1939 fanden die beiden Unternehmer wieder zueinander, bauten den Ferguson-Ford oder Ford-Ferguson in großer Stückzahl, ehe sie sich erneut und nun endgültig zerstritten. Es kam zu einem der größten Patentprozesse der Geschichte, der Ferguson eine viele Millionen Dollar betragende Entschädigung brachte. Er investierte das Geld in Großbritannien, wo er Ende der vierziger Jahre zusammen mit der Standard Motor Corp. in Coventry den Bau von Ferguson-Traktoren begann.

Auf der DLG-Ausstellung 1949 in Hannover stellte dieser – im Katalog nicht aufgeführte – Schlepper mit seinem »Ferguson-System«, mit der Dreipunktkupplung der Geräte und dem hydraulischen Kraftheber, sogar mit einem Frontlader, eine Sensation für die deutschen Bauern und noch mehr für die Schlepper-Ingenieure dar, die seit mehr als 15 Jahren von der Außenwelt abgeschnitten waren. Zu einem Zeitpunkt, zu dem man sich schon intensiv um eine Norm-fähige Lösung bemühte, wurde hier eine ebenso einfache wie überzeugende Verbindung gezeigt, mit der man Geräte wie den Pflug durch drei Kupplungspunkte an einem sinnreich konstruierten Gestänge des Schleppers zu einer Einheit zusammenkuppeln konnte.

Die Lösung war, zusammen mit dem gleichfalls auf Ferguson zurückgehenden hydraulischen Kraftheber, mit dem man den Pflug und andere Geräte ausheben oder herabsenken, ja sogar in einer regelbaren Arbeitstiefe vom Schlepper tragen lassen konnte, bahnbrechend und führte nach Jahren internationaler Zusammenarbeit schließlich zu einer weltweit gültigen und anwendbaren Norm, auf die Schlepper und Schlepper-Geräte heute ausgerichtet sind.

Weiter konnte der Pflug durch das »Ferguson-System« mit einem Teil seines Gewichts und Pflugwiderstands, wie schon 30 Jahre früher, dazu beitragen, die für schweren Zug erforderliche Bodenhaftung der Schleppertriebräder zu erhöhen.

MF-Allradschlepper DT 7000, angetrieben von einem 65-PS-Perkins-Motor

Das machte den Schlepper leicht bei leichter Arbeit und schwer bei schwerer Arbeit auf dem Acker, was die deutschen Bauern aufmerken ließ.

Als Kriegsgefangene hatten sie bei Einsätzen auf britischen Farmen erste »Fergies« kennengelernt. Erfreut nahmen sie nun – zurückgekehrt auf die eigenen Höfe – zur Kenntnis, daß die technisch überlegenen Ferguson-Zugmaschinen nun auch in Deutschland zu erwerben waren.

Tatsächlich rangierte Ferguson mit seinen Traktoren 1953 bereits auf dem 18. Platz der Zulassungsrangliste, was immerhin dem 1. Platz für Importschlepper entsprach.

Da fand im gleichen Jahr ein markantes Ereignis der Landtechnikgeschichte statt. Massey-Harris Ltd. und die Harry Ferguson Ltd. fusionierten, wobei Ferguson zum einen für die Anteile seiner Gesellschaft Massey-Harris Anteile erhielt und

ten. Es war die Zeit, da galt unter den deutschen Bauern noch die Faustregel: »Ein PS pro Hektar.« Berücksichtigt man, daß um 1955 der durchschnittliche landwirtschaftliche Betrieb gerade über eine Nutzfläche von 9 ha verfügte, da lagen die Ferguson-Traktoren mit ihrer Leistung weit über dem geforderten Maß. Doch die technische Entwicklung im Traktorenbau kennt keinen Stillstand. Das inzwischen in Massey-Harris-Ferguson umbenannte und in Deutschland ganz nach Eschwege umgezogene Unternehmen war sich dessen bewußt und brachte 1957 das Modell MF 65 mit 44 PS heraus. Letzteres verfügte unter anderem über ein Getriebe mit sechs Vorwärts- und zwei Rückwärtsgängen, Zweistufenkupplung, Motor- und Wegezapfwelle sowie eingebaute Hydraulik und Differentialsperre. Sein Kürzel MF weist darauf hin, daß das Unternehmen inzwischen eine erneute Umbenennung erfahren hatte. Aus Gründen der Vereinfachung hieß der kanadische Landmaschinenkonzern nun Massey-Ferguson oder eben einfacher MF.

Die Dynamik von MF Ende der fünfziger und zu Beginn der sechziger Jahre war beachtlich. 1959 kam es zum Zusammenschluß mit der 1932 in Peterborough gegründeten Perkins-Gruppe, dem nun weltgrößten Hersteller von Dieselmotoren. Im Traktor MF 35 trug die Verbindung erste Früchte. Anstelle der bislang von MF verwendeten Standard-Benzin-Motoren baute man jetzt Perkins-Motoren in die Fahrzeuge ein, deren Qualität unbestritten ist. Doch damit erschöpfte sich der Expansionswille von MF keineswegs. So gliederte sich das Unternehmen 1960 eine in Beauvais bei Paris gelegene Traktorenfabrik mit einer Jahreskapazität von 30 000 Einheiten ein, während man gleichzeitig in Italien den renommierten Hersteller Landini erwarb. Die Jahreskapazität der über die ganze Welt verteilten MF-Produktionsstätten lag 1966 bei etwa 160 000 Traktoren und damit höher als bei allen anderen Produzenten der westlichen Welt. Überraschend überschaubar blieb dennoch Anfang der sechziger Jahre die MF-Traktorenpalette. Die Fahrzeuge waren vor allem in den gängigen Leistungsklassen angesiedelt, und nur selten gehörten Besonderheiten wie etwa der Typ TD 7000 dazu, mit dem MF 1964 einen Allradtraktor mit 65-PS-Perkins-Motor in Deutschland anbot.

zum andern zum Konstruktions- und Entwicklungschef des neuen Unternehmens bestimmt wurde. Für Deutschland bedeutete dies, daß der Ferguson-Traktorenvertrieb von verschiedenen Großhändlern nun zentral auf Massey-Harris überging, wodurch die Schlagkraft des Unternehmens auf dem Schleppermarkt nachhaltig gesteigert wurde. Der Blick auf die Zulassungsstatistik bestätigt dies, denn allein von 1956 auf 1957 stieg Ferguson vom Rang 18 auf Rang 11 und rangierte mit

3,3 % Marktanteil vor Herstellern wie Daimler-Benz und MAN.

Bei den ersten von Massey-Harris betreuten Ferguson-Traktoren handelte es sich um die Typen TE D und TE F. Angetrieben wurden die Schlepper entweder von einem 23- bzw. 25-PS-Vergasermotor oder von einem 27-PS-Perkins-Dieselmotor, die für die grauen, mit Dreipunktkupplung und Hydraulik ausgerüsteten Fahrzeuge genügend Zugkraft bereitstell-

Eine neue Traktorenreihe brachte MF 1965 heraus. Vorgestellt als »Ferguson System 70«, gehörten Typen mit Motorleistungen zwischen 28 und 67 PS dazu. Verändertes, konturenschärferes Styling und ein weiterentwickelter hydraulischer Kraftheber wurden zum Kennzeichen dieser in Deutschland sehr populär gewordenen Traktoren. Rund sieben Jahre lang konnte es MF bei der Modellpflege belassen, ehe 1972 wiederum ein verändertes Schlepperprogramm ausgeliefert wurde. »Neue Dimensionen« lautete das Motto, womit man auf veränderte Abmessungen, Motoren, Getriebe und Hydraulik abzielte. Die Fahrzeuge waren dabei im Durchschnitt nicht nur stärker geworden, sie verfügten auch über einen verbesserten Bedienungskomfort, Lastschaltgetriebe, lastschaltbare Zapfwelle sowie höhere Hydraulikhubleistung. Aufsehen erregte der 1974 gezeigte MF 1200. Mit vier gleichgroßen Rädern, 108-PS-Motor und Knicklenkung hoffte das Herstellerwerk, für dieses Großfahrzeug vor allem Lohnunternehmer interessieren zu können, das jedoch wegen der Knicklenkung nur mit angehängten Geräten arbeiten konn-

MF 155 und 1080, zwei Standardtraktoren für den Weltmarkt

te und für aufgesattelte Geräte nicht in Betracht kam.

Der Konzern übernahm 1974 mit Hanomag ein weiteres renommiertes, aber schwerkrankes Maschinenbauunternehmen. Damit verfügte MF in Deutschland über drei Beine, denn seit 1970 kooperierte man auch mit dem Traktorenhersteller Gebr. Eicher. Doch sowohl die Liaison mit Eicher als auch die Übernahme von Hanomag erwiesen sich als unglücklich. Man hatte in beiden Fällen Signale des Marktes fehlinterpretiert und sich, möglicherweise auf der Suche nach Abnehmern für Perkins-Dieselmotoren, auf teure Engagements eingelassen.

Unternehmerische Fehleinschätzungen traf MF aber nicht nur in Deutschland. Vor allem die Expansion im internationalen Baumaschinengeschäft ging an den Bedürfnissen des Marktes vorbei. So kam es 1977/78 zu gewaltigen Verlusten im Konzern, die umfangreiche Sanierungen, darunter den Hanomag-Verkauf, erforderlich machten. Festgehalten wurde hingegen am Traktorengeschäft, in dem nach wie vor »schwarze Zahlen« geschrieben wurden. Zusätzlichen Auftrieb versprach man sich bei MF von einem erneuten Modellwechsel, bei dem man von drei Baureihen ausging, die 14 Grundtypen umfassen sollten. Der untere Leistungsbereich blieb dabei den Traktoren der 200-S-Klasse vorbehalten, die je nachdem von 3- bzw. 4-Zyl.-Perkins-Motoren angetrieben, mit Synchrongetrieben ausgerüstet und zumeist in Zweirad- oder Allradversion ausgeliefert werden. Im oberen Leistungsbereich angesiedelt sind dagegen die 1000er und die 2000er Reihe. Sie verkörpern sowohl hinsichtlich Motorleistung, Kraftstoffverbrauch, Getriebeabstufung und Gewichtsverteilung modernste Traktoren-technik und bieten auch dem Fahrer einen beachtlichen Bedienungskomfort.

Dem Ausbau dieser für die achtziger Jahre konzipierten Traktorenserie hat sich MF in den vergangenen Jahren gewidmet. Dabei wurden immer neue Modellvarianten wie etwa die Kompaktschlepper der 3er Serie oder aber die MF-Komfortschlepperserie 2005 auf den Markt gebracht. Die dabei verwirklichten Detailverbesserungen reichen von elektronischer Hydraulikregulierung bis hin zur Kabinenbeleuchtung. Sie tragen dazu bei, daß weltweit die Attraktivität der MF-Traktoren erhalten geblieben ist, wenn auch auf einzelnen nationalen Märkten, so in Deutschland, verstärkte Anstrengungen in Zukunft erforderlich sein werden, um in den letzten Jahren verlorenes Terrain wiederzuerringen. Der zweite Platz bei den Traktoren-Neuverkäufen in Europa bietet dafür günstige Voraussetzungen.

Massey-Ferguson-Traktoren (Auswahl)

Typ/Bezeichnung	Baujahr	Motorleistung PS	Zylinder	Takt	Gänge	Gewicht kg
TE D	1949	23	4	4	4/1	1100
TE F 27	1953	27	4	4	4/1	1225
FE 35	1957	34	3	4	6/2	1600
MF 65	1958	44	4	4	6/2	2075
MF 35	1959	34	4	4	6/2	1455
MF 25	1961	25	4	4	8/2	1180
DT 7000	1964	65	4	4	–	–
MF 130	1966	28	4	4	8/2	1560
MF 165	1966	58	4	4	6/2	2130
MF 177	1966	70	4	4	6/2	3010
MF 155	1969	54	4	4	12/4	2050
MF 133 Super	1974	38	3	4	8/2	1910
MF 168 Allrad	1974	65	4	4	12/4	3320
MF 1080	1974	88	4	4	12/4	3870
MF 1200 Allrad	1974	108	6	4	12/4	5800
MF 250-8	1979	48	3	4	8/2	1820
MF 185-8	1979	74	4	4	8/2	2450
MF 595-8 A	1979	105	6	4	12/4	4100
MF 1134 A	1979	132	6	4	12/4	5650
MF 233	1986	38	3	4	12/4	2200
MF 254 S	1986	45	3	4	12/4	2655
MF 283	1986	68	4	4	12/4	2920
MF 1004 A Turbo	1986	90	4	4	12/4	4080
MF 1114 A	1986	110	6	4	12/4	5340
MF 2725 A	1986	147	6	4	16/2	6110

Metallwerke Creussen

**Metallwerke Creussen Carl Tabel,
8581 Creussen**

Über Pflanzen- und Baumspritzen kamen die Metallwerke Creussen unmittelbar nach dem Zweiten Weltkrieg mit der Landwirtschaft in Verbindung. In richtiger Einschätzung der sich dort bietenden Marktchancen bemühte sich das Unternehmen noch vor 1950, ergänzende Produkte für den gleichen Kundenkreis in das Herstellungsprogramm aufnehmen zu können. Bei der Suche nach passenden Technologien stießen die Oberfranken auf den in Hamburg lebenden Konstrukteur Walter Hofmann, der einen technisch interessanten Einachs-Kleinschlepper mit der Bezeichnung »Unitrak« entwickelt, bislang aber keinen Hersteller gefunden hatte.

Unitrak stand für Universal-Traktor und sollte die vielseitige Verwendbarkeit des Fahrzeugs unterstreichen, für das Hofmann immerhin schon elf Zusatzgeräte konzipiert hatte. Angetrieben von einem 10-PS-Vergasermotor, war der Unitrak in der Lage zu pflügen, fräsen, grubbern oder mähen und brachte es als Transportfahrzeug auf der Straße in Verbindung mit einer Sitzkarre auf eine Geschwindigkeit von 13 km/h. Zwei Zapfwellen vorn und hinten sowie Riemenscheibe gehörten zur Standardausrüstung des Fahrzeugs, das keineswegs schlechter, eher besser war als viele andere der um 1950 gebauten Einachsfahrzeuge.

Walter Hofmann allerdings sah sich außerstande, in Hamburg eine Serienherstellung des Unitraks herbeiführen zu können. So kam er im Rahmen eines Lizenzabkommens mit den Metallwerken Creussen überein, seine Fahrzeuge dort in größerer Stückzahl bauen zu lassen. Doch zuvor erfuhr der Unitrak noch einige bemerkenswerte Veränderungen. Aus dem Einachser wurde nämlich ein regelrechter kleiner Dreiradschlepper, dessen luftbereifte Vorderräder als Triebräder und dessen hinteres Stützrad als Nach-

läufer konstruiert waren. Zwischen den Rädern konnten nun die Arbeitsgeräte befestigt werden, was es dem Fahrer ermöglichte, die Arbeitsvorgänge vom Sitz aus ohne größere Umstände zu beobachten. Die Umrüstung vom Motorpflug etwa zum selbstfahrenden Düngerstreuer erfolgte über Schnellverschlüsse ohne großen Kraftaufwand binnen kurzer Zeit. Außerdem verbesserten die Metallwerke Creussen die Eigenschaften des Unitraks als Antriebs- und Zugmaschine. Der nun zum Einbau gelangende 15-PS-Motor und das über vier Vor- und vier Rückwärtsgänge verfügende Getriebe veranlaßten das Werk sogar, das Fahrzeug als »Volkskleinschlepper« an den Landwirt bringen zu wollen. Zielgruppe waren eindeutig die kleinen und mittleren Betriebe sowie Höfe mit ausgedehnten Sonderkulturen, denen unter anderem der verblüffend enge Wendekreis, die gute Umrüstbarkeit und der ansprechende Preis die Kaufentscheidung erleichtern sollten.

Doch allzu weit war es mit der Kaufbegeisterung nicht her. Zwar fand der »gerätetragende Kleinschlepper Unitrak« immer wieder Freunde, doch die Motorisierung der westdeutschen Landwirtschaft eilte über die Kleinschlepper des Typs Unitrak rascher hinweg, als es den Metallwerken lieb sein konnte.

Der Unitrak blieb dennoch bis 1954 im Produktionsprogramm der Metallwerke Creussen. Als Dreiradschlepper mit größeren Vorderrädern und kleinem Hinterrad gehört er ebenso zu den nicht alltäglichen Versuchen der deutschen Traktorenhersteller, eine kleine universelle Landbaumaschine auf den Markt zu bringen, wie in seiner Ausrüstung mit einem Eigenbau-Motor und einem Eigenbau-Getriebe. Gewöhnlicher war da schon der Radschlepper »Treff«, der – sieht man von den Eigenbau-Aggregaten ab – kaum mehr von den zahlreichen Bauernschleppern der fünfziger Jahre zu unterscheiden war.

Unitrak-Dreiradtraktor der ersten Nachkriegszeit

Metallwerke Creussen-Traktoren (Auswahl)

Typ/Bezeichnung	Baujahr	Motorleistung PS	Zylinder	Takt	Gänge	Gewicht kg
Unitrak	1949	10	1	2	4/4	410
Unitrak Typ H 19	1954	15	1	2	4/4	990
Radschlepper Treff	1954	15	1	2	5/5	880

Miag

**Miag Fahrzeugbau GmbH,
3300 Braunschweig**

Die 1983 von der Bühler-Miag GmbH gegründete Miag Fahrzeugbau GmbH knüpft zwar nicht direkt, aber doch mittelbar an den Fahrzeugbau der Miag, Mühlenbau und Industrie AG, Braunschweig, an. Man steht damit in einer gut 60 Jahre währenden Tradition, hat sich doch die 1926 durch den Zusammenschluß der fünf bedeutendsten deutschen Mühlenbauanstalten entstandene Miag von Anfang an auch mit der Entwicklung und Herstellung von Fahrzeugen beschäftigt. Dabei ging es zunächst nicht um Straßen- oder Ackerfahrzeuge, sondern im Mittelpunkt des Interesses stand die innerbetriebliche Transport-Rationalisierung, der man mit Hilfe von Einachs-Raupenschleppern, Elektrokarren und Drehkränen näher zu kommen beabsichtigte.

Neue Wege im Bereich der Flurförderfahrzeuge schlugen die Miag-Konstrukteure 1928 ein. Der von ihnen entwickelte »Zinken-Hochhubwagen« mit einer Tragkraft von 1 Tonne zählt zu den gelungenen Vorläufern der modernen Gabelstapler. Zum geschäftlichen Erfolg entwickelte sich darüber hinaus der ab 1930 gebaute fahrbare Kran K 5000, der, in mehreren tausend Stück gebaut, in vielen Industriezweigen und Großlagern eingesetzt wurde. Die im Laufe der Jahre im Sonderfahrzeugbau gewonnenen Erfahrungen ließen es der Geschäftsführung von Miag

Mitte der dreißiger Jahre sinnvoll erscheinen, Kleinzugmaschinen in Serie zu produzieren. Den Anfang machte man mit dem Modell »Vulkan«, dessen von MWM gelieferter 10-PS-1-Zyl.-Motor als Heckmotor montiert war. Allerdings zeigte sich bald, daß die Motorisierung des Traktors für den Einsatz auf der Straße oder gar im Acker keinesfalls ausreichte. Als Lösung des Problems stellte Miag deshalb 1937 einen 20-PS-Kleinschlepper vor, der schon weit eher den von Landwirten und Spediteuren erhobenen technischen Forderungen entsprach. Gebaut wurde das Fahrzeug allerdings nicht in Braunschweig, sondern in Frankfurt am Main, wo die Miag inzwischen neue Produktionsanlagen erworben hatte. Doch auch das Frankfurter Werk reichte für den expandierenden Fahrzeugbereich des Unternehmens nicht aus. Da bot es sich 1938 an, daß das einstmals renommierte Automobilwerk der Röhr-AG in Ober-Ramstadt bei Darmstadt zum Verkauf stand. Miag erwarb die Anlagen und setzte damit die bereits eingeleitete Verlagerung des Fahrzeugbaus von Braunschweig ins Hessische fort.

Die erweiterten Produktionskapazitäten kamen dem Schlepperbau durchaus zugute. 1939 umfaßte das Miag-Traktorenprogramm drei, allerdings nur geringfügig voneinander abweichende Fahrzeugtypen, die bei Landwirten und Transportunternehmern gut ankamen. Technisch interessant waren bei der Acker-Version

sowohl die Parallelogrammfederung der Vorderachse, die den Fahrzeugen eine gute Geländegängigkeit verschaffte, sowie die Eindruck-Zentralschmierung. Ansonsten fiel die in vielem an den Automobilbau erinnernde Rahmenbauweise ebenso eher konventionell aus wie der zum Einbau gelangende MWM-2-Zyl.-Dieselmotor und das 4-Gang-Getriebe. Einiges zugute hielt sich Miag allerdings auf den Fahrersitz, der, federnd, nach der Mitte sowie seitlich verstellbar, sogar schon einen Hauch von Fahrkomfort vermitteln konnte.

Mit großem Einsatz beteiligte sich Miag während des Zweiten Weltkriegs an der Umrüstung der Zugmaschinen auf Holzgasgeneratoren. So baute man zunächst einen von einem 4-Zyl.-3,5-Liter-Ford-Motor, Typ BB, angetriebenen Holzgasschlepper, der es auf 25 PS bringen sollte. Doch restlos zufrieden war man mit dem Fahrzeug nicht. Deshalb wechselte Miag auf einen Generator der Firma Zanker, Tübingen, um, ehe man für die während der letzten Kriegsmonate in Sachsen zusammengebauten Miag-Traktoren auf eigene Generatoren zurückgriff.

Der Miag-Fahrzeugbau lag 1945 völlig darnieder. Das Werk Frankfurt war zerstört, und die Ober-Ramstadter Anlagen hatten die Alliierten beschlagnahmt. Doch resignieren wollte die aus dem Krieg zurückkehrende Belegschaft nicht. Mühsam räumte man Schutt und Asche beiseite und konnte 1949 wieder mit der Fertigung von fahrbaren Kränen, Elektrokarren und mit der Konstruktion von Dieseltraktoren beginnen.

Die nach Aufgabe des Werkes Ober-Ramstadt dann in Braunschweig hergestellten Miag-Traktoren der ersten Nachkriegszeit zählten mit zum Teuersten, was die Branche zu bieten hatte. 1950 beispielsweise wurde der 33-PS-Miag im Anschaffungspreis nur von so bekannten Radschleppern wie dem 55-PS-Lanz-Eilbulldog und dem Hanomag R 40 übertroffen. Die Bauern registrierten dies wohl und legten gegenüber den Miag-Traktoren eine größere Reserviertheit an den Tag als vor dem Krieg. Das Braunschweiger Unternehmen reagierte rasch und stellte noch 1952 den Traktorenbau ein, um fortan verstärkt die Entwicklung und Herstellung von Flurförderfahrzeugen voranzutreiben.

Miag-Traktoren (Auswahl)

Typ/Bezeichnung	Baujahr	Motorleistung PS	Zylinder	Takt	Gänge	Gewicht kg
Vulkan	1936	10	1	4	3/1	–
Kleinschlepper	1937	20	2	4	4/1	1800
LD 20 Acker	1941	20	2	4	4/1	1620
Holzgas	1943	25	4	4	4/1	–
A 22	1950	22	2	4	4/1	1760
A 33	1950	33	3	4	4/1	2000

Nordtrak

**Nordtrak –
Norddeutsche Traktorenfabrik
Franz Westermann,
2000 Hamburg-Bergedorf**

Obschon die Norddeutsche Traktorenfabrik bereits 1956 in Konkurs ging, haben sich ihre Fahrzeuge, die Nordtrak-Stiere, aufgrund ihrer eigenwilligen Konzeption und ihres markanten Stylings ein unverwechselbares Image bewahren können. Das uneingeschränkte Bekenntnis zum Allradantrieb, die vier gleichgroßen Räder und die nach hinten fliehende Motorabdeckung sind Markenzeichen einer Traktorenserie geworden, die sich bei schweren landwirtschaftlichen Arbeiten ebenso bewährte wie im Holzrückeinsatz in der Forstwirtschaft. Daß die Gesamtzahl der in Deutschland eingesetzten »Stiere« dennoch bescheiden blieb, hat seine Ursache zum einen in den beschränkten Kapazitäten des Herstellerwerks, zum andern in den zeitweise beachtlichen Exporterfolgen sowie darüber hinaus in den nicht gerade niedrigen Preisen, die das Herstellerwerk für seine technisch aufwendigen Traktoren verlangen mußte.

Die Geschichte der Nordtrak-Stiere beginnt 1946, als der aus Pommern in den Westen geflüchtete Maschinenbau-Ingenieur Georg R. Wille in Hamburg im Bau von landwirtschaftlichen Geräten und Maschinen eine Chance für den beruflichen Neuanfang erblickte. Zunächst waren es einfache Geräte der Bodenbearbeitung, die in Hamburg-Bergedorf hergestellt wurden, doch es dauerte nicht lange, da wagte sich Wille auch an den Zusammenbau von Schleppern heran. Auf Einachsfahrzeuge, die von Motorradmotoren angetrieben wurden, folgte 1947 die Montage eines Allradschleppers, der seine Verwandtschaft zum US-Jeep nicht verbergen konnte. Tatsächlich handelte es sich bei der »Stier« genannten Zugmaschine um ein zumindest teilweise aus gebrauchten Teilen von US-Militärfahrzeugen zusammengebautes Fahrzeug, das über den Einsatz in der Landwirtschaft hinaus auch auf der Straße Verwendung finden sollte. Mit einer Spitzengeschwindigkeit von 50 km/h war es dort in jenen Tagen jedenfalls alles andere als ein Verkehrshindernis.

In der Landwirtschaft fanden die Stiere gute Aufnahme. Georg R. Wille präsentierte seine Gerwi-Allradschlepper auf den ersten großen landwirtschaftlichen Schauen der Nachkriegszeit und erhielt dort einige lohnende Aufträge. Flexibel verbesserte er fortlaufend seine Zugmaschinen, für die er beispielsweise Ende der vierziger Jahre eine Motorisierung wahlweise mit durchweg im niederen Leistungsbereich angesiedelten Deutz-, Zanker- oder Bauscher-Maschinen anbot. Interesse verdiente außerdem das Getriebe mit sechs Vorwärts- und zwei Rückwärtsgängen sowie eine durch Anbaugeräte geschaffene Einsatzvielfalt der Fahrzeuge. Rund 50 Mitarbeiter konnten damals mit dem Bau des Gerwi-Traktorenprogramms beschäftigt werden, zu dem außer den Stieren noch der 22 PS starke »Bulli« gehörte, ein Allradschlepper für den gehobenen Zugkraftbedarf.

Aus Georg Willes »Diesel-Stier« wurden später die »Nordtrak-Stiere«

Ein Ausbau der Fertigungskapazitäten schien angezeigt, doch die damit verbundenen Risiken schätzte der Firmeninhaber nicht richtig ein. So wurde neues Geld erforderlich, das zuzuschießen der Hamburger Kaufmann Franz Westermann sich endlich bereit erklärte. Einige Monate erwies sich die Verbindung zwischen Konstrukteur und Kapitalgeber auch als durchaus tragfähig. Bei absolut gesehen niedrigen Stückzahlen kam das Unternehmen doch einigermaßen auf seine Kosten, vor allem als 1950 die beiden neuen Traktoren Stier 20 und Stier 21 zur Auslieferung gelangten. Angetrieben von Hatz-Motoren, wirkten diese Zugmaschinen weit weniger improvisiert als die Vorgängermodelle.

Dennoch blieben Spannungen in der Unternehmensführung auf Dauer nicht aus. Sie führten schließlich zum überraschenden Ausscheiden von Georg R. Wille aus seinem Werk. Da stand Franz Westermann auf einmal alleine an der Spitze einer Traktorenfabrik, aber was nur wenige vermuteten, er nahm – gestützt auf die

Kooperationsbereitschaft der Belegschaft – die Herausforderung an. 1951 bereits wurden so aus den Wille-Stieren »Nordtrak-Stiere«, Traktoren, die sowohl im Styling als auch in den verwendeten Komponenten verändert waren. Hatz-Motoren mit Leistungen von 16 und 25 PS sowie ein 28-PS-MWM-Motor trieben nun die Typen an, die schwerer, größer und leistungsfähiger als ihre Vorgängermodelle ausfielen. Anerkennung fanden die neuen Nordtrak-Stiere insbesondere in der Forstwirtschaft, wo außer Allradantrieb Lenksicherheit, günstige Gewichtsverteilung und gute Zugleistung gelobt wurden. Und diese Vorzüge sprachen sich im Ausland herum. So lieferte Nordtrak seine Traktoren unter anderem nach Skandinavien, Lateinamerika, Südafrika und Australien, wo man als Spezialist für Allrad-Zugmaschinen einen ordentlichen Namen besaß. Franz Westermann wurde denn auch nicht müde, die Überlegenheit seines Allradkonzepts ein ums andere Mal vorzutragen. In einer Anzeige des Jahres 1952 formulierte er ohne Wenn und Aber: »Daher wird dem Diesel-Trak-

tor mit Vierradantrieb die Zukunft gehören.« Recht sollte er behalten, nur genützt hat ihm und seinem Werk dies vor nunmehr über 30 Jahren wenig.

Die Verkaufszahlen der Stiere blieben zu niedrig, um die inzwischen doch weiter gestiegenen Produktionskosten wieder hereinzuspielen. Und kostspielig gestaltete sich die fortwährende Aufstockung der Nordtrak-Schlepperreihe schon. Denn Westermann setzte konsequent auf Stärke. Statt 20, 30 und 40 PS leisteten seine Traktoren Mitte der fünfziger Jahre bereits 24, 36 und 48 PS und boten auch sonst allerlei technisches Know-how. Dies gilt beispielsweise für das im größten Modell St 480 verwendete Getriebe, das mit acht Vorwärts- und vier Rückwärtsgängen eine für die damalige Zeit beachtliche Geschwindigkeitsabstufung zuließ. Auffallend ist auch die frühe Bereitschaft von Nordtrak, höhere Geschwindigkeiten der Traktoren als die obligaten 20 km/h zu ermöglichen. Mit Spitzengeschwindigkeiten von 27,6 bzw. 27,8 km/h zählten die beiden Nordtrak-

Stiere Typ 360 und Typ 480 in jenen Jahren mit zu den schnellsten Ackerschleppern des Landes.

Der Markt indes honorierte die technischen Anstrengungen von Nordtrak nur ungenügend. Mit 120 Neuzulassungen im Jahr 1955 sowie einem nicht wesentlich höher einzustufenden Export erreichte das Unternehmen selbst bescheidene Ziele nicht. Der Konkurs war 1956 die Folge, und auch die endgültige Produktionseinstellung der »Stiere« ein Jahr später ließ sich nun nicht mehr vermeiden. 1963 allerdings wurden im Bundesgebiet noch immer 596 Nordtrak-Zugmaschinen registriert, eine, gemessen an anderen Fabrikaten des Nachkriegs-Schlepperbooms, bescheidene Anzahl. Dennoch erwiesen sich einige der norddeutschen Allradpioniere als ausgesprochen zählebig. In Nord- und Süddeutschland sind jedenfalls gerade in letzter Zeit bei verschiedenen Veranstaltungen einige der Nordtrak-Stiere aufgetaucht und haben nun endlich das ihnen zustehende Interesse gefunden.

Gerwi- und Nordtrak-Traktoren (Auswahl)

Typ/Bezeichnung	Baujahr	Motorleistung PS	Zylinder	Takt	Gänge	Gewicht kg
Gerwi Diesel Stier	1949	11	1	4	3/2	1100
Gerwi Diesel Stier	1949	12	1	2	3/2	1100
Gerwi Diesel Stier	1949	15	1	4	3/2	1100
Gerwi Diesel Bullo	1949	22	2	2	4/1	1900
Diesel Stier Typ 20	1950	12	1	2	4/1	1400
Diesel Stier Typ 21	1950	22	2	2	4/1	1650
Stier 18	1951	16	1	2	5/1	1600
Stier 25	1952	25	2	2	5/1	1800
Stier 30	1952	28	2	4	5/1	2100
St 241	1955	24	2	4	5/1	1800
St 360	1955	36	3	4	5/1	2300
St 480	1955	48	4	4	8/4	2900

Normag

Normag GmbH, 4320 Hattingen (Ruhr)

Zu den deutschen Traktorenwerken, deren Geschichte zunehmend in Vergessenheit geraten ist, zählt Normag. Dabei beginnen die inzwischen entstandenen kleinen »Geheimnisse« bereits beim Namen, der sich herleitet von »Nordhäuser Maschinenbau AG« und damit den Weg zur Stadt Nordhausen am Harz weist. Hier hatte Anfang der 1930er Jahre die Firma Schmidt, Kranz & Co. AG begonnen, landwirtschaftliche Zugmaschinen zu fertigen, die in der Konzeption durchaus an die Motorpflüge der zwanziger Jahre erinnerten. So bot man 1934 auf der Reichsnährstandsschau schwenkbare Motorkarren zusammen mit Pflugkarren an, bei denen besonders hervorgehoben wurde, daß die Pflugschare über einen Hebel auf einfache Weise gehoben und gesenkt werden konnten. Als Antrieb der nur in geringen Stückzahlen gebauten Maschinen dienten übrigens wie beim Lanz-Bulldog 1-Zyl.-2-Takt-Glühkopfmotoren, die bei 500 bis 700 U/min 20 bis 26 PS Leistung abgeben sollten.

Drei Jahre später, 1937, firmierten das Unternehmen und seine Produkte bereits kurz und einprägsam als Normag. Letztere hatten sich dabei binnen weniger Monate zu Standardtraktoren mit einigen bemerkenswerten Eigenheiten gemausert, zu denen Blockbauweise, wahlweise MWM- oder Deutz-Dieselmotoren, Kühlung durch Ventilator und Kühler sowie Glühkerzenzündung zählten. Aus dem Rahmen des Üblichen fielen vor allem die vorn gefederte Pendelschwingachse, die bewegliche, gefederte Anhängevorrichtung mit Sicherheitsmaul und Pflugschiene und der automäßig breite gepolsterte Doppelsitz für den Fahrer. Beobachter schätzten diese Fahrzeuge nach Konzeption, Verarbeitung und Aussehen als gut brauchbar, wenn nicht besser ein, was dazu führte, daß sich nicht wenige Landwirte das mit elektrischer Beleuchtung, Riemenscheibe und Zapfwelle um 4500 Reichsmark teure Gefährt zulegten. Damit aber hatte Normag die Basis für die

Nur schön vorsichtig! Normag Faktor I in welligem Gelände

Berücksichtigung im Rationalisierungs-programm des 1. Juli 1940 gelegt, was bedeutete, daß die Fortführung des Trak-torenbaus trotz anlaufenden Rüstungsge-schäfts mit der Aufnahme in den Kreis der achtzehn übrigbleibenden Anbieter von 20-PS-Zugmaschinen erst einmal gesi-chert war. Er überdauerte auch die 1942 mit Nachdruck betriebene Umstellung der landwirtschaftlichen Zugmaschinen auf den Generatorbetrieb. Anstelle der zuvor gefertigten beiden 22-PS-Dieselschlep-per NG 22 und NG 10 produzierte man in Nordhausen nun ausschließlich den Holz-gasschlepper NG 25. Zur Verwendung gelangten bei diesem Fahrzeug der Ein-heitsgasgenerator in geschlossener Bau-weise sowie der 2-Zyl.-Einheitsgasmotor von MWM, der 25 PS bei 1500 U/min leisten sollte. Der Normag-Holzgas-schlepper zeichnete sich vor allem durch kurzen Radstand und die für einen Gas-schlepper kurze Baulänge von 3000 mm aus. Erreicht wurden diese günstigen Da-ten durch einen speziell von Prometheus,

Berlin, hergestellten verkürzten Getriebe-block, den unter anderem auch Primus in seine Holzgastraktoren einbaute.

Das Ende des Zweiten Weltkriegs kon-frontierte Normag mit allen aus der will-kürlichen Zerteilung eines ehemals ge-schlossenen Wirtschaftsraumes erwach-senden Problemen. Denn Nordhausen lag in der sowjetischen Besatzungszone, während der Absatz der Normag-Fahr-zeuge früher weitgehend in das westliche Deutschland erfolgte. Die Werksleitung reagierte darauf, indem sie das Werk Nordhausen aufgab und in das in der britischen Zone gelegene Zorge (Süd-harz) übersiedelte. Hier begann man als einer der ersten Schlepperhersteller der Nachkriegszeit überhaupt schon 1946 wieder mit dem Zusammenbau von Trak-toren. Insgesamt 71 der nun auf 24 PS gebrachten NG-23-Traktoren konnten ausgeliefert werden, die zwar weitgehend auf dem Vorkriegsmodell NG 22 aufbau-ten, aber doch in einigen Bereichen wei-terentwickelt worden waren. So gelangte

anstelle des früher verwendeten Gußge-häuses ein Stahlrahmen zum Einsatz. Auch hatte man die Bodenfreiheit erhöht und den Fahrer günstiger in den Schwer-punkt plaziert.

Lange blieb dieses Fahrzeug allerdings nicht im Produktionsprogramm. 1947 be-reits begann Normag-Zorge, wie sich das Unternehmen in Abgrenzung zur alten Nordhäuser Normag nannte, im Hattinger Zweigwerk mit der Entwicklung eigener Motoren. Kaum waren sie fertig, wurden sie auch schon im Normag-Zorge-Traktor NG 23 K vorgestellt, der sich im Styling durch runde Formen von der kantigen Bauweise des Vorkriegsmodells unter-schied. Als Motor kam ein 2-Zyl.-4-Takt-Diesel mit der Baumusterbezeichnung BM 24 zum Einbau, der bei 1500 U/min 25 PS leistete. Auch das Getriebe stammte aus eigener Fertigung und ließ in vierfacher Abstufung eine Höchstge-schwindigkeit von 20 km/h zu.

Große Sorgfalt hatte das Werk, für das unter der technischen Leitung von Dr.-Ing.

Normag-Zorge NG 23 bei der Pflugarbeit

Walter Koenig unter anderem der in der Landmaschinenindustrie geschätzte Dr. Hans Zödler als Konstrukteur tätig war, auf die Ausgestaltung des technischen Zubehörs des Traktors gelegt. So verfügte das Fahrzeug neben der hinteren auch über eine vordere Zapfwelle, an die Mähwerk und Seilwinde angeschlossen werden konnten. Damit aber machte der Normag-Traktor die gleichzeitige Erledigung von zwei Arbeitsgängen bei einem Arbeitsweg möglich. In Anzeigen feierte das Unternehmen dies als »Entwicklung weg vom Pferdeeinsatz hin zur bäuerlichen Allzweckmaschine«. Unterstrichen wurde diese keineswegs als vollmundig zu bezeichnende Ankündigung durch die Entwicklung der ersten deutschen Druckluft-Krafteberanlage. Untergebracht hatte man den dafür benötigten Druckluftbehälter raumsparend einfach im Schlepperrumpf, eine geniale Lösung. Die Verwendung der Druckluft machte den Normag-Traktor vielen Konkurrenten überlegen, konnten doch nun Anhänger mit Druckluftbremse, Druckluftkippvorrichtung betrieben und weitere Krafteber, etwa am Mähbinder, angeschlossen werden. Entsprechend positiv fiel das Urteil der Fachleute auf den großen landwirtschaftlichen

Ausstellungen der Jahre 1949/50 über die Normag-Schlepper aus. Dabei stand die 25-PS-Version schon bald nicht mehr alleine auf den Ständen. Noch 1949 stellte das Werk eine 16-PS- und 1950 eine 33-PS-Version vor, die im Baukastenverfahren aus dem nun schon als bewährt bezeichneten NG 23 K weiterentwickelt worden waren. Hinzu kam eine passende Anbaugerätereihe der Geräteindustrie, die vor allem auf Belange der Bodenbearbeitung und Kartoffelkultur zugeschnitten war.

Daß sich die Traktoren mit dem stilisierten NZ auf der Fronthaube zu Beginn der fünfziger Jahre einiger Beliebtheit erfreuten, bestätigen die Zulassungsstatistik und Exporterfolge. Ein Platz unter dem ersten Dutzend Schlepperhersteller bürgte damals Jahr um Jahr für einen Inlandsabsatz von mindestens 2000 Fahrzeugen, was eine Fließbandproduktion sinnvoll erscheinen ließ. Hinzu kamen Verkäufe größerer Traktorenkontingente etwa in die Türkei und ins westliche Ausland, wo vor allem die erfolgreiche Teilnahme an nationalen und internationalen Schlepperleistungspflügen aufmerksam registriert wurden.

1952 erstreckte sich das Normag-Traktorenprogramm über sechs verschiedene Typen mit Leistungsstärken zwischen 10 und 45 PS. Als Kleinschlepper fungierte der mit Eigenbaumotor und -getriebe ausgerüstete Typ L 10, während die damals zwischen 15 und 20 PS angesiedelte Mittelklasse von den ebenfalls weitgehend aus Bauteilen eigener Herstellung zusammenmontierten Typen Faktor I und Faktor II besetzt wurden. Für den im Mai 1952 erstmals vorgestellten Großtraktor NG 45 hingegen setzte Normag weitgehend auf von außen zugekaufte Teile: auf den Henschel-Motor 516 D, das ZF-Getriebe A 15 sowie eine F & S-Einscheiben-Trockenkupplung.

Zusätzliches Leben in die Normag-Produktpalette kam 1954, als Dr.-Ing. Koenig zwei Schleppertypen mit luftgekühlten 2-Takt-Dieselmotoren entwickelt hatte: »Kornett I« und »Kornett II« lauteten die Bezeichnungen der 12 und 16 PS starken, leicht gebauten Standardtraktoren und sollten wohl an jenen jüngsten Offizier eines Reiterfähnleins erinnern, der die Standarte zu tragen hatte und den man im Französischen als »Cornette« zu bezeichnen pflegte. Technisch reizvoll waren die Kornett-Traktoren allemal. So hatten die Zweitaktmotoren infolge ihres Ölsumpfes einen verhältnismäßig geringen Frischölverbrauch. Auch wurden die Schlepper wahlweise zum Anbau der Geräte mit Schwingrahmen oder Dreipunktkupplung ausgerüstet, die sich durchzusetzen begann. Ferner ersetzte Normag den Druckluftkraftheber durch einen mechanischen, später durch einen ölhydraulischen Kraftheber mit größerer Hubkraft, da die Arbeitsgeräte schwerer geworden waren.

Mit einiger Aufmerksamkeit wurde in der Schlepperindustrie die 1955 stattgefundene gesellschaftsrechtliche Veränderung der Normag-Zorge GmbH registriert. Rückläufige Produktionszahlen hatten wohl schon seit einiger Zeit Vermutungen genährt, daß es allen Anstrengungen zum Trotz bei dem Unternehmen in gewohnter Weise kaum würde weitergehen können. Mit der Übernahme der Schlepper- und Motorenfabrik Normag, Hattingen, durch die Firma Orenstein & Koppel und Lübecker Maschinenbau AG schien denn auch der Weg zu einer kapitalmäßigen Konsolidierung des Unternehmens gewährleistet. Normag selbst begegnete

Zweifeln an der Fortführung des Unternehmens mit einer Anzeigenkampagne unter dem Motto »Die Normag – stärker denn je«. Doch alle im Jahre 1956 ausgesprochenen Garantien hatten keinen Bestand, als die Zulassungszahlen von Normag-Traktoren weiter absanken. 1957 reichte es mit 1400 zugelassenen Einheiten gerade noch zum 17. Platz, was die ehrgeizige Konzernmutter nicht hinzunehmen gewillt war. Neue, wirtschaftlich ertragreichere Aufgaben wie etwa die

Rolltreppen-Produktion boten sich an, weshalb man noch 1957 ein Übereinkommen mit der Porsche-Diesel-Motorenbau GmbH, Friedrichshafen, traf. Es sah vor, daß Normag zum 1. Januar 1958 die Schlepperfertigung einstellte und Porsche-Diesel zum gleichen Zeitpunkt die Ersatzteilversorgung ehemaliger Normag-Kunden übernahm. Dr.-Ing. Koenig ging in die Schlepperentwicklung von KHD, wo er sich mit der Schlepperhydraulik befaßte.

Das Schicksal wollte es, daß Normag genau im 25. Jahr den Schlepperbau aufgeben mußte. Rund 28 000 der technisch ausgereiften Fahrzeuge standen damals im Einsatz. 12 Jahre später, 1968, war die Zahl zwar auf 12 000 gesunken, aber nichtsdestoweniger trifft man auch heute noch, 20 Jahre nach Produktionseinstellung, NZ-Traktoren, die wie gehabt im Äußeren anspruchslos, unter der Haube aber beachtenswert ausgereift ihren Dienst in der Landwirtschaft tun.

Normag-Traktoren (Auswahl)

Typ/Bezeichnung	Baujahr	Motorleistung PS	Zylinder	Takt	Gänge	Gewicht kg
Rohöl-Ackerschlepper	1934	20/26	1	2	–	2000
NG 22 Acker	1939	20	2	4	4/1	1700
NG 10 Acker	1941	20	2	4	4/1	1600
NG 25 Holzgas	1943	25	2	–	4/1	–
Diesel 22/24 PS	1946	22/24	2	4	4/1	1720
NG 23 K	1949	25	2	4	4/1	1620
NG 15 L	1949	16	1	4	4/1	1200
NG 35	1950	33	2	4	4/1	1750
L 10	1952	10	1	4	5/2	820
Faktor I	1952	15	1	4	5/1	1170
Faktor II	1952	20	2	4	5/1	1300
NG 45	1952	45	4	4	5/1	2500
Kornett I	1954	12	1	2	5/1	1010
Kornett I	1954	16	1	2	5/1	1010

O & K

O & K – Orenstein & Koppel AG, 4600 Dortmund

Wenn sich ein Unternehmen dem Motto »O & K setzt alles in Bewegung« verschrieben hat, dann liegt es nahe, daß es an den Transportproblemen der Landwirtschaft nicht uninteressiert vorübergehen konnte. Denn früher wie heute gilt das inzwischen geflügelt gewordene Wort, daß die Landwirtschaft ein Transportgewerbe wider Willen sei. Bei dem 1876 von Benno Orenstein und Arthur Koppel in Berlin gegründeten Unternehmen führte dieses stets gegebene Interesse gleich mehrfach zu bemerkenswerten Vorschlägen, so 1885 zur Konstruktion kompletter Feldbahneinrichtungen, über die die Feldfrüchte vom Acker zu den großen Bahnhöfen gebracht wurden. Dann dominierte einige Jahrzehnte in den verschiedenen Werken des Orenstein & Koppel-Konzerns der Bau von Baggern und Eisenbahnen, ehe 1938 im Werk Nordhausen am Harz, der Heimat übrigens auch der Normag-Traktoren, die Herstellung von Ackerschleppern begann.

Grundlage für die Produktionsaufnahme von landwirtschaftlichen Zugmaschinen bildeten Erfahrungen, die O & K mit dem Bau von Dieselmotoren gemacht hatte. Hinzu kam, daß in der seit 1912 zum

Unternehmen gehörenden Nordhäuser Maschinenfabrik Montania hinreichende Fertigungskapazitäten zur Verfügung standen, so daß sich die Werksleitung ohne übermäßiges Risiko zur Konstruktion eines eigenen O & K-Diesel-Ackerschleppers entschließen konnte. Das Ergebnis war ein vor allem vom Motor her interessantes Fahrzeug. Der stehende 2-Zyl.-4-Takt-Volldieselmotor arbeitete nämlich nach dem Wirbelkammerverfahren, mit dem eine möglichst günstige Ausnutzung der Kraftstoffenergie bei geringem Kraftstoffverbrauch angestrebt wurde. Durch die Ausbildung von Kolben und Brennkammer sowie die in bezug auf Kühlung und Wärmeausgleich günstige Anordnung der Wirbelkammer erreichte man nicht nur dieses Ziel weitgehend, sondern bewirkte auch den leichten Start des Fahrzeugs bei jeder Witterung ohne besondere Starthilfen wie Glühkerzen oder Lunten. Hervorgehoben zu werden verdient außerdem die leichte Montierbarkeit des Motors. Zylinderbuchsen und -köpfe ließen sich jedenfalls ebenso leicht auswechseln wie Lager, Kolben und selbst die Kurbelwelle. Ansonsten verfügte das kantige, zugstarke Fahrzeug über alle Beigaben eines 1938 modernen Schleppers, was ihn für Landwirte mit größeren Betrieben als Zugmaschine ebenso interessant machte wie für Transportunternehmer.

In der Konzeption dem 30-PS-Typ ähnlich und in Teilen als Baukasten austauschbar, fiel der gleichfalls noch vor Kriegsausbruch vorgestellte O & K-15-PS-Bauernschlepper aus. Diesmal hatten sich die Konstrukteure für einen liegenden 1-Zyl.-Dieselmotor entschieden, der wiederum nach dem Wirbelkammerverfahren arbeitete. Eine Konuskupplung eigener Fertigung übertrug die Kräfte des Motors auf ein 3-Gang-Getriebe, das in serienmäßiger Ausstattung eine Höchstgeschwindigkeit von 8 km/h, in Sonderausfertigung von 12 km/h zuließ.

Doch so erfolgreich sich das Geschäft insgesamt und der Traktorenabsatz insbesondere bei Orenstein & Koppel auch anließ, die nationalsozialistische Herrschaft gab sich mit der Entwicklung des von jüdischen Gründern erschaffenen Konzerns nicht zufrieden. Man wirkte vielmehr bereits 1938 anläßlich einer Hauptversammlung darauf hin, daß der Firmennamen in »Maschinenbau- und Bahnbedarf AG« zu ändern war. Da nun aber die Bezeichnung Orenstein & Koppel gerade international einen guten Klang besaß, willigten die Machthaber für eine Übergangszeit zu, daß der Zusatz »vormals Orenstein & Koppel« neben dem Firmennamen geführt werden durfte – ein bescheidener Trost für ein Unternehmen, das damals in acht Werken und 135 Niederlassungen im In- und Ausland rund 20 000 Mitarbeiter beschäftigte! Doch was politisch gewünscht war, ließ sich – zumal der Krieg die Einstellung zusätzlich verhärtete – nicht umgehen. So findet man ab 1940 O & K-Traktoren in abgerundeter Karosserie, ansonsten aber unverändert als MBA-Schlepper auf dem Markt.

Beide MBA-Traktoren-Typen überstanden die 1940 vorgenommene Typenbeschränkung unbeschadet, was durchaus als Zeichen der Anerkennung zu deuten war. Tatsächlich verfügte MBA bzw. O & K über gute Techniker, die sich nur kurze Zeit im Traktorenbau engagierten, um sich ansonsten der Lokomotiv- und Baggerherstellung zu widmen. Zu einer weiteren Demonstration ihrer beachtenswerten Fähigkeiten geriet der ab 1942 gebaute 35-PS-MBA-Holzgasschlepper. Für ihn hatte man eigens einen verkürzten 2-Zyl.-V-Motor entwickelt, der wesentlichen Anteil an der erfolgreichen Bewältigung des bei vielen Holzgastraktoren auftretenden Problems des zu langen Radstands hatte.

Mit Kriegsende kam bei MBA die Traktorherstellung endgültig zum Erliegen. Der Verlust von 80 % der Produktionskapazität, darunter des Werks Nordhausen, bedeutete einen gewaltigen Rückschlag für das Unternehmen, das ab 1950 als »Orenstein & Koppel und Lübecker Maschinenbau AG« firmierte. Doch ob in Berlin, Lübeck oder in Dortmund, der Aufbauwille der Belegschaft war ungebrochen. Neben Baggern und Schiffen nahm man deshalb 1950 auch wieder die Ackerschlepper ins Produktionsprogramm auf. Es handelte sich um Weiterentwicklungen der bewährten Vorkriegsmodelle, die zunächst in einer 18-PS- und einer 36-PS-Version angeboten wurden. 1954 umfaßte das Ackerschlepperprogramm von O & K in der Standardreihe fünf Modelle zwischen 18 und 75 PS. Vorherrschend war die Blockbauweise, nur bei dem Flaggschiff der Serie, dem Traktortyp S 75 A, hatte man sich für eine Halbrahmenkonstruktion entschieden.

Die 4-Zylinder-O&K-Dieselmotoren waren, abweichend von der üblichen Bauweise der Zylinder in einer Reihe hintereinander, zu zweien in V-Form nebeneinander in einem Winkel von 60° angeordnet. Das ergab kurze Motoren, kurzen Radstand und kurze, wendige Schlepper.

Damals waren kurze Schlepper modern, und Fachleute und Stylisten stritten darüber, ob Schlepper kurz und wendig oder lang und zugkräftiger sein sollten. Der wirtschaftliche Erfolg der O & K-Schlepper blieb aus. 28 Inlandszulassungen im Jahre 1953 waren zuwenig für eine lohnende Produktion.

Besser entwickelte sich dagegen der Absatz der gleichen Maschinen, die als Kompressorschlepper S 32 K und UK 1 für die Bauwirtschaft gebaut wurden. O & K hatte nämlich einen besonders pfiffigen Grund für die V-Bauweise der Motoren: Damit sie auf Baustellen im Stand Druckluft erzeugen konnten, ließen sich zwei Zylinder der einen Motorseite von Dieselantrieb auf Druckluftkompressor umschalten, der von den beiden Dieselzylindern der anderen Motorseite angetrieben wurde. Hinzu kam die Kombination mit einem Stromerzeuger für Schweißarbeiten, der auch nicht die volle Motorleistung in Anspruch nahm.

Damit paßten diese zu Bauschleppern gewordenen Maschinen in die Aktivitäten der Firma in der Bauwirtschaft. Mitte der fünfziger Jahre ließ O & K die Ackerschlepperfertigung auslaufen, wogegen Radlader, Flurförderfahrzeuge, besonders Gabelstapler bis heute geliefert werden.

Durch die 1986 erfolgte Übernahme der Aktienmehrheit an der Faun AG, Nürnberg, erfährt der Unternehmensbereich Baumaschinen und Gewinnungstechnik, in den das Erbe der O & K-sowie MBA-Ackerschlepperherstellung eingegangen ist, sogar eine bemerkenswerte Aufwertung.

Typ/Bezeichnung	Baujahr	Motorleistung PS	Zylinder	Takt	Gänge	Gewicht kg
O & K Diesel	1938	30	2	4	4/1	2200
Bauernschlepper	1939	15	1	4	3/1	1250
MBA 15 PS	1941	15	1	4	3/1	1310
MBA 30 PS	1941	30	2	4	4/1	2340
MBA SA 754	1943	35	2	–	5/1	–
T 18 A	1950	18	1	4	5/1	1400
S 32 K	1951	36	2	4	5/1	2150
S 40 A	1954	40	2	4	5/1	2120
S 50 A	1954	50	2	4	5/1	3000
S 75 A	1954	75	4	4	6/1	3400
UK 1	1954	40	4	4	5/1	2660

Pöhl

Pöhl-Werke, Gößnitz

Mit der Herstellung von Motorlokomotiven für das Zwei-Maschinen-Seilpflug-System begann Gustav Pöhl 1910 sein Engagement in der Landmaschinenindustrie. Daß er damit auf eine teure und zudem wenig zukunftsträchtige Technik gesetzt hatte, wurde ihm schon bald bewußt. Bereits im folgenden Jahr präsentierte er deshalb einen Motorpflug, der als erster Gelenkpflug in die deutsche Schleppergeschichte eingegangen ist. Es handelte sich dabei um ein Dreirad-Fahrzeug mit angetriebener und gefederter Hinterachse und einem gefederten lenkbaren Vorderrad. Angelenkt an die Zugmaschine war ein gleichfalls dreirädriger Rahmen mit fest angeschraubten Pflugkörpern. Mittels Fußschaltung konnte der Fahrer den Pflugrahmen vom Sitz aus durch den Motor anheben oder absenken lassen.

Stellte diese Vorrichtung allein schon eine bei anderen Motorpflügen nicht anzutreffende Besonderheit dar, so hatte sich Gustav Pöhl für sein Fahrzeug noch eine weitere Raffinesse ausgedacht. Dabei galt sein Interesse einer Erleichterung des mühevollen Anwerfens der Zugmaschine. Pöhl löste das Problem, indem er »das Getriebe zum motorischen Ausheben des Pfluges so ausbildete, daß der herabfallende Pflug den Motor andrehen konnte!« Doch auch ohne Pflugrahmen konnte Pöhls Motorpflug gute Arbeit verrichten. Als Zugmaschine war er bindemähertauglich, und über die am Fahrzeug befindliche Riemenscheibe fiel es nicht schwer, Dreschmaschinen, Rübenschneider und Wasserpumpen anzutreiben.

»Solider Eindruck«, »einwandfreie saubere Arbeit«, so und ähnlich äußerten sich Landwirte im Anschluß an Vorführungen. Doch nur wenige von ihnen konnten sich die für Großbetriebe konzipierten Zugmaschinen leisten. Mit einem zweiten, kleineren »Universal-Landwirtschaftsmotor Patent Pöhl«, so die offizielle Bezeichnung, hoffte das Werk ab 1912 auch mechanisierungsbereite mittelbäuerliche Betriebe ansprechen zu können. Große Popularität jedoch blieb den Motorpflügen nach dem Gelenksystem verwehrt. Dies gilt auch für den ab 1915 von Pöhl gebauten Vierschar-Motorpflug, der über einige interessante Merkmale verfügte. Außer der gefederten und angetrie-

Pöhl-Gelenkpflug – technisch interessant, aber kaum verkauft

153

benen Hinterachse besaß das Fahrzeug eine gleichfalls gefederte und nun pendelnd am Rahmen angebrachte Vorderachse, auch gestattete eine kleine Ladefläche das Mitführen von Gütern und Arbeitsgeräten.

Pöhl war aber keineswegs nur ein bemerkenswerter Konstrukteur von Gelenkpflügen. Motortragpflüge beschäftigten ihn ebenfalls, und so überrascht es nicht, daß 1916 ein erstes dieser durch große Triebräder und weit nach vorn gelegten Motor charakterisierten Fahrzeuge seine Fabrik verließ. Allerdings fand die neue Maschine eine weit ungünstigere Aufnahme in der Öffentlichkeit als seine Gelenkpflüge. Kritiker behaupteten, die Motortragpflüge stellten »ein Gewirr von Rädern in- und übereinander, Ketten- und Seiltrieben, Winden, Gestängen, Kisten, Kasten und sonstigen Behältern dar«. Nicht besser war es auch um die Betriebssicherheit der Fahrzeuge bestellt – vorprogrammierter Mißerfolg, nennt man so etwas heute. Geschäftlich über Wasser hielt sich Gustav Pöhl in der unmittelbaren Nachkriegszeit durch die Umrüstung und den anschließenden Verkauf ausgemusterter Heereszugmaschinen. Kohlenhändler sowie einige Landwirte setzten die Fahrzeuge ein, um die durch Kriegsaushebungen eingetretenen Engpässe in der Pferdeversorgung zu überbrücken. Ein Dauergeschäft war damit allerdings für die viele hundert Mann starke Pöhl-Belegschaft nicht zu erzielen. Da gelang gerade rechtzeitig Ingenieur Pöhl 1921 wiederum eine interessante Neuentwicklung, eine motorisierte Kartoffelpflanz- und -erntemaschine, die auf der Leipziger DLG-Ausstellung beträchtliches Aufsehen erregte. Sicher, ausgereift war die selbstfahrende Arbeitsmaschine nicht, doch sie barg so

viel technisches Know-how, daß Pöhl sie ohne größere Umstände zu einem vollwertigen Traktor weiterentwickeln konnte. Bei dem als »Pöhl-Ackerbaumaschine« bekannt gewordenen Fahrzeug handelte es sich um einen regelrechten Ackerschlepper in Rahmenbauweise mit gefederter Pendelvorderachse, mit Sperrdifferential und Hinterachse, also um eine prinzipiell fortschrittliche Bauart gegenüber den Motorpflügen. Das Getriebe hatte drei Vorwärtsgänge und einen Rückwärtsgang. Pöhl verwendete einen eigenen 4-Zyl.-Ottomotor, bevor Mitte der zwanziger Jahre Dieselmotoren zum Einbau gelangten. Eine Besonderheit des Pöhl-Schleppers war die Höhenverstellbarkeit des rechten Hinterrades. Damit der Schlepper beim Pflügen – wobei ihm die größte Zugkraft auf dem Acker abverlangt wird – in horizontaler Lage ohne Entlastung des linken Hinterrades mit höchster Zugkraft arbeiten konnte, verstellte der Fahrer das rechte, in der Pflugfurche laufende Hinterrad, der Furchentiefe angepaßt, tiefer.

1925 nahm der Pöhl-Schlepper zusammen mit einigen anderen ausgewählten deutschen Rad- und Raupenschleppern an einer Vergleichsprüfung der Technischen Hochschule Berlin mit dem Fordson-Radschlepper und einigen amerikanischen Raupenschleppern teil. Im Vergleich mit dem Fordson schnitt er gut ab, aber sein Preis war etwa dreimal so hoch wie der des in Großserie hergestellten Fordson. Die Eigenfertigung von Motoren und Getrieben wurde Pöhl zum Verhängnis.

Mit der Ackerbaumaschine hatte sich Pöhl mit an die Spitze der deutschen Schleppertechnik gesetzt, was unter anderem zu zahlreichen Auszeichnungen

und teilweise massiver Absatzförderung durch das Reichslandwirtschaftsministerium führte. Dennoch gerieten die Pöhl-Werke immer tiefer in finanzielle Bedrängnis. 1922 war die wirtschaftliche Krise des Unternehmens nur durch die Aufgabe der unternehmerischen Selbständigkeit zu meistern, doch auch der neue Eigner, die Düsseldorfer »Maschinen- und Kranbau AG«, vermochte keine ruhige Geschäftsentwicklung zu garantieren. 1926 stand das Unternehmen vielmehr selbst vor dem Zusammenbruch. Liquide Mittel fehlten, während gleichzeitig in Gößnitz der Fabrikhof voller unverkaufter Pöhl-Traktoren stand. Kurzarbeit, Werkstillegung und Geschäftsaufsicht waren die unausweichliche Folge.

Doch die Pöhl-Werke kamen noch einmal mit der Existenz davon, was im Betrieb kaum noch vermutete Energie freisetzte. Mit einem breit angelegten Produktionsprogramm an Verkehrs- und Ackerschleppern beteiligte sich das Thüringer Unternehmen ausgangs der zwanziger Jahre am Kampf um motorisierungswillige Kunden. Der Erfolg der Bemühungen jedoch blieb bescheiden. Mit seinem Schlepperprogramm blieb Pöhl im Vergleich zu den inzwischen »groß« gewordenen Schlepperfabriken zu teuer, ganz abgesehen davon, daß die Pöhl-Traktoren für motorisierungswillige Familienbetriebe auch zu groß waren. Jedenfalls verschwanden Anfang der dreißiger Jahre die Pöhl-Werke und mit ihnen die Pöhl-Schlepper vom Markt, mehr noch, sie gerieten leider hinsichtlich ihres Beitrags zur landwirtschaftlichen Motorisierung weitgehend in Vergessenheit, was nicht nur der später ins westfälische Steinhagen übergesiedelte Firmengründer Gustav Pöhl tief bedauerte.

Pöhl-Traktoren (Auswahl)

Typ/Bezeichnung	Baujahr	Motorleistung PS	Zylinder	Takt	Gänge	Gewicht kg
Universal-Landwirtschaftsmotor						
Patent Pöhl, dreischarig	1913	30	4	4	2/1	2500
dto., sechsscharig	1913	60	4	4	2/1	5000
Gelenkpflug, vierscharig	1920	40	4	4	2/1	4000
Ackerbaumaschine	1924	30	4	4	3/1	1950
A 5	1930	30	4	4	3/1	2050
Raupenschlepper R 3	1930	20	4	4	3/1	1920
Verkehrsschlepper L 6	1930	36	4	4	3/1	3850

Porsche-Diesel

Porsche-Diesel-Motorenbau GmbH, 7990 Friedrichshafen

Wo und wann die Idee zur Gründung der Porsche-Diesel-Motorenbau GmbH geboren wurde, läßt sich kaum genau feststellen. Naheliegend jedoch ist, daß der sich der Landwirtschaft verbunden fühlende Mannesmann-Vorstandsvorsitzende H. Winkhaus daran beteiligt war. Winkhaus kannte Professor Porsche und hat sich mit ihm über landtechnische Probleme unterhalten, zu einer Zeit allerdings, als im Montanunternehmen Mannesmann noch nicht darüber gesprochen wurde, daß man sich im Traktorenbau engagieren könnte. Doch Winkhaus hat das Geschehen rund um den Bau von Porsche-Traktoren bei Allgaier, Uhingen, nie aus den Augen verloren. So kamen für ihn 1955 Informationen sicherlich nicht überraschend, daß Allgaier bereit sei, sich von der Schlepperfertigung zu trennen. Zugegriffen hat Mannesmann jedenfalls, zunächst in finanziell bescheidenem Umfang, als Anfang 1956 die Porsche-Diesel-Motorenbau GmbH mit einem Stammkapital von 100 000 DM gegründet wurde. Aber »kleckern« war nicht die Sache von Winkhaus. Wenige Monate später schon »klotzte« Mannesmann und stockte das Stammkapital auf die für die damalige Zeit beachtliche Höhe von 25 Millionen DM auf.

Das Geld wurde benötigt, um auf dem früheren Zeppelin- und Dornier-Gelände in Manzell bei Friedrichshafen unmittelbar am Bodensee ein neues Traktorenwerk zu erbauen, dessen Jahreskapazität rund 20 000 Einheiten betragen sollte. Bis es allerdings so weit war, hatte Porsche-Diesel noch einen weiten Weg zu gehen. 1957 produzierte man gerade halb so viele Traktoren, von denen 5625 im Inland verblieben. Daß vom Bodensee aus gleichwohl frischer Wind in die deutsche Traktorenlandschaft wehte, bekamen die Konkurrenten unter anderem an der Vergrößerung des Porsche-Trakto-

Porsche-Diesel P 133 vor zapfwellengetriebenem Feldhäcksler

renprogramms zu spüren. Mit dem Typ AP 18 stellte das Werk noch 1956 einen interessanten Standard-Traktor mit Teleskop-Einzelradfederung vorne, Zapfwelle und Kraftheber vor, der sich gut in die sonstige Palette mit Zugmaschinen im Leistungsbereich zwischen 12 und 44 PS einfügte. Auffallender noch aber war das forsche Agieren der Porsche-Diesel-Mannschaft um Professor Prinzing. Sie setzte in den Bereichen Öffentlichkeitsarbeit und Händlerschulung neue Maßstäbe, die – wie in der Branche gemunkelt wurde – erkennen ließen, daß einige Führungskräfte von Porsche-Diesel über eine Generalstabsausbildung verfügten. So verging kaum eine Woche, in der das Unternehmen nicht mit neuen Erfolgsmeldungen aufwartete. Meldungen über Exporte, Preissenkungen, Ersatzteillager-Eröffnungen oder die Zusammenarbeit mit Konkurrenzfirmen wie Normag und Orenstein & Koppel jagten einander und vermittelten den Eindruck von atemberaubender Geschäftigkeit, was nicht ohne Wirkung blieb. Von 1957 auf 1958 verbesserte Porsche-Diesel seinen Marktanteil von 7,0 % auf 12,1 %, verdoppelte annähernd die Zahl der Inlandsneuzulas-

sungen und belegte einen achtbaren zweiten Rang in der Liste der größten Traktorenanbieter Deutschlands. Mit fast 17 000 produzierten Einheiten näherte man sich sogar der Kapazitätsauslastung, nur bedeutete dies nicht, daß auch das Wirtschaftsergebnis stimmte. Preiszugeständnisse hatten zumindest mit dazu beigetragen, den »Sprung nach vorne« zu ermöglichen.

Ideenreich waren die Porsche-Diesel-Leute auf jeden Fall Ende der fünfziger Jahre. »Nur noch drei Typen«, lautete eine Presseinformation – und tatsächlich, da wurde der frühere Schlepper »P 111« zum »Junior«, der »P 122« zum »Standard« und der »P 133« zum »Super«. Diese Bezeichnungen erwiesen sich als gut gewählt. Rasch setzten sie sich bei der Landbevölkerung fest, und selbst heute, rund 25 Jahre nach Beendigung des Porsche-Diesel-Schlepperbaus, sind sie dort noch immer geläufig. Ebenfalls als echter Knüller wirkte die Bekanntgabe, Porsche-Diesel arbeite auf den »reklamationsfreien Schlepper« hin. Bewußt wurden damit Erinnerungen an den Volkswagen geweckt, dessen Konstruktion ja auch untrennbar mit dem Namen

Professor Porsches verbunden ist. Aufsehen erregte schließlich die Bereitschaft des Unternehmens, rechtzeitig vor der Frühjahrsbestellung eine kostenlose Schlepper-Inspektion durchzuführen. Und weitere Aktionen ließen nicht lange warten. Sie popularisierten Porsche-Diesel und seine Traktoren, doch zum ersten Platz unter Deutschlands Traktorenherstellern reichte es nicht.

Gründe für die bereits 1960 sichtbar werdende Stagnation bei Porsche-Diesel gibt es mehrere. So lief gerade der erste große Nachkriegs-Schlepperboom aus, was das auf großen Absatz angelegte Unternehmen härter als kleiner dimensionierte Konkurrenten traf. Auch hatten unter Preis abgegebene Zugmaschinen die Absatzkanäle verstopft mit der Konsequenz, daß neue Modelle nur schwer am Markt unterzubringen waren. Neue Modelle aber produzierte Porsche-Diesel mit großem Eifer, so daß schließlich drei Varianten des Typs Standard mit 20, 26 und 30 PS, zwei Super-Modelle mit 35 und 40 PS sowie seit 1959 der Typ Master zur Auslieferung gelangten. Alle diese Traktoren verfügten über luftgekühlte Porsche-Dieselmotoren, gut abgestufte Getriebe, mehrere Zapfwellen, Mähantrieb, Krafheber und bestachen nicht zuletzt durch ihre knallrote Farbe. Als wichtigster Grund für die rückläufigen Absatzzahlen der Porsche-Diesel-Traktoren muß aber wohl das nachlassende Interesse des Mannesmann-Konzerns an der Friedrichshafener Tochter angeführt werden. Nachdem es nicht gelungen war, den Traktorenmarkt gleichsam im Handstreich zu erobern, begann man in der Düsseldorfer Zentrale zu rechnen. Das Ergebnis gab jenen Kräften Auftrieb, die einer Trennung vom Traktorenbau das Wort redeten. Ganze 3 % der Porsche-Diesel-Schlepper, die Räder und das Kotflügelblech, wurden konzerneigen erzeugt! Der Rest stammte entweder aus Friedrichshafener Fertigung oder von Zulieferern, und davon hatte Mannesmann wenig, sah man doch von der Bodensee-Tochter ohnehin kaum Geld. Nur, ohne eine letzte Chance sollte das kostspielige Abenteuer nicht beendet werden. Deshalb übernahm man 1962 von MAN den Rest des Traktorenbaues, wobei die Überlegung sicher eine große Rolle spielte, auf diese Weise an die qualifizierten wassergekühlten MAN-Motoren heranzukommen. Doch die in diesen letzten Kraftakt gesetzten Hoffnungen trogen. Die Verkaufszahlen von Porsche-Diesel sanken weiter ab und langten 1963 gerade noch zu dem Marktanteil, der 1955 von Allgaier quasi als Mitgift übernommen worden war: 4,7 %, Anlaß für Überlegungen, den Unimog-Motor von Daimler-Benz in Porsche-Traktoren einzubauen.

Das Ende von Porsche-Diesel, dessen Traktoren 1963 einen Anteil am Gesamtbestand in Deutschland von 8,5 % hatten und der nur von KHD, Fendt und Hanomag übertroffen wurde, ist rasch skizziert. Es brachte den Übergang der Werksanlagen am Bodensee an Daimler-Benz, die Einstellung der Traktorenfertigung und die Übernahme des Vertriebs und der Ersatzteilversorgung durch Renault. Bleibt abschließend das Fazit, daß selten in der deutschen Traktorengeschichte Aufstieg und Niedergang eines Herstellers so atemberaubend stattgefunden haben wie gerade bei der Porsche-Diesel-Motorenbau GmbH.

Parade der Porsche-Diesel-Traktoren Junior, Standard und Super

Porsche-Diesel-Traktoren (Auswahl)

Typ/Bezeichnung	Baujahr	Motorleistung PS	Zylinder	Takt	Gänge	Gewicht kg
P 111	1956	12	1	4	4'1	950
AP 18	1956	18	2	4	5'2	1255
P 133	1956	33	3	4	5'1	1670
P 144	1956	44	4	4	5'1	2360
Junior L	1957	14	1	4	6'2	950
Standard	1957	25	2	4	5'1	1630
Super	1957	38	3	4	5'1	1750
Standard T	1960	20	2	4	8'2	1125
Super L	1960	40	3	4	8'4	2100
Master	1960	50	4	4	8'4	2220
Standard Star	1962	26	2	4	8'2	1410
Super Export	1962	35	3	4	8'2	1850

Primus

**Primus-Traktoren-Gesellschaft
Johannes Köhler & Co. KG,
8160 Miesbach**

Von Berlin-Lichtenberg aus leistete Oberingenieur Johannes Köhler in den frühen dreißiger Jahren Pionierarbeit auf dem Gebiet des Straßen-Kleinschlepperbaus. 1936 stellte er dann auf der Frankfurter Reichnährstands-Ausstellung drei seiner führerscheinlos fahrbaren, jeweils über eine geschlossene Kabine verfügenden »Primus-Traktoren« aus, die von liegenden Deutz-Dieselmotoren mit Leistungen zwischen 7 und 17 PS angetrieben wurden. In jenem Jahr fand das Unternehmen auch den Weg zum Ackerschlepperbau mit einem »Bauern-Universal-Schlepper«, als dessen Kennzeichen in Anzeigen unter anderem die für jeden Pferdebinder bis 6 Fuß Breite passende Zapfwelle herausgestellt wurde.

Dem mit der Bezeichnung P 22 noch vor dem Zweiten Weltkrieg gebauten Primus-Ackerschlepper kommt eine Sonderrolle in der deutschen Traktorengeschichte zu. Zeitgenossen sahen in ihm den ersten »vollständig abgedeckten und verkleideten unverwüstlichen Helfer der Landwirtschaft, der nach automobiltechnischen Erkenntnissen« gebaut war. Dies schloß beispielsweise die Vorderachskonstruktion ein, die Köhler als stabile Rohrachse mit wasser- und staubdicht gekapselter Lenkzapfenlagerung ausbildete. Für dieses Fahrzeug hatte der Getriebehersteller Prometheus eigens einen Getriebeblock entwickelt, der in der Folge auch von anderen Traktorenherstellern bereitwillig in ihre Fahrzeuge eingebaut wurde. Angesichts des expandierenden landwirtschaftlichen Zugmaschinengeschäfts beließ es Köhler nicht bei einem Ackerschleppermodell. Der Universaltraktor P 11, liebevoll »Pony« genannt, ähnelte dabei dem stärkeren Bruder weitgehend. Wiederum verlieh die ausgewogen gestaltete Frontpartie mit der abgerundeten

Haube dem Fahrzeug ein formschönes Aussehen, das sich nicht weniger durch die sinnvolle Anordnung der allerdings nur als Sonderausrüstung zu bekommenden technischen Zubehörteile wie Riemenscheibe, Zapfwelle und Mähvorrichtung auszeichnete. Im Primus »Pony« befand sich übrigens der gleiche Motor eingebaut, der im Elfer-Deutz-Schlepper Geschichte machte.

Und obschon der Krieg bereits begonnen hatte, demonstrierte Köhler noch mit einem dritten Fahrzeug seine ihn aus dem Rahmen des Üblichen emporhebende Neuerungsbereitschaft. Er griff die von Fritz Enders entwickelte Packesel-Idee auf, die eine Folge des in den dreißiger Jahren von einflußreichen Agrarpolitikern häufiger propagierter Mottos »Dieselöl statt Bauernschweiß« war, um einen Primus-Packesel zu entwickeln. Angetrieben von einem 16-PS-Deutz-Dieselmotor, sollte dieses Fahrzeug Zugmaschine auf Acker und Straße sowie stationäre Kraftquelle und Transporter zugleich darstellen. Dank leicht ansteckbarer Zusatzgeräte wollte Köhler den Packesel zu einer vielseitig einsetzbaren Arbeitsmaschine und damit zu einem frühen Vorläufer der Nachkriegsgeneration der Geräteträger machen. Infolge des Krieges kam die Entwicklung zum Erliegen. Doch noch ein weiterer technischer Paukenschlag von Johannes Köhler muß erwähnt werden, auch wenn er vorrangig auf den Straßenverkehr abzielte. Gemeint ist die Primus P-20-Elektro-Zugmaschine, die, angetrieben von einem Doppel-Kollektor-Hauptstrommotor von 11 kW Leistung, zwar aus der Betriebsstoffknappheit jener Jahre geboren wurde, dennoch als Beispiel der in Notzeit gegebenen Bereitschaft findiger Ingenieure gewertet wer-

Beliebt bei Transportunternehmern: der Vorkriegs-Primus P 18

157

den muß, unkonventionelle Wege zu beschreiten. Modern mutet es an, wenn Köhler für seine Elektroschlepper mit Eigenschaften wie geräuscharm, geruchfrei, treibstoffsparend und wartungsarm warb.

Eher konventionell fiel dagegen der in den letzten Jahren gebaute Holzgastraktor »P 25 G« aus. Wie bei vergleichbaren Modellen anderer Hersteller handelte es sich dabei um eine Blockkonstruktion, bei der der Einheitsgenerator in geschlossener Bauweise über und vor der Vorderachse stehend mit dem Deutz-Einheitsmotor und dem verkürzten Prometheus-Schleppertrieb verbunden war. Wie stets bei Primus fiel auch dieses Fahrzeug durch die formschöne Verkleidung und saubere Abdeckung der Einzelteile vor Staub und Schmutz auf.

Daß Berlin während des Weltkriegs ein für die Traktorenherstellung ausgesprochen ungeeigneter Standort war, bekam Primus an den eigenen Werksanlagen zu spüren. Miesbach in Oberbayern schien die für eine Verlagerung geeignete Produktionsstätte zu sein, weshalb noch während des Krieges erste Primus-Traktoren in Süddeutschland zur Auslieferung gelangten. Wie richtig diese Entscheidung von Johannes Köhler, seine Fabrik nach Bayern zu verlegen, war, zeigte sich nach Kriegsende. Er selbst wurde von den Russen verhaftet, vermochte aber freizukommen. Bereits 1946 konnte die Primus-Traktoren GmbH, Miesbach, melden, daß wieder produziert wird. Gebaut wurde – nahezu unverändert im Vergleich zum Vorkriegsmodell P 22 – wiederum ein 22-PS-Traktor, der über einen MWM-Motor sowie serienmäßig über Riemenscheibe, Zapfwelle und Mähwerksantrieb verfügte. Das Fahrzeug verkaufte sich auch einigermaßen und deckte rund 1 % der Inlandszulassungen ab. Die Primus-Leute schöpften Mut und begannen eine Verbreiterung der Produktpalette, indem bereits Ende 1949 zwei Typen mit der Bezeichnung P 15 und P 28 angeboten wurden. Diese Bezeichnung war naheliegend, bezog sie sich doch auf die PS-Leistungen der Fahrzeuge, von denen insbesondere das große Modell Aufmerksamkeit verdient.

Johannes Köhler, dieser hochbegabte Schlepper-Pionier, demonstrierte mit diesem Fahrzeug noch einmal sein ganzes Können. Obwohl nur in bescheidener Stückzahl produziert, belastet durch den Verlust seiner eigentlichen Produktionsanlagen, hatte er es sich doch nicht nehmen lassen, einen eigenen Schleppermotor zu konstruieren. Es handelte sich um einen interessanten 3-Zyl.-Dieselmotor nach dem Vorkammerverfahren mit den Kennzeichen großer Robustheit und Übersichtlichkeit. Den Zylinderblock mit auswechselbaren wasserumspülten Zylinderlaufbüchsen hatte Köhler vom Kurbelgehäuse getrennt und mit drei einzelnen Zylinderköpfen versehen. Mit drei Zylindern hatte der Motor einen ruhigen, gleichmäßigen Lauf. In der Folge wurde die Leistung des Motors weiter angehoben. Sie betrug 1957 36 PS und machte das Primusmodell PD 3 somit zu einem Fahrzeug der stärkeren Leistungsklasse. Mitte der fünfziger Jahre baute Primus zusätzlich das Modell PD 2, einen 24 PS starken Standard-Traktor in Blockbauweise mit einem eigenen, diesmal zweizylindrigen Motor. Ansonsten verwendete das oberbayerische Werk vorwiegend MWM-Motoren während die Getriebe entweder von Hurth oder ZF, die Lenkung von ZF, die Elektrik von Bosch, die Kupplung von Fichtel & Sachs hinzugekauft werden mußten. Nur, der Absatz der Fahrzeuge erfüllte die Erwartungen des Herstellers nicht. Seit 1953 verfehlte Primus regelmäßig den angestrebten Platz unter den 20 Herstellern mit den am meisten im Inland zugelassenen Fahrzeugen. Kein Wunder, daß nach Köhlers Tod 1960 das Aus für das um den deutschen Motorenbau wie auch um die Schlepperherstellung verdiente Unternehmen kam. Früher noch war das Aus für das Primus-Traktoren-Montagewerk in Worms erfolgt, für das Peter A. Titus als Inhaber verantwortlich zeichnete. Um die im Äußeren kaum zu unterscheidenden Fahrzeuge beider Werke doch kenntlich zu machen, trugen sie auf beiden Seiten der Haube entweder das Firmenzeichen Primus-Miesbach oder aber Primus-Worms. Gelegentliche Verwechslungen sind dennoch bis in die Gegenwart nicht ausgeschlossen!

Primus-Traktoren (Auswahl)

Typ/Bezeichnung	Baujahr	Motorleistung PS	Zylinder	Takt	Gänge	Gewicht kg
P 11 Pony	1939	11	1	4	4/1	1300
P 22	1939	22	2	4	4/1	1600
P 16 Packesel	1941	16	1	4	4/1	–
P 20 Elektro	1942	15	–	–	–	2100
P 25 G	1943	25	2	–	4/1	–
22 PS	1948	22	2	4	4/1	1550
P 15	1949	15	1	4	4/1	–
P 28	1950	28	3	4	5/1	1800
PD 1 E	1953	12	1	4	5/1	1000
PD 2	1953	24	2	4	5/1	1550
PD 3	1953	36	3	4	5/1	1850
PD 1 Z	1956	17	2	4	5/1	1100

Renault

Renault
Traktoren und Maschinen GmbH,
6365 Rosbach v. d. H.

»Totgesagte leben länger« – diese bei mancherlei Gelegenheit auf dem Lande zu hörende Spruchweisheit trifft auch auf den Renault-Traktorenbau zu. Seit nahezu 20 Jahren wird immer wieder das Gerücht umhergetragen, das französische Staatsunternehmen stelle den Traktorenbau ein, doch damit hat es bislang stets sein Bewenden gehabt. Denn nach wie vor baut Renault in Le Mans Jahr um Jahr etwa 13 000 Traktoren, die im technischen Standard keineswegs hinter den Konkurrenzprodukten zurückstehen.

Nicht zu verhehlen ist allerdings, daß die Kapazitäten des Herstellerwerks schon einige Zeit nicht mehr voll ausgelastet sind. Rote Zahlen ergaben sich als Konsequenz, was die Unternehmensleitung der »Regie Nationale des Usines Renault« 1985 veranlaßte, den Produktionsbereich Land- und Baumaschinen als Renault Agriculture S. A. auszugliedern und zu verselbständigen. Es heißt, so sei es leichter, einen potenten Partner für die Renault-Traktorentochter zu finden, die – sieht man einmal von den Wirtschaftsergebnissen ab – ohne Zweifel eine interessante »Partie« darstellt. Dies gilt zum einen im Hinblick auf ihre Geschichte, die bis zum Jahre 1919 zurückreicht, und zum andern hinsichtlich der festen Verwurzelung von Renault vor allem in der französischen Landwirtschaft, der größten in Westeuropa. Positiv zu registrieren ist drittens die Überlebensfähigkeit des Renault-Traktorenwerks. Existierten zu Beginn der siebziger Jahre in Frankreich noch 19 Traktorenhersteller, so hält heute nur noch Renault das Banner der Trikolore im Schlepperbau aufrecht.

Renault hat seine Traktoren jahrzehntelang vorrangig an die französischen Landwirte verkauft. Als sich allerdings Ende der fünfziger Jahre der Aufbau eines gemeinsamen europäischen Marktes

Renault-Traktoren sind seit Jahrzehnten in Deutschland im Einsatz

abzeichnete, verschloß man sich der Öffnung über die nationalen Grenzen hinaus keineswegs. Vielmehr versuchte Renault bereits 1960, auf dem deutschen Schleppermarkt Fuß zu fassen doch der Erfolg

blieb bescheiden. Da bot sich im Jahre 1963 die Gelegenheit, von der Mannesmann-Tochter Porsche-Diesel bei Aufgabe der Schlepperproduktion in Friedrichshafen-Manzell das Ersatzteillager zu er-

Renault Super 4D, 30 PS, vor dem Ladewagen beim Grünfutterholen

werben. Gegründet wurde die »Porsche-Diesel - Renault - Schlepper - Vertriebsgesellschaft« mit Sitz in Friedrichshafen, deren Aufgabe es war, die Ersatzteilversorgung von Porsche-Diesel, MAN- und Normag-Traktoren sicherzustellen. Außerdem hoffte Renault, über das Porsche-Händlernetz mit den gut und gerne 11 % der deutschen Traktorenbesitzer ins Geschäft zu kommen, deren Schlepper zu den drei nun nicht mehr existierenden Marken gehörten. Ersterer Aufgabe hat sich Renault bis in die Gegenwart trotz eines beachtlichen Aufwands nie entzogen, während die in den Einstieg bei Porsche-Diesel gesetzten Hoffnungen doch enttäuscht wurden. Nicht nur, daß viele Händler die Gelegenheit zum Firmenwechsel nutzten, man geriet auch voll in eine Phase verschärften Wettbewerbs hinein. Dies machte es Renault mit seinen Traktoren Standard, Super und Master schwer, wenigstens in einer Größenordnung von 2,5 % bis 3 % Marktanteil bei den Neuzulassungen in Deutsch-

land Fuß zu fassen. Nur einmal, 1965, schaffte man den Sprung in diesen Bereich, um anschließend aber wieder zurückzufallen. 1971 markiert für Renault mit gerade 626 neu zugelassenen Traktoren einen Tiefpunkt, der einem Marktanteil von 1,1 % und dem 14. Platz in der Zulassungsrangliste entsprach.

Diese Entwicklung traf Renault schwer, ergab sich aber weitgehend in Konsequenz des Abwerfens des von Porsche-Diesel übernommenen Ballasts. So wurde 1967 zunächst einmal auf den Namen Porsche-Diesel verzichtet und die »Renault Traktoren und Maschinen GmbH« gegründet. Sodann hatte man sich mit den im Styling eigenständigen Renault-Traktoren vom früheren Porsche-Image zu lösen, was nicht leichtfiel. Auch waren Lücken im Händlernetz entstanden, die erst einmal wieder geschlossen werden mußten. Diese und weitere Gründe wogen schwer und verdeckten, daß Renault während der Zeit einige interessante technische Akzente zu setzen vermochte.

Zu nennen sind hier unter anderem die ab 1966 in die Traktoren eingebaute Tracto-Control, eine Regelhydraulik mit mehreren Steuermöglichkeiten für eine exakte Geräteführung, sowie die in der zweiten Hälfte der sechziger Jahre erfolgte Einführung einer neuen Traktorenreihe mit Modellen im Leistungsbereich zwischen 30 und 80 PS. Hohes Eigengewicht, stabile Bauweise, leistungsstarke MWM-Motoren sowie vielfach abgestufte Eigenbau-Getriebe sind einige Kennzeichen dieser äußerlich durch mehrstellige Ziffernkombinationen unterschiedenen Renault-Traktoren. Auch wagte Renault um 1970 den Einstieg in den Allradschlepperbau mit Modellen, bei denen Frontantrieb und Differential in die Fahrzeugmitte verlegt waren, um so eine maximale Bodenfreiheit zu erhalten.

1971 konnte Renault – Deutschland den 10 000sten Traktor ausliefern, ein bescheidenes Ergebnis angesichts des beachtlichen Aufwands. Da zeichnete sich ab 1972 mit dem Produktionsbeginn der

In Frankreich beliebter als in Deutschland: Renault 94 und 96

»Renault-Weltserie« ein Aufschwung für den französischen Traktorenhersteller ab. Klar strukturiertes Styling, integrierter Sicherheitsrahmen und eine leistungsfähige Regelhydraulik verhalfen den in Hinterrad-, Allrad- und Schmalspurausführung gebauten Zugmaschinen wieder zu einem anwachsenden Käuferkreis. Auf

jeden Fall aber wurde es in Deutschland aufmerksam registriert, als Renault zwischen 1974 und 1978 seinen Marktanteil von 1,2 % auf 3,4 % verdreifachen konnte. Hier wirkte sich nicht zuletzt die Konzentration der Vertriebsorganisation in dem bei Frankfurt gelegenen Rosbach aus, während zuvor zweigiedrig von

Friedrichshafen und Rosbach aus operiert worden war. Doch seitdem stagniert bei rückläufigen Zulassungszahlen das Traktorengeschäft von Renault in Deutschland wieder. Zwar gehört das Unternehmen nun schon mehr als zehn Jahre zu den zehn Großen des westdeutschen Traktorengeschäftes, mit um die Zahl 1000 schwankenden Neuzulassungen ist das Unternehmen jedoch nicht zufrieden. Entsprechend große Anstrengungen wurden deshalb in den achtziger Jahren unternommen, in denen eine neue Modellreihe auf die andere folgte. Ab 1982 lieferte Renault die TX-Modelle mit 4-Zyl.-Motoren aus, denen im nächsten Jahr die Serie TS und RS folgten, formschöne, mit Technik vollgepackte Traktoren in der für Renault inzwischen charakteristisch gewordenen gelbschwarzen Farbgebung. Kaum weniger bezeichnend ist für die Renault-Schlepper aber auch der Einbau der in Mannheim gefertigten MWM-Motoren. Seit 1954 bestehen hier über den Rhein hinweg enge Geschäftsbeziehungen, auf deren Grundlage bisher weit über 350 000 Motoren nach Frankreich geliefert wurden. In jedem Renault-Traktor steckt also immer auch ein ordentliches Stück deutsches Landtechnik-Know-how!

Renault-Traktoren (Auswahl)

Typ/Bezeichnung	Baujahr	Motorleistung PS	Zylinder	Takt	Gänge	Gewicht kg
N 73	1960	18	2	4	5/1	−
N72	1960	24	2	4	10/2	−
N 70	1960	36	3	4	10/2	−
Standard	1966	24	2	4	10/2	1770
Super 4 D	1966	30	3	4	10/2	1800
Master	1966	55	4	4	10/2	2670
53	1970	30	2	4	10/2	1805
56	1970	42	3	4	10/2	2100
94	1970	69	4	4	12/3	2630
301	1977	30	2	4	10/2	2080
551	1977	55	3	4	12/3	2630
851-4	1977	85	4	4	12/12	3995
1151-4	1977	145	6	4	16/12	4700
95-12 TX	1983	84	4	4	12/12	3915
113-14 TX	1983	103	6	4	12/12	5220
145-14 TX Turbo	1983	135	6	4	12/12	6060
461 S	1986	45	3	4	10/2	2600
68-12 RS	1986	68	4	4	12/12	3040
103-12 TX Turbo	1986	93	4	4	12/12	4080
133-14 TX	1986	123	6	4	12/12	5315

Ritscher

Karl Ritscher GmbH, Traktorenwerk, 2000 Hamburg

Wie nur wenigen Unternehmern der Traktorenbranche gelang es Karl Ritscher, sich mit originellen Fahrzeugen einen weit über den eigentlichen Kundenkreis hinaus reichenden guten Namen zu erwerben. Grundlage dafür bildete zum einen das bereits 1872 vom Vater Heinrich Wilhelm Ritscher in Hamburg gegründete Unternehmen, zum andern aber das Maschinenbaustudium in den USA. Hier hatte Karl Ritscher nicht nur Raupenfahrzeuge, sondern auch Dreiradschlepper kennengelernt, die in der elterlichen Firma für Deutschland zu konstruieren er sich fortan zur Aufgabe machte.

Erste Versuche wurden bereits 1919 mit Raupenschleppern unternommen, doch so richtig los ging es erst 1924, als von der inzwischen gegründeten Werksabteilung »Moorburger Trecker-Werke« ein MTW-Raupenfahrzeug vorgestellt wurde, das sich von vergleichbaren Schleppern vor allem durch seine bescheidene Größe unterschied. Mit 2,30 m Länge fiel die MTW-Raupe beispielsweise 96 cm kürzer aus als die kleine Hanomag-Raupe Z 25 oder gar 1,10 m als die große Hanomag-Raupe Z 50. Ritschers Intention, ein auch für den kleinen Betrieb geeignetes Fahrzeug zu bauen, lag auf der Hand, erforderte aber vom Konstrukteur zunächst einmal beachtliches Lehrgeld. Denn bald schon hieß die MTW-Raupe nur der »Springer«, womit auf das immer wieder zu beobachtende Springen oder Aufbäumen des Fahrzeugs abgezielt wurde, das bei großem Pflugwiderstand eintrat, weil das Fahrzeug zuwenig frontlastig war. Doch Ritscher zog aus dem Mißgeschick rasch Konsequenzen. Er setzte den Motor weiter nach vorn und verstärkte die Leistung, indem er anstelle des zunächst verwendeten 20-PS-Kämper-Motors auf eine 27 PS starke Kämper-Maschine überwechselte. Auch verlängerte und verbreiterte er das Fahrzeug, so daß bereits 1927 der MTW-Kettenschlepper als geeignete Spezialmaschine für solche Betriebe bezeichnet wurde, bei denen infolge schweren oder schmierigen Bodens mit Radfahrzeugen keine zufriedenstellenden Leistungen zu erzielen waren.

Neben dem Bau von Raupenfahrzeugen und Grabenreinigungsmaschinen beschäftigte sich Ritscher mit der Konstruktion von Anbauraupen. Radfahrzeuge sollten auf diese Weise bei nur geringem Umbauaufwand in den Genuß der guten Haftung von Kettenfahrzeugen gelangen. 1927 konnte bereits eine solche, unter anderem für den Fordson-Traktor passende Anbauraupengarnitur angeboten werden, die mit 1685 Reichsmark allerdings fast ein Drittel des Preises des kompletten Fahrzeugs kostete. Doch der Gedanke der Anbau- oder Ansteckkette bewies Attraktivität. Bis in die fünfziger Jahre hinein gelangten sie in unterschiedlicher Ausprägung immer wieder zum Einsatz, ehe die Ackerspezialgummireifen mit Gleitschutzketten sie weitestgehend überflüssig machten.

Auf dem Zugmaschinenmarkt hatte sich die ab 1931 mit einem 36-PS-Motor ausgelieferte MTW-Raupe längst durchgesetzt, als Karl Ritscher 1935 den früheren Gedanken eines Dreiradtraktors wieder aufgriff. Ein Jahr später bereits bot er einen rahmenlos gebauten MTW-Radschlepper an, dessen einzelnes Frontrad über ein freiliegendes Lenkgestänge gesteuert wurde. Diese Lösung war indes keineswegs neu – sie kam unter anderem bei dem berühmten IHC-Farmall-Traktor zur Anwendung. Nur in einem deutschen Fahrzeug wurde sie hier wohl erstmals verwirklicht. Angetrieben von einem 12-PS-Kämper-Dieselmotor, konnte sich das Fahrzeug eines 3-Gang-Getriebes mit Differentialsperre rühmen. Immerhin nahm das Fahrzeug an der 1937 durch-

Ritscher-Weinbergraupe 525 WR, 28 PS, Bodenfreiheit 110 cm

Ritscher, Spezialist für Raupen- und Dreiradschlepper, baute auch Vierradtraktoren wie das Modell 420, 22 PS

geführten großen Vergleichsprüfung »Schlepper für den bäuerlichen Betrieb« teil, ohne im Vergleich zur durchweg vierrädrigen Konkurrenz wesentlich abzufallen. Im Gegenteil, Handlichkeit und Wendigkeit des Fahrzeugs vermochten zu überzeugen, waren vielmehr so groß, daß ungeübte Fahrer das Ritscher-Dreirad im unwegsamen Gelände mehr als einmal umwarfen.

1939, die Rüstungswirtschaft verlangte zunehmend größere Kapazitäten der Moorburger Trecker-Werke für sich, ließ Ritscher noch den in der Landwirtschaft mehrfach gewünschten 20-PS-Dreiradtraktor aus den Werkshallen fahren. Diesmal hatte man auf den bewährten 2-Zyl.-Deutzmotor F 2 M 414 zurückgegriffen und ihn mit einem inzwischen als ausgereift eingestuften 3-Gang-Eigenbau-Getriebe verbunden. Zwei Jahre später sollte das Ritscher-Traktorenprogramm sogar noch einen dritten Typ, das als Vierradtraktor ausgelegte Modell 320, umfassen. Nur, ehe das selbst vom Rationalisierungsbevollmächtigten akzeptierte Fahrzeug in größerer Stückzahl gebaut

werden konnte, zerstörten Fliegerbomben die Moorburger Werksanlagen. Der rüstungswichtige Betrieb Karl Ritschers mußte nach Sprötze im Kreis Harburg verlegt werden, um bei der Lieferung der von den Wehrmachtsfahrzeugen dringend benötigten Gleisketten keine Unterbrechung eintreten zu lassen.

Nach dem Zweiten Weltkrieg zählte Ritscher zu den allerersten Fabriken, die in Deutschland wieder Ackerschlepper produzierten. Es handelte sich allerdings mehr um einen Zusammenbau aus noch vorhandenen Teilen als um eine echte Neuproduktion. 1946 wurde aber selbst diese bescheidene Fertgung unmöglich. Demontage der Werksanlagen zugunsten der Sowjetunion ließ alle Aktivitäten zunächst einmal ruhen. Doch Karl Ritscher und seine Mitarbeiter gaben nicht auf. Sie bauten das Werk wieder auf und lieferten bereits 1949 sowohl eine verbesserte Version des nun as Dreiradschlepper gebauten Typs »320« als auch des Vierradschleppers »420« aus. Die Getriebe stammten schon wie vor dem Kriege aus eigener Fertigung, während die Motoren von MWM bezogen wurden. Beibe-

halten hatte man bei beiden Typen das freiliegende Lenkgestänge, das mit öldicht gekapselten Gelenken gebaut wurde, um Verschmutzungen entgegenzuwirken. Technisch interessant sind aber auch noch andere Details der Fahrzeuge. So wurde dank einer hochgekröpften Vorderachse eine beachtliche Bodenfreiheit und durch die hinten wie vorne verstellbare Spurweite ein flexibler Einsatz in Kulturen mit unterschiedlichen Reihenabständen erreicht. Der vornehmlich aus Norddeutschland stammende Zuspruch für diese Fahrzeuge führte zu beachtlichen Verkaufserfolgen. 1950 reichte es für Ritscher immerhin zu Platz 17 bei den Inlandsneuzulassungen, womit man vor so bekannten Konkurrenten wie Stihl, Deuliewag, Wille und Zettelmeyer lag.

1950 leitete Ritscher aber auch einen bis 1951 dauernden Modellwechsel ein. Als Standardtraktoren wurden der Typ 518, angetrieben von einem 18-PS-Dieselmotor der Motorenfabrik Bauscher, der Typ 525 sowie der Typ 540 ausgeliefert. Letzterer wurde bis zur Einstellung des Ritscher-Traktorenbaus zum Flaggschiff der norddeutschen Schlepperfamilie. Das

28-PS-Ritscher-Dieselschlepper mit Anbau-Halbraupe

Fahrzeug selbst bestach nicht nur durch Robustheit und Formschönheit, es verfügte auch über ein funktionsfähiges Ritscher 5-Gang-Getriebe und den bewährten 3-Zyl.-MWM-Dieselmotor. Einen vergleichbaren leistungsstarken Traktor baute Ritscher bis zur Produktionseinstellung jedenfalls nicht mehr.

In den folgenden Jahren stand für Ritscher die Modellpflege vornean. Geringfügig stärker gewordene Motoren wurden als Neuheit vorgestellt, was indes nicht immer unbedingt überzeugte. Zweifelsfrei neu war hingegen der 1954 gebaute Geräteträger Multitrac, insbesondere wegen des verstellbaren Abstands der Vorderachse zur Triebachse. Vorgestellt als »Geräteträger und Schlepper in einem«, geeignet um all diejenigen Lücken im landwirtschaftlichen Betrieb auszufüllen, wofür ein normaler Schlepper nicht verwendbar ist, ausgerüstet mit Anbauvorrichtungen, Hydraulik sowie verschiedenen Geschwindigkeitsabstufungen (zehn Vor-, zwei Rückwärtsgänge), erfüllte er die vom Konstrukteur in ihn gesetzten Erwartungen jedoch nicht. Der Geräteträgerboom brach zu plötzlich über die Bauern herein, als daß sie entsprechend hätten reagieren können. Wenn Ritscher

dennoch, nicht zuletzt nachdem KHD den Ritscher-Geräteträger als »Deutz-Multitrac« vertrieb, im Laufe einer zehnjährigen Produktionszeit über 2000 dieser Fahrzeuge absetzen konnte, dann ist dies rückschauend durchaus als Erfolg zu werten.

Das Finale des Ritscher-Schlepperbaus leitete ein erneuter, Ende der fünfziger Jahre vorgenommener Modellwechsel ein. Die drei Typen Komet 830, 832 Junior und 936 Super (30 bis 36 PS) boten zwar eine Fülle technischer Raffinessen und wiesen Ritscher noch einmal als Getriebe-Spezialisten aus, doch ob in luft- oder wassergekühlter Version, sie vermochten die Nachfrage des enger gewordenen Marktes nicht in gewünschtem Maße zu aktivieren. So sind gerade diese letzten Modelle seltene Fahrzeuge geblieben, deren äußere Form sich weit weniger einprägen konnte, als dies bei den bewährten Ritscher-Dreirädern der Fall ist.

Karl Ritscher, der sich über Jahrzehnte hinweg auch als Konstrukteur eigenwilliger Graben-Reinigungsmaschinen hervorgetan hat, verkaufte sein Werk 1961 an ein Berliner Maschinenbau-Unternehmen, welches letzte Ritscher-Traktoren noch 1963 zusammenbaute. Mit ihm starb 1970, 76jährig, ein echter Traktorpionier, dessen Werk, wie immer wieder auf Oldtimertreffen anzutreffende Ritscher-Trecker belegen, seinen Tod bis in die Gegenwart durchaus überdauert.

Ritscher-Traktoren (Auswahl)

Typ/Bezeichnung	Baujahr	Motorleistung PS	Zylinder	Takt	Gänge	Gewicht kg
MTW-Raupenschlepper	1924	20	4	4	3/1	1900
MTW-Raupenschlepper	1931	36	4	4	3/1	2300
MTW-Radschlepper	1937	12	1	4	3/1	1140
N 14 Dreirad Acker	1941	12	1	4	3/1	1140
N 20 Dreirad Acker	1941	20	2	4	3/1	1280
320 Dreirad	1946	22	2	4	4/1	1440
420	1949	22	2	4	4/1	1340
518	1951	18	1	4	5/1	1345
540	1952	40	3	4	5/1	2200
Multitrac 12 PS	1954	12	1	4	10/2	1200
832 Junior	1958	32	3	4	8/2	1750
936 Super	1958	36	3	4	9/2	2100
Multitrac GH 20 PS	1960	20	2	4	10/2	1180
Komet R 830 Spezial	1960	30	3	4	8/4	1550

Röhr

Maschinenfabrik Erich Röhr GmbH, 8300 Landshut

Zu den Konfektionsschlepperherstellern der ersten Jahre nach dem Zweiten Weltkrieg mit vorwiegend regionalem Absatzmarkt gehört die zunächst in Passau ansässige Maschinenfabrik Erich Röhr. »Spezialmaschinen für Torfgewinnung und Landwirtschaft« weist sie 1948 als Tätigkeitsfeld aus, und tatsächlich umfaßte das Produktionsprogramm in jener wirtschaftlich schweren Zeit neben Kartoffeldämpfern unter anderem »Hochleistungs-Torf-Zerreißwölfe«, Moorwalzeggen und als besondere Rarität die selbstfahrende Steintorf-Formmaschine M 2. Sie diente zur Torfgewinnung nach dem Horizontalabbauverfahren und konnte in einer Arbeitsstunde etwa 15 m³ Naßtorf, entsprechend einer Strecke von 365 Metern, abbauen. Angetrieben wurde das von einem Bediener zu steuernde Gefährt von einem 22-PS-Dieselmotor, der die Maschine außerdem für den Einsatz als langsamfahrenden Schlepper qualifizierte.

Möglicherweise liegt bei diesem ungewöhnlichen Selbstfahrer der Schlüssel für den bereits 1948 erfolgten Einstieg von Erich Röhr in den Traktorenbau. Ungeschickt wurde der Produktionsbeginn keineswegs vollzogen. Das für die Zuweisung von Stahlkontingenten zuständige Bayerische Landwirtschaftsamt bewilligte vielmehr eine so große Rohstoffmenge, daß Röhr seinen 22-PS-Traktor bald schon in einer zweistelligen Anzahl herstellen konnte. Sicher, dem R 22 sah man die weitgehende Handarbeit an, doch die wahlweise zum Einbau kommenden 2-Zyl.-2-Takt-Motoren von Hatz bzw. 2-Zyl.-4-Takt-Motoren von MWM bürgten ebenso für Qualität wie das von der Zahnräderfabrik Augsburg gelieferte 4- bzw. 5-Gang-Getriebe.

Das Traktorengeschäft eröffnete Röhr zukunftsträchtige Perspektiven. Zum 1. August 1949 wurde deshalb der Firmensitz von Passau ins Landshuter Industriegelände verlegt, wo bessere Produktionsmöglichkeiten bestanden. Röhr nutzte sie umgehend, indem er noch zum Bayerischen Zentrallandwirtschaftsfest desselben Jahres einen kleineren Bauernschlepper mit der Bezeichnung R 15 vorstellte, der mit einem 1-Zyl.-Dieselmotor von MWM bestückt war. In rahmenloser Blockbauweise gehalten, verfügte das Fahrzeug unter anderem über Differentialsperre, Einzelradbremsen und elektrische Beleuchtung, während Fahrerhaus, Seilwinde, Mähbalken usw. zur Sonderausstattung gehörten. Hervorgehoben zu werden verdient vor allem die von Röhr entwickelte Motoregge, die ohne Schwierigkeiten an den Mähantrieb angeschlossen werden konnte. Vom Fahrersitz aus bedient, arbeitete sie nicht nur als Egge, sondern durch einfache Umstellung auch als Hacke, was auf der DLG-Leistungsschau 1949 in Hannover einiges Aufsehen hervorrief.

In Richtung auf leistungsfähigere Maschinen ergänzte Röhr ebenfalls noch 1949 sein Angebot um einen 36-PS-Traktor R 35, der sich im Prinzip kaum von den kleineren Typen unterschied, auch wenn die Abmessungen natürlich ebenso wie der Motor anders ausfielen.

An Versuchen, den bayerischen Markt zu überspringen, ließ es Röhr nicht fehlen. 1950 in Frankfurt stellte das Unternehmen unter anderem vier verschiedene Fahrzeugtypen in den Leistungsklassen 15, 18, 25 und 36 PS aus, und ein Jahr später auf der Hamburger DLG-Schau war man sogar mit sechs verschiedenen Zugmaschinen präsent. Zu den bekannten, teilweise geringfügig stärker motorisierten Traktoren war neu der Typ R 58 R getreten, der serienmäßig über einen elektrischen Anlasser, Riemenscheibe, Zapfwelle, Einzelrad-Lenkbremse, Differentialsperre u. a. m. verfügte. Doch so

recht wollte dem bayerischen Unternehmen der Zug über den Main nach Norden nicht gelingen. Und selbst in Bayern tat sich Röhr angesichts der stärker gewordenen Konkurrenz schwer. Immerhin reichte es 1953/54 bei den Inlands-Neuzulassungen für den 19. Platz, womit man vor Ritscher, Wahl, Orenstein & Koppel oder auch Stihl lag.

Doch mit der Jahresproduktion von 500 bis 600 Fahrzeugen blieb Röhr von den zahlreichen Zulieferern in starkem Maße abhängig. Sie und nicht der Montagebetrieb Röhr diktierten die Preise, die für die Käufer nicht zu hoch liegen durften, entschieden sie sich doch sonst leicht für ein originelleres Fahrzeug. Unabhängigkeit aber brachte Röhr auch das übrige Fabrikationsprogramm nicht, zu dem unter anderem Stahlradiatoren für Warmwasserheizungen, Kompressoren, Salzgewinnungsmaschinen und Motorroller zählten. Nur – unversucht lassen wollte Röhr den geschäftlichen Durchbruch nicht! Man entschloß sich vielmehr 1953/54 zu einer letzten großen technischen wie finanziellen Anstrengung: Man brachte ein komplett neues Traktorenprogramm auf den Markt, das Typen mit 12, 17, 20, 24, 28, 40 und 60 PS umfaßte. Als formschön und zweckmäßig sind sie alle anzusprechen, handelt es sich nun um das luftgekühlte 12-PS-Modell oder aber um den doch beachtlichen Großschlepper mit 60 PS. »Titan« lautete übrigens seine Bezeichnung – nicht zu Unrecht! Beeindruckend durch Größe und Wucht, sollte er nach Willen des Unternehmens dort Verwendung finden, »wo besonders hohe Ansprüche und Leistungen verlangt werden«. Allein, die Nachfrage blieb weitgehend aus. So stellte Röhr 1954/55 sang- und klanglos die Traktorenherstellung ein. Die Isaria-Maschinenfabrik Hans Glas GmbH erwarb die Anlagen, um sich nach einer kurzzeitigen Ersatzteilherstellung für Röhr-Traktoren anderen Aufgaben zuzuwenden.

Typ/Bezeichnung	Baujahr	Motorleistung PS	Zylinder	Takt	Gänge	Gewicht kg
R 22	1948	22/25	2	4	4/1	1650
R 15	1949	15	1	4	5/1	1450
R 35	1949	36	3	4	5/1	1920
R 12 R	1954	12	1	4	5/1	995
R 28 R	1954	28	2	4	7/1	1780
40 R	1954	40	3	4	5/1	2200
60 R Titan	1954	60	2	4	5/1	3300

Ruhrstahl

Ruhrstahl AG, Annener Gußstahlwerk, 5810 Witten-Annen

Blättert man ein Album mit Bildern landwirtschaftlicher Zugmaschinen durch, stoppt der Betrachter, fällt sein Blick auf den Ruhrstahl-Geräteträger. Wie ein Exot von einem anderen Stern mutet das Fahrzeug mit seinem hoch nach oben ausschwingenden Buckel, dem im Rücken des Fahrers montierten Motor und dem nach oben gerichteten Auspuffrohr an. Und tatsächlich, etwas Besonderes war die Ruhrstahl-Landmaschine 1951, als sie auf der Hamburger DLG-Ausstellung erstmals vorgestellt wurde, und ist sie bis heute geblieben. Dabei spalteten sich an ihr die Gemüter. Sah man hier in dem Fahrzeug eine »innovatorische Meisterleistung«, so stufte man sie dort als »technischen Scherz« eines arbeitslos gewordenen Montanunternehmens ein. Doch wie auch immer, der Ruhrstahl-Geräteträger erhitzte und erhitzt auch heute noch die Gemüter, bewegt Landwirte, Techniker ebenso wie Gerichte, vor denen in Sachen Ruhrstahl-Geräteträger eine der wohl längsten Patentstreitigkeiten der bundesdeutschen Gerichtsbarkeit abgewickelt wird.

Begonnen hatte alles aber bereits vor dem Zweiten Weltkrieg. Damals erregte Walter Endres mit seinem Packesel-Konzept viel Aufsehen, das wiederum kreative Köpfe anregte, eigene Wege zu einer landwirtschaftlichen Vielzweckmaschine einzuschlagen. Heinrich Hildebrand zählte zu ihnen und entwickelte eine Konstruktion, die er sich 1938 patentieren ließ. Doch dann kam der Weltkrieg und lähmte die Weiterentwicklung, nur, in Vergessenheit geriet die Hildebrand-Maschine deshalb nicht.

1949 wurden die Pläne wieder aktiviert und zur Grundlage eines Gesprächs gemacht, das Vertreter des Landwirtschaftsministeriums von Nordrhein-Westfalen und der Firma Ruhrstahl AG mit Heinrich Hildebrand in Witten führten.

Das Ergebnis der Unterredung bestand in der Umsetzung des Hildebrandschen Konzepts in ein Fahrzeug, das in jeder Beziehung auf den Ein-Mann-Betrieb ausgelegt sein sollte. Doch nicht nur fahren, ziehen oder schieben können sollte der Ruhrstahl-Geräteträger, er sollte Arbeitsgeräte heben, senken, drücken und Güter transportieren können und denoch nur der Bedienung durch eine einzige Arbeitskraft bedürfen.

Diese Vorgaben waren massiv, konnten aber im Zusammenwirken mit anderen Landmaschinenherstellern 1951 gelöst werden. Da stand sie dann, die »Allzweckmaschine für die Landwirtschaft, Zugmaschine und Geräteträger« auf der Hamburger Schau. Tatsächlich machte sie jede Gespannarbeit überflüssig und ermöglichte wohl erstmals die Ausführung von Bestell- und Erntearbeiten im Ein-Mann-Betrieb. Reichlich vorhandene Hydraulik gestattete dem Fahrer den variablen Einsatz der Arbeitsgeräte vor, unter und hinter der Maschine, die er ja zudem gut beobachten konnte. Angetrieben wurde das Fahrzeug von dem auch bei anderen Traktoren zum Einbau kommenden bewährten 20 PS leistenden 2-Zyl.-Henschel-Motor. Interessant, wenn damals auch nicht unumstritten, war außerdem das verwendete reversierbare 4-Gang-Getriebe, eine Eigenkonstruktion des Annener Gußstahlwerkes. Als Transportfahrzeug stand die Ruhrstahl-Landmaschine gleichfalls »ihren Mann«. 1,5 Tonnen konnten auf der Vorderladebühne untergebracht werden, eine Größenordnung, die für Saatgut, Handels-

Der Ruhrstahl-Geräteträger war vielseitig einsetzbar wie nur wenige Traktoren

dünger und Werkzeuge gut hinreichte. Und wen das noch nicht überzeugte, den sprachen vielleicht die drei vorne, in der Mitte und hinten vorhandenen Zapfwellen an. Kurzum – ein Blickfang besonderer Güte stellte die Ruhrstahl-Landmaschine allemal dar. Nach Fritz Simbriger, der zu dem MEG-Band »Miterlebte Landtechnik I« eine so anschauliche Geräteträgergeschichte beigesteuert hat, konnten noch während der Ausstellung mehr als 300 der mit 19 000 DM alles andere als billigen Maschinen verkauft werden. Heute hören sich die Verkaufszahlen anders, niedriger an, wobei die Zulassungsstatistik keinen befriedigenden Aufschluß gibt. Denn unter die ersten zwanzig der Inlandszulassungsliste hat es die Ruhrstahl AG mit ihrer Landmaschine nie geschafft. Trotz investierter Millionenbeträge betrachtete sie den Schlepperbau doch nur als Ausweichgeschäft, um nach weitgehender Aufhebung der von den Alliierten kriegsbedingt ausgesprochenen Produktionsbeschränkungen das wenig geliebte Metier 1956/57 wieder zu verlassen. Schade, so kann man bis in die Gegenwart von Ruhrstahl-Geräteträger-Besitzern hören. Im Hohenlohischen beispielsweise gibt es noch eine ganze Reihe von ihnen – Folge eines einst sehr rührigen Händlers! Sie schwören wie eh und je auf diese Landmaschinen, die nun schon über drei Jahrzehnte hinweg Jahr um Jahr exzellente Drill-, Hack- und Transportarbeit leisten.

Ruhrstahl-Traktor (Auswahl)

Typ/Bezeichnung	Baujahr	Motorleistung PS	Zylinder	Takt	Gänge	Gewicht kg
Ruhrstahl-Landmaschine	1951	20	2	4	4/4	1250

Same

**Same-Traktoren-Vertrieb,
6080 Groß-Gerau**

Seit 1979 zählt der italienische Traktorenhersteller Same zu den zehn erfolgreichsten Anbietern von landwirtschaftlichen
Zugmaschinen auf dem deutschen Markt.
Darin schlägt sich eine seit 1970 betriebene systematische Aufbauarbeit des
Unternehmens nieder, die von den in
Hessen gelegenen Orten Walldorf und
später Groß-Gerau aus zunächst einmal
darauf abzielte, eine das gesamte Bundesgebiet erfassende Händlerorganisation aufzubauen. Wie gut dies gelang,
belegen nicht zuletzt die Zulassungszahlen, die von 1970 = 235 Einheiten auf
1976 = 1039 Einheiten kontinuierlich anstiegen, wobei zunächst Bayern, Baden-
Württemberg und Hessen Hauptabsatz-
gebiete waren, ehe dann vor allem auch
in Nordrhein-Westfalen und Niedersachsen gute Verkaufsergebnisse gelangen.
Nach 1976 stagnierten zwar die absoluten Zulassungszahlen, der Marktanteil
von Same stieg jedoch weiter und erreichte bislang im Jahr 1982 mit 2,5 %
das beste Ergebnis.
Die Geschichte der Same-Traktoren
reicht zurück bis zum Jahr 1927, als die
Gebrüder Giovanni und Francesco Cassani einen 40 PS leistenden Dieselschlepper bauten. In einer eindrucksvollen Demonstration wurde der Traktor unter anderem noch im gleichen Jahr in der
Nähe Roms vorgeführt, als die Regierung
mit Motorkraft versuchte, die populäre Ur-
barmachungskampagne voranzutreiben.
Doch die im 30 km von Mailand entfernten Treviglio beheimateten Brüder Cassani gaben sich nicht mit der Konstruktion
des Dieseltraktors zufrieden. 1928 beschäftigten sie sich mit der serienmäßigen Herstellung von Traktoren mit Allradantrieb, ohne die Pläne jedoch umsetzen
zu können. Statt dessen engagierte sich
Cassani in den nächsten Jahren vor allem in der Herstellung von Pumpen, Einspritzdüsen sowie dem Bau von Flug-

Same-Traktoren sind seit langem in ganz Europa beliebt

zeugmotoren nach dem Junkers-Gegen-
kolbenprinzip.
1942 wurde aus der Firma der Gebrüder
Cassani die Same (Soc. Acc, Motori En-
dotermici), die im Untertitel weiterhin den
Namen F. Cassani & C. führte. Im Motor-
schlepperbau sah das neue Unternehmen ein wichtiges Betätigungsfeld, was
zur Konstruktion eines eigenwilligen
Kleinschleppers führte, bei dem bemerkenswerterweise das Stützrad vor die
beiden Triebräder montiert war. Nur, wer
jetzt annimmt, das lenkbare Stützrad sei
in der Mitte vor den beiden Triebrädern
angeordnet gewesen, der irrt. Es befand
sich vielmehr vor dem rechten Triebrad
und lief somit in der jeweils letzten Pflugfurche. Auch sonst verfügte der Same-
Kleinschlepper über allerlei technische
Besonderheiten. So konnte wie bei einem
Zweiwegeschlepper der Fahrersitz umge-
steckt und das Lenkrad umgeklappt werden, was ein Arbeiten in beide Richtungen ohne Wenden des Fahrzeugs möglich und damit den Einsatz der Maschine
in kleinen Flurstücken sinnvoll machte.

Mit der industriellen Fertigung von Ackerschleppern begann Same im Jahr 1948,
wobei nun Traktoren mit dem traditionellen Styling das Angebot bestimmten. Interessante Akzente gelangen dem Familienunternehmen vier Jahre später, als
der Großserienbau von Allradtraktoren
aufgenommen wurde. Auf diesem Gebiet
betrachtet sich Same übrigens auch heute noch als Spezialist, liefert das Werk
doch weit mehr als die Hälfte der Jahresproduktion von Traktoren in Allrad-Version aus.

Eine weitere Zäsur für die Same-Unter-
nehmensgeschichte bedeutet das Jahr
1959. Im neu herausgebrachten Traktortyp 240 hatte man eine Vorrichtung vorgesehen, mit der der Fahrer auf einfache
Weise die Kraft der unteren Hebarme der
Anbauvorrichtung steuern konnte. Kaum
weniger große Erwartungen setzte Same
ab 1961 auch auf das Motorgerät Samecar. Hier handelte es sich um einen
Transportschlepper, der sowohl wahlweise mit Zweirad- und Allradantrieb, mit La-

depritsche für 1,5 Tonnen Zuladung und Drei-Punkt-Kraftheber gekauft werden konnte. In Deutschland stellte Same den in vielem an den Unimog erinnernden Samecar 1962 auf der DLG-Ausstellung vor, doch hielt sich die Resonanz auf das Fahrzeug in Grenzen.

Ende der sechziger Jahre konnte Same mit der Unternehmensentwicklung durchaus zufrieden sein. Als Spezialfabrik für landwirtschaftliche Zugmaschinen zählte man inzwischen in Italien zu den Marktführern, und auch international kam man gut voran. Von der damaligen Jahresproduktion von rund 20 000 Traktoren wurde etwa die Hälfte exportiert. Großen Anteil am Aufschwung hatte dabei die in Zwei- und Vierradversion angebotene Centau-

ro-Traktor-Reihe, formschöne Kompaktschlepper der mittleren bis gehobenen Leistungsklasse. Allerdings entsprach nun der Mantel eines Familienunternehmens dem gestiegenen Kapitalbedarf nicht mehr. Konsequenterweise erfolgte deshalb im Jahre 1969 die Umwandlung von Same zur Aktiengesellschaft.

Das beachtliche Wachstum der sechziger und siebziger Jahre erzielte Same mit einer breiten Modellpalette, deren Fahrzeuge sich durch gut abgestimmte Komponenten, besonders aber durch den konsequenten Allradantrieb auszeichneten. Die wichtigsten Fahrzeugteile stammten aus eigener Fertigung, und wenn, wie etwa die elektrische Anlage, Teile hinzugekauft werden mußten, orderte Same bei ausgewiesenen Zulieferern. Styling und Namensgebung der Traktoren sollten den Eindruck von Kraft und Modernität vermitteln, was zumeist gut gelang. So kamen die durchaus beachtlichen Verkaufsergebnisse nicht von ungefähr. Nichtsdestoweniger bekam auch Same den härter gewordenen Konkurrenzkampf auf dem internationalen Traktorenmarkt zu spüren. Der Spezialist für Traktoren, der eines der größten Traktorenprogramme Europas anbietet, hat sich deshalb seit Mitte der achtziger Jahre mit dem gleichfalls italienischen Traktorenhersteller Lamborghini verbunden und bezieht auch den Schweizer Hersteller Hürlimann in eine Kooperation mit ein, um so besser dem massiven Wettbewerbsdruck widerstehen zu können.

Same-Traktoren (Auswahl)

Typ/Bezeichnung	Baujahr	Motorleistung PS	Zylinder	Takt	Gänge	Gewicht kg
Cassani 40	1927	40	2	4	3/1	–
Same Kleinschlepper	1942	8	1	2	3/1	550
Samecar	1961	35	2	4	6/2	2100
Sametto 120	1962	26	2	4	6/2	1200
Centauro	1966	50	4	4	8/4	2100
Minitauro 600 Allrad	1975	56	3	4	8/4	2430
Panther Allrad	1975	85	5	4	12/3	4000
Drago Allrad	1975	98	6	4	8/4	4500
Explorer 60	1986	60	3	4	20/20	2955
Explorer 90	1986	88	4	4	20/20	3500
Laser 110	1986	110	6	4	24/12	5060
Galaxy 170	1986	168	6	4	12/4	6075

Schanzlin

Schanzlin, Maschinenfabrik GmbH, 7831 Weisweil (Baden)

Unterhalb der Gruppe der zwanzig größten Schlepperhersteller und -anbieter gibt es in Deutschland eine Anzahl Firmen, die seit Jahrzehnten auch Traktoren bau-

en, ohne daß davon viel Aufhebens gemacht wird. Diese Unternehmen, zu denen die bereits 1908 im badischen Fahrnau gegründete Maschinenfabrik Schanzlin zählt, bieten durchweg Spezialtraktoren an, die sich durch besondere Eignung für den Einsatz in Sonderkul-

turen, im Forst oder bei der Landschaftspflege auszeichnen. So sind denn auch die großen Landwirtschaftsausstellungen nicht ihre Bühne, besser dazu eignen sich Messen wie beispielsweise die Weinbauausstellung Intervitis, auf denen Schanzlin seine Fahrzeuge vorzeigt.

Die Verbundenheit der Schanzlins mit der Herstellung oder Nutzung landwirtschaftlicher Geräte reicht weit zurück in die Geschichte. Mit einigem Stolz weist man bei Schanzlin unter anderem auf ein aus dem 15. Jahrhundert stammendes Familienwappen hin, das ein Schanzgerät enthält. Neu belebt wurde diese Tradition Anfang unseres Jahrhunderts durch Max Schanzlin, der Handschlepprechen, Bandsägemaschinen und Strohschneider fabrizierte. Die Qualität der Gerätschaften muß ordentlich gewesen sein, denn »Schafa«, so der frühere Produktname der Schanzlin-Erzeugnisse, besaß im Badischen und nicht nur dort über Jahrzehnte hinweg einen guten Klang.

Schafa hießen auch die ersten Schanzlin-Motormäher aus der Zeit nach dem Zweiten Weltkrieg, die als geeignet »für bergige, baumreiche und ebene Wiesen und Getreidefelder« vorgestellt wurden. Interesse fand das Einachsgerät vor allem in der Kombination mit der Aufbau-Baumspritze Taifun, in der es wirkungsvoll zur Schädlingsbekämpfung eingesetzt werden konnte. Doch so beliebt Einachsgeräte auch zeitweise waren, das Verlangen der Bauern nach Vierradschleppern vermochten sie nicht zurückzudrängen. Und Schanzlin, inzwischen in eine neue Fabrik in Weisweil umgezogen, verschloß sich dem aus dem Kundenkreis immer häufiger vorgetragenen Wunsche nicht.

Noch Ende der fünfziger Jahre wagte man den Einstieg in den Vierradschlepperbau mit einem 12-PS-Schmalspurtraktor, für den Motor und Kupplung von Fichtel & Sachs, Getriebe von der Zahnradfabrik Passau, Elektrik von Bosch und Lenkung von ZF bezogen wurden. Die Komponenten stammten also durchweg von renommierten Herstellern, was dem Schanzlin-Traktor durchaus zum Vorteil gereichte.

Ein individuelleres Gesicht zeichnete den von Schanzlin 1960 auf der Kölner DLG-Ausstellung vorgestellten »Kultimot« aus. Der Kleinschlepper für Wein-, Obst- und Gartenbau sowie Sonderkulturen und kleine Landwirtschaftsbetriebe brachte mit Zapfwelle, Lenkbremse und mechanischer Handaushebung der Geräte die Voraussetzungen für den Einsatz in diesen Arbeitsbereichen mit. Er fand über Jahre hinweg im In- und Ausland eine beachtliche Anzahl Käufer, die die Zugleistung, die Standfestigkeit auch an starken Hanglagen, die gut handhabbare Bedienung und vor allem die nur von wenigen Fahrzeugen erreichte Wendigkeit (Wenderadius etwa 75 cm) des Kleinschleppers schätzten. Dies trifft vor allem für Bauern in der Schweiz, in Frankreich, in Spanien und Portugal zu, wo Schanzlin eigene Vertriebs- und in einem Falle sogar ein Produktionsunternehmen unterhielt.

In Deutschland blieb die Resonanz allerdings verhaltener, weshalb Schanzlin 1965 einen zusätzlichen 20-PS-Spezial-Schmalspurschlepper »Gigant« baute. Dieses ein Jahr später auch als Allradtraktor lieferbare Fahrzeug war in besonderem Maße auf die Wünsche der Weinbauern zugeschnitten, die die kurze und massive Bauweise, den engen Lenkeinschlag sowie die gute Standfestigkeit auch bei seitlicher Hangneigung sehr zu schätzen wußten. Diesem Umstand ist es nicht zuletzt zu verdanken, daß der verbesserte und laufend stärker gewordene »Gigant« bis in die Gegenwart im Schanzlin-Fabrikationsprogramm geblieben ist. Wie viele der kleineren Firmen besorgt auch Schanzlin Konstruktion und Zusammenbau der Schlepper und bezieht vernünftigerweise wichtige Komponenten aus der Großserienfertigung bekannter Hersteller wie Fichtel & Sachs, Farymann, MWM, Daimler-Benz, Hurth, LUK, Bosch und ZF.

Mit einer Neuigkeit wartete Schanzlin Mitte 1986 auf. Die Traktoren erhielten nun eine Planetenlenktriebachse, die einen Lenkeinschlag von rund 50° gestattet. Ansonsten erhöht eine reichhaltige Palette von Anbaugeräten die Einsetzbarkeit der Schanzlin-»Giganten«, deren Heimat aber nach wie vor hauptsächlich Betriebe mit starkem Engagement im Wein-, Obst-, Garten- und Hopfenbau sind.

Schanzlin-Traktoren (Auswahl)

Typ/Bezeichnung	Baujahr	Motorleistung PS	Zylinder	Takt	Gänge	Gewicht kg
Motormäher Schafa	1950	5	1	2	2/–	200
Vierrad	1959	12	1	2	3/2	750
Kultimot	1960	8	1	2	2/1	380
Gigant	1966	20	2	4	6/3	–
Gigant G 250	1969	22	2	4	6/1	800
Kultimot	1969	12	1	4	4/2	–
Gigant G 280	1977	28	2	4	6/1	1050
Gigant 500	1977	52	4	4	8/2	1600
Gigant 600	1978	60	4	4	8/2	1790

Schlüter

**Schlüter – Motorenfabrik
Anton Schlüter München,
Werk: 8050 Freising**

Kommt man unter Landwirten auf Schlüter-Traktoren zu sprechen, steigt die Aufmerksamkeit spürbar an. Kaum einer, der nicht irgend etwas über die »Bärenstarken« aus der bayerischen Bischofsstadt nordöstlich Münchens zu berichten hätte, und das, obschon stets nur wenige tatsächlich einen Schlüter-Traktor besitzen. Aber von den Schlüter-Traktoren geht nun einmal eine Faszination aus wie sonst nur von wenigen Schleppern. So gibt es kaum einen Landwirt, der nicht gerne einen Schlüter besitzen würde, nur hapert es zumeist sowohl an den Möglichkeiten sinnvollen wirtschaftlichen Einsatzes als auch am nötigen Kapital. Denn Schlüter-Traktoren sind keine »Jedermannfahrzeuge« – unter sechs Zylindern mit mindestens 90 PS Motorenleistung tut es der Hersteller nicht mehr, und das erfordert schon seinen Preis. Dort aber, wo die Landwirte – wie auf den großen Landwirtschaftsmessen oder bei den alljährlichen Schlüter-Vorführungen – freien Zugang zu den bayerischen Schleppergiganten haben, da bedeutet es für sie etwas ganz Besonderes, in einer »Super-Silence-Großraum-Kabine« Platz nehmen zu können und sich als Herr über bärenstarke Zugkraft und perfekte Technik zu fühlen. So scheinen denn auch Berichte, daß Bauern 1985 über viele zig Kilometer eigens zur Agritechnica gefahren sind, um sich einmal am Lenkrad eines der ausgestellten Schlüter-Großschlepper fotografieren zu lassen, durchaus realistisch.

Für den Hersteller allerdings bringen Sympathiebekundungen dieser Art, so wohltuend sie auch sind, keine Aufträge. Diese aber sind für das mittelständische, hochspezialisierte Unternehmen nötig, will Schlüter bei dem allgemein zu beobachtenden Trend zur Internationalisierung des Schleppermarktes fortbestehen.

Seit annähernd zwei Jahrzehnten schwankt der Marktanteil bei den Neuzulassungen in Deutschland um etwa 1 %, doch so bedenklich wie gerade in den letzten Jahren hat es für Schlüter noch selten ausgesehen. Mit 256 Inlandsneuzulassungen im Jahr 1986 bei etwa insgesamt gefertigten 400 bis 450 Zugmaschinen ist man bei einer Größenordnung angelangt, die man vor Jahren allein in Bayern abzusetzen in der Lage war. Der Blick zur Freisinger Schlepperfabrik ist denn auch nicht nur von Sympathie, sondern kaum weniger von Sorge bestimmt, daß der »Rolls-Royce unter den deutschen Traktoren« eines Tages nicht mehr gebaut werden könnte. Doch noch bürgt Dr. h. c. Anton Schlüter dafür, daß in Freising Traktorentechnik wie schon seit Jahrzehnten weiter vorangetrieben wird.

Der Schlüter-Traktorenbau feiert 1987 sein 50jähriges Jubiläum. Vor einem halben Jahrhundert brachte Firmengründer Kommerzienrat Anton Schlüter (1867 – 1949) einen 14-PS-Traktor heraus mit der Typenbezeichnung DZM, dessen liegender 14-PS-Kaltstart-Dieselmotor deutlich machte, auf welchem Gebiet das Werk zuvor mit Erfolg tätig gewesen war: Motoren stellte Schlüter bereits seit 1898, zunächst in München und ab 1915 in Freising, her. 1914 fanden damit etwa 600 Beschäftigte Arbeit, deren Spezialität von Petroleum, Benzin und Gas angetriebene Stationärmotoren mit Leistungen zwischen 2 und 300 PS waren.

Nach dem Ersten Weltkrieg stieg das Unternehmen in den Rohölmotorenbau ein, eine Folge der veränderten Preisrelation auf dem Treibstoffmarkt. Tatsächlich konstruierte und fertigte Schlüter in jenen Jahren 2-Zyl.-Glühkopfmotoren, ehe aber doch bald schon auf Dieselmotoren gesetzt wurde. Über sie fand das Unternehmen zur Landwirtschaft, der Diesel-Lokomobilen für den Dreschbetrieb geliefert wurden. Diese Verbindung ließ es Schlüter sinnvoll erscheinen, im Zuge der forcierten landwirtschaftlichen Motorisierungskampagne der ausgehenden dreißi-

17-PS-Schlüter-Dieselschlepper DS 15

ger Jahre einen eigenen Traktor zu bauen, der im Urteil der Fachleute nicht zuletzt des bewährten robusten Motors wegen positiv eingeschätzt wurde. So angespornt, baute man einen zweiten, stärker motorisierten Traktor, der ab 1938 als DZM 25 zur Auslieferung gelangte. Diesmal hatte sich das Unternehmen für den Einbau eines wassergekühlten 2-Zyl.-Motors eigener Fertigung entschieden, zu dessen Markenzeichen die Kaltstarttechnik ohne Zündpapier und sonstige Hilfsmittel zählte. Im Styling fiel auf, daß Schlüter für seinen Traktor auf Elemente des Automobilbaus zurückgegriffen hatte. Kotflügel für Vorder- und Hinterräder sowie die gepolsterte Sitzbank paßten ebenso zum Kabrio wie das auf Wunsch lieferbare Klappverdeck mit Windschutzscheibe.

Der Absatz der Schlüter-Traktoren entwickelte sich hoffnungsvoll, als der Krieg allen Ausbauabsichten ein Ende bereitete. Um den Verpflichtungen gegenüber der Landwirtschaft weiter nachzukommen, ließ das Herstellerwerk 1943 den Holzgastraktor GZA 25 in Serie gehen, für den man im Gegensatz zu vielen andern Herstellern sogar einen eigenen Gasmotor entwickelte. Allerdings entsprach er sowohl in den Maßen wie auch den Verschleißteilen dem Deutz-Einheitsmotor, wodurch Schlüter einmal mehr demonstrierte, daß man an der eigenen Technik festzuhalten in der Lage war, ohne deshalb die Rationalisierungsvorschriften der nationalsozialistischen Machthaber zu unterlaufen. Dennoch, auch bei Schlüter blieb der Holzgastraktorenbau ein aus der Not heraus begonnenes Intermezzo, dem Fliegerbomben noch vor der Kapitulation ein Ende bereiteten.

Lange ruhte die Traktorenherstellung in Freising nicht. Noch 1945 entstand der Traktortyp DS 25, wobei es sich um eine Weiterentwicklung des Vorkriegsmodells DZM 25 handelte. Als rahmenlose Blockkonstruktion wurde das Fahrzeug angetrieben von einem Original-Schlüter-Motor mit 28 PS, dessen Kaltstartsicherheit, sparsamer Betriebsstoffverbrauch und Brennstoffunempfindlichkeit besondere Aufmerksamkeit fanden. Ergänzend brachte Schlüter 1949 einen 15-PS-Klein-Dieselschlepper heraus, dessen 1-Zyl.-Motor, neu konzipiert, über einen patentierten Verbrennungsraum verfügte,

durch den beim Anlassen die Wirkung einer Strahleinspritzung und im Betrieb der Effekt einer Wirbelkammer erzeugt wurde.

Daß Schlüter mit beiden Modellen gut bei den Bauern ankam, belegt die Zulassungsstatistik. Mit 1318 Fahrzeugen langte es 1950 zu einem Marktanteil von 3,4 %, was dem zehnten Platz in der Rangliste entsprach. Doch Marktanteile und Verkaufszahlen sind beim Familienunternehmen Schlüter nie so bestimmend gewesen wie etwa bei den von Managern geführten anonymen Aktiengesellschaften. So fühlte man sich in Freising tief betroffen, als Anton Schlüter sen. am 2. März 1949 verstarb. Nun lagen die Geschicke des Unternehmens in Händen des einzigen Sohns Anton Schlüter, der jedoch nicht lange zögerte, das Unternehmen fortzuführen. Stärker in den Vor-

dergrund gerückt wurden allerdings Rationalisierung und Werkausbau, die nicht zuletzt in einer Verbreiterung der Produktpalette, die 1954 fünf Grundtypen mit Leistungen zwischen 15 und 45 PS aus eigener Motorenfertigung umfaßte, sowie in einer Intensivierung des Exports ihren Niederschlag fanden. Besondere Erfolge erzielte Schlüter dabei in Italien, wo man über Jahre hinweg an der Spitze der Hersteller importierter Traktoren lag. Zu verdanken war dies vor allem zahlreichen italienischen Lohnunternehmern, die die starken Schlüter-Traktoren wegen des großen Hubvolumens und des starken Drehmoments sehr schätzten.

Nur acht Jahre blieben Anton Schlüter (zweite Generation) Zeit, um seine Motorenfabrik in der Stellung des größten Industriebetriebs Freisings zu festigen, der ja keineswegs nur Traktoren baut, son-

Schlüter-Großtraktoren – Kraftpakete auf Rädern

dern als Motorenhersteller und Gießereiunternehmen gleichfalls einen guten Namen hat. Sein Tod 1957 zwang den ältesten Sohn, Dipl.-Ing. Anton Schlüter (dritte Generation), in die Verantwortung, womit binnen nicht einmal zehn Jahren drei Generationen einer Familie das Steuer des Unternehmens in die Hände gelegt bekamen. Aber was andernorts nicht selten eine unstete Firmenentwicklung zur Folge hat, lief bei Schlüter in kontinuierlichen, planmäßigen Bahnen ab. Im Traktorenbau hieß dies unter anderem Verbesserung der Fahrzeugtechnik durch serienmäßige Ausstattung der Fahrzeuge mit Motor-, Getriebe- und Wegzapfwelle sowie Antischlupf-Fernsteuerung.

Für die praxisgerechte Entwicklung seiner Ackerschlepper war es für Dipl.-Ing. Anton Schlüter (dritte Generation) wesentlich, daß er von seinen Vätern ein großes Landgut, den Schlüterhof, direkt neben seiner Fabrik übernommen hatte, den er mit großer Hingabe erfolgreich bewirtschaftete und dort zum Beispiel Eier und Milch für München produzierte. So konnte jede Neuentwicklung sogleich mit den dazu passenden Geräten und Maschinen auf seinem landwirtschaftlichen Betrieb ausprobiert werden.

Und gerade in seiner Eigenschaft als Großlandwirt und Maschinenbauer plante Schlüter etwas Tiefgreifenderes: Der Bau von Großtraktoren wurde ins Visier genommen! Zunächst nahm die Konkurrenz die Ouvertüre, den 1960 vorgestellten Typ S 60, noch eher beiläufig zur Kenntnis. Man wußte sich keinen Reim darauf zu machen, daß in Werbeschriften erklärt wurde: »Schlüter spezialisiert sich auf starke Schlepper«. Doch spätestens 1964 wurde dann offenbar, daß man es hier nicht nur mit aufreizenden Worten, sondern auch mit Taten zu tun hatte. Denn die S-Reihe, Traktoren mit Leistungen zwischen 34 und 80 PS, bestach nicht nur durch attraktive Formgebung, sie bot in den großen Modellen auch »Bärenkräfte in Vollendung«. Neue Maßstäbe setzte vor allem der Traktor S 900, dessen 6-Zyl.-Motor bei 6,5 Liter Hubraum und 1800 U/min Kraft, Rasanz und »Musik« bot, die allgemeines Staunen hervorriefen. Aber auch die übrige technische Ausstattung der Schlüter-Traktoren stimmte.

Regelhydraulik, Hydrolenkung, Vielganggetriebe von ZF mit Synchroneffekt und vieles mehr gaben dem Hersteller Anlaß

Schlüter-Allradtraktor S 900 V, 80-PS-6 Zyl.-Motor mit 6,5 Liter Hubraum, bei der Maisernte

zu sagen: »Schlüter baut Schlepper für Landwirte, die sich nur mit dem Besten zufriedengeben.«

Nun ist es ja nicht so, daß der Bau von Großtraktoren ein Kinderspiel ist. Die im Umgang mit hohen PS-Leistungen zu lösenden technischen Probleme verlangen großes Können, doch Schlüter und seine Mitarbeiter zeigten sich der Herausforderung gewachsen. Nur deshalb war man 1966 auch in der Lage, die Modellreihe weiter aufzustocken mit dem Typ 1500 V als »bärenstarkem Super-Schlepper«. 130 PS leistete diesmal der 8-Zyl.-Motor, dessen Hubraum auf 9,5 Liter angelegt war. Eine immer noch bescheidene Umdrehungszahl von 1800 U/min brachte Leistungsreserve, ruhigen Lauf und geringen Verschleiß. Beinahe schon selbstverständlich verfügte dieser Gigant des Ackers über Allradantrieb und ein mit hydrodynamischem Wandler ausgestattetes vollsynchronisiertes ZF-Getriebe. Damit aber endete das Staunen der Konkurrenz. Aufgeschreckt reagierte sie auf

die Freisinger Herausforderung. 1970 berichtete Professor Rudolf Franke nach einem Gang über die Kölner DLG-Ausstellung, daß inzwischen bei fast jedem Traktorenhersteller ein Großschlepper von 80 bis 160 PS zu finden war. Die Nase vorn hatte allerdings immer noch Schlüter, diesmal mit einem turboaufgeladenen 180-PS-Boliden, für den unter anderem Länder des Ostblocks beachtliches Interesse bekundeten. Dennoch war unübersehbar, daß die Situation für Schlüter schwieriger wurde. Die einstige Marktnische Großtraktorenbau existierte nicht mehr: Daimler-Benz, Deere, KHD, Fendt und andere mehr hatten zum Angriff geblasen, um Schlüter seiner Bastion zu berauben.

Der vermehrte Ansturm blieb nicht ohne Wirkung. Schlüter mußte selbst in der Klasse der Traktoren über 150 PS hart um die Marktführerstellung kämpfen und büßte sie auch gelegentlich ein. Ideenreich aber ist man dennoch geblieben. Da

wurden Super-Trac-Schlepper, Compact-Traktomobile das heißt Kraftpakete in kleineren Abmessungen, und Profi-Traktomobile entwickelt, markante Fahrzeuge, die hinauf bis zu einer 320-PS-Ausfertigung immer wieder für Aufsehen sorgten. Selbst eine 500-PS-Version hat Schlüter gebaut, nicht zuletzt um den Ausrüstern wie etwa dem Getriebehersteller ZF die Möglichkeit zu geben, ihre Komponenten einmal unter härtesten Belastungen zu testen. Auch trieb Schlüter die Entwicklung der sogenannten Schnelltraktoren voran. Nicht einmal bei Geschwindigkeiten von 40 km/h ist man stehengeblieben, sondern liefert seit einiger Zeit die Compact-Tractomobile auf Wunsch auch mit einer Endgeschwindigkeit von 50 km/h aus! Aber so technisch attraktiv Schlüter seine Traktoren auch macht, von einer bescheidenen Anzahl Betriebe abgesehen, ist die deutsche Landwirtschaft auf Traktoren dieser Größenordnung kaum ausgerichtet. Und auch im Ausland, sieht man einmal von

Schlüter Profi-Trac 5000 TVL, 500 PS

wenigen Ländern wie etwa Jugoslawien ab, steht es um die Absatzchancen der großen Traktoren aus Bayern nicht zum besten. Die Konsequenz für Schlüter sind rückläufige Verkaufszahlen und abnehmender Umsatz. Vorbei sind die Zeiten, da Schlüter alle seine Zugmaschinen mit Eigenbaumotoren ausstatten konnte. In den Bereichen unter 100 und über 200 PS greift man nun auf MAN-Motoren zurück, weil die Eigenentwicklung bei begrenzten Stückzahlen zu teuer kommt. Doch dies alles sind bei Schlüter keine Geheimnisse. Wie kaum ein anderes Unternehmen der Branche hat gerade Schlüter die Diskussion auch noch so »heißer Eisen« im Traktoren- und Landmaschinenbau gefördert. Die Schlüter-Tage als Forum modernster Landtechnik müßten erfunden werden, gäbe es sie seit 1964 nicht alljährlich!

Schlüter-Traktoren (Auswahl)

Typ/Bezeichnung	Baujahr	Motorleistung PS	Zylinder	Takt	Gänge	Gewicht kg
DZM 115	1937	14	1	4	4/1	1500
DZM 25	1940	27	2	4	4/1	1800
Holzgas	1943	25	2	–	4/1	–
DS 25	1949	28	2	4	7/2	1990
DS 15	1950	17	1	4	–	–
AS 17	1951	17	2	4	5/1	1400
AS 30	1951	30	2	4	7/2	1990
AS 45	1954	45	3	4	5/1	3200
AS 55	1956	55	3	4	–	–
S 15	1959	15	1	4	6/1	1200
S 25	1959	25	2	4	6/1	1500
S 45	1959	45	3	4	6/1	2480
S 60	1962	60	3	4	7/2	3380
S 350	1964	34	3	4	8/4	1840
S 650 V	1964	56	4	4	8/4	2900
S 900 V	1964	80	6	4	8/4	4150
S 1500 V	1966	130	8	4	6/6	6500
S 450	1968	45	3	4	16/8	2145
S 750	1968	75	6	4	16/8	3160
S 1250 V	1968	110	6	4	11/10	4510
Compact 750	1975	70	3	4	12/6	3160
Super 1050 V	1975	100	6	4	12/6	4475
Super 2000 TVL	1975	185	6	4	12/5	7075
Compact 950 V 6	1986	90	6	4	12/5	4400
Super 1050 V Special	1986	110	6	4	12/5	5300
Compact 1350 TV6	1986	130	6	4	12/5	5120
Super 2000 TVL Special	1986	200	8	4	12/5	7500
Super Trac 2500 TVL	1986	240	6	4	18/6	9600
Profi Trac 3500 TVL	1986	320	6	4	–	12250

Sendling

Sendling – Motorenfabrik München-Sendling O. Vollnhals KG, 8000 München

Gleich mehrfach hat im Laufe ihrer Geschichte die Motorenfabrik München-Sendling den Schlepperbau aufgenommen, um ihn einige Jahre später jeweils wieder einzustellen. Den ersten Anlauf startete das 1899 von Otto Vollnhals gegründete und zunächst mit der Herstellung liegender Verbrennungsmotoren beschäftigte Unternehmen nach eigenen Angaben im Jahre 1909, als ein Motorpflugtyp I konstruiert wurde, der zuerst mit einem 70-PS- und dann sogar mit einem 80-PS-Motor ausgerüstet war. In der 80-PS-Version brachte er es auf 600 U/min, kann also als ausgesprochener Langsamläufer angesprochen werden. In der Kombination mit einem siebenscharigen Anhängepflug wog die Maschine 6200 kg, verdichtete also den aufzubrechenden Boden zuvor erst einmal beträchtlich. 1100 kg leichter fiel der ebenfalls noch vor dem Ersten Weltkrieg vorgestellte Sendlinger Motorpflug Typ II aus, der sich ansonsten kaum von der großen Version unterschied. Dabei erinnerten beide Typen noch stark an die selbstfahrenden Dampflokomobilen. Der Motor, der Kühler und andere Fahrzeugteile befanden sich hinter einer Attrappe für Kessel und Feuerbüchse versteckt, um den »Dampfmaschinen-Look« zu erhalten. Der platz- und gewichtsparende Automobilbau hatte, wie Professor Rudolf Franke feststellte, diese Konstruktionen noch nicht beeinflußt, von denen eine vor Jahren einmal das Deutsche Museum, München, besessen hat.

Während des Ersten Weltkriegs stellte die Münchener Motorenfabrik zwar den Motorpflugbau ein, beschäftigte sich aber weiter sowohl mit der Motorenherstellung als auch mit der Konstruktion von Traktoren. Die dabei gewonnenen Erfahrungen gingen in den zwanziger Jahren unter anderem ein in die an anderer Stelle vorgestellten Benz-Sendling-Schlepper, die allerdings nicht in München zusammengebaut wurden. Dort spezialisierte man sich auf die Entwicklung und den Bau von Vergaser- wie auch Dieselmotoren, die Sendling unter anderem auf der Reichsnährstandsschau 1934 in einer Leistung zwischen 3 und 12 PS anbot.

Zum zweiten Mal trat die Motorenfabrik München-Sendling als selbständiger Traktorenhersteller 1937 in Erscheinung. Angeboten wurde ein in Rahmenbauweise gefertigter Ackerschlepper mit einem liegenden verdampfungsgekühlten 12-PS-Dieselmotor eigener Fertigung, der durch eine Rollenkette mit dem Schaltgetriebe verbunden war. Allerdings verschwand dieses Fahrzeug rasch aus dem Produktionsprogramm. Im Zuge kriegsbedingter Rationalisierungsmaßnahmen konzentrierte sich das Unternehmen wieder auf den Motorenbau, ehe 1943/44 alliierte Luftangriffe das Werk an der Gmunder Straße weitgehend zerstörten.

Otto Vollnhals, der Unternehmensgründer, war die treibende Kraft für den Wiederaufbau des Werks. 1948 erfolgte die Produktionsaufnahme von Dieselmotoren mit Leistungsstärken zwischen 5 bis 15 PS, wovon man vor allem die 15-PS-Maschine verschiedenen Schlepperherstellern zum Einbau in ihre Fahrzeuge vorführte. Doch das Zustandekommen von Beschäftigung schaffenden Verträgen verzögerte sich, so daß die Motorenfabrik München-Sendling im 50sten Jahr des Bestehens 1949, beschloß, zum drittenmal den Bau eines kompletten Traktors zu wagen. Bei dem 1950 in Serie gegangenen Ackerschlepper Sendling AS 7 handelte es sich um eine konventionelle Zugmaschine in Blockbauweise.

Der Sendling-Motor DS 15 gab ihr bei 1600 U/min eine Leistung von 15 PS, die über ein von der Zahnräderfabrik Augsburg geliefertes 4-Gang-Getriebe eine Maximalgeschwindigkeit von 16 km/h ermöglichte. Ein großes Wagnis ging das Werk noch einmal 1951 ein, als Pläne für den Bau eines neuen 12-PS-Traktors erarbeitet und die Fortentwicklung des AS 7 zum AS 8 unternommen wurde. Das Ergebnis waren zwei Standardtraktoren, die Sendling wie gehabt mit eigenen wassergekühlten 1-Zyl.-4-Takt-Dieselmotoren ausrüstete. Doch die Stückzahlen befriedigten nicht, weshalb die Motorenfabrik Sendling den Traktorenbau Mitte der fünfziger Jahre endgültig einstellte, um vor allem Dieselmotoren zu produzieren.

Sendling-Traktoren (Auswahl)

Typ/Bezeichnung	Baujahr	Motorleistung PS	Zylinder	Takt	Gänge	Gewicht kg
Typ I	1909	80	–	4	2/1	5000
Typ II	1913	40	–	4	2/1	4200
Ackerschlepper	1937	12	1	4	4/1	1200
AS 7	1950	15	1	4	4/1	1000
KS 12	1955	12	1	4	5/1	1050

SSW

SSW – Siemens AG, 1000 Berlin-Siemensstadt

Die Erwähnung von Siemens, diesem weltweit bekannten Elektro- und Technikunternehmen, in einem Traktorbuch ist kein Zufall oder gar Irrtum! Denn Siemens hat, was heute nur wenige wissen, viele Jahre mit großem Einsatz auch auf dem Gebiet des landwirtschaftlichen Zugmaschinenbaus gearbeitet und dabei einige bemerkenswerte Konstruktionen hervorgebracht, die unzweifelhaft in der Schleppergeschichte ihren Platz besitzen. Am Anfang stand dabei, wie konnte es bei dem von Werner von Siemens gegründeten und lange geleiteten Unternehmen anders sein, der Elektromotor, den er für die motorische Bodenbearbeitung nutzbar machen wollte. Sein Vorschlag lief auf die Entwicklung eines Elektropfluges hinaus, der von dem Werk im ausgehenden 19. Jahrhundert tatsächlich sowohl im Einmaschinensystem wie auch im Zweimaschinensystem ausgeliefert wurde.

Die Maschinen arbeiteten nach dem von den Dampfpflügen her bekannten Verfahren. Von einem oder zwei zeitweise stillstehenden Maschinenwagen mit durch Elektromotor angetriebener Seilwinde war an einem mehr als 100 m langen Stahlseil ein Kipp-Pflug über den Acker hin und her zu ziehen, wonach ein Maschinenwagen jeweils um eine Pflugarbeitsbreite vorrückte. Diese Elektropflüge waren allerdings vor dem Ersten Weltkrieg nicht erfolgreich gewesen. Die Maschinensätze erwiesen sich in der Anschaffung als zu teuer und blieben auf die Versorgung mit elektrischem Strom durch ein bewegliches Kabel, besser gesagt durch eine Nabelschnur, wie die elektrischen Rasenmäher heute, aus einer »Kraftsteckdose« angewiesen, die es zumeist auf dem Lande damals aber noch gar nicht gab. Sie waren also, kurz gesagt, zu teuer und zuwenig flexibel. Entsprechend mußten die Siemenswerke er-

kennen, daß sie mit dem Elektropflug zwar auf ein technisch reizvolles, in der Praxis aber nicht wirtschaftlich einsetzbares Bodenbearbeitungssystem gesetzt hatten. In Anbetracht des massiven Mitteleinsatzes schmerzte denn auch der Ausstieg aus der Technologie sehr, doch Nichtabsetzbares zu produzieren, war schon zu Beginn unseres Jahrhunderts nicht Sache von Siemens.

Gleichzeitig wollte man das Kapitel »Motorisierung der landwirtschaftlichen Außenwirtschaft« aber auch nicht klanglos beenden. Da fügte es sich gut ein, daß um 1912 der Schweizer Ingenieur Konrad von Meyenburg bei SSW in Berlin vorsprach, um eine von ihm entwickelte Motorfräse vorzustellen. Den Verantwortlichen bei SSW gefiel Meyenburgs Idee, einen Selbstfahrer mit Frästrommel die Arbeit ausführen zu lassen, die bislang den gespanngezogenen Pflügen übertragen war. So erwarb man das Patent und begann Versuche, die noch vor dem Er-

sten Weltkrieg zu einer von einem Elektromotor angetriebenen Fräse und zu einer Benzinmotorfräse führten. Auf dem im Oderbruch gelegenen, etwa 400 ha großen Gut Gieshof liefen ausgedehnte Versuche mit den als »Gutsfräsen« bezeichneten Maschinen unter Leitung von Professor Holldack ab. Dabei zeigte sich bald schon die Benzinfräse der Elektrofräse wegen ihrer Einfachheit und größeren Beweglichkeit als überlegen.

Der Aufbau der Siemens-Benzinfräse, fernerhin Gutsfräse genannt, entsprach weitgehend einem Dreiradtraktor mit zwei hinteren Triebrädern und einem kleineren, geteilten lenkbaren Vorderrad. Entschieden hatten sich die Konstrukteure für den rahmenlosen Zusammenbau; der Getriebekasten bildete den Rumpf des Fahrzeugs, das bis 1926 ein 30-PS-Kämper-Benzinmotor antrieb. Danach gelangten 35-PS- und ab 1930 sogar 40-PS-Benzinmotoren gleichen Fabrikats zum Einbau. Die mit der rückwärtig angelenk-

30-PS-Gutsfräse von SSW

ten Fräswelle zu leistende Bodenbearbeitung überzeugte durchaus, allein sie schränkte im Vergleich zum bloßen Traktor doch die Verwendungsmöglichkeiten der Gutsfräse nachhaltig ein. Siemens hat in der Folge versucht, den zahlreichen Besuchern des Gieshofes unter der fachkundigen Führung von Rudolf Kautzsch die Gutsfräse immer wieder im Zugmaschineneinsatz etwa vor Mähbindern zu demonstrieren, doch letzte Zweifel bestanden fort.

Erfolgreicher als mit der Gutsfräse, die Anfang der dreißiger Jahre aus dem Siemens-Produktionsprogramm genommen wurde, war die gleichfalls nach Patenten von Meyenburgs gebaute Siemens-Plantagen- bzw. Gartenfräse. Hier handelte es sich um Einachsfahrzeuge, für die – man höre und staune – Siemens selbst Vergasermotoren entwickelte. 1927 kombinierte Siemens die beiden 8 bzw. 4 PS starken Maschinen zur 5-PS-Kleinfräse K 5, die endlich in größerer Stückzahl in

den Verkauf gelangte. Dennoch scheint Siemens auch bei dieser Maschine keineswegs unglücklich gewesen zu sein, als 1935 das komplette Kleinfräsenprogramm an Bungartz, München, abgegeben werden konnte. Nach mehr als zwei Jahrzehnten beendete Siemens damit sein aufwendiges Engagement im landwirtschaftlichen Zugmaschinenbau, den man, dem Zuge der Zeit folgend, als zukunftsträchtig, nie aber als »siemensspezifisch« eingestuft hatte.

Siemens-Traktoren (Auswahl)

Typ/Bezeichnung	Baujahr	Motorleistung PS	Zylinder	Takt	Gänge	Gewicht kg
Gutsfräse	1923	30	4	4	3/1	2300
Plantagenfräse	1925	8	1	2	2/1	360
Gartenfräse	1925	4	4	1	2/–	200
Kleinfräse K 5	1928	5	1	2	2/–	260
Gutsfräse G 4	1930	40	4	4	3/1	2830

Steyr

Steyr-Daimler-Puch AG, Wien

Der Traktorenherstellung kommt bei Österreichs größtem halbstaatlichem Industrieunternehmen herausragende Bedeutung zu. Denn obschon die Produktpalette des rund 15 000 Mitarbeiter zählenden Konzerns vom Motor bis zum Lastwagen, vom Wälzlager bis zum Panzer und vom Gewehr bis zum Ladewagen reicht, die Traktoren steuern den zweitgrößten Anteil zum Umsatz bei. In Österreich ist Steyr mit seinen Traktoren seit Jahrzehnten unangefochtener Marktführer, doch auch in anderen Ländern besitzt man inzwischen einen festen Platz unter den Spitzenanbietern landwirtschaftlicher Zugmaschinen. In der Bundesrepublik Deutschland, wo seit 1973 in München

eine Verkaufsniederlassung besteht, rangiert Steyr bei den Neuzulassungen inzwischen unter den ersten zehn Herstellern, und in der Schweiz liegt man noch weiter vorn.
Die Tradition der aus den renommierten Unternehmen Steyr, Austro-Daimler und Puch 1934 entstandenen Steyr-Daimler-Puch AG im Traktorenbau reicht nunmehr 70 Jahre zurück. Sie beginnt mit dem vermutlich von Ferdinand Porsche während des Ersten Weltkriegs für Austro-Daimler konstruierten »Daimler-Pferd«, einer hauptsächlich für militärische Zwecke gebauten Zugmaschine. Beinahe schon futuristisch sah die auf zwei hohen eisernen Rädern laufende und hinten auf zwei kleinen Rädern abgestützte Zugmaschine aus, die über eine Art Knicklen-

kung verfügte und vom Sitz aus gesteuert wurde. Mit 1700 kg besaß die Maschine durchaus ihr Gewicht, doch die 14,5 PS des Motors reichten hin, um mehrere angehängte leichtere Pflüge durch den Boden zu ziehen. Nur, in größerer Serie wurde diese eigenwillige Zugmaschine nicht gebaut.
Nur wenige Jahre später, 1919, wagte auch die Grazer Firma Puch einen ersten kurzen Ausflug in die landwirtschaftliche Zugmaschinenherstellung. Gebaut wurde in Lizenz der dreischarige Excelsior-Motorpflug, eine überwiegend auf die Bodenbearbeitung ausgerichtete Maschine, die über einen 35/40-PS-4-Zyl.-Motor verfügte und respektable 4400 kg wog. Die Zugmaschine erinnerte in manchem an den deutschen Stock-Motorpflug,

In Lizenz der Excelsior Motorpflug GmbH, Jungbunzlau, baute Puch 1919 erste Motorpflüge

doch infolge einer »geistreich konstruierten Tiefeneinstellung« wurden mit der Maschine Patente Dritter nicht verletzt.

Bei Steyr selbst wurde der erste Traktor im Jahre 1928 konzipiert. Hier hatte man den Fordson zuvor gewissenhaft studiert und sich nicht zuletzt unter seinem Eindruck für den rahmenlosen Zusammenbau von Motor, Getriebe und Hinterachse entschieden. Angetrieben wurde das vollgummibereifte, nur gelegentlich mit Eisenrädern eingesetzte Fahrzeug von einem niedrigtourigen 80-PS-4-Zyl.-Benzinmotor, gelangte aber nicht über eine Vorserie hinaus. Während der letzten Kriegsmonate wurde für Steyr dann die Herstellung von Holzgastraktoren spruchreif. Doch bevor es so weit war, kam das Kriegsende, das für die Produktionsstätten von Steyr-Daimler-Puch Zerstörung, Besetzung und Demontage bedeutete.

In den ersten Nachkriegsmonaten fiel bei dem österreichischen Fahrzeughersteller die für den österreichischen Nutzfahrzeugbau wichtige Entscheidung, anstelle der traditionsreichen Autoproduktion verstärkt auf die Nutzfahrzeugherstellung zu setzen. Übriggebliebene Materialreste von Rüstungsaufträgen ermöglichten schon bald einen improvisierenden Anfang, doch es dauerte bis 1947, ehe Steyr die Arbeitsbereitschaft in den Betrieben soweit wieder in Gang gesetzt hatte, daß an eine Serienherstellung von Traktoren gedacht werden konnte. Die Wahl fiel dabei auf den Typ 180, einen Schlepper mit eigenem luftgekühlten 26-PS-Dieselmotor, dessen wichtigste Komponenten aus Eigenfabrikation stammten. Im Baukastensystem hatten die Verantwortlichen bei Steyr zwar bereitwillig auf die bei der Lkw-Herstellung bewährten Bauelemente zurückgegriffen, doch nichtsdestoweniger mußten Motor und Getriebe erst ein

mal aufeinander abgestimmt werden, ganz zu schweigen vom Fahrwerk, das ja doch nach anderen Gesichtspunkten als bei Lastkraftwagen zu bauen war.
Das Ergebnis der Bemühungen von Steyr konnte sich sehen lassen. Sowohl hinsichtlich Leistungsstärke als auch Wirtschaftlichkeit sprach der Typ 180 die österreichischen Landwirte an, die sich in zunehmendem Maße mit dem als »Spitzenerzeugnis« österreichischer Werksmannsarbeit« vorgestellten Traktor identifizierten. Bis 1962 konnten denn auch von dem in der Leistung mehrfach geringfügig veränderten Typ 180 nicht weniger als rund 45 000 Traktoren produziert werden, eine Zahl, die andere Hersteller im Laufe jahrzehntelangen Bestehens mit ihrer ganzen Traktorenreihe nicht zu erreichen vermochten. Aber der erfolgreichste Steyr-Traktor war der Typ 180 dennoch nicht. Von dem 1949 in Serie gegangenen, von einem 15-PS-1-Zyl.-Motor ange

Steyr-Universaltraktor von 1928. Mehr als eine Vorserie wurde nicht gebaut

triebenen Typ 80 verließen bis 1966 sogar fast 65 000 Stück die Steyr-Werkshal-
len. Als Käufer traten in diesem Falle
vornehmlich österreichische Kleinbauern
in Erscheinung, während der Typ 180
eher für den mittelbäuerlichen und genos-
senschaftlichen Einsatz konzipiert war.
Die Großbauern ließ Steyr daneben nicht
unberücksichtigt. Der zwischen 1952 und
1972 gebaute Typ 280 verfügte immerhin
über einen 68 PS leistenden 4-Zyl.-

4-Takt-Motor, der gelegentlich sogar von
Landwirten als zu stark empfunden wurde. Deshalb komplettierte Steyr seine erste, als Baureihe 13 bezeichnete Traktorenserie im Jahre 1955 um einen 55-PS-
Traktor, der aber im Prinzip wenig Neues
brachte.
Wirklich Neues bot Steyr hingegen mit
seiner 1960 gestarteten sogenannten
»Jubiläumsreihe«. Das Modell »188«, ein
Allzweck-Traktor mit 28 PS, verfügte

dank des 4-Gang-Gruppen-Getriebes
über nicht weniger als 14 Gänge (acht
Vorwärts- und sechs Rückwärtsgänge).
Als Wendegetriebe ausgelegt, konnte
durch einfaches Umlegen des Schalthe-
bels in den drei unteren Gängen jeder
Gruppe ohne Umstände von Vor- auf
Rückwärtsfahrt sowie umgekehrt geschaltet werden, was sich insbesondere
beim Frontladeeinsatz als überaus nützlich erwies. Ansonsten verfügte der Steyr

180

Konnte über 45000mal verkauft werden: Steyr Typ 180

188 über Getriebe- und Wegezapfwelle, Regelhydraulik und höhenverstellbare Anhängekupplung.

War diese technische Ausstattung schon als beachtlich zu bewerten, so wartete der gleichfalls im Rahmen der Jubiläumsreihe gebaute 36 PS starke Steyr-Schlepper Typ 190 a mit einer weiteren Besonderheit auf. Um den Erfordernissen der fortschreitenden land- wie forstwirtschaftlichen Mechanisierung im alpinen Bereich

genügen zu können, rüstete Steyr dieses Fahrzeug als Allradtraktor aus, wodurch bei gleichem Gewicht eine beachtliche Steigerung der Vortriebskraft erzielt wurde. Allerdings blieb Steyr trotz der Hinwendung zum Allradantrieb bei der traditionellen Traktorkonzeption mit kleinen Vorder- und großen Hinterrädern.

Mit technischen Delikatessen wartete gleichfalls die ab 1966 von Steyr präsentierte »Plus-Traktorreihe« auf. Die in den Motoren dieser Modelle serienmäßig vorhandene Direkteinspritzung hatte sowohl Leistungssteigerung wie auch Verbrauchsminderung der Fahrzeuge zur Folge. Weiter verbessert wurden ferner Getriebe (ab 1969 Lastschaltsynchrongetriebe mit hydraulischer Kupplungsautomatik) und Hydraulik. Doch besonders herausgestellt zu werden verdient vor allem die serienmäßige Ausstattung dieser Traktoren mit dem Gesundheitssitz SF 4000 sowie einer Befestigungsvorrichtung für den Fahrersicherheitsrahmen. Mit beiden Vorrichtungen rückten die Steyr-Konstrukteure den Traktorfahrer ins Zentrum technischer Anstrengungen, lange bevor öffentliche Gremien begannen, sich verstärkt um das Wohlbefinden des »Traktoristen« zu kümmern. Neben solchen für die Traktorengeschichte insgesamt bemerkenswerten Ereignissen

fällt die neue, kantig gewordene Linienführung der Steyr-Traktoren weit weniger ins Gewicht, wenngleich sich Steyr, wie jeder Traktorenhersteller, natürlich der Bedeutung des Äußeren für den Erfolg seiner Modelle durchaus bewußt ist.

Mit den Traktoren der »Plus-Reihe« verstärkte Steyr seine Auslandsaktivitäten. Nicht zuletzt für den Export wurden immer stärkere Schlepper gebaut, die in den oberen Leistungsklassen durchweg über 6-Zyl.-Motoren verfügten. Auch entwickelte Steyr 1969 erstmals eine Allradzugmaschine mit vier gleichgroßen Rädern. In Zusammenarbeit mit der ungarischen Firma Dutra entstand der »Dutra 1300«, ein 105 PS starker Großschlepper, der mit seiner weit nach vorne gezogenen Frontpartie an die Großtraktoren russischer oder nordamerikanischer Herkunft erinnert.

Mehr noch als der Dutra 1300 leitete vor allem der 1976 gebaute Typ 8160 A (140 PS) zur Serie 80 über, die bis in die Gegenwart hinein für das Traktorangebot von Steyr bestimmend ist. Charakteristische Elemente der erfolgreich im Markt bestehenden Fahrzeuge sind Allradantrieb, gleich breite und in gleicher Spur laufende Vorder- und Hinterräder sowie unterschiedlich große Vorder- und Hinterräder in Abhängigkeit von der Tragfähigkeit. Turbomotoren, Vollsynchrongetrie-

Steyr-Traktoren der Serie 80 haben in Deutschland viele Freunde

be, Fahrerinformationssysteme sind inzwischen gleichfalls feste Bestandteile der Steyr-Großtraktoren der 80er Reihe geworden, die serienmäßig eine Höchstgeschwindigkeit von 30 km/h, auf Wunsch aber durchaus auch 40 km/h erreichen können.

Modellpflege und Modellweiterentwicklung kennzeichnen die Traktorenentwicklung von Steyr während der letzten Jahre. Das aktuelle Programm des Jahres 1986 umfaßt rund 30 verschiedene Modelle im Leistungsbereich zwischen 48 und 150 PS. Sucht man aber unter den landwirtschaftlichen Zugmaschinen von Steyr nach einem Flaggschiff, so mag das Trägerfahrzeug 8300 diese Rolle übernehmen. Mit 260 PS handelt es sich um eine in beiden Fahrrichtungen gleichermaßen einsetzbare selbstfahrende Arbeitsmaschine, die ihre Kraft wesentlich über Zapfwellen an Arbeitsmaschinen abgibt. Hydraulikanschlüsse an beiden Fronten ermöglichen einen raschen Geräteanbau, der das Fahrzeug zwar vielseitig einsetzbar, aber keineswegs für jeden landwirtschaftlichen Betrieb erschwinglich macht.

Steyr-Daimler-Puch-Traktoren (Auswahl)

Typ/Bezeichnung	Baujahr	Motorleistung PS	Zylinder	Takt	Gänge	Gewicht kg
Daimler-Pferd	1917	14,5	4	4	–	1700
Puch-Excelsior-Motorpflug	1919	35/40	4	4	–	4500
Steyr-Traktor	1928	80	4	4	–	–
180	1947	26	2	4	5/1	1800
80	1949	15	1	4	4/1	1200
280	1952	68	4	4	10/1	3100
188	1960	28	2	4	8/6	1390
288	1962	45	4	4	8/8	1930
430	1967	32	2	4	8/6	1770
650	1967	52	4	4	8/8	2180
870	1968	68	4	4	12/6	2930
1090	1968	90	6	4	12/6	3340
1300 Dutra	1969	105	6	4	16/4	5030
1400/8160 A	1976	140	6	4	36/12	6000
8060	1979	48	3	4	16/8	2520
8090	1983	80	4	4	16/8	3220
8150 A	1983	135	6	4	36/12	5265
8300 A turbo	1983	260	6	4	–	5200
8075	1986	64	4	4	16/8	2470
8165	1986	150	6	4	36/12	5650

Stihl

Andreas Stihl, 7050 Waiblingen

30 Jahre war Andreas Stihl alt, als er 1926 in Stuttgart-Bad Cannstatt mit dem Bau von Elektromotorsägen begann. 40 kg wog seine erste Elektro-Kettensäge, was im Vergleich zu den sonst gebräuchlichen Ablängsägen eine beachtliche Gewichtsersparnis um rund 30 kg bedeutete. Doch von der Sägenherstellung allein konnte Andreas Stihl seinerzeit nicht leben. Waschmaschinen rundeten die Produktpalette ab, und bald kamen auch Benzinmotorsägen hinzu. Alles in allem konnte Stihl mit dem Geschäftsgang in den dreißiger Jahren zufrieden sein. Die einsetzende Mechanisierung der Waldarbeit brachte einen großen Bedarf an leistungsfähigen handlichen Motorsägen, und Stihl blieb mit immer neuen, leichteren Modellen international an der Spitze des technischen Fortschritts.

Mit dem Ende des Zweiten Weltkriegs änderten sich allerdings die Voraussetzungen grundlegend. Millionen Arbeitslose suchten Tätigkeiten. Die Waldarbeit bot einen, wenn auch mühsamen, Ausweg. Motorsägen waren nicht gefragt, es hieß, sie vernichteten Arbeitsplätze. Folglich galt es für Andreas Stihl, nach neuen, erfolgversprechenden Märkten Ausschau zu halten. Die Landwirtschaft, in der die Mechanisierungswelle gerade einem Höhepunkt entgegenstrebte, bot sich an, mit der Einschränkung allerdings, daß sich mit den bei Stihl vorhandenen Fertigungsmöglichkeiten landwirtschaftliche Großmaschinen nicht herstellen ließen. Daher entschloß sich der Sägenhersteller Stihl, einen leichten, preiswerten Kleintraktor zu entwickeln, wie er besonders in der kleinparzellierten Landwirtschaft Südwestdeutschlands verlangt wurde.

Im Werk Neustadt bei Waiblingen begannen die Arbeiten. Sie führten bereits 1948 zu einem vielbeachteten Ergebnis, dem 12-PS-»Allzweck-Bauernschlepper 140«, der sich in Bauart und Leichtgewicht erheblich von anderen Bauernschleppern

Stihl-Allzweckschlepper 140, 12 PS, 1950 beim Demonstrationspflügen

unterschied. Anstelle der üblichen Blockkonstruktion trug ein Stahlrohr vorne den Motor und die Vorderachse, hinten Getriebe und Hinterachse. Der Raum zwischen den Achsen blieb mit großer Bodenfreiheit für den Anbau von allerlei denkbaren Arbeitsgeräten frei, die der Fahrer von seinem Sitz aus vor sich gut übersehen konnte.

Der von Stihl extrem leicht konstruierte und gefertigte luftgekühlte 2-Takt-Zylinder-Dieselmotor besaß ein gesteuertes Auslaßventil, wodurch der Kraftstoffverbrauch auf den von 4-Takt-Dieselmotoren verringert werden konnte. Den Vorteilen der 2-Takt-Motoren, einfacher und billiger, leichter und kleiner als 4-Takt-Motoren gleicher Leistung zu sein, stehen als Nachteile höhere Wärmebelastung und unangenehm starke Geräuschentwicklung entgegen, so auch bei Stihl.

Der Motor wog nur etwa 100 kg, das ganze Fahrzeug nur etwa 750 kg. Es war sehr fortschrittlich bereits mit einer 12-Volt-Licht- und -Anlasseranlage ausgerüstet, was damals noch nicht allgemein üblich war. Zapfwelle und Ackerschiene gehörten zur serienmäßigen Ausstattung, Riemenscheibe und eine Aufsattelvorrichtung für die Deichsel von Anhängern waren wahlweise zusätzlich zu erhalten.

Der leichte Stihl-Schlepper blieb in der Fachwelt umstritten. Die einen lobten die

Stihl-Traktoren waren leicht, wendig und ... laut

geringe Bodenpressung und die Eignung als Saat- und Pflegeschlepper, die anderen waren mit der geringen Zugkraft und dem großen Triebradschlupf beim Pflügen nicht zufrieden. Man war damals noch nicht soweit, einen leichten Schlepper durch Ballastgewichte und durch Übernahme eines Teils vom Gerätegewicht schwer zu machen zur Zugkrafterhöhung. Und zum Stihl-Schlepper passende Zwischenachsgeräte gab es bei den Bauern auch nicht. Als nachteilig aber galt vor allem das starke Motorengeräusch von dem mit der sehr hohen Drehzahl 2000 U/min laufenden luftgekühlten 2-Takt-Motor. Es wurde durchweg als unangenehm empfunden.

Als man sich nach dem Krieg noch darüber stritt, ob der pferdelose landwirtschaftliche Betrieb überhaupt möglich sein könnte, hatten sich Wissenschaft und Praxis darauf eingeschworen, daß der Bauer nur einen vielseitigen Schlepper haben sollte, der alles können müßte, leichte und schwere Feldarbeit und Transportarbeiten erledigen.

Zehn Jahre später diskutierte man darüber, ob eine Aufteilung auf leichten Schlepper für leichte Arbeiten, insbesondere im Hinblick auf die schädliche Bodenverdichtung, und einen schweren Schlepper für die schwere Bodenbearbeitung und für schwere Erntearbeiten zweckmäßig sein könnte.

Der leichte Stihl-Schlepper war etwas zu leicht geraten, was sich in der geringen Zahl der 130 Inlandszulassungen 1950 ausdrückte und gerade zu Platz 26 in der Zulassungsrangliste reichte. In seiner Konzeption aber war er dem Typ der späteren Tragschlepper um Jahre voraus, wofür er 1951 die bronzene DLG-Preismünze erhielt.

1952 bekam der Stihl-Schlepper ein 4-Gang-Getriebe mit günstigerer Abstufung, 1955 wurde die Motorleistung auf 14 PS angehoben, und der Typ hieß nun 144. Er besaß anstelle der Bandbremsen Innenbackenbremsen am Getriebeausgang und wurde bis 1959 mit hydraulischem Kraftheber in Neustadt hergestellt.

Infolge des geringen Schlepperabsatzes kam Stihl in wirtschaftliche Schwierigkeiten, die jedoch aufgefangen werden konnten. Außerdem entwickelte sich die Motorkettensägenproduktion und deren Absatz im In- und Ausland sehr rasch zu großen Stückzahlen, an denen das wachsende Unternehmen rasch gesundete.

1959 wurden noch zwei Nachfolgemodelle, S 15 und S 20, letzteres mit einem 2-Zylinder-MWM-Motor mit 20 PS und beide mit einem Hurth-6-Gang-Getriebe, herausgebracht, doch mehr als ein Intermezzo war der Bau dieser im Styling wieder veränderten Tragschlepper nicht.

Daran vermochte auch die 1961 übernommene Generalvertretung für Fiat-Traktoren nichts zu ändern. Damit bot Stihl Anfang der sechziger Jahre zwar eine komplette Schlepperreihe an, allein dieser Geschäftszweig belastete das bei Elektro- und Motorsägen mehr und mehr expandierende Unternehmen, so daß Stihl die Schlepperfertigung zugunsten der Motorsägen 1963 aufgab. Dank dieser Entscheidung konnte Stihl weltweit zum größten Hersteller von Motorsägen und kleinen Motorgeräten für Gartenbau und Forstwirtschaft mit mehreren Fabriken und mehreren tausend Beschäftigten aufsteigen. Die Stihl-Schlepperzwerge aber behielten eine treue Anhängerschaft, wie die Bestandszahlen zeigen.

Waren 1963 in der Bundesrepublik fast 1500 zulassungspflichtige Stihl-Schlepper gemeldet, so verringerte sich ihre Zahl bis 1980 nur auf etwa 1000.

Stihl-Traktoren (Auswahl)

Typ/Bezeichnung	Baujahr	Motorleistung PS	Zylinder	Takt	Gänge	Gewicht kg
Allzweckschlepper 140	1949	12	1	2	3/1	750
144 Tragschlepper	1955	14	1	2	4/1	750
S 15 Tragschlepper	1959	14	1	2	6/1	880
S 20 Tragschlepper	1959	20	2	4	6/1	990

Als Mähtraktor ist der 16-PS-Eicher, Baujahr 1952, noch immer einsame Spitze

Ein Traktor mit Automobilcharakter: Schlüter DZM, 25 PS, Baujahr 1940

Fiat 160-90 turbo DT 1984 beim Demonstrationspflügen

Auf Kloster Salem zu Hause: Schlüter-Großtraktor mit Bodenbearbeitungskombination

Auf den Landwirtschaftsschauer des Jahres 1986 war der International-Case-Traktor 1255 XL eine der Attraktionen

Der MB-trac zählt zu den erfolgreichsten Fahrzeugen der Kate-
gorie »Spezialtraktoren«

Mit den Schleppern der DX-Reihe bietet Deutz Traktoren für
den mittel- und großbäuerlichen
Betrieb, die Kraft, Komfort und
Technik besitzen

Turboladermotoren, ausgereifte
Hydraulik, gute Federung und
Bedienungskomfort zeichnen
die modernen Fendt-Traktoren
aus

Das Alter von mehr als 45 Jahren sieht man dem Kramer Allesschaffer, 20 PS, nicht an

Primus U 22, 22 PS,
Baujahr 1949,
zusammengebaut noch
aus Vorkriegsteilen

HANOMAG

ES
C 404

Restaurierter Hanomag R 40,
Baujahr 1947, leistet immer noch Feldarbeit

16-PS-Lanz-Bulldog der letzten
Generation mit Seilwinde »Binger Zug«

Noch jederzeit einsatzbereit:
Standardtraktoren von Porsche-Diesel
und Massey-Ferguson

Agria bietet seit Jahrzehnten kleine und doch leistungsstarke Traktoren wie den Typ 4800 für den bäuerlichen Kleinbtrieb

In ganz Europa zu finden: Massey-Ferguson-Traktoren, diesmal aus französischer Fertigung

Ritscher-Dreirad mit
freiliegendem Lenkge-
stänge, auf seine Re-
staurierung wartend

Von der Ruhr-
stahl-Landma-
schine weiß der im
Hohenlohischen
lebende Besitzer
nur Gutes zu be-
richten

Stock

Stock-Motorpflug GmbH, 1000 Berlin

Robert Stock (1858 – 1912) war als junger Schlosser in der väterlichen Werkstatt am Bau eines Eisenbahnstellwerks in seiner mecklenburgischen Vaterstadt Hagenow beteiligt. Als Handwerksbursche auf der Wanderschaft traf er zu Fuß 1882 in Berlin ein, wo er als Maschinenarbeiter in einer Werkzeugmaschinenfabrik moderne Fabrikationsmethoden und -maschinen kennenlernte. In der Rolle eines Feinmechanikers arbeitete Stock 1886 in der Mix & Genest, Telegraphen-, Telephon- und Blitzableiterfabrik. Kurz darauf machte er sich, zunächst mit seiner Frau allein, mit der Herstellung von Blitzableitern selbständig, die für die Fernsprechfreileitungen auf den Dächern in den eben erst entstehenden Fernsprechnetzen dringend gebraucht wurden.

Konstruktiv begabt, hatte Stock ein Gespür für zukunftsträchtige technische Neuheiten. So fabrizierte er mit einer größer werdenden Mannschaft Klappenschränke für Telefon-Vermittlungsämter, und 1899 hieß seine Firma, die bereits vollständige Vermittlungsämter herstellte, Deutsche Telephonwerke R. Stock GmbH, Belegschaft 600 Personen. Sie stieg durch ihn, einen Autodidakten, zu einer der bedeutendsten Firmen auf dem Gebiet der Fernmeldetechnik auf, einem Feld, auf dem sie als Detewe auch heute noch erfolgreich tätig ist.

Als der Bedarf an Spiralbohrern in seiner Fabrik vom amerikanischen Hersteller nicht mehr gedeckt werden konnte, entschloß sich Stock nach einigen Versuchen, Spiralbohrer und die für ihre Fertigung erforderlichen Maschinen zunächst für den eigenen Bedarf selbst herzustellen. Der Verkaufserfolg der »Stockbohrer« aber war schon 1893 so groß, daß er diese Fertigung 1899 von der Telefonfabrik abzweigte und für eigene Rechnung als R. Stock & Co, Spiralbohrerfabrik, in einer eigenen Produktionsstätte betrieb.

Daraus wurde 1907 in Berlin-Marienfelde die berühmte und noch heute existierende R. Stock & Co, Spiralbohrer-, Werkzeug- und Maschinenfabrik AG.

Stock verkaufte, vermutlich wegen eines Herzleidens, einen Teil seiner Fabriken und legte sein Vermögen in Landgütern an. In der Landwirtschaft lernte er die schwerfälligen Zweimaschinen-Dampfseilpflüge und auch die ersten unbeholfenen, wenig wendigen und schwer zu lenkenden Ackerschlepper amerikanischer Herkunft kennen, die mit den angehängten Pflügen ein breites Vorgewende benötigten.

Ein technisches Problem richtig zu definieren und zu erkennen, heißt, es schon halb gelöst zu haben. Der geniale Robert Stock kam auf den Gedanken, dem damals unbeholfenen Motorschlepper, den es erst in wenigen Exemplaren gab, die stark belastete und schwer lenkbare Vorderachse unter dem Motor einfach wegzunehmen und die hinter dem Motor liegende und mit ihm starr verbundene Triebachse mit dem Pflugtragrahmen

starr zu verbinden. Der durch den vorn überhängenden Motor weitgehend ausbalancierte Pflugtragrahmen war durch ein wenig belastetes Pflugstützrad hinter den Pflugscharen auf dem Boden abzustützen und vom Fahrer leicht zu lenken. Das war die Konzeption des Motortragschleppers. Robert Stock holte sich seinen früheren Mitarbeiter Gleiche; nach dreijähriger Entwicklungsarbeit konnte der Motortragpflug 1910 mit nun bereits 24 PS und drei Pflugscharen vorgezeigt werden.

Stock baute sofort für seine Motortragpflüge – zum viertenmal in seinem kurzen Leben – in Berlin-Oberschöneweide eine Fabrik, die ab 1912 Maschinen mit 48 bis 60 und sogar 80 PS erzeugte. Als Robert Stock 1912 an einem Herzleiden starb, hinterließ er ein aufblühendes Unternehmen, 360 Motorpflüge waren bereits verkauft.

Die Stock-Motorpflüge waren unter anderem durch folgende Eigenheiten gekennzeichnet:

Raupenschlepper eigener Art: Raupenstock, 28 PS, mit Seilwinde

193

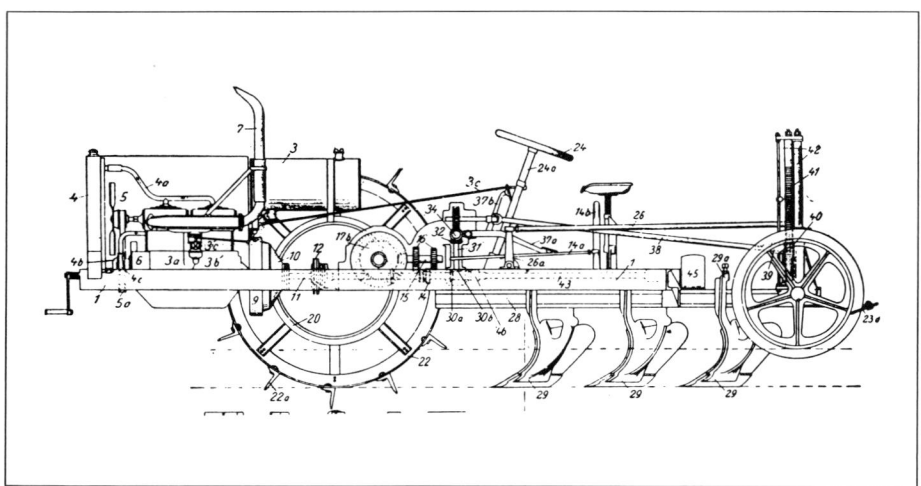

Stock-Motortragpflug von 1911

– Sperrbares Differentialgetriebe und größeren Durchmesser des rechten, in der Furche laufenden Triebrades, um größte Zugkraft der beiden sehr großen, greiferbestückten Triebräder zu gewährleisten;
– Ausheben des Pfluges durch motorische Höhenverstellung des Lenkstützrades mit Betätigung durch Doppelpedal;
– Schaltgetriebe eigener Fertigung mit drei bzw. vier Vorwärtsgängen und einem Rückwärtsgang, um die Maschinen nach Abbau der Pflugschare vielseitiger verwendbar zu machen, zum Beispiel zum Ziehen von Getreidebindern.

Allerdings hatte man mit den Maschinen großer Leistung den Bogen überspannt. Mitte des Ersten Weltkrieges mußte die Fabrikation aufgegeben werden.

Nach dem Kriege baute Stock 1924 einen für kleinere und mittlere landwirtschaftliche Betriebe gedachten originellen »Wendestock« mit zunächst 20 PS. Der Motorpflug trug einen Drei-Schar-Drehpflug, mit dem man bei Hin- und Herfahrt nach der gleichen Seite pflügen konnte, um Leerfahrten einzusparen. Der Motor befand sich vor der Triebachse quer angeordnet, und gelenkt wurde das Fahrzeug wie ein Raupenfahrzeug, das heißt durch Auskuppeln des jeweils kurveninneren Triebrades vom hinten liegenden Fahrersitz aus. Der Fahrer saß über dem ungelenkten, nachlaufenden Stützrad des Tragrahmens. Dies alles machte das Fahrzeug außerordentlich wendig.

Die tiefe wirtschaftliche und politische Krise des Deutschen Reichs aber ließ alle Hoffnungen des Unternehmens zerrinnen. Hatte man gerade noch den in Wismar ansässigen konkurrierenden Motorpflughersteller Podeus übernommen, so stand man Mitte der zwanziger Jahre selbst vor dem wirtschaftlichen Niedergang.

Dessenungeachtet gelangen der technischen Abteilung der Stock-Motorpflug AG unter Chefkonstrukteur Georg Heidemann bemerkenswerte Leistungen. So stellte man 1925 mit dem 40-PS-»Stokraft« ein für die damalige Zeit als beachtlich ausgereift bezeichnetes Fahrzeug vor und ließ 1926 die 28-PS-Stock-Raupe in Serie gehen.

Dieser Kettenschlepper unterschied sich von anderen dadurch, daß die vorne angeordneten Triebräder und hinten angeordneten Leiträder auf der Gleiskette direkt auf dem Boden abgestützt waren und die üblichen Laufrollen fehlten.

Das wegen seiner Frontlastigkeit aufbäumsichere Fahrzeug sollte »die Billigkeit des Radschleppers mit der Universalität der Raupe« in sich vereinen. Tatsächlich war das Kettentriebwerk der Stock-Raupe einfach und verschleißmindernd ausgeführt, und der 28-PS-2-Zyl.-Stock-Vergasermotor war in der Leistung ausreichend und betriebssicher. Stock selbst ließ keine Gelegenheit, die Leistungsfähigkeit seiner Maschinen zu demonstrieren, aus. So fuhr man einerseits den Schlepper mit einem zwei Tonnen schweren Schneepflug im Schlepp auf die Höhen des Riesengebirges und pflügte andererseits in Tunesien und Ostafrika. In Pressemitteilungen hieß es dann: »Der Raupen-Stock hat die Probe der Praxis glänzend bestanden.«

Weit weniger gut stand es hingegen seit 1926 um die Wirtschaftlichkeit des Unternehmens. In den Strudel des Konkurses des Kahn-Konzerns 1926 geriet Stock ebenso voll mit hinein wie in die allgemeine Wirtschaftskrise zu Beginn der dreißiger Jahre. Vergleich und Liquidation aber vermochten nicht den Untergang des Firmennamens »Stock-Motorpflug« zu bewirken. Wie ein Stehaufmännchen brachte Stock vielmehr immer wieder dann besonders reizvolle Zugmaschinen auf den Markt, wenn es besonders ungünstig um das Werk bestellt schien. Dies war auch 1935 der Fall, als Stock einen gut anzusehenden, luftbereiften 20-PS-Dieselschlepper zu produzieren begann. Diesmal hatte Stock auf den Bau eines eigenen Motors verzichtet und statt dessen auf den 2-Zyl.-4-Takt-Deutz-Motor F2M 313 zurückgegriffen. Drei Vor- und ein Rückwärtsgang, Wasserkühlung, Zapfwelle und Grasmähwerk bestätigten, daß es sich hier um einen technisch gut ausgestatteten Standardschlepper handelte.

Beinahe tragisch zu nennen ist es, daß die bemerkenswerte Weiterentwicklung dieses Schleppers zum 22-PS-Modell im Jahr 1940 fast im Sog der Kriegsereignisse unterging. Dabei verfügte das wieder von einem Deutz-Motor angetriebene Fahrzeug diesmal über ein Triebwerk mit sechs Vor- und zwei Rückwärtsgängen, was in jenen Tagen alles andere als üblich war. Hervorzuheben war ferner die pendelnd an einer langen, querliegenden Blattfeder aufgehängte Vorderachse, die sich Unebenheiten des Geländes anpassen konnte und einen beachtlichen Federungskomfort brachte. Die nach dem Vorbild des Hackschleppers geschaffene Bodenfreiheit von 430 mm gab es gleichfalls nicht alle Tage. Doch was sollte all das technische Know-how! Der Krieg bereitete schon nach wenigen Monaten der Stock-Dieselschlepperfertigung ein Ende.

Das gleichsam endgültige Finale des Stock-Traktorenbaus aber leitete 1943 der Stock-Gasschlepper ein, der zwar von der Landwirtschaft zu Kriegszeiten begehrt, ansonsten aber doch eine eher schwerfällig zu handhabende Zugmaschine darstellte. Abgeschlossen wurde das für den deutschen Traktorenbau so interessante Kapitel Stock mit dem Verlust der im Osten Berlins gelegenen Werksanlagen von Stock-Motorpflug.

Typ/Bezeichnung	Baujahr	Motorleistung PS	Zylinder	Takt	Gänge	Gewicht kg
Motorpflug	1908	8	1	4	–	–
Motorpflug	1912	48	4	4	–	–
Motorpflug	1914	80	4	4	3/1	–
Kleiner Stock	1921	25/30	4	4	2/1	2300
Peabinoho	1921	55	4	4	2/1	6000
Peabista	1921	70	4	4	2/1	6500
Wendestock	1924	20	2	4	–	1750
Stokraft	1925	40	4	4	2/1	2900
Raupenstock	1928	28	2	4	3/1	2350
Stock-Diesel	1937	20	2	4	3/1	–
Stock-Acker	1940	22	2	4	6/2	1500
Gasschlepper	1943	25	2	–	6/2	–

Sulzer

Ig. Sulzer, Fahrzeugbau, Harthausen über Augsburg

Zehn Jahre lang baute das in Bayerisch-Schwaben beheimatete Unternehmen von Ignaz Sulzer Traktoren. Erst 1952, als die Nachkriegsgründerphase in der deutschen Ackerschlepperindustrie schon wieder abgeebbt war, begann die kleine mittelständische Firma mit dem Bau ihrer Konfektionsfahrzeuge, die zuletzt doch in einer weitgefächerten Typenpalette angeboten wurden. Den Anfang machte Sulzer mit zwei in den populären Leistungsklassen 15 PS und 22 PS angesiedelten Fahrzeugen, bei denen es sich um Blockkonstruktionen mit unabhängig von der Federung pendelnder Vorderachse handelte. Damit kam der Hersteller den Vorstellungen der weitgehend im Raume Schwaben beheimateten Kunden entgegen, die leichte, gut in Hanglagen einsetzbare Fahrzeuge

wünschten. Bis Ende 1952 ergänzte Sulzer sein Lieferprogramm um einen 18-PS- und einen 36-PS-Traktor, in die er, wie bei den anderen Fahrzeugen auch, MWM- und Deutz-Motoren sowie Getriebe der nahegelegenen Zahnräderfabrik Augsburg zum Einbau brachte. Anderthalb Jahre später, im Zuge der nach wie vor gegebenen starken Nachfrage nach kleinen Bauernschleppern, baute Sulzer mit dem Typ S 12 einen sogenannten Bauerntraktor, ein Fahrzeug, das zunächst von einem 1-Zyl.-4-Takt-Sendling-Dieselmotor angetrieben wurde, ehe sich Sulzer in späteren Jahren auch für diesen Typ für Deutz-Motoren entschied. Gleichfalls 1954 wagte Sulzer die Fabrikation eines 28-PS-Allrad-Traktors, zu dessen hervorstechenden Merkmalen vier gleichgroße Räder und ein leistungsfähiges 5-Gang-Getriebe gehörten. Dieses Modell entwickelte Sulzer in den nächsten Jahren weiter und

bot es 1960 sogar in einer luftgekühlten 42-PS-Version an.

Kaum einen Trend im deutschen Traktorenbau der fünfziger Jahre ließ Sulzer aus. So beließ er es nicht nur bei Standard- und Allradtraktoren, er entwickelte vielmehr auch einen luftgekühlten Tragschlepper, der über mehrere Anbauräume, zwei Zapfwellen und ein 6-Gang-Getriebe verfügte. Doch mit keinem der gebauten Schlepper fand Sulzer den Weg in größere Stückzahlen. Daß man aber dennoch über einen kleinen, dafür treuen Kundenkreis in Süddeutschland verfügte, mag dem Umstand zu entnehmen sein, daß 1963, als die Produktion bereits seit etlichen Monaten ruhte, in der Bundesrepublik Deutschland noch immer über 470 Sulzer-Traktoren zugelassen waren. Ihr Aussehen übrigens war nie einheitlich. Die Haube wechselte je nach Typ ebenso wie der Schriftzug des Firmennamens.

Typ/Bezeichnung	Baujahr	Motorleistung PS	Zylinder	Takt	Gänge	Gewicht kg
S 15 Diesel	1952	15	1	4	5/1	1300
S 18 Diesel	1952	18	1	4	5/1	1300
S 25 Diesel	1952	24	2	4	4/1	1820
S 36/40	1952	36	3	4	7/2	1930
S 28 Allrad	1954	28	2	4	5/1	1760
S 12	1954	11	1	4	5/1	1100
S 42 LA	1960	40	3	4	7/2	2100

Titus

Titus, Primus-Traktoren-Montagewerk, Worms a. Rh., 6520 Worms

Peter A. Titus übernahm 1949 die Lizenzfertigung der Primus-Schlepper für die Rheinpfalz. Den Anfang machte das in der Wormser Hafenstraße ansässige Unternehmen mit der Montage des noch aus der Vorkriegszeit bekannten 22-PS-Modells, an dem zur Unterscheidung von den in Miesbach gebauten Maschinen ein Typenschild »Primus-Worms« beiderseits auf der Haube befestigt wurde. Doch bald schon entwickelte Titus weitergehende Aktivitäten. Sie liefen 1950 darauf hinaus, daß die von Primus-Worms angebotene Traktorenreihe mehr Typen umfaßte, als dies beim Primus-Hauptwerk Miesbach der Fall war. Die Fahrzeuge des in zwei Baugruppen K (= Kleinschlepper) und G (= Großschlepper) unterteilten Programms fanden allerdings nur eine begrenzte Kundenzahl. Sie rekrutierte sich für die drei Kleinschlepper »Piccolo U 11 K 4«, »U 15 K 4« und »U 22 K 4« vor allem aus dem Inland, während für die sechs, teilweise nur geringfügig voneinander abweichenden größeren Modelle (Leistung zwischen 22 und 35 PS) Käufer vor allem aus dem Ausland

gesucht wurden. Die von Titus montierten Teile stammten durchweg von führenden Komponentenherstellern wie Deutz, MWM, ZF oder auch Knorr-Bremse, und an der Form der Primus-Traktoren, die Titus für seine Fahrzeuge konsequent beibehielt, gab es ohnehin wenig zu bemängeln. Zeitgenössische Stimmen fanden denn auch für die Wormser Primus-Schlepper die Kennzeichnungen »formschöne Gestaltung«, »robuste, aber doch äußerst geschmackvolle und formschöne Bauweise« oder »ausgezeichnete Leistungen auf Acker und Straße trotz eleganten Aussehens«.

Allerdings dürfte es bereits zu Beginn der fünfziger Jahre um die Kooperation mit Primus-Miesbach nicht mehr zum besten gestanden haben. Die von Johannes Köhler entwickelten Original-Primus-Motoren fanden jedenfalls keine Verwendung in den Wormser Modellen, wie überhaupt das Wormser Montagewerk ab 1952 bemüht war, den Namen Titus in den Vordergrund zu rücken. Sichtbaren Niederschlag fand diese Verselbständigungstendenz schließlich im Bau von Titus-Traktoren. Abzielend ganz überwiegend auf Exportmärkte, handelte es sich dabei um Großtraktoren aus den Lei-

stungsklassen zwischen 40 und 70 PS. Im Erscheinungsbild glichen die Fahrzeuge nach wie vor den Primus-Modellen, doch boten sie nicht nur von der Leistung her Besonderes. Mit sieben Vor- und zwei Rückwärtsgängen stellten auch die eingebauten Getriebe Spezialitäten dar. Ob Titus mit den Großschleppern finanziell auf seine Kosten kam, kann zumindest bezweifelt werden. Mehrfache Umwandlungen des Firmenmantels, zuletzt unter der Bezeichnung »Traktorenwerk Worms GmbH« mit Sitz der Hauptverwaltung in Mülheim (Ruhr), lassen darauf schließen, daß Titus etliche neue Geschäftsverbindungen eingegangen ist, um seine Fahrzeugproduktion in Gang zu halten.

Daß Titus eine unverkennbare Neigung zu den ganz schweren Maschinen besaß, belegt der etwa ab 1953 erfolgte Bau von Raupenschleppern. Das Programm sah vier Typen in den Leistungsabstufungen zwischen 70 und 210 PS vor. Abgestimmt waren die Fahrzeuge in den Maßen genau auf Baumaschinen der US-Firma Caterpillar. Kompatibilität, das heute aus der Rechnertechnik bekannte Zauberwort, wurde von Titus bereits vor 30 Jahren für seine Raupenschlepper angestrebt. Zur vollständigen Verwirklichung seiner Pläne kam Peter A. Titus hingegen nicht. 1954, als die firmenrechtlichen Vorgänge immer undurchsichtiger zu werden begannen, baute das Unternehmen zwei Raupenschlepper mit 70 und 105 PS Motorleistung, für die wegen ihrer martialischen Frontpartie mit dem Slogan »Die Raupenschlepper mit dem Panzerkopf« geworben wurde. Doch auch das Getriebe (sechs Vor-, sechs Rückwärtsgänge) fiel aus dem Rahmen des Üblichen, ohne Titus deshalb aber eine fortdauernde Existenz sowohl im Schlepper- wie auch im Baumaschinengeschäft sichern zu können.

Titus-Traktoren (Auswahl)

Typ/Bezeichnung	Baujahr	Motorleistung PS	Zylinder	Takt	Gänge	Gewicht kg
Piccolo U 11 K 4	1949	11	1	4	4/1	1280
Primus U 15 K 4	1949	15	1	4	4/1	1340
Primus U 22 G 5	1949	22	2	4	5/1	1550
Primus U 35 G 5	1949	35	2	4	5/1	2100
Titus U 40 G 7	1952	40	3	4	7/2	2400
Titus U 70	1953	73	2	4	10/2	4050

Ursus

Ursus-Traktoren-Werk Erkelenz & Co. KG, 6200 Wiesbaden

Am Anfang dieses aus der Situation der unmittelbaren Nachkriegszeit entstandenen Unternehmens standen mit der Großhessischen Truck-Company, Wiesbaden, und der Landmaschinenbau Erkelenz, Frankfurt, zwei Firmen, die sich durch eigenwillige Fahrzeuge auszeichneten. Dabei hatte die Großhessische Truck-Company den Weg zum Zugmaschinenbau über die Umrüstung ausgemusterter US-Militärfahrzeuge genommen, ein Anfangsstadium, das man 1949 mit dem Bau der Ursus-Traktoren hinter sich ließ. Die in zwei Versionen angebotenen Ursus-Dieselschlepper konnten zwar immer noch nicht ganz die Verwandtschaft zu den US-Fahrzeugen verbergen, schließlich handelte es sich bei den Getrieben um sonst in Militär-Lkws eingebaute Produkte von General Motors. Doch dessenungeachtet besaßen sie durchaus wichtige eigenständige Konstruktionsmerkmale. Dies gilt zunächst für den Allradantrieb mit vier gleich großen bremsbaren Rädern, für das weit nach vorn verlagerte

Gewicht sowie den verwindungssteifen Rahmen. Garantiert waren damit gute Bodenhaftung, saubere Spurhaltung und gute Lenkbarkeit bei einer überraschend guten Zugleistung. Nur billig war der Ursus-Allradschlepper nicht. Mit rund 1300 DM kostete er 1949 115 DM mehr als das gleichfalls 15 PS starke Fendt-Dieselroß. Teurer als vergleichbare Fahrzeuge fiel auch der 11-PS-Ursus-Heck aus, der dem Allradfahrzeug zwar im Aussehen ähnelte, ohne indes dessen technische Merkmale zu besitzen.

Mit einer gänzlich anders konstruierten Maschine wartete zur gleichen Zeit der früher bei dem bekannten Frankfurter Landmaschinenunternehmen Ph. Mayfarth beschäftigte Franz H. Erkelenz auf. Als Konstrukteur der Firma Landmaschinenbau Frankfurt hatte er einen 12-PS-Kleinschlepper mit Vorderradantrieb entwickelt, der konzeptionell zwischen Einachs- und Vierradschlepper einzuordnen ist. Als Motor griff Erkelenz für sein Fahrzeug auf den leichten 1-Zyl.-2-Takt-Dieselmotor von Stihl zurück, der der Zugmaschine eine, wie Beobachter feststellten, beachtliche Zugkraft verlieh.

Länger als bis 1952 dürfte der Erkelenz-Schlepper kaum gebaut worden sein. Anders stand es da um die Ursus-Fahrzeuge, deren Hersteller dafür im Laufe der Jahre gleich mehrfach den Namen wechselte. So wurden aus der »Großhessischen Truck-Company« noch 1949 die »Urus-Werke«, mithin aus den Ursus-Fahrzeugen Urus-Zugmaschinen. Die Bären (Ursus = lat. Bär) verwandelten sich also in kaum weniger starke Auerochsen (Urus = lat. Auerochse), nur im Aussehen machte es zunächst keinen Unterschied. Zur Frankfurter DLG-Ausstellung 1950 allerdings sah das Urus-Programm doch schon anders aus. Zum 15-PS-Traktor war nun ein 25 PS und kurz darauf 28 PS starker Allrad-Urus getreten. Auch diese Fahrzeuge überzeugten durch vorteilhafte Gewichtsverteilung und ein wohlabgestuftes 8-Gang-Getriebe.

1953 änderte Urus, dessen Fahrzeuge stets nur in geringerer Stückzahl abgesetzt wurden, die Form seiner Traktoren. Mit der Aufgabe des ursprünglich kantigen Fahrzeugaussehens zugunsten eines abgerundeten ähnelten die Fahrzeuge jetzt weit mehr herkömmlichen

Der Urus-Allradschlepper, 28 PS, fand nur wenige Käufer

Schleppern. Dies gilt auch für die ein Jahr später ebenfalls noch unter dem Zeichen Urus vorgestellte neue Traktorenreihe. Zu ihr gehörten das von einem 10-PS-Fichtel & Sachs-Motor angetriebene Bambi sowie die 28-PS- und 40-PS-Allrad-Standardschlepper. Hier lieferten MWM die Maschinen und die Zahnräderfabrik Augsburg die nun auf fünf Vorwärtsgänge reduzierten Getriebe. Doch dann fanden wieder Veränderungen beim Hersteller statt. Aus Urus wurde erneut Ursus, aus den Auerochsen Bären. Äußerlich blieb dies mit Ausnahme eines veränderten Firmenschilds ohne Konsequenzen, denn die in den folgenden Jah-

ren vorgenommene geringfügig stärkere Motorisierung der Fahrzeuge fiel kaum auf. Doch die Turbulenzen im Herstellerwerk erschöpften sich deshalb nicht. 1956 wechselte die Firma erneut ihren Besitzer – Franz H. Erkelenz fand noch einmal den Weg zum Traktorenbau. Die Ursus-Traktoren-Werk Erkelenz & Co. KG versprach denn auch, nicht nur das traditionelle Fabrikations- und Verkaufsprogramm fortzusetzen, man strebte vielmehr eine massive Ausdehnung des Geschäftsbetriebs an.

Diese Pläne haben sich allerdings nicht realisieren lassen. Vielmehr wurde es zunehmend stiller um das Ursus-Werk, das

Anfang der sechziger Jahre endgültig aus dem Kreis der Traktorenhersteller ausschied. Zu den Allrad-Pionieren zählt es aber dennoch, mehr noch, mit dem Bambi bot es als eines der ersten Unternehmen überhaupt einen Zweiwegeschlepper an, der vor- und rückwärts unter nahezu gleich guten Bedingungen fahren und arbeiten konnte. Einzig der Sitz war umzumontieren, doch so ganz stimmte das Ursus-Konzept dann auch wieder nicht. Nichtsdestoweniger hat Ursus bereits 30 Jahre früher eine Entwicklung vorgezeichnet, die in den letzten Jahren als »letzter Schrei« von vielen renommierter Hersteller offeriert wurde.

Ursus-Traktoren (Auswahl)

Typ/Bezeichnung	Baujahr	Motorleistung PS	Zylinder	Takt	Gänge	Gewicht kg
Ursus-Allrad	1949	15	1	4	5/1	1250
Ursus-Heck	1949	10	1	4	5/1	1260
Erkelenz	1949	12	1	4	5/1	880
Urus-Allrad	1950	15	1	4	8/2	1480
Urus-Allrad	1950	28	2	4	8/2	1790
Ursus Bambi C 10	1955	10	1	2	4/4	670
Ursus B 28	1955	28	2	4	5/1	1740
Ursus B 40	1955	40	3	4	5/1	1920

Wahl

Karl Fr. Wahl, Maschinenfabrik, 7460 Balingen

Die im Jahre 1908 am Fuße der Schwäbischen Alb gegründete Firma Gebr. Wahl stellte Schrotmühlen und Kreissägen her. Reibungslos verlief die Zusammenarbeit der Brüder allerdings nicht, so daß bereits 1918 beschlossen wurde, die Firma in die beiden selbständigen Unternehmen Karl Fr. Wahl und Robert Wahl zu überführen. Letzterer Betrieb spezialisierte sich über Jahrzehnte hinweg auf den Bau von Kühlanlagen, ehe 1962 eine schwere geschäftliche Krise die Firma erschütterte. Enger mit der Landwirtschaft verbunden war hingegen das Unternehmen von Karl Fr. Wahl. Als Landmaschinenhandelsgeschäft sowie ab 1922 auch als Hersteller von Bandsägen und selbstfahrenden Brennholzsägen und Spaltmaschinen leistete man einen interessanten Beitrag zur Mechanisierung der bäuerlichen Hofwirtschaft. Über diese selbstfahrenden Sägemaschinen fand man dann auch 1935 den Einstieg in den Traktorenmarkt, für den man ein Konfektionsfahrzeug entwickelte, dessen Bauteile weitgehend zusammengekauft werden mußten. So gelangten unter anderem ein 20-PS-Dieselmotor von MWM, ein 4-Gang-ZF-Getriebe, eine Deckel-Einspritzpumpe, Elektrik und Düsen von Bosch zum Einsatz, was aber nicht bedeutete, daß der Wahl-Ak-kerschlepper schlecht oder anfälliger als andere Fahrzeuge gewesen wäre. Gleichwohl blieben vor dem Krieg die produzierten Stückzahlen niedrig, doch immerhin brachte es das Unternehmen zustande, am 1. Juli 1940, als die Nationalsozialisten eine Typenbegrenzung im Traktorenbau anordneten, zu jenen 18 Firmen zu gehören, denen der Bau von 20-PS-Zugmaschinen gestattet wurde. Der Absatz der Wahl-Traktoren erfolgte vorwiegend im süddeutschen Raum, so daß der Werbeeinsatz begrenzt werden konnte.

Nach dem Zweiten Weltkrieg zählte Wahl zu den ersten Maschinenfabriken in

Wahl-Dieselschlepper zählen zu den ersten deutschen Nachkriegstraktoren

Westdeutschland, die wieder mit der Traktorenherstellung begannen. Mit Genehmigung vom 25. Oktober 1947 sah man sich in die Lage versetzt, den dem Vorkriegsfahrzeug in vielem eng verwandten 24-PS-Dieselschlepper Typ »W 46« zu bauen. In robuster Blockkonstruktion hatte Wahl wieder MWM-Motor und ZF-Getriebe zusammengefügt und durch Zapfwelle, Riemenscheibenantrieb sowie Mähvorrichtung so ausgestattet, daß das Fahrzeug durchaus als zuverlässige Arbeits- und Zugmaschine geschätzt wurde. Gleichwohl blieben die in Balingen vorhandenen Kapazitäten beschränkt, weshalb Zulassungszahlen unter hundert in den Jahren vor 1950 das Werk nicht weiter belasteten.

Einen Aufschwung versprach hingegen der 1950 auf der Frankfurter DLG-Ausstellung erstmals vorgestellte 15-PS-Akkerschlepper. Anvisiert wurden mit dem Fahrzeug vor allem jene Kleinbauern, die über Waldbesitz verfügten. Denn das machte letztlich das Besondere der Wahl-Traktoren aus: Sie waren so konzipiert, daß die gleichfalls von Wahl gefertigte Anbaubandsäge in wenigen Sekunden ab- und wieder anmontiert werden konnte.

Im Styling von den Typen W 15 und W 46 (inzwischen als W 25 angeboten) kaum zu unterscheiden waren die 1951 zur Abrundung des Traktorenprogramms entwickelten Modelle W 17 und W 40. Funktionalität stand bei den nach dem Baukastenprinzip zusammengebauten Fahrzeugen obenan, die Wahl in der Zulassungsstatistik etliche Jahre um den 20.

Platz herum rangieren ließen. Über 400 Inlandszulassungen brachte man es dabei nie, zumeist schwankten die absoluten Zahlen zwischen 200 und 300 Fahrzeugen. Exportanstrengungen erfolgten vor allem in Italien und Griechenland, vermochten aber letztendlich eine nachhaltige Aufstockung der Verkaufszahlen nicht zu bewirken.

Für ein mittelständisches Unternehmen wie die Maschinenfabrik Wahl bedeutete die Neuentwicklung eines Schleppermodells eine kaum zu bewältigende finanzielle Belastung. Doch Wahl ließ auch diese Möglichkeit nicht ungenutzt, um vielleicht doch einen größeren Marktanteil zu erringen. Der 1958 ausgelieferte 12-PS-Tragschlepper Typ W 70 stellte eine durchaus interessante Konstruktion dar. Als »Allzweckgerät« empfohlen, bot er zwischen den Achsen einen großen, bequem zugänglichen Freiraum, der dem Anbau von Geräten ebenso entgegenkam wie der heckwärts montierte Kraftheber. Als Motor kam ein 1-Zyl.-4-Takt-Dieselmotor zum Einsatz, den diesmal die Firma Hatz zulieferte. Bei den in den folgenden Jahren herausgebrachten, in Konzeption und Styling dem W 70 verwandten Traktoren W 90 (16 PS) und W 131 (25 PS) griff Wahl hingegen wieder auf MWM-Maschinen zurück, eine Unternehmensverbindung, die sich über mehr als 30 Jahre gut bewährte. Dies gilt auch für den letzten von Wahl gefertigten Traktor der gehobenen Leistungsklasse, den »Wahl-Vielstoff 30 PS«, der jedoch Anfang der sechziger Jahre wieder aus der Produktionspalette herausgenommen wurde. Wahl hatte nämlich erkannt, daß

man sich mit Konfektionstraktoren allein im Markt nicht mehr lange würde halten können.

Es bot sich an, daß genau zu diesem Zeitpunkt der renommierte britische Traktorenhersteller David Brown nach einem gut eingeführten Händler mit Reparaturkapazitäten auf dem Festland Ausschau hielt. Die Maschinenfabrik Karl Fr. Wahl KG nutzte die Chance und stellte ab sofort als Alleinimporteur die Produktions- und Vertriebskapazitäten in den Dienst des britischen Anbieters. Der Preis indes bestand in der weitgehenden Bereinigung des eigenen Typenprogramms, so daß 1962 nur mehr der 16-PS-Tragschlepper W 90 aus den Balinger Werkshallen lief. Ansonsten vertrieb das schwäbische Unternehmen David-Brown-Traktoren der Leistungsklasse 25 bis 45 PS. Nur, allzu lange ging auch diese »Ehe« nicht gut. 1964 regelte David Brown Tractors Ltd. die Geschäftsverbindungen mit Wahl neu, indem eine eigenständige »David Brown Tractors GmbH« ins Leben gerufen wurde, die von nun an als Importeur der britischen Nutzfahrzeuge tätig wurde und bald schon den Firmensitz von Balingen ins niedersächsische Seelze verlegte.

Damit endete das Kapitel Schlepperherstellung bei Wahl. Das stilisierte »W«, Markenzeichen des Unternehmens, blieb indes in der Landwirtschaft dennoch einige Jahre existent. Vor allem die Anbau-Bandsägen des seit 1969 nur noch in kleinem Umfang bestehenden Unternehmens verrichten auch heute noch Jahr um Jahr in vielen landwirtschaftlichen Betrieben gute Dienste.

Wahl-Traktoren (Auswahl)

Typ/Bezeichnung	Baujahr	Motorleistung PS	Zylinder	Takt	Gänge	Gewicht kg
Wahl Acker	1940	20	2	4	4/1	1600
W 46	1949	24	2	4	4/1	1500
W 12	1954	12	1	4	5/1	935
W 17	1954	16	2	4	5/1	1155
W 22	1954	24	2	4	5/1	1200
W 40	1954	40	3	4	5/1	2200
W 30	1959	30	2	4	5/1	2050
W 70 Tragschlepper	1959	12	1	4	3/1	–
W 90 Tragschlepper	1960	16	2	4	6/2	875
W 133 Tragschlepper	1960	25	3	4	8/4	1250

Weigold

Fritz Weigold, 6800 Mannheim

Die ausschließlich in den ersten Jahren nach dem Zweiten Weltkrieg von der Firma Weigold in Mannheim zusammengebauten Traktoren verfügten kaum über Originalität. Auch konnten größere Stückzahlen nicht erreicht werden, so daß ein Aufrücken unter die zwanzig meistzugelassenen Schlepperfabrikate unerreicht blieb. Größten Anklang fand noch der 24-PS-Traktor, der 1949 als Modell A gebaut wurde. Angetrieben wurde die Zugmaschine von einem MAN-4-Takt-Dieselmotor, der die Kraft, wie üblich, über eine

Einscheiben-Trockenkupplung an ein ZF-Getriebe abgab. Ein Jahr später offerierte Weigold den 24-PS-Dieselschlepper unter der Bezeichnung »WKD 24 Z« in anderer Ausstattung. Nun lieferte MWM den Motor und die Zahnradfabrik Augsburg das Getriebe mit geringfügig veränderter Geschwindigkeitsabstufung. Eigens auf Wunsch der Landwirte hatte man den Langsamgang von 5,3 km/h auf 3,2 km/h zurückgenommen, um so eine bessere Feldarbeit mit den ja meist noch auf den Gespannbetrieb ausgerichteten landwirtschaftlichen Arbeitsgeräten zu ermöglichen.

Als Modell B baute Weigold daneben einen im Radstand verlängerten, ansonsten aber kaum vom Modell A zu unterscheidenden 33-PS-Traktor, zu dem MWM diesmal einen 3-Zyl.-Motor beisteuerte. Das gleiche Fahrzeug wurde 1950 unter der Bezeichnung »WKD 36 D« mit einem 36-PS-Motor ausgeliefert, wobei der Hersteller auf Käufer insbesondere aus dem Speditionsgewerbe hoffte. Doch über die Einzelanfertigung gelangte Weigold mit diesen Fahrzeugen ebensowenig hinaus wie mit einem 1949 auf dem Mannheimer Maimarkt ausgestellten 11-PS-Bauerntraktor.

Weigold-Traktoren (Auswahl)

Typ/Bezeichnung	Baujahr	Motorleistung PS	Zylinder	Takt	Gänge	Gewicht kg
Modell A	1949	24	2	4	4/1	1600
Modell B	1949	33	3	4	4/1	–
WKD 24 Z	1950	24	2	4	4/1	1600
WKD 36 D	1950	36	3	4	5/1	2000

Wesseler

**H. Wesseler oHG,
Schlepper- und Fahrzeugbau,
4401 Altenberge (Westfalen)**

Die veröffentlichten Zulassungsstatistiken deutscher Zugmaschinen führen die Rubrik »sonstige deutsche Hersteller«, in der all jene Produzenten zusammengefaßt sind, deren Zulassungsziffern für einen Platz unter den ersten zwanzig Anbietern nicht ausreichen. In diesem Kon-

glomerat enthalten sind seit 1952 auch die Angaben für den westfälischen Traktorenhersteller H. Wesseler, der über rund ein Dutzend Jahre hinweg eine breite Palette wasser- wie auch luftgekühlter Traktoren baute. Nur – so ganz ohne Erfolg blieben die Verkaufsanstrengungen von Wesseler denn doch nicht. Nimmt man das Jahr 1963 zum Anhalt, als Wesseler seine Aktivitäten im Traktorenbau wieder einzuschränken begann,

so wurde im Bundesgebiet immerhin ein Bestand von 1201 zulassungspflichtigen Wesseler-Zugmaschinen registriert, mithin mehr, als von so bekannten Herstellern wie Hako, Kaelble, Nordtrak, Orenstein & Koppel oder Zettelmeyer.
Erste Nachrichten über den Wesseler-Schlepperbau liegen aus dem Jahr 1952 vor. In der in Essen erscheinenden Zeitschrift »Feld und Wald« bot man fünf verschiedene, von MWM-Motoren ange-

triebene Dieselschlepper mit Leistungen zwischen 15 und 40 PS an. Die Getriebe der Fahrzeuge wurden mit acht Vor- und zwei Rückwärtsgängen, also einer feineren Abstimmung als gemeinhin üblich, ausgelobt. Doch scheint Skepsis angebracht, warb Wesseler doch im gleichen Atemzug mit 15jähriger Erfahrung im Schlepperbau, ohne daß darüber Näheres bekanntgeworden wäre.

Das 1953er Traktorenprogramm von Wesseler ist hingegen zweifelsfrei belegt. Es umfaßte sieben Modelle in den Leistungsklassen 12 bis 40 PS. Zum Einbau gelangten durchweg wassergekühlte MWM-Motoren und überwiegend von der Zahnradfabrik Passau gelieferte Getriebe. Bei den beiden kleineren Traktoren mit 12 und 15 PS gab sich Wesseler mit 5-Gang-Getrieben zufrieden, bei den übrigen Fahrzeugen entschied man sich hingegen tatsächlich für 8-Gang-Getriebe. Äußerlich unterscheiden sich die Fahrzeuge, sieht man von den abwei-

chenden Maßen und Gewichten ab, kaum. Die technische Ausstattung entsprach dem Standard einschließlich der im Gesenk geschmiedeten, pendelnd aufgehängten und abgefederten Vorderachse.

Auf den damals allerorten einsetzenden Trend hin zu luftgekühlten Zugmaschinen reagierte Wesseler durch den zunächst wahlweise vorgenommenen Einbau von luftgekühlten MWM-Motoren. Sie verdrängten in der Folge die wassergekühlten Maschinen mehr und mehr, bis sich 1962 nur noch bei den stärksten Traktoren wassergekühlte Motoren einbauen finden.

Wesseler zählte zu den Schlepperherstellern, die im regionalen Geschäft stark vertreten blieben. Entsprechend behutsam operierte man auf den großen Landwirtschaftsmessen wie den DLG-Schauen, wo man beispielsweise 1956 erstmals ausstellte. Exportanstrengungen unter-

nahm man nur gezielt, insbesondere in Richtung Benelux-Länder. Als populärster Wesseler-Schlepper kann wohl der seit 1956 unter der Bezeichnung »Ackermeister« gebaute Geräteträger bezeichnet werden. Ursprünglich von einem luftgekühlten 1-Zyl.-4-Takt-Motor mit 12 PS angetrieben, schraubte Wesseler die Leistungsstärke des Fahrzeugs beinahe Jahr um Jahr bis zuletzt auf 25 PS hinauf. Der »Ackermeister« entsprach durchaus den meisten anderen Geräteträgern. So besaß er drei Anbauräume, Kipp-Pritsche mit einer Ladefähigkeit von etwa 800 kg, ein sechsfach abgestuftes Getriebe, hinreichend Hydraulik und – was allerdings hier und dort als Nachteil empfunden wurde – nur eine Zapfwelle.

Der Rückzug von Wesseler aus dem serienmäßigen Traktorenbau erfolgte weitgehend ohne Aufsehen. So besteht die Firma noch heute fort, tritt aber als Hersteller landwirtschaftlicher Zugmaschinen nicht mehr besonders in Erscheinung.

Wesseler-Traktoren (Auswahl)

Typ/Bezeichnung	Baujahr	Motorleistung PS	Zylinder	Takt	Gänge	Gewicht kg
Kleinschlepper 12 PS	1953	12	1	4	5/1	780
Kleinschlepper 15 PS	1953	15	1	4	5/1	1050
Diesel 20 PS	1953	20	1	4	8/2	1250
Diesel 24 PS	1953	24	2	4	8/2	1470
Diesel 40 PS	1953	40	3	4	8/2	1960
Ackermeister WLG 12	1956	12	1	4	6/1	1135
W 345 E	1960	45	3	4	8/4	2025
Ackermeister WLG 25	1962	25	2	4	8/4	–

Wotrak

Wotrak – Wolfenbütteler Traktoren-Gesellschaft mbH, 3424 Sankt Andreasberg/Sperrluttertal

Die 1949 mit Sitz in Wolfenbüttel gegründete Firma hatte die Herstellung von Traktoren und Ersatzteilen zum Ziel.

Doch die hinter der Unternehmung stehenden, wie es scheint aus der damaligen Ostzone nach Niedersachsen übergewechselten Interessen taten sich schwer mit der Realisierung dieser Absicht. Sie siedelten bald schon nach Sperrluttertal über, wo die Firma »Trakto-

ren- und Fördergerätebau« von Walter Eckold eine als »Wotrak« bezeichnete Zugmaschine baute. Als Antriebskraft griff man auf den bekannten 22-PS-Deutz-Dieselmotor F2M 414 zurück, der mit einem Renk-Vierganggetriebe zusammenmortiert wurde. Zwischen

1260 mm und 1450 mm verstellbare Spurweiten zeigen, daß sich der Konstrukteur des Traktors etwas Besonderes hatte einfallen lassen. Das gilt auch für die als Zubehör zu erwerbende »Windschutzscheibe mit Wetterdach«, die selbst bei Einsatz des Mähbalkens nicht abmontiert zu werden brauchte. Interessant sind ferner einige reparaturfreundliche Details. So ließen sich Betriebsstofftank und Kühler jeweils durch das Lösen einer zentralen Befestigungsschraube rasch auswechseln, und sinnvoll war sicher auch der beim Einsatz als Dreschmaschinenantrieb vor dem Kühler zu befestigende zusätzliche Staubschutz. Allein, dies reichte nicht hin, um dem »Wotrak« bzw. später auch als »Eckold« bezeichneten Traktor einen größeren Freundeskreis zu verschaffen. Die Zugmaschine blieb ein Produkt der ersten Nachkriegszeit, deren Herstellung zu einem Zeitpunkt wieder eingestellt wurde, als Qualität mehr denn Bastelei bei den Bauern gefragt war. So weist die Zulassungsstatistik für das erste Halbjahr 1950 nur noch einen einzigen Wotrak-Dieselschlepper aus. Das Fahrzeug verschwand somit, ehe die landwirtschaftliche Motorisierung richtig einsetzte.

Wotrak-Traktoren (Auswahl)

Typ/Bezeichnung	Baujahr	Motorleistung PS	Zylinder	Takt	Gänge	Gewicht kg
Wotrak	1949	22	2	4	4/1	1700

Wurr

**August Wurr,
Pflug- und Maschinenfabrik,
2000 Hamburg-Volksdorf**

Nur wenige Jahre lang und in geringer Stückzahl baute A. Wurr Kleinschlepper. Das Unternehmen rundete mit den Fahrzeugen während der dreißiger Jahre das seit 1896 in beachtlicher Qualität gebaute Programm von Bodenbearbeitungsgeräten ab, das in unterschiedlichsten Versionen Grubber und Pflüge umfaßte. Entsprechend stark waren die Wurr-Fahrzeuge auch auf den Zweck der Bodenbearbeitung ausgerichtet. Dies gilt sowohl für den 1934 auf der ersten Reichsnährstandsschau vorgeführten Kleinraupenschlepper »Wurr« wie für die im darauffolgenden Jahr ausgestellten Klein-Radschlepper, in denen zunächst Deutz-Benzinmotoren mit 12 PS Leistung, ab 1935 aber von dem Flugmotorenkonzern Junkers entwickelte Gegenkolben-Dieselmotoren zum Einbau gelangten.

Das Aussehen der in zwei Versionen gebauten Wurr-Kleinschlepper hatte durchaus etwas Bulliges an sich. Dazu trugen neben der niedrigen Blockbauweise und dem kurzen Radstand vor allem die im Vergleich zum Hinterrad großen Vorderräder bei. Das Betriebsgewicht von 1700 kg für die 12-PS-Version und 2100 kg für die 25-PS-Version lag ebenfalls keineswegs so niedrig, wie man es angesichts der Werksbezeichnung »Kleinschlepper« erwarten sollte. Wünschte der Kunde zum mit Luftgummireifen und Riemenscheibe ausgestatteten Standardfahrzeug noch Zapfwelle und Grasmähwerk hinzu, dann erhöhte sich das Gewicht weiter. Beide Rad-Kleinschlepper beteiligten sich 1937 an der vom Reichsnährstand organisierten Vergleichsprüfung »Schlepper für den bäuerlichen Betrieb«. Der Erfolg der Fahrzeuge war nicht durchschlagend, so daß es kaum überraschte, als 1940 im Zuge der kriegsbedingt angeordneten Typenreduktion auch Wurr mit seinen Fahrzeugen aus dem Kreis der Traktorenhersteller ausgeschlossen wurde. Dessenungeachtet florierte die Herstellung von Wurr-Bodenbearbeitungsgeräten weiter. Bis weit in die sechziger Jahre hinein lieferte das inzwischen nach Horst in Holstein übergesiedelte Unternehmen Anbaupflüge und -grubber an die Landwirtschaft aus.

Wurr-Traktoren (Auswahl)

Typ/Bezeichnung	Baujahr	Motorleistung PS	Zylinder	Takt	Gänge	Gewicht kg
Diesel-Kleinschlepper	1937	12,5	1	2	4/1	1700
Diesel-Kleinschlepper	1937	25	2	2	4/1	2100

Zanker

Hermann Zanker KG,
Maschinen- und Metallwarenfabrik,
7400 Tübingen

Einige Jahrzehnte zählte Zanker zu den Großen der »weißen Branche«. Mit Waschmaschinen aller Art, aber auch mit Kühlschränken, Geschirrspülern, Bügelmaschinen, Heißwasser- und Heizgeräten wuchs das 1891 gegründete Unternehmen zum größten gewerblichen Arbeitgeber der Universitätsstadt Tübingen heran. Alles schien zum besten bestellt, als sich 1971 der Elektrokonzern AEG-Telefunken mehrheitlich an Zanker beteiligte. Doch der schöne Schein trog. Mit der Krise der AEG zu Beginn der achtziger Jahre drohte die Schließung von Zanker, was nicht nur den erbitterten Widerstand der vielhundertköpfigen Belegschaft, sondern auch Unverständnis bei einer traditionsbewußten Kundschaft hervorrief. Und das Aufbegehren hatte Erfolg! Zanker besteht fort, allerdings mit neuen Eignern und unter verändertem Namen.

In Anbetracht der dramatischen Ereignisse um den Haushaltsgerätehersteller Zanker ist weitgehend in Vergessenheit geraten, daß in dem Tübinger Unternehmen nach dem Zweiten Weltkrieg auch einmal für einige Monate Traktoren gebaut worden sind. Und nicht nur das! Auf

Initiative von Zanker hin fand im Januar 1949 in der Neckarstadt eine der ersten Kraftfahrzeug-Ausstellungen der Nachkriegszeit in Westdeutschland statt. Zu ihren Glanzlichtern zählten zweifellos die beiden von Zanker vorgeführten 12-PS-Dieselschlepper, bei denen bemerkenswert war, daß es sich nicht nur um den mehr oder weniger gelungenen Zusammenbau aufgekaufter Bauteile handelte. Man sah vielmehr, daß man sich bei Zanker im Konstruktionsbüro und an der Werkbank auf die Suche nach eigenständigen Lösungen für die offenen Fragen im Schlepperbau begeben hatte.

Unvorbereitet trat der Haushaltsgerätehersteller nicht an die Aufgabe heran. Während des Weltkriegs im Gasgeneratorenbau tätig, besaß man durchaus Erfahrungen auf dem Gebiet des Zugmaschinenbaus. Diese setzte man nun um und entwickelte einen zunächst nicht weiter auffallenden Kleinschlepper in rahmenloser Blockbauweise. Allgemeines Aufsehen erregte hingegen der das Fahrzeug antreibende und von Zanker selbst gebaute Motor. Fachleute bezeichneten ihn als »interessante Neuschöpfung«, wobei sie sowohl auf die ansehnliche Hubraumleistung von 12 PS/l als auch auf den geringen Kraftstoffverbrauch hinwiesen. Erreicht wurden die günstigen Resultate von einem 1-Zyl.-2-Takt-Die-

selmotor, der mit direkter Einspritzung und Kurbelkammer-Spülung arbeitete. Über einen vom Fahrersitz aus zu bedienenden Regler konnten die Drehzahlen im Bereich zwischen 300 und 1500 Umdrehungen in der Minute eingestellt und die Motorleistung entsprechend abgestuft eingesetzt werden. Das Getriebe lieferte zunächst die Zahnradfabrik Augsburg, doch auch hier arbeitete Zanker auf weitestgehende Unabhängigkeit von Zulieferern hin. Ende 1949 war es geschafft. Was kurz nach dem Kriege kaum eine der großen Traktorenschmieden zuwege brachte, die Eigenfertigung von Fahrgestell, Motor und Getriebe, Zanker machte es möglich! Der dafür betriebene Aufwand nötigt Respekt ab und bewirkt zugleich Kopfschütteln. Denn wirtschaftlich zahlte sich die Investition Zankers im ungewohnten Metier nicht aus. Ganze acht in Westdeutschland während des ersten Halbjahres 1950 neu zugelassene Zanker-Traktoren brachten das zuvor investierte Geld sicher ebensowenig zurück in die Firmenkasse wie die insgesamt verkauften etwa einhundert Schlepper. Sinnvollerweise trennte sich Zanker noch 1950 wieder vom Traktorenbau, der gleichwohl in veränderter Form bei Bautz fortgeführt wurde. Man selbst wandte sich statt dessen der lukrativ werdenden Haushaltsgeräteherstellung zu.

Zanker-Traktor (Auswahl)

Typ/Bezeichnung	Baujahr	Motorleistung PS	Zylinder	Takt	Gänge	Gewicht kg
Ackerschlepper	1949	12	1	2	4/1	1390

Zetor

Zetor-Semex GmbH, 8492 Furth i. W.

Annähernd 600 000 Traktoren sind seit Produktionsbeginn 1946 in dem zum tschechoslowakischen Nationalkonzern Agrozet gehörenden Zetor-Werk gebaut worden. Damit setzt das in Brno, dem früheren Brünn, 200 Kilometer südöstlich von Prag liegende Unternehmen die bis in die Zeit vor dem Ersten Weltkrieg zurückreichende Tradition der tschechoslowakischen Fabriken fort, deren Fahrzeuge unter Namen wie Praga, Excelsior, Skoda, Wikow oder Svoboda bekannt wurden. Zwischen den Weltkriegen aber wurde es ruhiger um den tschechoslowakischen Traktorenbau, was sowohl auf

die schlechte wirtschaftliche Lage der einheimischen Bauern als auch auf die stets nur bescheidenen Stückzahlen der einzelnen Hersteller zurückzuführen ist. Ändern sollte sich dies nach dem Zweiten Weltkrieg, als 1945/46 in den ehemaligen Brünner Waffenwerken erste Versuche mit einem Traktor-Prototyp unternommen wurden. Den Initiatoren schwebte dabei vor, der darniederliegenden CSSR-Landwirtschaft moderne Zugmaschinen in großer Zahl zur Verfügung zu stellen, um so eine verbesserte Nahrungsmittelversorgung zu erreichen. Die unter schwierigen Umständen unternommenen Versuche führten schließlich zum Zetor 25, einem unkomplizierten, solide gebauten und auf

Langlebigkeit angelegten Traktor, der bald schon einer starken Nachfrage begegnete. Selbst aus dem Ausland kamen noch in den vierziger Jahren verstärkt Aufträge nach Brno, nachdem Dänemark erst einmal 1947 gezeigt hatte, daß Zetor-Traktoren auch außerhalb der Tschechoslowakei gute, vor allem aber preiswerte Arbeit zu leisten imstande waren. Die Konstruktion des Typs Z 25 war einfach und folgte bewährten Prinzipien. Dies gilt für den rahmenlosen Zusammenbau von Vorderachse, Motor, Kupplung und Getriebe ebenso wie für die Bauteile im einzelnen, was den Vorteil mit sich brachte, daß Zetor viele Jahre an dem Modell 25 festhalten konnte. Insge-

Zetor-Traktoren zeichnen sich durch einfache Bauweise und günstigen Preis aus

samt wurden 158 000 dieser Zugmaschinen ausgeliefert, davon rund Dreiviertel ins Ausland.

Um die Traktorenproduktion weiter ausdehnen zu können, errichtete Zetor noch in den fünfziger Jahren in Líšeň bei Brünn, in einer ehemaligen Flugmotorenfabrik, einen weiteren Betrieb. Hier wurde vor allem der Traktor Zetor Super produziert, eine für schwerere Feld- und Forstarbeit konzipierte Zugmaschine. Angetrieben wurde der Typ Super von einem 4-Zyl.-4-Takt-Dieselmotor mit Direkteinspritzung, der zunächst 42 und später 50 PS leistete. Er fand auch in einer Raupenschlepperversion Verwendung, die in Hanglagen und auf schweren Böden zum Einsatz gelangte.

Mit diesem Fahrzeugangebot trat Zetor 1956 erstmals in Westdeutschland an. K. H. Klever in Krefeld importierte und vertrieb die tschechoslowakischen Traktoren – mit mäßigem Erfolg zunächst. Die Voraussetzungen änderten sich allerdings, als Zetor in den sechziger Jahren mit der Vereinheitlichung seiner Traktoren die Grundlage für ein funktionierendes Baukastensystem schuf. 80 % der Fahrzeugteile konnten nun untereinander ausgetauscht werden, was trotz eines breitangelegten Traktorenprogramms niedrige Produktionskosten und günstige

Abgabepreise zuließ. 1969 ergänzte Zetor die im niedrigen Leistungsbereich angesiedelte erste unifizierte Klasse um eine zweite, schwerere. Sie startete mit dem Typ Zetor Crystal, einem in Zusammenarbeit mit polnischen Konstrukteuren entwickelten Traktor. Mit 80 PS entsprach er einerseits dem im Osten wie auch im Westen häufiger geäußerten Wunsch nach größerer Leistungsstärke, zeichnete sich andererseits aber auch durch eine gelungene Geräuschisolierung in der Fahrerkabine aus. So stieß der Crystal auf gute Resonanz, Anlaß für Zetor, die unifizierte Baureihe II ständig weiter auszubauen, bis zu Beginn der achtziger Jahre die Kapazität in Líšeň erschöpft war. Seitdem werden in Brno-Líšeň die kleinen und mittleren, im Schwermaschinenbauwerk ZTS Martin die Traktoren ab 75/80 PS hergestellt.

Mit der breiter werdenden Modellpalette stiegen auch die Chancen von Zetor bei Deutschlands Bauern. 1965 langte es zum ersten Mal zu einem Platz unter den ersten zwanzig in der Neuzulassungsstatistik. Rund ein Jahrzehnt schwankten die absoluten Zulassungszahlen für Zetor um 400 bis 500 Stück, nicht genug, um die magische Grenze von 1 % Marktanteil zu erreichen. Neuer Schwung kam ins Geschäft, als die 1967 gegründete Semex

GmbH den Zetor-Vertrieb übernahm. Semex, was soviel heißt wie »Stahl-, Eisen-, Maschinenteile-Export«, gehört zu über 90 % dem tschechoslowakischen Außenhandelsunternehmen Motokov, was so manchen Weg zwischen Importeur und Hersteller verkürzen half. Seitdem hat sich die Schlagkraft von Zetor in Deutschland weiter erhöht, das darüber hinaus aber auch durch Fortentwicklung seiner Modelle bestrebt ist, mit der technischen Entwicklung im Traktorenbau Schritt zu halten. Gelegentlich tat man sich damit etwas schwer, was aber insofern verständlich ist, als Zetor, »der Schotte unter den Traktoren«, zu den preisgünstigsten Herstellern der Branche überhaupt zählt. Und der Preis wird von Semex bewußt als Verkaufsargument eingesetzt, das insbesondere in Südwestdeutschland eine beträchtliche Anzahl von Bauern überzeugen konnte. Die in Hinterrad- oder Allradversion, mit 3-, 4- oder 6-Zyl.-Motoren, Scheibenbremsen, Front- und Heckzapfwellen sowie vielen weiteren technischen Beigaben lieferbaren Zetor-Traktoren haben sich denn auch in Deutschland trotz einiger Lücken im Händlernetz fest etabliert als auf jeden Fall preiswerte, technisch akzeptabel ausgestattete und nicht überzüchtete landwirtschaftliche Zugmaschinen.

Zetor-Traktoren (Auswahl)

Typ/Bezeichnung	Baujahr	Motorleistung PS	Zylinder	Takt	Gänge	Gewicht kg
Z 25	1957	25	2	4	6/2	1940
Super	1957	42	4	4	5/1	2550
Z 25 A	1959	26	2	4	6/2	1985
Z 50 Super	1961	50	4	4	8/2	2600
Z 2011	1964	22	2	4	10/2	1300
Z 3011	1964	35	3	4	10/2	1480
Z 4011	1964	45	4	4	10/2	1965
Z 2511	1968	25	2	4	10/2	1600
Z 5511	1968	55	4	4	10/2	2510
8011 Crystal	1972	80	4	4	8/4	3200
Z 4712	1975	44	3	4	10/2	–
Z 6711	1975	63	4	4	10/2	2995
5011 R	1983	35	3	4	10/2	2650
7011	1983	65	4	4	10/2	3050
5211 R	1986	35	3	4	10/2	2680
6211	1986	57	4	4	10/2	3080
8145 R	1986	75	4	4	16/8	3950
10145	1986	100	4	4	16/8	5000
16145	1986	160	6	4	12/6	5740

Zettelmeyer

**Hubert Zettelmeyer,
Maschinenfabrik und Eisengießerei,
Bauunternehmung,
5503 Konz bei Trier**

Kurz vor der Jahrhundertwende fuhr Hubert Zettelmeyer (1866 – 1930) als Heizer und später als Fahrzeugführer mit Dampfwalzenzügen über Land. Dabei lernte er die Technik der Dampfkolosse so gut kennen, daß er nicht nur beschloß, sich mit einem eigenen Walzenbetrieb selbständig zu machen, sondern 1908 vielmehr auch begann, Einzylinder-Dampfstraßenwalzen selbst zu entwikkeln. 1910 fand die erste Probefahrt einer Zettelmeyer-Dampfstraßenwalze statt, und 1912 konnte auf der DLG-Ausstellung in Straßburg die zweite Maschine den staunenden Landwirten vorgeführt werden. Vor dem Ersten Weltkrieg umfaßte das Walzenprogramm bereits vier verschiedene Typen mit einem Betriebsgewicht zwischen 8,5 und 16 Tonnen bei einer maximalen Dauerleistung zwischen 26 und 45 PS. Die Jahresproduktion 1914 belief sich auf 14 Walzen, von denen zwei sogar bis nach Kreta geliefert wurden.

Die Transportmittelnot des deutschen Heeres führte 1916 dazu, daß Zettelmeyer den Bau von Dampfzugmaschinen ins Produktionsprogramm aufnahm, doch der Schwerpunkt der Fabrikation blieb bis in die zwanziger Jahre hinein bei den Dampfstraßenwalzen. Dabei verkaufte Zettelmeyer die Maschinen ebenso, wie

Zettelmeyer-Traktor Typ Z 1 der Vorkriegszeit

er sie im Lohnauftrag einsetzte. Den Übergang zur Schlepperherstellung markiert die 1929 begonnene Herstellung von Motorwalzen. Sie waren durchweg leichter gehalten, leisteten aber gleichfalls gute Arbeit. Exportiert unter anderem in alle Teile Europas, nach Ostafrika, Südamerika und Südostasien, hatten sie wesentlichen Anteil daran, daß Zettelmeyer die Wirtschaftskrise der frühen dreißiger Jahre hinlänglich überstand.

Wirtschaftlich steil bergauf ging es bei Zettelmeyer mit dem Beginn des Autobahnbaues. In allen Betriebsabteilungen standen ab 1934 die Zeichen auf Expansion, als das Angebot gemacht wurde, die in Liquidation befindliche »Trierer Eisengießerei und Maschinenfabrik vorm. August Feuerstein AG« zu erwerben. Zettelmeyer griff zu und überlegte, wie die neuerworbenen Produktionsanlagen wirtschaftlich sinnvoll zu nutzen waren. Man entschied sich schließlich, nachdem die Unterstützung des Reichskuratoriums für Technik in der Landwirtschaft (RKTL) gesichert war, für den Bau eines Straßen- und Ackerschleppers mit 20 PS Leistung, wie er vor allem von kleinen und mittleren Betrieben verlangt wurde.

Nach relativ kurzer Vorbereitungszeit konnte der erste Zettelmeyer-Traktor im Jahr 1935 ausgeliefert werden. Eine noch im gleichen Jahr anläßlich der zweiten Reichsnährstandsschau durchgeführte Neuheitenprüfung ergab ein positives Votum für den von einem Deutz-2-Zyl.-4-Takt-Dieselmotor angetriebenen Motorschlepper. Rahmenlose Bauart, Zettelmeyer-Getriebe und Andrehen von Hand unter Verwendung von Lunten, Luftbereifung und Fahrersitz mit »Platz für zwei bis drei Mann« waren einige Charakteristika der als Typ »Z 1« bezeichneten Zugmaschine.

Abnehmer fand der Schlepper zunächst vor allem in der Forstwirtschaft und im Güternahverkehr der Industrie. Der Be-

stellungseingang war so groß, daß auf das Schleppergeschäft bereits 1936 über die Hälfte des Gesamtumsatzes des Konzer Unternehmens entfiel. Binnen eines Jahres wurden mehr als 500 Traktoren verkauft, ein Ergebnis, das sich sehen lassen konnte. Folgerichtig errichtete Zettelmeyer 1937 für die Schleppermontage eine neue Werkshalle, bereitete auch eine Neukonstruktion vor, doch bevor diese verwirklicht werden konnte, galt es, im September 1939 die Schlepperfertigung binnen weniger Tage von Konz nach Sinzig (Rhein) zu verlagern. Konz lag im Aufmarschgebiet für den Westfeldzug!

Im Mai 1941 erfolgte die Rückführung der Anlagen an den traditionellen Firmensitz, doch zuvor schon brachte Zettelmeyer die Vorstellung des neuen Dieselschleppers zuwege, dessen Kühler breiter und niedriger, mithin also wuchtiger gestaltet war. Auch hatten die Zettelmeyer-Konstrukteure den Motor weiter nach vorne über die Vorderachse gesetzt, um so eine Verlagerung des Gewichts von der Hinterachse mehr zur Vorderachse zu bewirken. Dadurch wurde das Fahrzeug aufbäumsicherer, ein Vorteil, der sich insbesondere bei schwerer Zugarbeit bemerkbar machte. Als Kraftquelle diente wiederum ein Deutz-Motor, diesmal die bewährte F2M-414-2-Zyl.-Maschine mit einer Leistung bis zu 22 PS.

Nur, lange fuhr diese neue Dieselschlepper-Version nicht mehr aus den Werkshallen. 1942 begann Zettelmeyer mit dem Bau von Holzgasgenerator-Fahrzeugen, die über einen 28-PS-Motor verfügten. Zu den Abnehmern zählten vor allem die Wehrmacht, die Organisation Todt, aber auch Industrie und Landwirtschaft. Umständlich, wie während der letzten Kriegsjahre die Wirtschaft funktionierte, erfolgte der Verkauf nun gegen Eisen- und Bezugsscheine.

1944 zerstörten alliierte Fliegerbomben die Produktionsanlagen des Unterneh-

mens. Eine erneute Auslagerung nach Sinzig war die Folge. So erfolgte der Neubeginn bei Zettelmeyer unter schwierigen Umständen. Zerstörte Fabrikanlagen, gefallene und verwundete Mitarbeiter, Demontage und vorübergehende Zugehörigkeit von Konz zum Saargebiet lähmten die Aufbau- und Instandsetzungsarbeiten.

Dennoch gelang es, bis zur Währungsreform sechs Ackerschlepper aus Ersatzteilen zu montieren. Die eigentliche Herstellung neuer Traktoren lief hingegen erst 1949 an. Dabei handelte es sich um Fahrzeuge einer modifizierten »Z1«-Version, serienmäßig ausgerüstet mit einem 25-PS-Deutz-Motor, Zettelmeyer-Getriebe und -Seilwinde. Damit hoffte das Werk, wieder verstärkt mit Waldbesitzern ins Geschäft zu kommen, doch die Zulassungszahlen enttäuschten. 1950 erreichte Zettelmeyer nur einen Anteil von gerade 0,3 % am westdeutschen Traktorenmarkt, und auch 1951 wurde keine wesentliche Absatzsteigerung erzielt. So entschied sich das Unternehmen 1952 zur Aufgabe der Schlepperproduktion, mehr noch, auch die Dampfwalzenfertigung, der für die Zettelmeyer-Unternehmensgeschichte charakteristische Produktionsbereich, wurde im gleichen Jahr endgültig eingestellt.

Zettelmeyer erlebte als Straßenbaufirma im Zuge des intensiven Nachkriegsstraßenbaus in Westdeutschland einen beachtlichen Aufschwung. 1964 beschäftigte das Unternehmen rund 2000 Mitarbeiter. Weniger günstig verliefen hingegen die siebziger und achtziger Jahre für die inzwischen auf den Bau von Radladern und Raddozern spezialisierte Gesellschaft. Zuletzt geriet man voll in den Strudel des Konkurses der IBH-Holding des Horst-Dieter Esch hinein. Seit 1984 gehört die »Zettelmeyer Baumaschinen GmbH«, Konz, zur Unternehmensgruppe von Ulrich Harms, Hamburg.

Zettelmeyer-Traktoren (Auswahl)

Typ/Bezeichnung	Baujahr	Motorleistung PS	Zylinder	Takt	Gänge	Gewicht kg
Ackerschlepper	1935	20	2	4	4/1	1350
Z 1 Acker	1940	22	2	4	4/1	1650
Z 1	1950	25	2	4	4/1	1751